化学工业出版社出版基金资助出版

天然气工业
在线分析技术

王森 主编
张继勇 郭和 聂玲 副主编

TIANRANQI GONGYE
ZAIXIAN FENXI JISHU

化学工业出版社
·北京·

本书全面介绍了天然气工业常用在线分析仪器及其应用技术。全书共10章，概要介绍了天然气的组成、分类、质量要求及分析测定方法，重点介绍了在线天然气硫含量分析仪、水露点分析仪、烃露点分析仪、在线气相色谱仪、红外线分析仪的原理、结构、性能、特点及使用维护知识；天然气净化处理、管道输送、液化天然气（LNG）、压缩天然气（CNG）等工艺在线分析仪器的选型技术及样品处理系统设计技巧；分析小屋设计要点及分析仪系统的安装施工技术。

本书内容紧密结合我国天然气工业的实际工况和环境条件，针对在线分析仪器选型、安装、使用、维护中存在的疑难问题，根据现场使用维护人员及有关技术人员及管理人员的实际需要编写而成。

本书主要读者对象为天然气工业在线分析仪器使用、维护人员，与天然气在线分析有关的工艺、自控、质检、管理人员及天然气地面工程设计、建设人员，对在线分析仪器生产厂家和大专院校有关专业师生也有参考价值。

图书在版编目（CIP）数据

天然气工业在线分析技术/王森主编. —北京：化学工业出版社，2016.10

ISBN 978-7-122-27889-0

Ⅰ.①天… Ⅱ.①王… Ⅲ.①天然气工业-分析仪器 Ⅳ.①TE927

中国版本图书馆CIP数据核字（2016）第197312号

责任编辑：刘 哲　　装帧设计：史利平

责任校对：边 涛

出版发行：化学工业出版社（北京市东城区青年湖南街13号 邮政编码100011）

印　　刷：北京永鑫印刷有限责任公司

装　　订：三河市宇新装订厂

787mm×1092mm 1/16 印张16¼ 字数403千字 2017年2月北京第1版第1次印刷

购书咨询：010-64518888（传真：010-64519686） 售后服务：010-64518899

网　　址：http://www.cip.com.cn

凡购买本书，如有缺损质量问题，本社销售中心负责调换。

定　　价：68.00元

前言

FOREWORD

早在杭州工作期间，我就接触过部分天然气在线分析项目。到重庆科技学院任教后，2012年至2015年的四年中，先后为中国石油天然气集团公司及其所属土库曼斯坦阿姆河天然气公司举办过3期“天然气在线分析仪器培训班”，参训学员140多人，编写了3本培训教材，累计字数137万字。我还和重庆科技学院的同事深入西南、长庆、塔里木三大油气田，对天然气在线分析仪器的使用情况和存在问题进行了调研，取得较为丰富的第一手材料。根据调研情况和长庆油田的要求，我们还承接并完成了榆林天然气处理厂陕京一线在线分析系统改造项目。

本书就是在上述培训办班、编写教材的基础上，根据培训班学员、天然气行业技术人员、管理干部的意见及要求，整合天然气在线分析先进技术及工程实践经验，花费了近一年时间编写而成。

本书介绍天然气工业常用在线分析仪器及其应用技术，全书分为10章。第1章概要介绍天然气的组成、分类、质量要求、质量指标及分析测定技术。第2~6章分别介绍在线硫分析仪、水露点分析仪、烃露点分析仪、气相色谱仪、红外线气体分析仪的原理、结构、性能、特点及使用维护知识。第7~9章分别介绍天然气净化处理、硫黄回收、管道输送、液化天然气(LNG)、压缩天然气(CNG)等工艺在线分析仪器的选型及样品处理系统的设计技巧等。第10章介绍分析小屋的设计要点及分析仪系统的安装施工技术。在本书的“绪论”中，还对我国天然气工业发展前景、天然气在线分析仪器发展趋势、使用现状、存在问题及原因作了分析，并提出了改进措施及建议。

本书内容紧密结合我国天然气工业的实际工况和环境条件，针对在线分析仪器选型、安装、使用、维护中存在的疑难问题，根据现场使用、维护人员和工艺、自控、质检、管理人员、天然气地面工程设计、施工人员的实际需要进行编写，具有针对性强、实用性强的特点。

本书由王森任主编，张继勇、郭和、聂玲任副主编，重庆科技学院、北京楚盛科技有限公司、长庆油田、西南油气田天然气研究院、西南油气田输气管理处、重庆气矿、中国石油阿姆河(土库曼斯坦)天然气公司、重庆川仪分析仪器有限公司、天华化工机械及自动化研究设计院的技术人员和教师参加了编写。本书各章编写及审定人员如下：

绪论　王　森

第1章　张友兵　王　森

第2章　张继勇　柏俊杰　杨　波

第3章　王　森　李珍义　曾文秀

第4章　迟永杰　杨君玲

第5章　范　嶂　钟秉翔　王　森

第6章　聂　玲　姚立忠

第7章　王　森　杨建明

第8章　郭　和　张文超

第9章　聂　玲　熊斌峰

第10章　王　森　周　谋　张友兵

限于作者的知识面和水平，书中难免存在不当和缺欠之处，敬请广大读者不吝赐教，批评指正。

王　森

2016年6月于重庆

目录

CONTENTS

绪论

1. 天然气工业发展前景

(1) 天然气将成为世界第一大能源

天然气是清洁能源，具有资源丰富、利用广泛、排放清洁、使用方便等特点，在全球能源需求持续增长、石油产量增长缓慢、碳排放加剧的大环境下，近年来世界天然气产业呈现快速发展的态势。

从资源情况看，据国际能源机构 IEA 评价，世界常规天然气最终可采资源量为 436 万亿立方米，现有探明剩余可采储量为 185 万亿立方米，按当前天然气年产量 3 万亿立方米计算，可供开采 60 年以上。

据专家估计，全球非常规天然气资源量，包括煤层气、致密砂岩气、页岩气等，大体上与常规天然气资源量相当。此外，全球天然气水合物即可燃冰资源蕴藏量更为丰富，其资源总量为全球煤炭、石油、天然气等传统能源总和的 2 倍以上。

从总体看来，全球天然气资源丰厚，天然气产量处于快速增长的中期，消费需求旺盛，市场逐步从以管道为主的区域市场过渡到管道与液化天然气（LNG）并进的全球性市场，具有广阔的发展前景。

(2) 中国天然气发展举世瞩目

中国天然气资源探明率低，但其发展空间广阔。最新的评价结果显示，我国天然气资源量为 38.04 万亿立方米，除常规天然气资源以外，中国还有包括煤层气、致密砂岩气和页岩气在内的大量非常规天然气资源，且在东海海域、南海海域和青藏高原有天然气水合物分布的广阔前景。

近 30 年来，我国天然气工业取得了突飞猛进的发展，天然气产量从 20 世纪末的 243 亿立方米/年，上升到 2013 年的 1209 亿立方米/年，天然气在一次能源消费结构中的比例从 2.1%上升到 3.8%，建成四川、塔里木、陕甘宁和柴达木四大气区。天然气气田建设、输气管道建设、站场及处理厂建设方兴未艾，工业生产初具规模，天然气工业已经成为我国国民经济发展的支柱产业。

进入 21 世纪以来，随着国民经济的快速发展，人民生活水平的提高和一批天然气长输管道的建成投产，中国天然气消费量以年均 16%的速度递增。2007 年天然气消费量首次超过了天然气年产量，预计 2030 年，中国天然气消费量将达到 5000 亿立方米，相当于 6.9 亿吨标煤，天然气在一次能源消费结构中的比例将从当前的 3.8%上升到 14%。

为满足迅速增长的天然气需求，中国还将与资源国合作。预计 2020 年和 2030 年将分别从国外引进天然气 600 亿立方米和 2000 亿立方米。

(3) 以天然气为主，基本改善我国能源结构

从长远出发，天然气将在我国能源建设中发挥极为重要的作用，大力开发和利用天然气，以天然气为主，依靠天然气、核能和可再生能源“三驾马车”，支撑中国可持续发展的能源前景是光明而美好的。到 2030 年，这三种能源在中国能源消费结构中的比重接近或者达到 40%。其中，天然气的比重达到或超过 14%，中国的能源结构就可以基本得到优化。再经过 20 年的努力，预计 2050 年前后，主要依靠天然气、核能和可再生能源的发展，进一步优化能源结构，中国的经济和社会发展将最终建立在低碳、清洁、高效、安全的新型能源体系之上。

2. 在线分析仪器应用情况及发展趋势

在线分析仪器（on-line analyzers）又称过程分析仪器（process analyzers），是指直接安装在工业生产流程或其他源流体现场，对被测介质的组成成分或物性参数进行自动连续测量的一类仪器。

在线分析仪器是分析仪器的一类，也是过程检测仪表的一个分支。它跨越分析仪器和工业自动化仪表两大专业，具有多学科、高技术特征。

我国石油和化学工业（包括炼油、天然气、石油化工、煤化工、化肥、酸碱盐、合成制药等）和环境保护行业是使用在线分析仪器比较密集的两个领域。

随着我国石油化工装置的大型化和技术装备水平的提高，随着对节能减排、降低成本、提高质量和安全生产的日益追求，在线分析仪器的使用量和重要性与日俱增。目前，新建大型石油化工装置在线分析系统的设备投资已接近自控系统的投资，例如某 100 万吨/年乙烯装置仪表及自控系统概算中在线分析仪表为 3367 万元，占设备费的 12.57%，而自控系统为 3875 万元，占设备费的 14.47%。

① 目前，过程控制已经从传统的四大参数过渡到温度、压力、流量、物位、质量五大参数。采用在线分析技术，是石油、化工企业实施先进过程控制（APC）和实时优化控制（RTO），节能、降耗、挖潜、增效的需求。

② 采用在线分析技术，是降低人工成本，减员增效，用无人值守的在线实时连续分析取代人工取样化验分析的必然趋势。

国外大型炼油厂手工化验分析人员仅十几人到二十几人，只做出厂油品抽检化验，生产过程和馏出口产品分析全靠在线分析仪器。而我国的炼油厂全靠手工化验分析，一个大型炼油厂手工化验分析人员 400～500 人，不但人工成本过高，而且劳动强度大，工作环境差（直接接触易燃易爆、有毒有害液体和气体）。

③ 在环境保护、治污减排方面，无论是废气、污水的排放监测和总量控制，还是环境空气、地表水体的质量监控，均大量采用在线分析仪器，彻底改变了以前全部依靠手工化验、费时费力的落后局面。

④ 在安全工程方面，无论是人员、设备安全，还是食品、药品安全，无论是定点监测还是应急检测，都需要大量的在线分析仪器。

在我国的天然气工业中，从天然气采气井场、矿场到天然气净化厂、处理厂，从液化天然气（LNG）工厂到压缩天然气（CNG）加气站，从管道输送中为数众多的输气站、计量站，到以天然气为原料的化肥厂、化工厂、发电厂，都安装、使用了为数众多的在线分析仪器，这些仪器包括硫化氢、二氧化硫、硫醇和总硫分析仪、微量水分仪和水露点分析仪、烃露点分析仪、色谱仪以及多种光学、电化学、热学、磁学等原理的在线分析仪器。

我国天然气的消费量在未来15年中将提高3～4倍，根据目前天然气工业在线分析仪器的配置比例，在未来15年中其使用数量至少会增加3～4倍，天然气工业在线分析仪器的配置数量绝不会停滞在目前的水平上，而会有较大幅度的提升。

3. 天然气工业在线分析仪器使用现状、存在问题和原因分析

2013年，根据对现场天然气在线分析仪器、样品处理系统及其配套设施进行的调研，在线分析仪器使用情况很不理想，约有1/3乃至近半数的仪器处于停运状态。即使那些正在运行的仪器，有的是带病运行，有的故障频发，有些测量数据不准确。

之所以存在上述情况，有多方面原因，主要原因在于使用、维护人员缺乏培训，专业技术素质较低；尚未建立健全管理体系，缺乏有效的管理办法；重仪器、轻配套，系统设计和安装施工问题较多等几方面。

(1) 使用、维护人员缺乏系统培训，专业技术素质较低

从现场调查情况看，在线分析仪器利用率低、存在故障或停运的主要原因并非仪器损坏或质量低劣，而在于使用维护人员不懂得如何正确使用和维护，出现故障无法判断原因和进行处理。

迄今为止，我国大专院校开设在线分析仪器专业的极少（美国部分大学设有这一专业），与其有关的过程控制和分析化学专业也未开设这门课程，现场急需的在线分析专业人才缺乏来源。现有的使用、维护人员也未受过在线分析方面的系统培训，加之多数油气田员工岗位变动较为频繁，致使技术培训无固定对象，维护知识和经验也难以积累和传承。

(2) 尚未建立管理体系和规章制度，缺乏有效管理办法

油田一级没有专门管理处室和二级单位，基层各采气厂、作业区的状况则可用“三无”来概括：无统一管理部门（甚至无管理部门）和固定管理人员；无操作规程、规章制度和有效管理办法；无专职、固定的维护人员。现场仪器出现故障时往往无人处理、无法处理，出现无人监管的现象。

在技术管理方面，缺乏相应的国家标准和行业标准、系统设计及安装规范、设备维护检修规程等规章制度，致使管理部门检查仪器完好情况、考核仪器质量指标、指导维护检修工作、验收在线分析系统缺乏依据。在工程设计和施工中，出现供货厂家和系统集成商各行其是、设计院无所适从、工程验收无据可查的混乱局面。

(3) 重仪器、轻配套，系统设计和安装施工问题较多

从现场调研中发现，现场分析仪器出现的测量误差偏大、停运故障等现象，其原因大多不在分析仪器自身，而出在样品处理和配套设施上。以各油气田使用较多的AMETEK 3050水露点分析仪为例，出现测量误差过大等故障，其原因可归纳为以下四点：

① 样气在送入AMETEK3050前未将杂质过滤干净，天然气中含有的微量醇类，重烃蒸气污染石英晶体传感器吸湿涂层，造成水露点示值偏高；

② 取样管线裸露安装，未采取伴热保温措施，样气中水分随环境温度的升降，在管壁上吸附、解吸，造成测量值忽高忽低，属于系统设计错误；

③ 样品管线和管件间存在缝隙，环境空气中的水汽侵入，造成测量值偏高，属于安装

施工问题；

④ 缺乏微量水分标准气和标准仪器，无法对水露点分析仪进行校准和标定，属于缺乏配套设施问题。

事实证明，样品处理系统存在的诸多问题，已经成为制约在线分析仪器正常运行的瓶颈环节。除此之外，仪器运行情况的好坏，还受到安装位置、环境条件、配套设施的完善程度及适用性的影响。

4. 改进措施及建议

(1) 将在线分析仪器的运行和维护纳入管理体系，逐步建立专业化技术队伍

由于各油气田、管输公司情况差异较大，很难提出一个统一、具体的管理、运维体系架构方案，下面针对油气田的天然气采气厂、作业区提出一个粗略的方案，供大家参考。

在油气田一级指定一个机关处室，如质量安全环保处，负责在线分析仪器的管理、监督和考核，而在油田下属的天然气采气厂、作业区设置 2～3 人，专门负责全采气厂、作业区所有在线分析仪器的运行与维护，这 2～3 人的编制在采气厂、作业区一级的质量安全环境监测站内，归监测站管理，使在线分析仪器有专门的机构管理、有固定的人员维护。

由于在线分析仪器涉及的知识面广、技术复杂，仅靠设置在基层的 2～3 名运维人员来处理几十台在线分析仪器出现的各种故障是不现实的，他们只能承担日常巡检和简单维护任务（如置换易耗品、易损件、吹扫、除尘、清洗、校准等），复杂故障处理和定期检修则应交由在线分析仪器检维修中心负责。

在油气田一级指定的管理处室下面设置在线分析仪器检维修中心，负责全油田在线分析仪器的检查维修和疑难问题处理。

(2) 分期分批对在线分析仪器使用、维护、管理人员进行培训，提高技术素质

天然气工业中与在线分析仪器有关的人员不仅限于日常使用、维护人员，还涉及工艺、自控、质检、环保、管理人员和地面工程设计、建设人员等，所以，无论仪器的运行维护是否外包，都应重视培训工作，全面提高有关人员的技术素质和管理水平。

① 由相关部门制订培训计划，根据管理人员、技术人员、维护人员的不同需求，进行不同内容、深度和时间的培训，如仪器选型培训、系统设计培训、操作维护培训等。

② 编写、出版培训教材，配备实习设备和实操仪器。

(3) 组织编写《天然气在线分析仪器维护检修规程》

《天然气在线分析仪器维护检修规程》可由相关主管部门和有关专家牵头，提出编写大纲和编写计划，组织仪器生产厂家、油气田技术人员和大专院校教师合作编写，经审查定稿后，作为油气田和有关部门安装、使用、操作、校准、维护、检修在线分析仪器的指南，也是管理部门检查仪器完好情况、考核仪器质量指标、指导维护检修工作、验收在线分析系统的依据。

(4) 组织编写《在线分析仪系统设计和安装规范》

编制《在线分析仪系统设计和安装规范》，使系统设计和安装施工规范化、标准化，克服目前供货厂家和系统集成商各行其是、设计院无所适从、工程验收无据可查的混乱局面，避免或减少由于样品处理和系统配套纰漏造成的各种问题。

(5) 编制天然气在线分析行业标准和国家标准，逐步形成标准体系

由于缺少在线分析仪器及方法方面的标准，有些在线分析方法尚未列入国标，其分析结果的认可度低，只能作为气质参数变化趋势的参考或用于过程参数的操作控制方面，标准问题已成为制约我国在线分析仪器推广应用的瓶颈之一。

目前，美国、加拿大、德国、俄罗斯等国家在天然气工业中大量采用在线分析仪器，并已形成比较完备的在线分析标准体系，我国正进入大规模采用天然气清洁能源的发展阶段，天然气工业也面临着采用在线分析技术取代手工化验、降低人工成本、提高工作效率的要求和压力，因此，组织编制在线分析仪器标准，排除推广应用障碍，应当提到议事日程并付诸实施。

（6）进行现场整改示范，努力提高在线分析仪器的投用率和完好率

① 研制简易可行的便携式微量水分标气发生装置，以便在现场定期对在线水露点分析仪进行校准，及时纠正仪器由于某种原因出现的系统偏差和零点漂移，切实解决在线天然气水露点分析仪的现场校准和标定问题，同时也提供一种判别不同水露点分析仪测量结果准确与否的手段和尺度。

② 设计制作 3～4 种适合不同气田工况的样品处理系统，除去天然气中存在的微量液雾蒸气、微小固体颗粒及影响测量的其他杂质，防止出现烃类凝液和冷凝水，防止硫化物的腐蚀，保证天然气气质监测和天然气处理、硫回收工艺监控所用在线分析仪器的准确测量和长周期稳定运行。这几种样品处理系统经现场运行验证后，可作为典型设计样板在油气田推广应用。

③ 设计制作 1～2 个分析小屋，将安装在现场机柜中因运行环境不良（夏无空调，冬无保温）、系统设计错误、配套设施不全而停运的仪器移入分析小屋，重新进行系统设计和安装施工，恢复正常运行。这几套系统工程经一定时间的运行验证后，作为典型设计样板在油气田推广应用。

天然气的质量指标与分析测试技术

天然气是指在不同地质条件下生成、运移，并以一定压力储集在地下构造中的气体，它们埋藏在深度不同的地层中，通过井筒引至地面。大多数气田的天然气是可燃性气体，主要成分是气态烷烃，还含有少量非烃气体，是一种洁净、方便、高效的优质能源，也是优良的化工原料。

1.1 天然气的组成与分类

1.1.1 天然气的组成

(1) 天然气的组成成分（组分）

天然气是以低分子饱和烃为主的烃类气体与少量非烃类气体组成的混合气体，是一种低相对密度、低黏度的无色流体。其组成成分超过 100 余种。

在天然气组成成分中，甲烷（CH_4）含量最高，乙烷（C_2H_6）、丙烷（C_3H_8）、丁烷（C_4H_{10}）和戊烷（C_5H_{12}）含量不多，庚烷以上（C_6^+）的烷烃含量极少，另外，还含有少量非烃类气体，如硫化氢（H_2S）、二氧化碳（CO_2）、一氧化碳（CO）、氮（N_2）、氢（H_2）和水蒸气（H_2O），以及硫醇（RSH）、硫醚（RSR′）、二硫化碳（CS_2）、羰基硫（或称硫化羰、氧硫化碳）（COS）、噻吩（C_4H_4S）等有机硫化物，有的气田天然气还含有微量的稀有气体，如氦（He）、氩（Ar）等。在有的天然气中，还存在着痕量的不饱和烃，如乙烯（C_2H_4）、丙烯（C_3H_6）、丁烯（C_4H_8），偶尔也还含有极少量的环状烃化合物——环烷烃和芳烃，如环戊烷、环己烷、苯、甲苯、二甲苯等。表 1-1 列出了井口天然气的组成成分。

表 1-1　井口天然气的组成成分

分类	组分		分子式	缩写
烃类	Methane	甲烷	CH_4	C_1
	Ethane	乙烷	C_2H_6	C_2

续表

分类	组分		分子式	缩写
烃类	Propane	丙烷	C_3H_8	C_3
	i-Butane	异丁烷	iC_4H_{10}	iC_4
	n-Butane	正丁烷	nC_4H_{10}	nC_4
	i-Pentane	异戊烷	iC_5H_{12}	iC_5
	n-Pentane	正戊烷	nC_5H_{12}	nC_5
	Cyclopentane	环戊烷	C_5H_{10}	
	Hexanes and heavier	己烷和更重组分		C_6^+
惰性气体	Nitrogen	氮	N_2	
	Helium	氦	He	
	Argon	氩	Ar	
氧化还原气体	Hydrogen	氢	H_2	
	Oxygen	氧	O_2	
酸气	Hydrogen Sulfide	硫化氢	H_2S	
	Carbon Dioxide	二氧化碳	CO_2	
含硫组分	Mercaptans	硫醇	R-SH	
	Sulfides	硫醚	R-S-R′	
	Disulfides	二硫醚	R-S-S-R′	
水气			H_2O	
液体	Free water or brine	自由水或卤水		
	Corrosion inhibitors	腐蚀防护剂		
	Methanol	甲醇	CH_3OH	MeOH
固体	Millscale and rust	铁锈		
	Iron sulfide	硫化亚铁	FeS	
	Reservoir fines	储层颗粒物		

注：R-代表烷基。

天然气处理产品主要有液化天然气、天然气凝液、液化石油气、天然汽油等。按 GPA（气体加工协会）分类，天然气及其处理产品的组成见表 1-2。

表 1-2 天然气及其处理产品的组成

产物名称	He	N_2	CO_2	H_2S	RSH	C_1	C_2	C_3	iC_4	nC_4	iC_5	nC_5	C_6^+
天然气	○	○	○	○	○	○	○	○	○	○	○	○	○
惰性气体	○	○	○										
酸气			○	○	○								
液化天然气(LNG)		○				○	○	○	○	○			
液化石油气(LPG)							○	○	○	○			
天然汽油								○	○	○	○	○	○
天然气凝液							○	○	○	○	○	○	○
稳定凝析油									○	○	○	○	○

注：○代表有此成分。

(2) 天然气主要组分的物理性质

甲烷（CH_4）——天然气的主要成分纯甲烷无色，无味，比空气轻，在标准压力（101.325kPa）和15.6℃下，$1Sm^3$(GPA)[1] 甲烷重0.6785kg。甲烷具有高的热稳定性和很高的热值（33904～37668kJ/m^3）。

乙烷（C_2H_6）——在天然气中的含量位居第二。无色气体，比空气稍重，$1Sm^3$(GPA)重1.271kg。它的热值在60345～65946kJ/m^3，其总热值比甲烷高。

丙烷（C_3H_8）——无色气体，比空气重，$1Sm^3$(GPA) 丙烷重1.865kg。温度在20℃及压力在0.85MPa以上时呈液态。丙烷的热值为86402.9～93888.9kJ/m^3。如果丙烷在原料气中较富，回收丙烷作为液体燃料，则具有较大的经济价值。

异丁烷（iC_4H_{10}）——是正丁烷的同分异构体，其物理性质与正丁烷也不相同。在标准压力下，温度在−11℃以上时呈气态，温度小于−11℃时呈液态。丁烷的热值为112294～121685kJ/m^3，为高辛烷值天然汽油组分。

正丁烷（nC_4H_{10}）——相对密度比空气大1倍，$1Sm^3$(GPA) 正丁烷重2.458kg。在标准压力下，当温度高于0.6℃时呈气态。在温度为15℃及压力为0.18MPa时，正丁烷呈液态，其密度为0.582kg/m^3，作为动力汽油的掺合剂使用。

戊烷（C_5H_{12}）——有两个同分异构体，即正戊烷和异戊烷。在标准压力下，正戊烷温度大于36℃，异戊烷温度大于28℃，均呈气态，后者为汽油的组成部分。

氮气（N_2）——氮气是惰性组分。一般天然气都含有氮，但含量很少超过30%，它的存在会降低天然气的热值，按西方发达国家对商品天然气的最小热值要求，则应该对氮含量有所限制，但脱氮需要采用深冷工艺，且成本较高。因此，高含氮的天然气经常是不可售的。

硫化氢（H_2S）——是极臭且有毒的可燃气体。在硫化氢含量为0.06%的环境中，如果人停留2min以上时，将可能导致死亡。因此，必须从原料气中脱除硫化氢。

二氧化碳（CO_2）——无色，具有微弱的气味。CO_2不能燃烧，在管线中二氧化碳的最大含量为2%。通常只要对热值无太大影响，可不脱除CO_2。

羰基硫（COS）——羰基硫通常存在于含硫化氢较高的原料气中。它与常用的脱硫溶剂单乙醇胺（MEA）反应会形成不可再生的化合物，这种情况会增加化学溶剂的消耗。

硫醇（RSH）——硫醇是具有恶臭的化合物，天然气中主要是甲硫醇和乙硫醇，常用作城市燃气的加味剂，但过量的硫醇会损害人体健康。

氦（He）——属稀有惰性气体，无色，无味，微溶于水，不燃烧，也不能助燃。氦是除氢气以外密度最小的气体，其密度是氢气的1.98倍，与空气的相对密度为1/7.2。它是最难液化的气体。氦气是贵重的稀有气体，广泛用于国防、科研领域。天然气中含量甚微，如果氦含量超过2‰（体积比）具有工业提取价值。

此外，天然气还含有水或盐水，也含有固体颗粒，需要在井口设置分离器而除去。已经发现有些天然气中还含有微量的苯和汞，在LNG装置设计和运行中应予重视，由于汞对铝制板翅式换热器造成腐蚀，可用硫饱和的活性炭或分子筛来脱汞。近年来，还有文献报道，美国有些天然气中含有砷化合物，应引起重视。

由于气田开发和生产的需要，在天然气井中会加入甲醇和防腐剂等化学品，当气井采气

---

[1] $1Sm^3$(GPA) ——根据GPA（气体加工协会）规定，采用15.6℃（60°F）及101.325kPa作为天然气体积计量的标准状态条件，在15.6℃及101.325kPa条件下计量的$1m^3$写成$1Sm^3$(GPA)。

时，这些化学品也会随天然气的开采而进入天然气中，并进入天然气采输系统。

(3) 我国主要气田天然气的组成及各组分的相对含量

组成天然气的组分虽然大同小异，但其相对含量却各不相同。天然气组成分析的数据，常常作为工程师进行地面工程工厂、站场、管道设计的依据。对于含重组分较多的天然气还要回收液烃，潜在可回收的液烃量常用在 1000Sm^3(GPA) 气体中所含总液烃量 (m^3) 来表达，液烃指 C_2^+ 或 C_3^+。表 1-3 为我国主要气田天然气的组成及各组分的相对含量。

表 1-3 我国主要气田天然气的组成及各组分的相对含量 %

气田名称	甲烷	乙烷	丙烷	异丁烷	正丁烷	异戊烷	正戊烷	C_6	C_7	CO_2	N_2	H_2S
四川中坝气田	91.00	5.8	1.59	0.13	0.35	0.10	0.28			0.47	0.19	
四川八角场气田	88.19	6.33	2.48	0.36	0.64	0.7				0.26	1.04	
长庆靖边气田	93.89	0.62	0.08	0.01	0.001	0.002				5.14	0.16	0.048
长庆榆林气田	94.31	3.41	0.50	0.08	0.07	0.013	0.041			1.20	0.33	
长庆苏里格气田	92.54	4.5	0.93	0.124	0.161	0.066	0.027	0.083	0.76	0.775		
中原油田气田气	94.42	2.12	0.41	0.15	0.18	0.09	0.09	0.26		1.25		
中原油田凝析气	85.14	5.62	3.41	0.75	1.35	0.54	0.59	0.67		0.84		
海南崖 13-1 气田	83.87	3.83	1.47	0.4	0.38	0.17	0.10	0.11	—	7.65	1.02	70.7(mg/m^3)
新疆塔里木克拉-2 气田	97.93	0.71	0.04	0.02						0.74	0.56	—
青海涩北-2 气田	99.69	0.08	0.02	—	—	—	—	—	—	—	0.2	—
东海平湖凝析气田	77.76	9.74	3.85	1.14	1.19	0.27	0.44	0.34	2.61	1.39	1.27	—
新疆柯克亚凝析气田	82.69	8.14	2.47	0.38	0.84	0.15	0.32	0.2	0.14	0.26	4.44	—
新疆珂河气田	91.46	5.48	1.37	0.35	0.30	0.13	0.08	0.09	0.10		0.66	

1.1.2 天然气的分类

天然气的分类方法繁多，根据不同的分类原则，可将天然气分为不同的类型。在天然气地面工程中常常采用如下三种天然气的分类方式。

(1) 按矿藏特点分类

按矿藏特点可将天然气分为气井气 (gas well gas)、凝析井气 (condensate gas) 和油田气 (oil field gas)。前两者称非伴生气 (unassociated gas)，后者也称为油田伴生气 (associated gas)，简称伴生气。

气井气：即纯气田天然气，气藏中的天然气以气相存在，通过气井开采出来，其中甲烷含量很高。

凝析井气：即凝析气田天然气，在气藏中以气体状态存在，是可回收液烃的气田气，其凝析液主要为凝析油，其次可能还有部分被凝析的水。这类气田的井口流出物除含有甲烷、乙烷外，还含有一定量的丙烷、丁烷及 C_5^+ 以上的烃类。

油田气：即油田伴生气，它是伴随原油共生，是在油藏中与原油呈相平衡的气体，包括游离气（气层气）和溶解在原油中的溶解气，属于湿气。在采油过程中，借助气层气来保持井压，而溶解气则伴随原油采出。油田气采出的特点是：组成和气油比 (gas-oil ratio, GOR，一般为 20～500m^3/t 原油) 因产层和开采条件不同而异，不能人为地控制，一般富含丁烷以上组分。油田气随原油一起被采出，由于油气分离条件（温度和压力）和分离方式

(一级或二级) 不同，受气液平衡规律的限制，气相中除含有甲烷、乙烷、丙烷、丁烷外，还含有戊烷、己烷，甚至 C_9、C_{10} 组分；液相中除含有重烃外，仍含有一定量的丁烷、丙烷，甚至甲烷。与此同时，为了降低原油的饱和蒸气压，防止原油在储运过程中的挥发耗损，油田上往往采用各种原油稳定工艺回收原油中的 $C_1 \sim C_5$ 组分，回收回来的气体称为原油稳定气，简称原稳气。

(2) 按天然气的烃类组成分类

按天然气的烃类组成 (即按天然气中液烃含量) 多少来分类，可分为干气、湿气或贫气、富气。

① 干气　在储层中呈气态，采出后一般在地面设备和管道中不析出液烃的天然气。按 C_5 界定法是指每立方米 (指 20℃，101.325kPa 状态下体积，下同) 天然气中 C_5^+ 以上烃类含量按液态计小于 13.5cm^3 的天然气。

② 湿气　在地层中呈气态，采出后一般在地面设备的温度、压力下有液烃析出的天然气。按 C_5 界定法是指每立方米气中 C_5^+ 以上烃类含量按液态计大于 13.5cm^3 的天然气。

③ 贫气　每立方米气中丙烷及以上烃类 (C_3^+) 含量按液态计小于 100cm^3 的天然气。

④ 富气　每立方米气中丙烷及以上烃类 (C_3^+) 含量按液态计大于 100cm^3 的天然气。

通常，人们习惯将脱水 (脱除水蒸气) 前的天然气称为湿气，脱水后水露点降低的天然气称为干气；将回收天然气凝液前的天然气称为富气，回收天然气凝液后的天然气称为贫气。此外，也有人将干气与贫气、湿气与富气相提并论。由此可见，它们之间的划分并不是十分严格的。

(3) 按酸气含量分类

按酸气 (acid gas，指 CO_2 和硫化物) 含量多少，天然气可分为酸性天然气和洁气。

酸性天然气 (sour gas) 指含有显著量的硫化物和 CO_2 等酸气，这类气体必须经过处理后才能达到管输标准或商品气气质指标。

洁气 (sweet gas) 是指硫化物含量甚微或根本不含的气体，它不需净化就可外输和利用。

由此可见，酸性天然气和洁气的划分采取了模糊的判据，而具体的数值指标并无统一的标准。在我国，一般采用硫含量不高于 20mg/m^3 作为界定指标，把含硫量高于 20mg/m^3 的天然气称为酸性天然气，低于 20mg/m^3 称为洁气。净化后达到管输要求的天然气称为净化气。

1.2 商品天然气质量要求与质量指标

1.2.1 商品天然气质量要求

商品天然气的质量要求不是按其组成，而是根据经济效益、安全卫生和环境保护三方面的因素综合考虑制定的。不同国家，甚至同一国家不同地区、不同用途的商品天然气质量要求均不相同，因此，不可能以一个标准来统一。此外，由于商品天然气多通过管道输往用户，又因用户不同，对气体的质量要求也不同。通常，商品天然气的质量要求主要有以下几项。

(1) 热值（发热量）

单位体积或单位质量天然气燃烧时所放出的热量称为天然气的燃烧热值，简称天然气热值或发热量，单位为 kJ/m^3 或 kJ/kg，亦可为 MJ/m^3 或 MJ/kg。

天然气的热值有两种表示方法：高热值（高位发热量）与低热值（低位发热量）。高热值是指压力在 101.325kPa、温度 20℃时天然气燃烧及生成的水蒸气完全冷凝成水所放出的热量。实际上，在天然气燃烧时，烟气排放温度均比水蒸气冷凝温度高得多，因此，燃烧产生的蒸汽并不能凝结，冷凝潜热也就得不到利用。从高热值中减去实际上不能利用的冷凝潜热就是低热值，也称净热值。简而言之，高热值包括燃烧放热和冷凝潜热，而低热值仅包括燃烧放热。热力工程上通常用的都是低热值。

燃气热值也是用户正确选用燃烧设备或燃具时所必须考虑的一项重要指标。

沃泊（Wobb）指数（也称华白数）是代表燃气特性的一个参数。它的定义式为

$$W=H/\sqrt{d}$$

式中　W——沃泊（Wobb）指数，或称热负荷指数；

H——燃气热值，kJ/m^3，各国习惯不同，有的取高热值，有的取低热值，我国取高热值；

d——燃气相对密度（设空气的 $d=1$）。

假设两种燃气的热值和相对密度均不同，但只要它们的沃泊指数相等，就能在同一燃气压力下和在同一燃具或燃烧设备上获得同一热负荷。换句话说，沃泊指数是燃气互换性的一个判定指数。只要一种燃气与另一种燃气的沃泊指数相同，则此燃气对另一种燃气具有互换性。各国一般规定，在两种燃气互换时沃泊指数的允许变化率不大于±5%～10%。

由此可见，在具有多种气源的城镇中，由燃气热值和相对密度所确定的沃泊指数，对于燃气经营管理部门及用户都有十分重要的意义。

(2) 烃露点

此项要求是用来防止在输气或配气管道中有液烃析出。析出的液烃聚集在管道低洼处，会减少管道流通截面。只要管道中不析出游离液烃，或游离液烃不滞留在管道中，烃露点要求就不十分重要。烃露点一般根据各国具体情况而定，有些国家规定了在一定压力下允许的天然气最高烃露点。

(3) 水露点

此项要求是用来防止在输气或配气管道中有液态水（游离水）析出。液态水的存在会加速天然气中酸性组分（H_2S、CO_2）对钢材的腐蚀，还会形成固态天然气水合物，堵塞管道和设备。此外，液态水聚集在管道低洼处，也会减少管道的流通截面。冬季水会结冰，也会堵塞管道和设备。

水露点一般也是根据各国具体情况而定。在我国，对商品天然气的要求是在天然气交接点的压力和温度条件下，天然气的水露点比最低环境温度低 5℃，也有一些国家是规定天然气中的水分含量。

(4) 硫含量

此项要求主要是用来控制天然气中硫化物的腐蚀性和对大气的污染，常用 H_2S 含量和总硫含量表示。

天然气中硫化物分为无机硫和有机硫。无机硫指硫化氢（H_2S），有机硫指二硫化碳（CS_2）、硫化羰（COS）、硫醇（CH_3SH、C_2H_5SH）、噻吩（C_4H_4S）、硫醚（CH_3SCH_3）

等。天然气中的大部分硫化物为无机硫。

硫化氢及其燃烧产物二氧化硫，都具有强烈的刺鼻气味，对眼黏膜和呼吸道有损坏作用。空气中的硫化氢浓度高于0.07%（体积分数）以上时，可在数秒内使人突然昏迷，呼吸与心跳骤停，发生闪电型死亡。当空气中含有0.05%（体积分数）SO_2时，人吸入短时间生命就有危险。

硫化氢又是一种活性腐蚀剂。在高压、高温以及有液态水存在时，腐蚀作用会更加剧烈。硫化氢燃烧后生成二氧化硫和三氧化硫，也会造成对燃具或燃烧设备的腐蚀。因此，一般要求天然气中的硫化氢含量不高于6～20mg/m^3。除此之外，对天然气中的总硫含量也有一定要求，一般要求小于350mg/m^{3}或更低。

(5) 二氧化碳含量

二氧化碳也是天然气中的酸性组分，在有液态水存在时，对管道和设备也有腐蚀性。尤其当硫化氢、二氧化碳与水同时存在时，对钢材的腐蚀更加严重。此外，二氧化碳还是天然气中的不可燃组分。因此，一些国家规定了天然气中二氧化碳的含量不高于2%～3%（体积分数）。

(6) 机械杂质（固体颗粒）

在我国，国家标准《天然气》(GB 17820）中虽未规定商品天然气中机械杂质的具体指标，但明确指出“天然气中固体颗粒含量应不影响天然气的输送和利用”，这与国际标准化组织天然气技术委员会（ISO/TC 193）1998年发布的《天然气质量指标》(ISO 13686）是一致的。应该说明的是，固体颗粒指标不仅应规定其含量，也应说明其粒径。故我国的企业标准《天然气长输管道气质要求》（Q/SY 30—2002）对固体颗粒的粒径明确规定应小于5μm，俄罗斯国家标准（ГОСТ 5542）则规定固体颗粒≤1mg/m^3。

(7) 氧含量

从我国西南油气田分公司天然气研究院十多年来对国内各油气田所产天然气的分析数据看，从未发现过井口天然气中含有氧。但四川、大庆等地区的用户均曾发现商品天然气中含有氧（在短期内)，有时其含量还超过2%（体积分数)。这部分氧的来源尚不甚清楚，估计是集输、处理等过程中混入天然气中的。

由于氧会与天然气形成爆炸性气体混合物，而且在输配系统中氧也可能氧化某些加臭剂（如硫醇）而形成腐蚀性更强的产物，故无论从安全或防腐的角度，应对此问题引起足够重视，及时开展调查研究。国外对天然气中氧含量做了规定的不多，例如德国的商品天然气标准规定氧含量不超过1%（体积分数)，俄罗斯国家标准（ГОСТ 5542）也规定不超过1%（体积分数)，但全俄行业标准ГОСТ 51.40则规定在温暖地区应不超过0.5%（体积分数)。我国企业标准《天然气长输管道气质要求》(Q/SY 30—2002）则规定输气管道中天然气中的氧含量应小于0.5%（体积分数)。

此外，北美国家的商品天然气质量要求中还规定了最高输气温度和最高输气压力等指标。

1.2.2 商品天然气的质量指标

(1) 天然气气质指标的国际标准（ISO 13686：1998）

国际标准化组织天然气技术委员会（ISO/TC 193）1998年发布了《天然气质量指标》(ISO 13686：1998）的国际标准。由于各国所产天然气的组成相差甚大，即使同一国家不同地区也可能如此，加之天然气的用途不同对气质的要求也不同，因此不可能以一个国际标准来统一。所以 ISO 13686：1998 是一份指导性准则，列出了描述管输天然气质量应予考虑的典型指标、计量单位和相应的试验方法，但对各类指标不做定量的规定。该标准列出的管输天然气质量指标涉及的主要内容如图 1-1 所示。

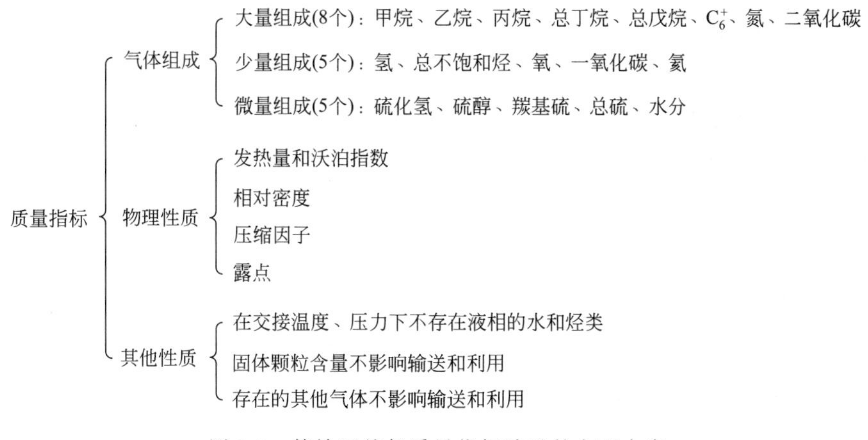

图 1-1　管输天然气质量指标涉及的主要内容

ISO 13686 有 8 个附录，其中除第 8 个附录为参考文献外，其他 7 个附录比较详细地介绍了美国、德国、英国、法国等国家制定天然气质量指标时所遵循的基本原则、指标的具体数值及其相应的试验方法。实质上，此国际标准反映了从经济利益、安全卫生和环境保护三个方面的因素来综合考虑天然气质量指标的基本原则。

(2) 若干发达国家的气质标准

各国都根据本国的资源类型、地理环境、应用领域等实际情况来制定气质标准。若干发达国家管输天然气的主要质量指标如表 1-4～表 1-6 所示。从表 1-4 可知，发达国家商品天然气的气质标准一般至少应包括 5 项技术指标，即发热量、硫化氢含量、总硫含量、二氧化碳含量和水露点。天然气高位发热量的范围在 30.2～47.2MJ/m³ 之间。对硫化氢含量的要求可分为两个水平，北美及西欧多数国家不大于 6mg/m³，而俄罗斯不大于 20mg/m³。

表 1-4　若干发达国家的管输天然气气质指标

国家	硫化氢/(mg/m³)	总硫/(mg/m³)	二氧化碳/%	高位发热量/(MJ/m³)	水露点/[℃/(10⁻¹MPa)]
美国	5.7	23	3.0	43.6～44.3	(水含量:110mg/m³)
加拿大	5.7(输美国)	23(输美国)	2.0	36.0	−10/操作压力
俄罗斯	20	36	—	36.1	按俄罗斯标准①
英国	5	50	2.0	38.8～42.8	夏季 4.4/69 冬季−9.4/69
荷兰	5	120	1.5～2.0	35.2	−8/70
法国	7	150	—	37.7～46.0	−5/操作压力
德国	5	120	—	30.2～47.2	地温/操作压力
意大利	2	100	1.5	—	−10/60

① 俄罗斯 OCT 54.04 标准规定：5 月 1 日至 9 月 30 日温带地区水露点不大于−3℃；寒冷地区水露点不大于−10℃。10 月 1 日至次年 4 月 30 日温带地区水露点不大于−5℃；寒冷地区水露点不大于−20℃。

表 1-5 俄罗斯国家标准（ГОСТ 5542—1987）规定的商品天然气气质指标

指标名称		定额	试验方法
① 20℃和 101.325kPa 条件下的低位发热量/(MJ/m³)(kcal①/m³)	≥	31.8(7600)	ГОСТ 27193—1986 ГОСТ 22667—1982 ГОСТ 10062—1975
②沃泊指数值范围/(MJ/m³)(kcal/m³)		41.2～54.5 (9850～13000)	ГОСТ 22667—1982
③沃泊指数允许误差/%	≤	±5	—
④硫化氢的质量浓度/(g/m³)	≤	0.02	ГОСТ 22387.2—1997
⑤硫醇的质量浓度/(g/m³)	≤	0.036	ГОСТ 22387.2—1997
⑥氧的体积分数/%	≤	1.0	ГОСТ 22387.3—1977
⑦1m³ 天然气的机械杂质质量/g	≤	0.001	ГОСТ 22387.4—1977
⑧在空气中的体积分数为 1%的条件下的气味强度/级		3	ГОСТ 22387.5—1977

① 1cal=4.18J。

注：1. 征得用户同意后，用于发电的天然气允许其硫化氢和硫醇含量更高，但要用单独的输气管道供气。

2. 表中第②、③、⑧项指标仅针对公用工程及日常生活用途的天然气。对于工业用途的天然气，第②项指标可与用户协商确定。

3. 沃泊指数的额定值可与用户商议，在表中第②项指标范围内，针对各配气系统确定。

表 1-6 全俄罗斯行业标准（OCT 51.04—1993）规定的天然气技术要求

项目		温带地区		寒冷地区	
		5月1日至 9月30日	10月1日至 次年4月30日	5月1日至 次年9月30日	10月1日至 次年4月30日
20℃，101325kPa 条件下的发热量/(MJ/m³)	低位	32.5	32.5	32.5	32.5
	高位	—	36.1(计算法)	—	—
水露点温度/℃		≤-3	≤-5	≤-10	≤-20
烃露点温度/℃		≤0	≤0	≤-5	≤-10
硫化氢质量浓度/(mg/m³)		≤20(7.0)	≤20(7.0)	≤20(7.0)	≤20(7.0)
硫醇质量浓度/(mg/m³)		≤36.0(16.0)	≤36.0(16.0)	≤36.0	≤36.0(16.0)
氧的含量/%(体积分数)		≤0.5	≤0.5	≤1.0	≤1.0

注：括号中为 2005 年以后执行的指标。

(3) 我国商品天然气的气质标准

表 1-7 是我国 2012 年公布的国家标准《天然气》(GB 17820—2012) 中有关商品天然气的质量指标。

表 1-7 我国商品天然气质量指标（GB 17820—2012）

项目	质量指标		
	一类	二类	三类
高位发热量①/(MJ/m³)≥	36.0	31.4	31.4
总硫(以硫计)①/(mg/m³)≤	60	200	350
硫化氢①/(mg/m³)≤	6	20	350

续表

项目	质量指标		
	一类	二类	三类
二氧化碳 y/%≤	2.0	3.0	—
水露点②,③/℃	在交接点压力下，水露点应比输送条件下最低环境温度低5℃		

① 本标准中的气体体积的标准参比条件是101.325kPa，20℃。

② 在输送条件下，当管道管顶埋地温度为0℃时，水露点应不高于-5℃。

③ 进入输气管道的天然气，水露点的压力应是最高输送压力。

1.3 商品天然气分析测定技术

1.3.1 商品天然气分析测定标准与方法一览

天然气作为清洁能源，人们普遍关注它的物性和组成，天然气的分析与测定是现场生产和科学研究取得这些数据不可缺少的手段，而经国家技术监督行政部门认可的方法标准，包括国家标准、行业标准等，是制定工程设计、商品天然气贸易计量、结算、仲裁天然气数量与质量的依据。目前我国已发布的天然气分析测定方法国家标准、行业标准见表1-8，目前常用的商品天然气分析测定方法见表1-9。

表1-8 天然气分析测定标准

标准名称	标准编号	标准标题
国家标准	GB 17820—2012	天然气
	GB/T 13609—2012	天然气的取样导则
	GB/T 13610—2003	天然气的组分分析——气相色谱法
	GB/T 11062—1998	天然气发热量、密度、相对密度和沃泊指数的计算方法
	GB/T 11060.1—2010	天然气 含硫化合物的测定 第1部分 碘量法测定硫化氢含量
	GB/T 11060.2—2010	天然气 含硫化合物的测定 第2部分 用亚甲蓝法测定硫化氢含量
	GB/T 11060.3—2010	天然气 含硫化合物的测定 第3部分 用乙酸铅反应速率双光路检测法测定硫化氢含量
	GB/T 11060.4—2010	天然气 含硫化合物的测定 第4部分 用氧化微库仑法测定总硫含量
	GB/T 11060.5—2010	天然气 含硫化合物的测定 第5部分 用氢解-速率计比色法测定总硫含量
	GB/T 11060.6—2011	天然气 含硫化合物的测定 第6部分 用电位法测定硫化氢、硫醇硫和硫氧化碳含量
	GB/T 11060.7—2011	天然气 含硫化合物的测定 第7部分 用格格奈燃烧法测定总硫含量
	GB/T 11060.8—2012	天然气 含硫化合物的测定 第8部分 用紫外荧光光度法测定总硫含量
	GB/T 11060.9—2011	天然气 含硫化合物的测定 第9部分 用碘量法测定硫醇型硫含量
	GB/T 16781.1—2008	天然气中汞含量的测定 第1部分 碘化学吸附取样法
	GB/T 16781.2—2010	天然气中汞含量的测定 第2部分 金-铂合金汞齐化取样法
	GB/T 17281—1998	天然气中丁烷至C_{10}烃类测定 气相色谱法
	GB/T 17283—1998	天然气中水露点的测定 冷却镜面凝析湿度计法

续表

标准名称	标准编号	标准标题
国家标准	GB/T 18619.1—2002	天然气中水分测定——卡尔费休库仑法
	GB/T 22634—2008	天然气水含量与水露点之间的换算
	JJF 1272—2011	阻容法露点湿度计校准规范
	GB/T 27895—2011	天然气烃露点的测定　冷却镜面目测法
	GB/T 28766—2012	天然气　在线分析系统性能评价
	GB/T 17747.1—2011	天然气压缩因子计算　第1部分　导论与指南
	GB/T 17747.2—2011	天然气压缩因子计算　第2部分　用摩尔组成进行计算
	GB/T 17747.3—2011	天然气压缩因子计算　第3部分　用物性进行计算
	SY/T 7506—1996	天然气中二氧化碳含量的测定方法　氢氧化钡法
石油行业标准	SY/T 7507—1997	天然气中水含量的测定　电解法
	SY/T 7508—1997	油气田液化石油气中总硫的测定　氧化微库仑法
	SY/T 6537—2002	天然气净化厂气体及溶液分析方法

表 1-9　商品天然气分析测定方法一览表

分析测定项目	实验室分析	在线分析
天然气组成分析与发热量计算	气相色谱法 组成分析:GB/T 13610—2003 发热量计算:GB/T 11062—1998	气相色谱法 ISO 6974-4,ISO 6974-5 和 ISO 6974-6 GB/T 28766—2012 天然气　在线分析系统性能评价
硫化氢含量	①碘量法 (GB/T 11060.1—2010) ②亚甲蓝法 (GB/T 11060.2—2010)	①醋酸铅反应速率法(GB/T 11060.3—2010)
		②紫外线吸收法
		③气相色谱法
		④激光光谱法
总硫含量	①氧化微库仑法 (GB/T 11060.4—2010) ②紫外荧光光度法 (GB/T 11060.8—2011)	①氢解-速率计比色法(GB/T 11060.5—2010)
		②紫外荧光法
		③气相色谱法
二氧化碳含量	气相色谱法(GB/T 13610—2003)	红外线吸收法
水露点或水分含量	冷却镜面凝析湿度计法(GB/T 17283—1998)	①电解法(SY/T 7507—1997)
		②电容法
		③石英晶体振荡法
		④激光光谱法
		⑤近红外漫反射法
烃露点	冷却镜面目测法(GB/T 27895—2011)	冷却镜面光电测量法

1.3.2　天然气组成分析与发热量计算

天然气的组成是指天然气中所含的组分及其在可检测范围内相应的含量。分析时，通常所指的组成是指天然气中甲烷、乙烷等烃类组分和氮、二氧化碳等常见的非烃组分的含量。尽管有些杂质组分如含硫化合物、水等也是天然气组成的一部分，但如不加以特别说明时，组成（常规）分析并不包括这些组分。进行天然气（高位）发热量计算时所使用的数据主要由烃类组成的常规分析得到。

根据 GB 17820—2012 的规定，商品天然气的组成按 GB/T 13610—2003 用气相色谱法进行分析，其发热量则按组成分析的结果，参照 GB/T 11062—1998 的规定进行计算。

(1) 实验室分析

进行实验室分析时，按标准方法（GB/T 13609）从天然气管道中取样，然后在实验室内用气相色谱仪按 GB/T 13610 规定的方法分析组成。根据商品天然气的质量要求，可进行两种分析：一种是主要分析，包括 H_2、He、O_2、N_2、CO_2 和 C_1～C_6^+ 等组分的分析；另一种是 H_2、He、O_2、N_2、CO_2 和 C_1～C_8 等组分的分析。分析结果以外标法定量。GB/T 13610 规定的方法精密度见表 1-10。

表 1-10　GB/T 13610 规定的方法精密度

组分浓度范围 y/%	重复性 Δy/%	再现性 Δy/%
0.01～1	0.03	0.06
1～5	0.05	0.10
5～25	0.15	0.20
＞25	0.30	0.60

按 GB/T 13610 的规定，对气相色谱仪的主要技术要求如下：

① 检测器　热导检测器（TCD），其线性范围为 10^5（±5%），灵敏度对于正丁烷含量为 1%（摩尔分数）的气样，进样量为 0.25mL 时至少应产生 0.5mV 的信号；

② 测量范围　0.01%～100%；

③ 精密度　对低浓度（0.01%～1%）组分而言，重复性不大于 0.03%，再现性不大于 0.06%。

(2) 在线分析

目前，欧美各国在天然气交接计量时已普遍采用能量计量的方式，因而在交接界面上应设置在线分析的气相色谱仪。在线分析仪直接从管道中取样并在无人管理的条件下自动分析，要求分析的组分数和数据处理方式以及色谱柱、检测器、色谱操作条件等都是预先设定的，并根据要求给出各组分的摩尔浓度、发热量、密度和压缩因子等。

有关在线分析的气相色谱分析方法，ISO/TC 193 已发布了 ISO 6974-4、ISO 6974-5 和 ISO 6974-6 三个国际标准，但我国目前还未发布相应的方法和标准。

按 GB/T 13610 及 ISO 有关标准的规定，在线色谱仪的主要技术要求如下：

① 检测器　精密的微型结构的热导检测器（TCD），可提供高信噪比的信号；

② 测量范围　提供 C_1～C_9 的分析时，分组测到 C_6^+，浓度范围 0.01%～100%，适用的发热量范围 0～74.5MJ/m^3；

③ 组分测定低限　5×10^{-6}～10×10^{-6}；

④ 重复性　±0.05%；

⑤ 柱箱温度控制精度　可准确地控制在±0.01℃；

⑥ 分析时间　＜12min。

1.3.3　硫化氢含量测定

(1) 实验室分析

① 碘量法（GB/T 11060.1—2010）　该方法是一种化学分析方法，测定范围 0～100%。

GB/T 11060.1—2010是修改采用ASTM D2725—80，但与ASTM D2725—80相比，所用吸收液不同，而且扩大了检测范围，并增加了相应的取样和分析步骤。以过量的乙酸锌溶液吸收气样中的硫化氢，生成硫化锌沉淀（反应式 $H_2S+2ZnAc=Zn_2S+2HAc$），然后加入过量的碘溶液，氧化生成硫化锌，剩余碘用硫代硫酸钠标准溶液滴定。

测定不同含量的硫化氢时，重复性和再现性应满足表1-11的规定。

表1-11 碘量法的重复性和再现性（95%置信水平）

性能	硫化氢含量范围		允许误差(误差占较小测得值的分数)/%
	φ/%	ρ/(mg/m³)	
重复性	≤0.0005	≤7.2	20
	0.0005～0.005	7.2～72	10
	0.005～0.01	72～143	8
	0.01～0.1	143～1434	6
	0.1～0.5	—	4
	0.5～50	—	3
	≥50	—	2
再现性	—	≤7.2	30
	—	7.2～72	15
	—	72～720	10

② 亚甲蓝法（GB/T 11060.2—2010） 该方法适用于硫化氢含量在0～23mg/m³范围内的天然气，是修改采用ASTM D2725—80，但在二胺溶液的配制上有所不同。用乙酸锌溶液吸收气样中的硫化氢，生成硫化锌沉淀。在酸性介质中和三价铁离子存在下，硫化锌同*N*,*N*-二甲基对苯二胺反应，生成亚甲蓝。用分光光度计在670nm处测量溶液吸光度。

测定不同含量的硫化氢时，重复性应满足表1-12的规定。

表1-12 亚甲蓝法的重复性（95%置信水平）

硫化氢含量/(mg/m³)	重复性/(mg/m³)	硫化氢含量/(mg/m³)	重复性/(mg/m³)
<1.1	0.23	4.6～23	几次测量结果平均值的10%
1.1～4.6	0.46		

(2) 在线分析

① 醋酸铅反应速率法（GB/T 11060.3—2010） 该法适用于天然气、天然气代用品、气体燃料和液化石油气中硫化氢含量的测定。空气不会产生干扰。直接测定范围为0.1～22mg/m³，更高的含量范围可稀释后测定。被水饱和的含硫化氢气体以恒定流速通过用醋酸铅溶液饱和的纸带，硫化氢与醋酸铅反应生成硫化铅，并在纸带上形成灰色的色斑[反应式 $H_2S+Pb(Ac)_2=PbS+2HAc$]。反应速率和所引起的色度变化速率与样品中硫化氢含量成比例。利用比色法，通过比较已知硫化氢含量的标样和未知样品在分析器上的读数，即可测定未知样品中硫化氢含量。

GB/T 11060.3—2010规定了用双光路检测仪器进行分析的方法。该法适用的硫化氢含量范围为0.1～22mg/m³，并可通过手动或自动的体积稀释将硫化氢的测量范围扩展到100%。空气对分析无干扰。方法的重复性和再现性应满足图1-2的要求。

醋酸铅反应速率法在线测量硫化氢仪器的主要技术指标如下：

a. 测定范围　H_2S：0～30mg/m³；

b. 总硫　0～500mg/m³；

c. 准确度　±2%（全量程的）；

d. 重复性　±1%（全量程的）；

e. 线性误差　±1%（全量程的）；

f. 分辨能力　1μg/m³；

g. 响应时间　≥1s；

h. 环境温度　−10～50℃；

i. 操作压力　0.1MPa。

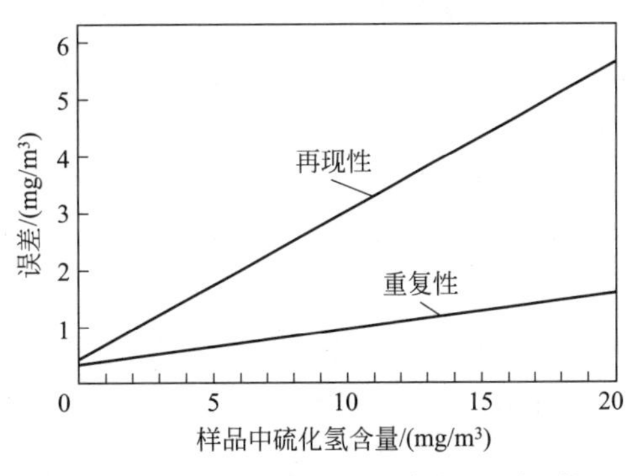

图 1-2　双光路检测法的重复性和再现性

② 紫外线吸收法（我国尚未发布有关标准）　根据紫外吸收光谱的原理，对天然气中含硫组分进行定量分析的方法。目前，我国天然气净化厂和管输系统中使用AMETEK公司紫外线H_2S分析仪较多，主要有931、932、933三种型号。其中931、932为高含量H_2S分析仪，用于脱硫前原料气分析，测量范围931为0.4%～20%（体积分数），932为0.02%～20%（体积分数）。933为微量H_2S分析仪，用于脱硫后净化气分析，测量范围分为多挡，从最低0～5ppmV[1]到最高0～100ppmV。

从脱硫后天然气组成成分来看，吸收紫外线的组分主要有5个：H_2S硫化氢、COS羰基硫、MeSH甲基硫醇、EtSH乙基硫醇、Aromatics芳香烃。它们的吸收光谱呈带状分布，彼此重叠在一起，要想在这种情况下测量微量的H_2S是十分困难的。933采用色谱分离技术，将被测样气中吸收紫外线的组分分离开来，只让H_2S、COS、MeSH三种组分通过色谱柱进入紫外分析器的测量气室加以分析，而将EtSH、Aromatics两种组分从色谱柱反吹出去不再测量，以减轻紫外分析器的负担和难度。

③ 气相色谱法（我国尚未发布有关标准）　气相色谱法测量天然气中的H_2S时，常量分析用TCD检测器，微量分析用FPD检测器。ABB公司在色谱仪分析气路中接入硫醚渗透管，大大提高了H_2S检测的灵敏度，测量下限可达到1μg/L。由于在线FPD色谱仪运行时需要仪表空气、载气、燃烧氢气等原因，在天然气净化、管输中应用很少，仅在天然气制合成氨、甲醇中有所应用。

④ 激光光谱法（我国尚未发布有关标准）　半导体激光气体分析仪的测量原理是根据气体组分在近红外波段的吸收特性，采用半导体激光光谱吸收技术（DLAS）进行测量的一种光学分析仪器。这种测量方法的主要优点如下。

a. 单线吸收光谱，不易受到背景气体的影响。半导体激光吸收光谱技术中使用的激光谱宽小于0.0001nm，远小于被测气体一条吸收谱线的谱宽，因而不易受到背景气体组分的交叉干扰，测量精度较高。

b. 粉尘与视窗污染对测量的影响很小。激光分析仪的光源和检测器件不与被测气体接触，天然气中含有的粉尘、气雾、重烃及其对光学视窗的污染对于仪器的测量结果影响很小。实验结果表明：当激光光强衰减到20%报警前，测试精确度仍不受影响。

1.3.4　天然气总硫含量测定

(1) 实验室分析

① 氧化微库仑法（GB/T 11060.4—2010）　天然气中的硫化合物主要包括两类，即硫

[1] 1ppmV=10^{-6}（体积）。因为分析仪中多以ppmV表示，故本书不做改动。

化氢和有机硫化合物，两者含量之和称为总硫。氧化微库仑法适用于总硫含量在 1～1000mg/m³ 的天然气。高于此范围的气体可经稀释后测定。GB/T 11060.4—2010 是修改采用 ASTM D3246—81《石油气中总硫的分析方法——氧化微库仑法》制定的。与 ASTM D3246—81 相比扩大了适用范围，并增加了液体标准样的使用。该方法的原理为含硫天然气在 900℃±20℃的石英转化管中与氧气混合燃烧，使其中的含硫化合物转化成二氧化硫后，随氮气进入滴定池发生反应，消耗的碘由电解碘化钾得到补充。根据法拉第电解定律，由电解所消耗的电量计算出样品中硫的含量，并用标准样进行校正。

氧化微库仑法分析总硫含量的重复性应满足表 1-13 的规定。

表 1-13 氧化微库仑法分析总硫的重复性（95%置信水平）

含量范围/(mg/m³)	重复性/(mg/m³)	含量范围/(mg/m³)	重复性/(mg/m³)
1～14	0.57	200～600	20.9
14～100	4.2	600～1000	27.6
100～200	9.2		

② 紫外荧光法（GB/T 11060.8—2012） 紫外荧光法总硫分析方法的测量过程是：含硫天然气在石英转化管中与氧气混合燃烧，使其中的含硫化合物转化成二氧化硫后进入硫检测器检测。SO_2 在紫外光（190～230nm，中心波长为 214nm）照射下生成激发态 SO_2^*，激发态 SO_2^* 不稳定，会很快衰变到基态，激发态在返回到基态时伴随着光子的辐射，并发出特征波长的荧光（240～420nm），经滤光片过滤后被光电倍增管接收并转化为电信号放大处理。

(2) 在线分析

① 氢解-速率计比色法（GB/T 11060.5—2010） 该方法又称氢解-醋酸铅纸带法。其测量原理是：在醋酸铅纸带法 H_2S 分析仪上增加一个加氢反应炉，被测天然气和 H_2 混合送入加氢反应炉的石英管中，在 900℃和 H_2 存在条件下，所有的硫化物被转化成 H_2S，反应后的气体流入 H_2S 分析仪，分析仪通过测量醋酸铅纸带斑块颜色变暗的速率来确定气体中的总硫含量。

② 紫外荧光法（GB/T 11060.8—2012）

③ 气相色谱法（我国尚未发布有关标准） 气相色谱法依据先分离、后检测的原理进行分析，具有选择性好、灵敏度高、分析对象广以及多组分分析等优点。它可以分别测出天然气中每种硫化物的含量，然后加和得到总硫含量，这是气相色谱法的固有优势，也是其他分析方法所不具备的。

但色谱分析依赖于标准气，要配制含有多种微量硫化物的标准气是异常困难的，因而色谱法总硫分析的测量下限和测量精度受到一定限制。目前 ABB、SIEMENS 等公司已研制出将含硫天然气在石英转化管中与氧气混合燃烧，使其中的含硫化合物转化成二氧化硫后再送入 FPD 检测总硫含量的色谱仪，测量下限已达到 1mg/kg 以下。

1.3.5 二氧化碳含量测定

(1) 实验室分析

根据 GB 17820 的要求，天然气中的二氧化碳含量按 GB/T 13610—2003 的规定用气相色谱法测定。对二氧化碳含量较高且同时含有硫化氢的样品，在天然气净化厂中也经常按

SY 7056 的规定，采用氢氧化钡法进行快速分析。氢氧化钡法是经典的容量分析方法，故也可以应用于仲裁分析。

（2）在线分析

目前，在天然气净化厂和 LNG 工厂中，普遍采用红外线气体分析仪在线测量脱碳后天然气中的常量（净化厂）或微量（LNG 厂）CO_2 含量。

1.3.6　水露点和水分含量测定

（1）水露点的实验室分析

① 冷却镜面凝析湿度计法（GB/T 17283—1998）　GB/T 17283—1998 标准等效采用国际标准 ISO 6327：1981《天然气水露点的测定　冷却镜面凝析湿度计法》。采用冷却镜面凝析湿度计法的最大优点是测定结果非常直观，无需进行含水量和水露点之间的换算，减少了引入不确定度的环节。但此法必须用液氮或液化气作为制冷剂，现场使用不太方便，故不宜作为常规测定的方法。

使用的露点仪应符合 GB/T 17283 规定的技术要求，主要技术指标要求如下：

a. 测定范围　−100～20℃；

b. 准确度　±1℃（自动）；

c. 重复性　±2℃（手动）；

d. 入口压力　约 30MPa。

（2）水分含量的在线分析

① 电解法（SY/T 7507—1997）　我国目前只有行业标准 SY/T 7507—1997 规定的电解法适用于天然气中水含量的在线测定。气样以一定的恒速通过电解池，其中水分被电解池内作为吸湿剂的五氧化二磷膜层吸收，生成亚磷酸，然后被电解成氢气和氧气排出，而五氧化二磷得到再生。电解电流的大小与气样中的水含量成正比，因此可用电解电流来度量气样中的水含量。

这种仪器具有两方面的显著优势：其一是其测量方法属于绝对测量法，电解电量与水分含量一一对应，测量精度高，绝对误差小，由于是绝对测量法，测量探头一般不需要用其他方法进行校准；其二是这种仪器是目前唯一国产化的微量水分仪，具有价格上的显著优势，并可提供及时便捷的备件供应和技术服务。

其缺点是：不能测量会与 P_2O_5 起反应的气体，如不饱和烃（芳烃除外）等会在电解池内发生聚合反应，缩短电解池使用寿命；乙二醇等醇类气体会被 P_2O_5 分解产生 H_2O，引起仪表读数偏高，应在样品处理环节除去。

电解法测定仪器的主要技术指标如下：

a. 测量范围　$0 \sim 2000 \times 10^{-6}$（体积分数）；

b. 测量下限　1ppmV；

c. 最大允许误差　测量值的±5%；

d. 响应时间　不大于 60s。

测量结果水分含量与水露点之间的转换可按 GB/T 22634—2008《天然气水含量与水露点之间的换算》进行。

② 电容法（我国尚未发布有关标准）　又称阻容法。当电容器的几何尺寸——极板面积 S 和板间距 d 一定时，电容量 C 仅和极板间介质的相对介电常数有关。其中一般干燥气体

的相对介电常数在1.0～5.0之间，水的相对介电常数为80（在20℃时），比干燥气体大得多。所以，样品的相对介电常数主要取决于样品中的水分含量，它的变化也主要取决于样品中水分含量的变化。

电容法微量水分分析仪使用氧化铝湿敏传感器，其优点如下：

a. 体积小，灵敏度高（露点测量下限达－110℃），响应速度快（一般在0.3～3s之间）；

b. 样品流量波动和温度变化对测量的准确度影响不大；

c. 它不但可以测量气体中的微量水分，也可以测量液体中的微量水分。

其缺点是：

a. 氧化铝湿敏传感器探头存在“老化”现象，示值容易漂移，需要经常校准，给工作造成不便和麻烦；

b. 须防止极性气体、油污污染传感器，极性气体吸附性强，会在氧化铝膜吸附且难以脱附，影响对水分的吸附能力。

③ 石英晶体振荡法（我国尚未发布有关标准） 晶体振荡式微量水分仪的敏感元件是水感性石英晶体，它是在石英晶体表面涂覆了一层对水敏感（容易吸湿也容易脱湿）的物质。当湿性样品气通过石英晶体时，石英表面的涂层吸收样品气中的水分，使晶体的质量增加，从而使石英晶体的振荡频率降低。然后通入干性样品气，干性样品气萃取石英涂层中的水分，使晶体的质量减小，从而使石英晶体的振动频率增高。在湿气、干气两种状态下振荡频率的差值，与被测气体中水分含量成比例。其优点如下：

a. 石英晶体传感器性能稳定可靠，灵敏度高，可达0.1ppmV，测量范围0.1～2500ppmV，重复性误差为仪表读数的5%；

b. 反应速度快，水分含量变化后能在几秒内做出反应；

c. 抗干扰性能较强。

当样气中含有乙二醇、压缩机油、高沸点烃等污染物时，仪器采用检测器保护定时模式，即通样品气30s，通干燥气3min，可在一定程度上降低污染，减少“死机”现象。

目前存在的主要问题是：

a. 当天然气中重烃蒸气（油蒸气）含量较高时，石英晶体吸湿膜不但吸附水蒸气，也吸附油蒸气，致使水露点测量值偏低10℃以上（与冷镜法比对测试结果），根据我国使用经验，仍需配置完善的过滤除雾系统，并加强维护；

b. 部件（如干燥器、水分发生器、传感器等）价格昂贵，更换频繁，维护成本过高。

④ 激光光谱吸收法（我国尚未发布有关标准） 测量原理是根据气体组分在近红外波段的吸收特性，采用半导体激光光谱吸收技术（DLAS）进行测量的一种光学分析仪器。主要优点：

a. 单线吸收光谱，不易受到背景气体的影响；

b. 激光频率扫描技术，可补偿（降低）少量粉尘颗粒物等对测量的影响，对样品的洁净程度要求不高（其他类型的水分仪则对样品的洁净程度要求较高，否则测量元件易受污染而失效）；

c. 非接触测量，可以测量腐蚀性气体中的含水量。

目前存在的问题是：

a. 大多数厂家的产品测量下限仅能达到5ppmV，个别厂家声称测量下限可达0.1～

0.2ppmV，但在我国尚无应用实例加以佐证；

b. 测量天然气时，CH_4 对 H_2O 吸收谱线有重叠干扰，仪器出厂时对其进行了补偿修正，测量时要求 CH_4 浓度＞75%，如果 CH_4 含量低于 75%，需要重新进行补偿修正，设定零点值。

⑤ 近红外漫反射法微量水分仪（我国尚未发布有关标准） 又称为光纤法。F5673 型光纤式近红外微量水分仪，湿度传感器的表面为具有不同反射系数的氧化硅和氧化锆构成的层叠结构，通过特殊的热固化技术，使传感器表面的孔径控制在 0.3nm，这样分子直径为 0.28nm 的水分子可以渗入传感器内部。仪器工作时控制器发射出一束 790～820nm 的近红外光，通过光纤传送给传感器，进入到传感器内部的水分子浓度不同，对不同波长的光反射系数就不一样，从而 CCD 检测器检测到的特征波长就不同。实验表明，该特征波长与介质的水分含量有对应关系。

其特点如下。

a. 测量信号无干扰，测量数据可靠性高，重复性强。由于只有直径小于 0.3nm 的水分子能够渗入传感器表面的多微孔结构，并且仪器所用的近红外光只对水分子敏感，因而露点测定不受样品中其他组分的干扰。

b. 不需取样系统。探头耐压等级高（耐压 25MPa），可直接安装于主管道中，避免了取样部件对水分子的吸附，可以更真实地测得管输天然气在压力状态下的水露点。

c. 维护方便。可方便地将探头拔出来清洗。清洗剂可用酒精或异丙醇，探头抗腐蚀，不老化，清洗完的探头可重新插入使用，不需再次标定。

1.3.7 烃露点测定

(1) 实验室分析

① 冷却镜面目测法（GB/T 27895—2011） 在恒定测试压力下，天然气样品以一定流量流经露点仪测定室中的抛光金属镜面，该镜面温度可人为降低并能准确测量。当气体随着镜面温度的逐渐降低，刚开始析出烃凝析物时，所测量到的镜面温度即为该压力下气体的烃露点。

冷却镜面目测法可以获得±2.0℃的准确度。国际上采用称量法测定天然气中潜在烃液含量（ISO 6570），以校正烃露点仪测定结果的准确度。

② 冷却镜面光学自动检测法（我国尚未发布有关标准） 采用电热制冷，通过光学检测原理自动检测烃露点的形成。

③ 组成数据计算法（我国尚未发布有关标准） 气相色谱法分析天然气的组成，用组成数据通过专用软件计算获得烃露点。

(2) 在线分析

目前仅有少数公司生产冷却镜面光学自动检测法在线烃露点分析仪，如英国 Michell 公司的 Condumax Ⅱ烃露点分析仪，德国 BARTEC 公司的 HYGROPHIL HCDT 烃露点分析仪等。

1.3.8 天然气体积计量的条件

天然气作为商品交接必须进行计量。天然气流量计量的结果值可以是体积流量、质量流量和能量（热值）流量。其中，体积流量是天然气各种流量计量的基础。

天然气的体积具有压缩性，随温度、压力条件而变。为了便于比较和计算，须把不同压力、温度下的天然气体积折算成相同压力、温度下的体积。或者说，均以此相同压力、温度下的体积单位（工程上通常是 $1m^3$）作为天然气体积的计量单位，此压力、温度条件称为标准参比条件，一般也称标准状态条件。

（1）标准状态的压力、温度条件

目前，国内外采用的标准状态的压力和温度条件并不统一。一种是采用 0℃ 和 101.325kPa 作为天然气体积计量的标准状态条件，在此状态条件计量的 $1m^3$ 天然气体积称为标准立方米，简称 1 标方。我国以往写成 $1Nm^3$，目前写成 $1m^3$（标准）。

另一种是采用 20℃ 或 15.6℃（60℉）及 101.325kPa 作为天然气体积计量的标准状态条件。其中，我国石油天然气行业气体体积计量的标准状态条件采用 20℃，英、美等国则多采用 15.6℃。为与前一种标准状态区别，我国以往称为基准状态，而将此条件下计量 $1m^3$ 称为 1 基准立方米，简称 1 基方或 1 方，写成 $1m^3$。

为便于区别，本书将前者写成 $1m^3$(N)，后者写成 $1m^3$，而对采用 15.6℃ 及 101.325kPa 计量的 $1m^3$ 写成 $1m^3$(GPA)，对采用 20℃ 及 101.325kPa 计量的 $1m^3$ 写成 $1m^3$(CHN)。当气体质量相同时，它们的关系是：$1m^3$(CHN)＝0.985m^3(GPA)＝0.932m^3(N)

（2）我国天然气体积计量条件有关标准

我国于 2003 年发布了国家标准《天然气标准参比条件》(GB/T 19205—2003)。该标准系非等效采用 ISO 13443，其规定为：在测量和计算天然气、天然气代用品及气态的类似流体时使用的标准参比条件是 101.325kPa 和 20℃（293.15K）。

中国石油天然气总公司采用的标准状态条件为 20℃、101.325kPa。例如，在《天然气》(GB 17820—2012）均注明所采用的天然气体积单位“m^3”为 20℃、101.325kPa 条件下的体积。

我国城镇燃气（包括天然气）设计、经营管理部门则通常采用 0℃、101.325kPa 为标准状态条件。例如，在《城镇燃气设计规范》(GB 50028—2006）中注明燃气体积流量计量条件为 0℃、101.325kPa。

硫化氢和总硫分析仪

2.1 醋酸铅纸带比色法硫化氢分析仪

2.1.1 测量原理

当恒定流量的气体样品从浸有醋酸铅的纸带上面流过时，样气中的硫化氢与醋酸铅发生化学反应生成硫化铅褐色斑点，反应式如下：

$$H_2S + PbAc_2 \longrightarrow PbS + 2HAc$$

反应速率即纸带颜色变暗的速率与样气中 H_2S 浓度成正比，利用光电检测系统测得纸带颜色变暗的平均速率，即可得知样气中的 H_2S 的含量。

H_2S 分析仪每隔一段时间移动纸带，以便进行连续分析，新鲜纸带暴露在样气中的这段时间叫做测量分析周期时间（一般为 3min 左右）。

图 2-1 是醋酸铅纸带法 H_2S 分析仪在一个测量分析周期时间（cycle time）内光电检测系统输出信号的波形图，其分析过程如下。

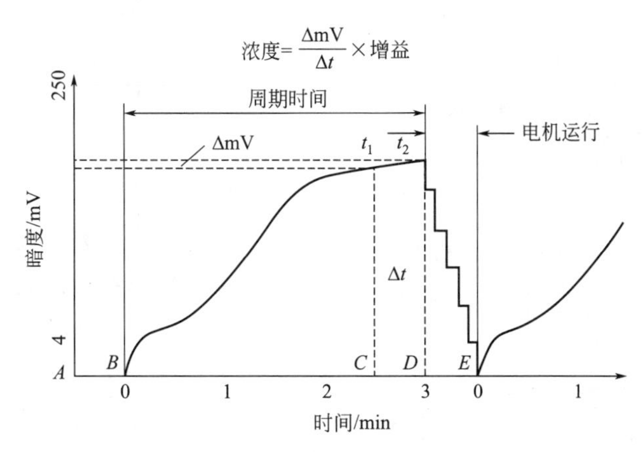

图 2-1 典型分析周期波形图

AB 段——电机运转并驱动纸带进纸 1/4in[1]。

BC 段——采样延迟时间（sample delay），一般为 140s。在这段时间，参加反应的纸带

[1] 1in=25.4mm。

开始慢慢变黑，反应曲线呈现轻微的非线性关系。分析仪测得纸带变暗过程呈非线性关系，认为测量结果不够精确，因此无需更新显示结果和分析仪输出。但此时的测量结果却可以用于精确地预测样气浓度是否超过报警限。每隔 4s，分析仪计算出该时间段的平均变化率和对应的硫化氢含量。如果含量超过报警限，分析仪将产生报警。产生报警时，分析仪将只显示测量到的最高实时数据。分析仪将一直处于预报警分析状态，直到硫化氢含量低于报警限。

CD 段——采样时间（sample interval），30s。纸带变黑速率在 t_1 到 t_2 时间段内呈现出线性关系。分析仪计算出线性开始时刻 t_1 处的纸带黑度读数，30s 后再计算出时刻 t_2 处的黑度读数。系统软件用此两点的数据计算出纸带变黑的速率并换算成硫化氢的浓度。

DE 段——分析仪将纸带卷动进纸，新的一个测量分析周期重新开始。

2.1.2 仪器的结构组成

图 2-2 是加拿大 Galvanic 公司 902 型醋酸铅纸带法硫化氢分析仪的外观图，图 2-3 是其结构组成图。

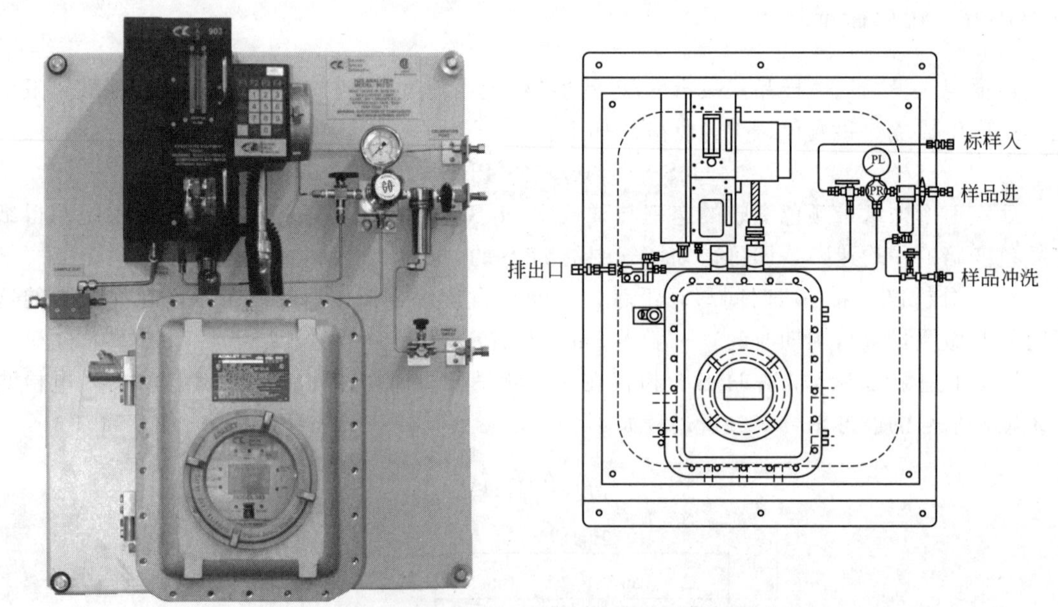

图 2-2　醋酸铅纸带法硫化氢分析仪外观图

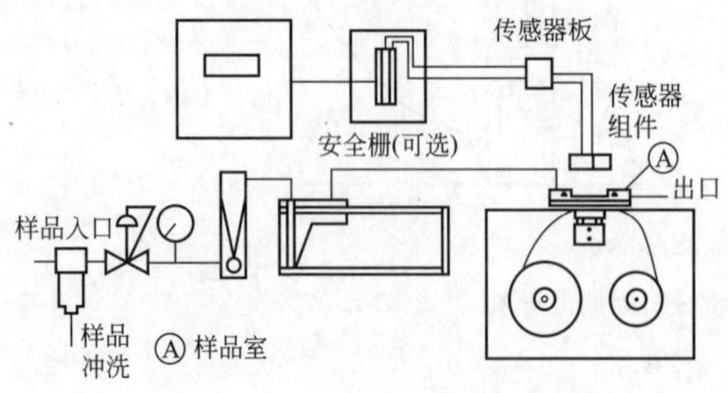

图 2-3　醋酸铅纸带法硫化氢分析仪结构组成图

该仪器主要由以下几个部分组成。

(1) 样品处理系统

通常由过滤器、减压阀、流量计、增湿器组成。过滤器采用旁通过滤器，其作用是除尘并加快样气流动以减小分析滞后。减压阀出口压力一般设定在 105kPa（15psig[1]）。样气流量通过带针阀的转子流量计来控制，样气流量通常为 100mL/min。增湿器的作用是使样气

[1] 1psig＝6.89476Pa。

通过醋酸溶液加湿，以便与醋酸铅纸带反应。增湿器的结构一般是一个鼓泡器，将样气通入醋酸溶液中鼓泡而出，也有采用渗透管结构的，醋酸溶液渗透入管内对样气加湿。醋酸溶液是将 50mL 冰醋酸（CH_3COOH）加入蒸馏水中制成 1L 的溶液（5%冰醋酸溶液）。

（2）走纸系统

由纸带密封盒、醋酸铅纸带、导纸轮、卷纸马达和压纸器等组成。纸带事先用 5%醋酸铅溶液浸泡，并在无 H_2S 条件下干燥。H_2S 分析仪每隔一段时间移动纸带，以便进行连续分析。

（3）光电检测系统

由样气室和光电检测器组成。样气室的结构见图 2-4。样气经过孔隙板上的孔隙与纸带接触。H_2S 分析仪配有一组不同孔隙尺寸的孔隙板，可根据样气中 H_2S 浓度的不同加以更换。通常，H_2S 含量越高，所需孔隙的尺寸越小，这样就可以限制在纸带上反应的 H_2S 气体数量，以调节纸带的变暗速率。

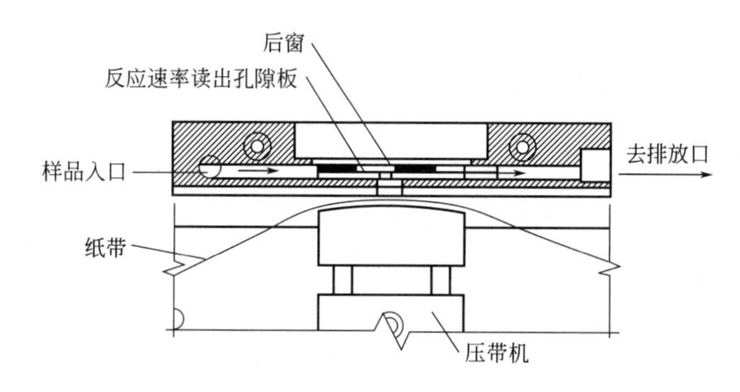

图 2-4　样气室侧视图

H_2S 分析仪的测量范围通常在 0～25mg/L 或 0～50mg/L（超过上述测量范围，样气必须经过稀释），即使在上述测量范围内，对于不同的量程也应采用不同孔隙尺寸的孔隙板。以 0～25mg/L 测量范围为例，不同的量程对应的孔隙尺寸如下：

量程/(mg/L)	孔隙尺寸/in	量程/(mg/L)	孔隙尺寸/in
0～2	全开	0～20	1/16
0～5	1/8	0～25	1/32
0～10	3/32	0～30	1/32
0～16	1/16		

光电检测器采用一个红色发光二极管作为光源来照射纸带，光探头是一个硅光敏二极管，可将纸带的明暗程度转化成电信号，此电信号经过传感器放大电路放大成 0～25mV 信号。

（4）数据处理系统

由微处理器、数字显示器、打印机等组成。

（5）负压排气管

H_2S 分析仪分析后的气体经负压排气管排出，见图 2-5。负压排气管（eductor）实际上是一个气流喷射器，管中气体通常采用减压阀处压力为 105kPa（15psig）的样气驱动，也可采用其他干燥气体或压缩空气驱动。

负压排气管的作用有以下两点。

① 稳定样气室内的压力，消除任何影响纸带变色的不利因素。H_2S 分析仪通常安装在分析小屋内，当排气扇排气或正压通风系统启动时，室内静压会因空气流动而发生变化，从

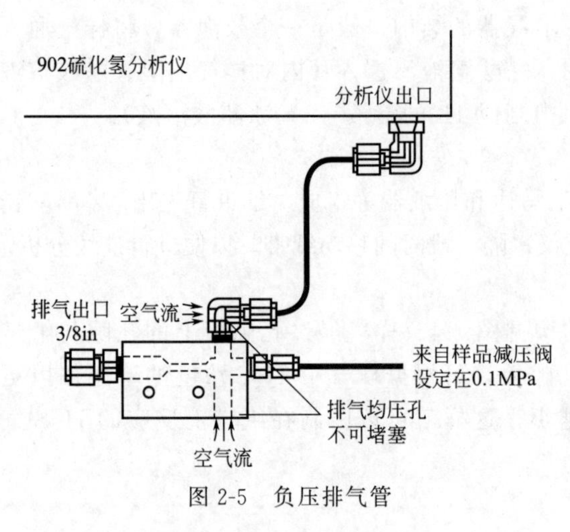

图 2-5 负压排气管

而造成样气室内压力的微小波动，纸带两侧差压的微小变化可能导致以下两种情况：

a. 样气在纸带和样气室间来回流动，从而在纸带上产生比正常情况多的斑点；

b. 在纸带和样气室间进入少量空气，从而在纸带上产生比正常情况少的斑点。

这种情况对测量结果的影响通常在读数的10%以内。但是，消除这种影响对测量很重要，如果采用负压排气管将使问题减轻。

② 寒冷气候中，分析仪从排气管处排出潮湿的样气，可能发生结冰现象。采用负压排气管来提高排放气体的速度和干燥效果，将防止在排气管道上出现结冰现象。

2.1.3 样品稀释系统

醋酸铅纸带法硫化氢分析仪的测量范围从0～10mg/L到0～50mg/L，高于此范围的气体可经稀释后测量，测量范围可达到0.005%～100%。样品稀释系统有以下三种。

(1) 渗透膜稀释系统

如图2-6所示，圆柱形的稀释器由渗透膜分隔为两部分，样气透过渗透膜扩散到稀释气体N_2中，稀释比由膜的表面积决定，通过设计，稀释比可达到(10∶1)～(10000∶1)。

(2) 进样阀稀释系统

如图2-7所示，采用色谱仪进样阀技术，在预定的时间间隔内将少量样品注入载气中。稀释比可通过改变进样时间间隔和进样体积加以调整。为保证样气与载气混合均匀，进样时间间隔应为30～60s，进样体积（定量管体积）可从50μL到5mL。稀释比按下式计算：

$$稀释比=\frac{进样体积\times每分钟进样次数}{稀释气体流量(一般为150mL/min)}$$

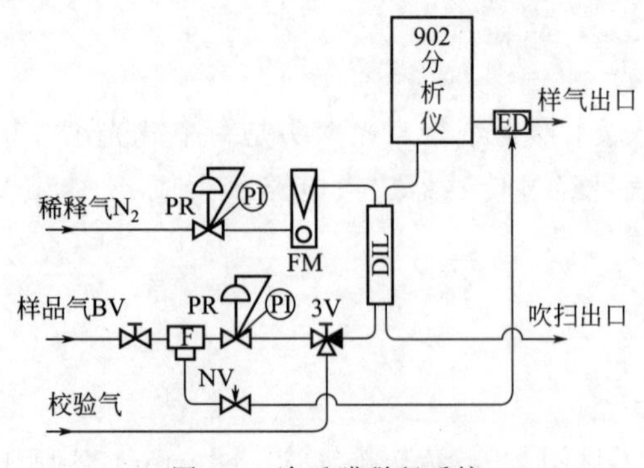

图 2-6 渗透膜稀释系统

BV—截止阀；NV—针阀；PR—减压阀；

F—旁通过滤器；3V—三通阀；FM—流量计；

DIL—Dilution Cell，稀释池；ED—Eductor，喷射器

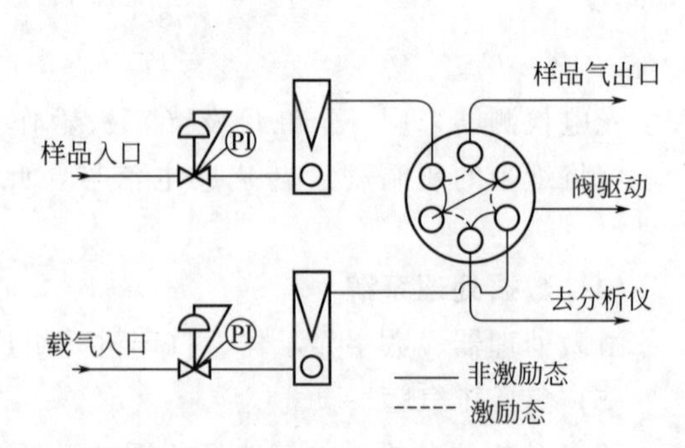

图 2-7 进样阀稀释系统

(3) 流量计稀释系统

如图2-8所示，由样气和载气两个流量计组配而成，稀释比=载气流量/样气流量。当

稀释比＞10：1时不推荐使用。

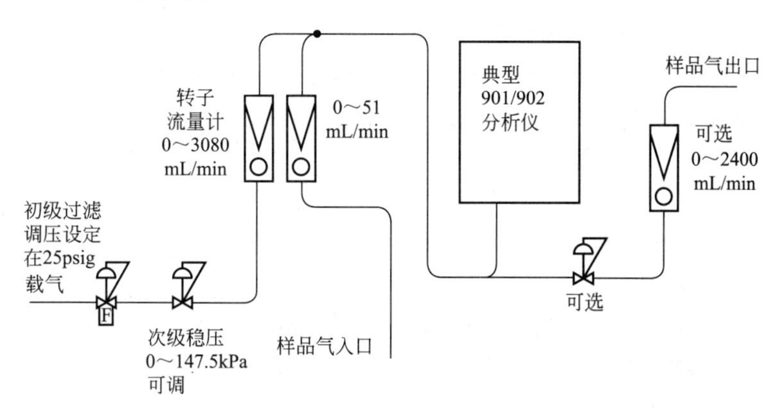

图 2-8 流量计稀释系统

2.1.4 主要性能指标

以902型醋酸铅纸带法硫化氢分析仪为例，主要性能指标如下。

测量对象：天然气、液化石油气（LPG）、炼厂气、化工原料气、排放气体

测量范围：0～100μg/L 到 0～50mg/L H_2S

0.005%～100% H_2S（须加稀释系统）

线性误差：±2% FS

重复性误差：±2% FS

零点漂移：无

响应时间（T_{90}）：3min

纸带寿命：4～8周/每卷

环境温度：5～50℃

供电：24V DC或240V AC，50/60Hz，电耗10V·A

说明：H_2S浓度往往以ppmV或mg/m^3表示，两者之间的换算关系如下：

$$1ppmV(0℃)=(M_{H_2S}/22.4)mg/m^3=1.52mg/m^3$$

$$1mg/m^3=(22.4/M_{H_2S})ppmV(0℃)=0.66ppmV(0℃)$$

式中，M_{H_2S}为硫化氢的摩尔质量，$1M_{H_2S}=34g$；22.4为0℃、标准大气压下1mol气体的体积，L。

2.1.5 安装要求和开机步骤

(1) 安装要求

① 分析仪应安装在没有振动、压力和温度波动小的地方。

② H_2S分析仪的醋酸铅纸带易受环境空气中微量H_2S的干扰而变色，安装在分析小屋内时应采取正压通风措施，安装在现场机柜中时应加仪表风吹扫措施。

③ 从分析仪伸出的排放管应尽量短，不应有垂直拐弯，管道应逐步下倾安置。

④ 将分析仪安装在机柜中时，分析仪左侧应留有大约15in的空间，用于打开面板安装纸带防尘盖。同时应留有一定的空间，用于排放管的连接。

⑤ 分析仪采用防爆外壳设计时，在没有切断电源以前，请勿打开机盖。

(2) 开机步骤

以 Galvanic 公司 902 型硫化氢分析仪为例，具体开机步骤如下。

① 首先将感应纸带安装在纸盘中下面一个卷轴上。回拉纸带压紧块，将纸带穿过它，并牵引到上面一个卷轴上。应保证纸带在盒中的位置安装正确。如果纸带压紧块安放位置不正确，样气将从孔隙中轻微泄漏，从而导致读数错误。

② 先在增湿器里加入浓度为 5%的醋酸溶液，然后将管道与增湿器连接妥当。

③ 接通电源。系统完成初始化后，将根据标定参数开始进行分析。

④ 将减压阀设置为 15psig。

⑤ 分析仪带有一个流量控制器（带针阀的流量计或临界孔板），可将流量保持在流量表刻度的 2.0 左右。如果分析仪用于总硫分析，则没有流量控制器，这时，流量是通过位于样品系统的样气和氢气流量计进行控制的。

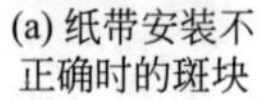

(a) 纸带安装不正确时的斑块　　(b) 纸带正确安装时的斑块

图 2-9　纸带斑块样图

⑥ 负压排气管通常由经减压阀减压到压力为 15psig 的样气气流来驱动。如果硫化氢的浓度高于 50mg/L，应该采用压缩空气来驱动。

⑦ 显示器将显示硫化氢读数。检查纸带上产生的斑块是否规整清晰，在边缘部分应没有浸渍毛边现象。见图 2-9。

⑧ 按下键盘上第二功能键（2nd function）和数字键 8，检查和记录补偿电压。该电压表明样气室的清洁程度。当样气室变脏时，补偿电压就会降低。

2.1.6　标定

硫化氢分析仪的标定方法如下。

(1) 手工标定

① 将标准气管路连接至仪器的标定端口，转动三通阀，使标准气流动。

② 确保标准气的压力和流量设置正确。等待足够的时间，直到当前所测的硫化氢含量读数稳定下来（至少两个完整的分析周期）。

③ 按如下公式计算出新的增益值：

$$新增益值=(标准气浓度/读数)\times 旧增益值$$

④ 输入新增益值。

⑤ 退出增益值设置菜单，检查硫化氢浓度读数是否与标准气的标准浓度值一致。如果读数不正确，重新调整增益值并重新检查。

⑥ 标定完成后，转动三通阀，重新接通样气流路，使分析仪恢复到正常操作状态。

(2) 自动标定

在自动标定中，使用电磁阀取代三通阀进行样气/标气的相互切换。

① 输入标定气的浓度值。

② 输入自动标定的时间间隔小时数。例如，每周标定一次输入 168。

(3) 标准气

采用以 N_2 为底气的含 H_2S 的标准气进行标定，H_2S 含量应为测量量程的 60%～80%或接近报警限值。

说明　硫化氢分析仪光电检测电路的调零由仪器自动完成，不需要通入零点气调零。但在开机、标定和日常维护时，需要检查分析仪的零点和基线。检查方法如下：

① 确保分析仪样气室、孔隙板及后窗板清洁无尘，没有任何异物进入；

② 切断样品气流动，确保没有硫化氢气体通过孔隙板进入纸盘，即纸带上没有斑点产生；

③ 检查分析仪的显示值应接近于0（如0.1mg/L）；

④ 如果显示值不在零位，则应清理样气室并检查样气管路有无泄漏。

2.1.7 日常维护和故障处理

(1) 日常维护事项和内容

① 检查样气压力和流量是否在设定值，检查过滤器滤芯，必要时清洗或更换滤芯。

② 检查纸带传送机构是否工作正常，纸带是否快用完，如果必要，就更换纸带。

③ 检查增湿器里醋酸溶液的液位，液位应该位于或接近红线位置。必要时加入浓度为5%的醋酸溶液。

④ 检查样气室是否有脏物覆盖和液体。如果必要，清洁样气室。

⑤ 检查纸带上的斑块，确保斑块位于纸带中央，而且边缘清晰。如果边缘模糊，需要调整压紧块，使纸带和样气室之间的密封良好，这样才会使斑块边缘轮廓清晰。

(2) 样气室和孔隙板的维护步骤

① 关闭样气流动，用拇指回拉纸带压紧块，将纸带从样气室前方移开。通过孔隙板观察样气室内部，检查是否有绒毛状纸屑或其他杂物，用蘸有异丙醇的棉签清除绒毛状纸屑和杂物。

② 如果样气室杂物较多需要清洗，在机箱内将与样气室连接的管道和排放管断开，将与传感器连接的电缆拔下，拆下两颗样气室安装螺钉，松开两个传感器安装夹并拨向外侧，取下传感器。

③ 用铅笔尖推压孔隙板边缘，使孔隙板和后窗体弹出。用异丙醇清洗孔隙板和后窗体。

④ 清洗完成后，将孔隙板边缘涂上硅滑脂，放入样气室，压下重新安装。确保硅滑脂没有堵塞样气流动的孔隙。

⑤ 将密封圈和后窗体放入样气室。当传感器重新安装好后，后窗体会自然定位妥当。

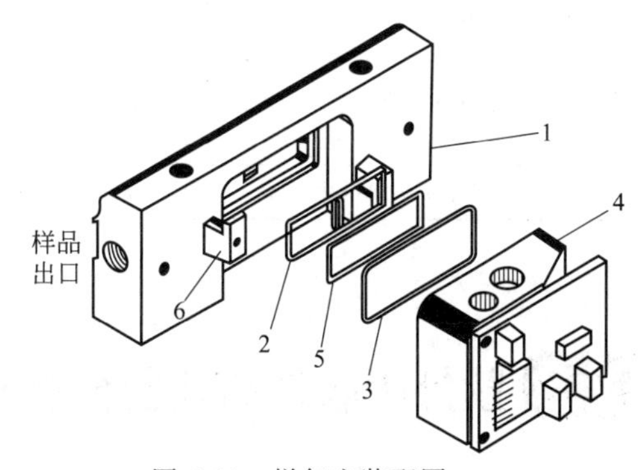

图 2-10 样气室装配图

1—样气室；2—孔隙板；3—后窗板；4—传感器；5—后窗板橡胶密封圈；6—传感器固定夹

⑥ 在机箱内重新安装样气室和传感器，重新连接电缆和管道，重新开通样气流动。

样气室装配图见图 2-10。

(3) 常见故障和处理方法（表 2-1）

表 2-1 醋酸铅纸带法 H_2S 分析仪常见故障和处理方法

问题和故障	原 因	处理方法
1. 纸带斑块形状不成形，造成读数不稳定	纸带压紧块安装不正确	确保纸带压紧块压在纸带上
	纸带安装不正确	取下纸带，重新安装

续表

问题和故障	原因	处理方法
2. 纸带斑块颜色深浅不均匀，如上部或下部颜色更深，造成读数不稳定	纸带压紧块安装不正确	松开纸带压紧块的锁紧螺钉，调整纸带压紧块，使纸带压紧块用力均匀、平稳地压在纸带上
3. 纸带斑块正常，读数仍然不稳定	传感器失效	更换传感器
	电缆与传感器的连接松动	压下电缆接头，使连接紧密可靠
	气流从排放管流入分析仪	检查带压排放管是否工作正常
	湿度过高，造成排放管结冰	确保排放管向下倾斜安装
4. 纸带斑块重叠	受纸轮松动	拧紧受纸轮的制动螺钉
	斑块颜色过浅	增大孔隙板的孔隙尺寸
	步进电机工作不正常	更换电机
5. 纸带斑块间距不均匀（或斑块间的距离过大）	联轴器松动	拧紧联轴器的制动螺钉
6. 采用已知浓度的标准气进行标定时，纸带斑块颜色比正常情况变浅很多	孔隙板的孔隙堵塞或不畅通	检查并清洁孔隙板孔隙
7. 纸带斑块颜色过深	孔隙板孔隙尺寸过大	更换安装孔隙尺寸较小的孔隙板
8. 纸带斑块颜色过浅	孔隙板孔隙尺寸过小	更换安装孔隙尺寸较大的孔隙板
9. 总是存在无纸传感器产生的报警	无纸传感器失效	检查无纸传感器
	安全隔离器失效	更换安全隔离器
10. 4～20mA 的电流输出与显示值不一致	量程设置不正确	确认正确的量程设置
11. 毫伏（mV）读数随时间向上漂移	孔隙板孔隙和样气室内有尘埃堆积	清洁孔隙板孔隙和样气室
12. 显示屏显示失真或无显示	存储器（RAM）的数据出错	将分析仪冷启动

2.2 紫外吸收法硫化氢分析仪

2.2.1 紫外吸收光谱的基本特征

(1) 吸收光谱法的作用机理和紫外、红外吸收光谱的形状

吸收光谱法是基于物质对光的选择性吸收而建立的分析方法，包括原子吸收光谱法和分子吸收光谱法两类。紫外-可见吸收光谱法和红外吸收光谱法均属于分子吸收光谱法。

分子由原子和外层电子组成，分子内部的运动可分为外层电子运动、分子内原子在平衡位置附近的振动和分子绕其重心的转动。各外层电子的能量是不连续的分立数值（处在不同的运动轨道中），即电子是处在不同的能级中。分子中除了电子能级之外，还有组成分子的各个原子间的振动能级和分子自身的转动能级。

当从外界吸收电磁辐射能时，电子、原子、分子受到激发，会从较低能级跃迁到较高能级。电子能级跃迁所需的能量较大，一般在 1～20eV，吸收光谱位于紫外和可见光波段

(100～780nm)；分子内原子间的振动能级跃迁所需的能量较小，一般在 0.05～1.0eV，吸收光谱位于近红外和中红外波段（780nm～25μm）；整个分子转动能级跃迁所需的能量更小，为 0.001～0.05eV，吸收光谱位于远红外波段（25～1000μm）。

如果电子能级跃迁所需的能量是 5eV，则由普朗克方程式 $E=h\nu=h\frac{c}{\lambda}$可计算出其相应的波长为 248nm，处于紫外光区。在电子能级跃迁时不可避免地还会产生振动能级的跃迁，振动能级的能量差在 0.05～1eV 之间。如果能量差是 0.1eV，则它是 5eV 的电子能级间隔的 2%，所以电子跃迁不只产生一条波长为 248nm 的线，而是产生一系列的线，其波长间隔约为 248nm×2%≈5nm。在电子能级和振动能级跃迁时，还会伴随着发生转动能级的跃迁。转动能级的间隔一般小于 0.05eV。如果间隔是 0.005eV，则它为 5eV 的 0.1%，相当的波长间隔是 248nm×0.1%≈0.25nm。

紫外-可见吸收光谱一般包含有若干谱带系，不同谱带系相当于不同的电子能级跃迁，一个谱带系（即同一电子能级跃迁）含有若干谱带，不同谱带相当于不同的振动能级跃迁。同一谱带内又包含有若干光谱线，每一条线相当于转动能级的跃迁。所以紫外-可见吸收光谱是一种连续的较宽的带状光谱，称之为吸收带。

而在近红外和中红外波段，其电磁辐射的能量不足以引起电子能级的跃迁，只能引起振动能级跃迁，同时伴随着转动能级的跃迁，其吸收曲线也不是简单的锐线，而是连续但较窄的带状光谱，称之为吸收峰。

(2) 样品组成、水分、颗粒物对紫外、红外吸收光谱的影响

如果样品中含有不止一种组分，由于各种组分的紫外吸收谱带都比较宽，它们往往会重叠在一起而难以分开（图 2-11），给单一组分的测量带来严重干扰。因此，在紫外光谱分析法中存在的主要问题是各个吸收带之间的重叠干扰。

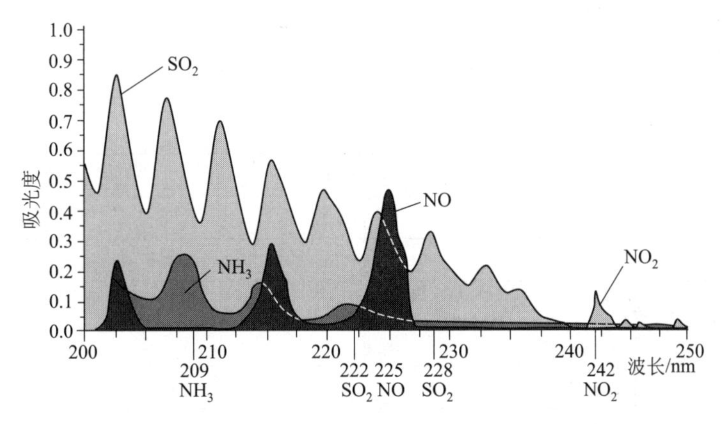

图 2-11 SO_2、NO、NO_2 和 NH_3 在紫外波段的吸收光谱

而在红外光谱吸收法中，各种组分的红外吸收峰则比较窄，各吸收峰之间一般不会重叠，只有少数吸收峰的边缘部分可能相互交叉，给某些组分的测量（特别是微量分析）带来干扰，因此，在红外光谱分析法中，需要克服的主要问题仅是某些吸收峰之间的交叉干扰。

当样品中含有水分时，对两者的影响是不同的。水分在紫外光谱区虽然也存在对光能的吸收，但是吸收能力相对较弱，除非出现水分含量较高的部分情况，需要将它的吸收干扰特殊处理外，一般情况下，这种干扰可以忽略不计。因而，从测量层面讲，可以无需对样品除水脱湿，只需防止水蒸气的冷凝即可。在烟气排放监测中，紫外分析仪可以采用热湿法测量，就是基于这一优势。

但在红外光谱区，水分在 1～9μm 波长范围内几乎有连续的吸收带，其吸收带和许多组分的吸收峰重叠在一起。因而在红外分析仪中，必须对样品除水脱湿，即使如此也难以消除水分干扰带来的测量误差。近年来，随着多组分红外分析仪的出现，为解决水分干扰提供了新的途径。例如西克麦哈克公司的 S700 型分析仪就可以同时测量 SO_2、NO、H_2O 三种组分，用 H_2O 的测量值对 SO_2、NO 的测量结果进行修正。

当样品中含有颗粒物时，对两者的影响则是相同的，因为颗粒物（包括固体颗粒物和微小液滴）均会对光线产生散射，无论是紫外还是红外分析仪，均须对样品过滤除尘。

2.2.2 AMETEK 933 型紫外吸收法硫化氢分析仪

AMETEK 公司生产的紫外吸收法硫化氢分析仪主要有 931、932、933 三种型号。其中 931、932 为高含量 H_2S 分析仪，931 测量范围 0.4%～20%(V)、932 测量范围 0.02%～20%(V)；933 为微量 H_2S 分析仪，测量范围分为多挡，从最低 0～5ppmV 到最高 0～100ppmV。

在天然气处理厂，脱硫前原料天然气 H_2S 含量较高，例如川渝某净化厂原料天然气 H_2S 含量典型值为 5400～5700mg/m³，折合 0.38%～0.40%(V)，可采用 931 测量。该厂脱硫后产品天然气 H_2S 含量典型值为 4～9ppmV，折合 5.66～12.73mg/m³，需采用 933 测量。

表 2-2 为脱硫后天然气组成成分表，从表中可以看出，吸收紫外线的组分有 5 个：H_2S(硫化氢)、COS(羰基硫)、MeSH(甲基硫醇)、EtSH(乙基硫醇)、Aromatics(芳香烃)。它们的吸收光谱呈带状分布，彼此重叠在一起，要想在这种情况下测量微量的 H_2S 是十分困难的。

表 2-2 脱硫后天然气组成成分表

H_2S	硫化氢	Aromatics	芳香烃
H_2O		Nitrogen	
CO_2		Helium	
MeSH	甲基硫醇	C_nH_{2n}	
EtSH	乙基硫醇	C_nH_2	
COS	羰基硫	其他	
C_1			
C_2			
C_3			
iC_4			
nC_4			
iC_5			
nC_5			
C_6^+			

AMETEK 933 型微量 H_2S 分析仪测量脱硫后天然气产品的微量硫化氢时采用了以下技术方案。

① 采用色谱分离技术，将被测样气中吸收紫外线的组分分离开来，只让 H_2S、COS、MeSH 三种组分通过色谱柱进入紫外分析器的测量气室加以分析，而将 EtSH、Aromatics

两种组分从色谱柱反吹出去不再测量，以减轻紫外分析器的负担和难度。

② H_2S、COS、MeSH三种组分在紫外波段的吸收谱带重叠在一起，很难找到某个组分的单一吸收波长。在AMETEK 933中选择了三个吸收波长即214nm、228nm和249nm加以测量，由于在每个波长上三种组分均有吸收，可以列出一个三元一次方程组，求解该方程组就可求得H_2S、COS、MeSH三种微量组分各自的含量。

H_2S、COS、MeSH三种组分在紫外波段的吸收谱图和测量位置见图2-12。求解三组分浓度的联立方程组如下。

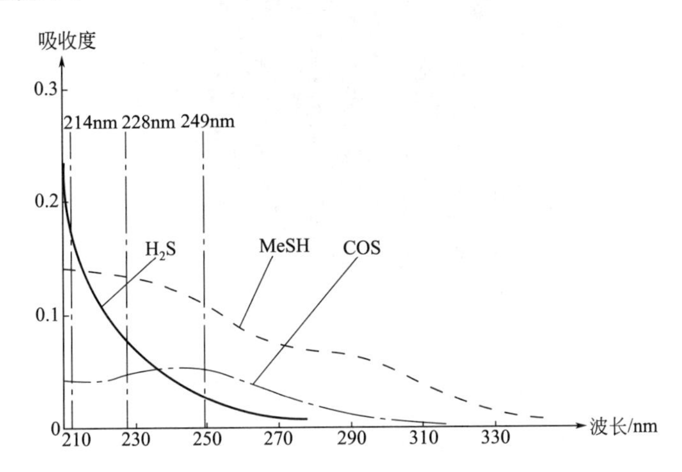

图2-12 H_2S、COS、MeSH三种组分在紫外波段的吸收谱图和测量位置

吸光度A（absorption）又称为消光度E（extinction），其定义式为

$$A=E=\lg\frac{I_0}{I}$$

由朗伯-比尔吸收定律$I=I_0e^{-kcl}$推导可得：

$$\ln\frac{I}{I_0}=-kcl\longrightarrow\lg\frac{I}{I_0}=-\frac{1}{2.303}kcl\longrightarrow\lg\frac{I_0}{I}=A=\frac{1}{2.303}kcl$$

当在三个波长处测量三种组分时，可列出下述三元一次联立方程组：

$$A_1=\frac{l}{2.303}(k_{11}c_1+k_{12}c_2+k_{13}c_3)$$

$$A_2=\frac{l}{2.303}(k_{21}c_1+k_{22}c_2+k_{23}c_3)$$

$$A_3=\frac{l}{2.303}(k_{31}c_1+k_{32}c_2+k_{33}c_3)$$

式中 A_1、A_2、A_3——分别为在214nm、228nm和249nm波长处测得的吸光度；

c_1、c_2、c_3——分别为H_2S、COS、MeSH三种组分的摩尔浓度；

k_{11}、k_{12}、…、k_{33}——k_{11}为在214nm处H_2S的摩尔吸光系数，其余以此类推。

对于固定的测量气室，光程长度l为常数，k_{11}、k_{12}、…、k_{33}可从光谱手册中查到，A_1、A_2、A_3可由分析仪测得，解该三元一次线性方程组，就可求得c_1、c_2、c_3。

2.2.3 AMETEK 933分析系统

AMETEK 933型微量H_2S分析仪由分析系统、样品处理系统、电子部件和组态软件等部分组成。图 2-13 是 AMETEK 933 的外观图，图 2-14 是分析系统的构成图。

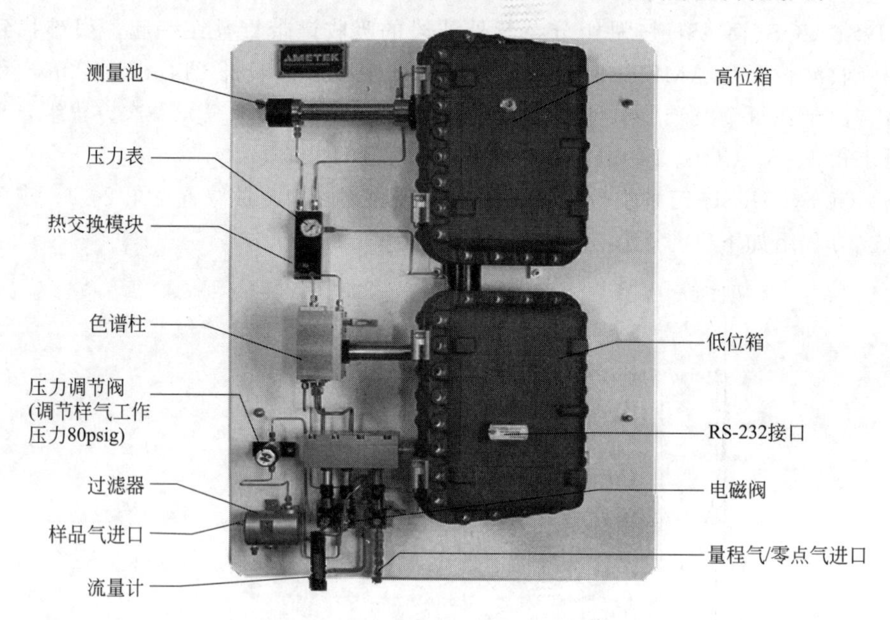

图 2-13 AMETEK 933 外观图

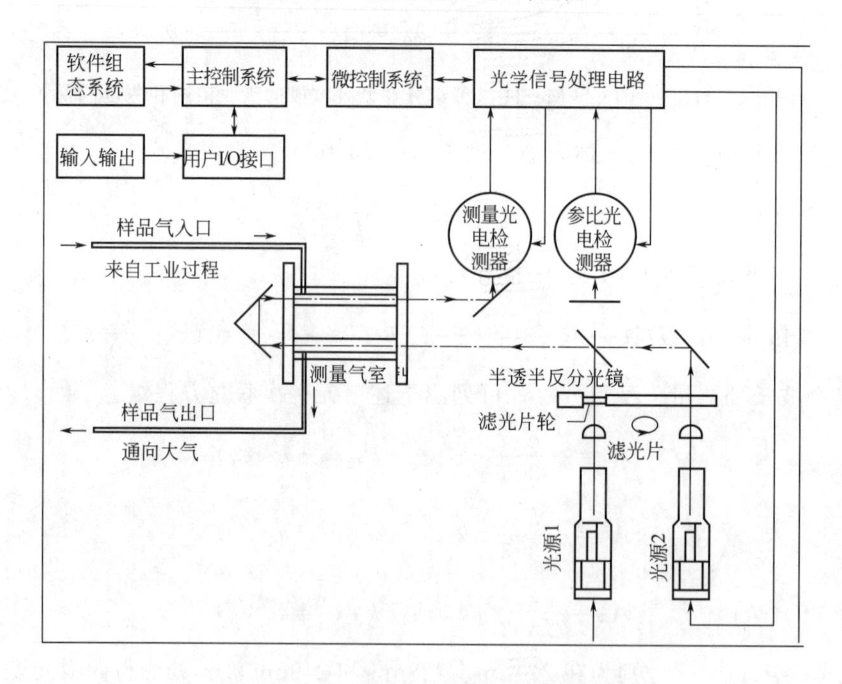

图 2-14 AMETEK 933 分析系统构成图

AMETEK 933 光学系统（图 2-14 和图 2-15）主要包含以下部件：两只紫外光源灯；滤光片轮，包含 6 片干涉滤光片；半透半反分光镜；直角前反射镜；气体测量池；两只匹配的光电检测器。

进行测量时，样气流经样品处理系统的色谱柱时，将 EtSH、Aromatics 两种组分截留下来，只允许 H_2S、COS、MeSH 三种组分进入测量池。为了分析这三种微量组分，AMETEK 933 分析仪采用了双光束参比技术和多波长差分吸收技术。

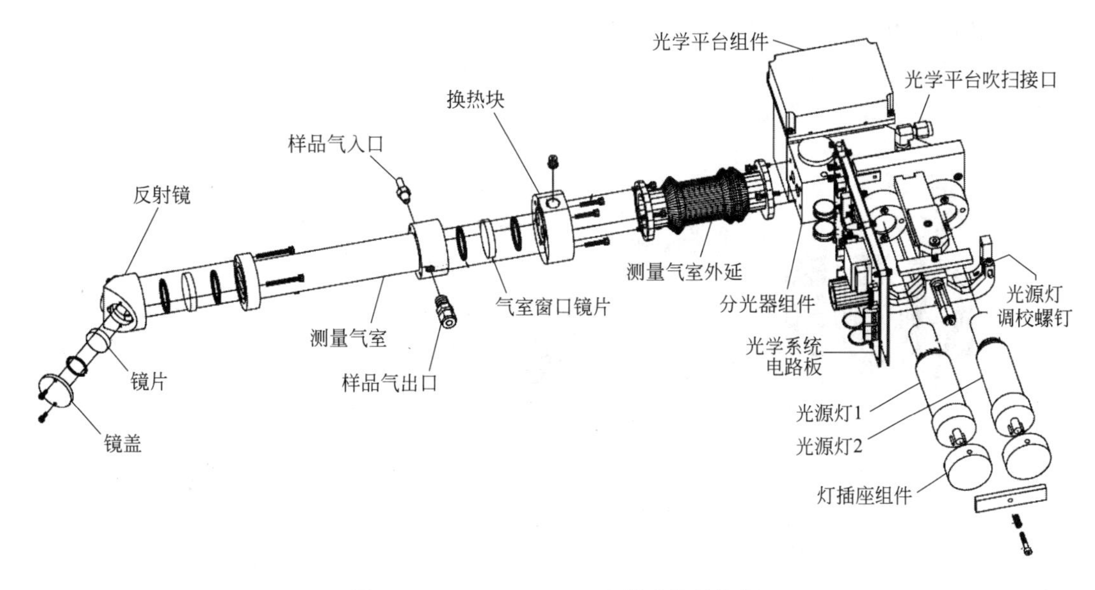

图 2-15 AMETEK 933 光学系统结构图

两只紫外闪烁光源一个是镉灯（用于检测 H_2S、COS），一个是铜灯（检测 MeSH），发射出 200～400nm 的脉冲光信号。滤光片轮上的 6 片干涉滤光片透过波长为 214nm、228nm、249nm 各一片，分别对应 H_2S、COS、MeSH 三种组分的敏感吸收波长；326nm 3 片，为参比波长，即被测组分均无吸收的波长。

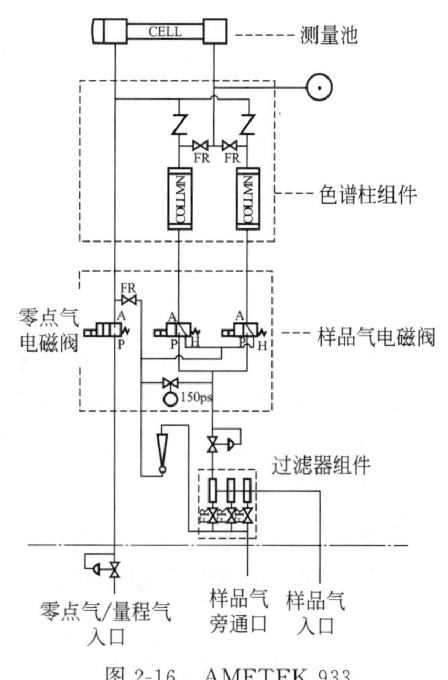

图 2-16 AMETEK 933 样品系统流路图

当紫外光源发出每个光脉冲时，半透半反分光镜将一半的光引导到参比光电检测器，实现双光束参比技术，以克服光学系统波动（包括电源电压波动、光源器件老化、光学镜片污染等）造成的测量误差；另一半光通过气体测量池引导到测量光电检测器，通过精确控制紫外光源的闪烁发光和滤光片轮的旋转，使镉灯、铜灯和 6 片滤光片紧密配合，实现 H_2S、COS、MeSH 三种组分的差分吸收检测，以克服被测样品背景组分干扰、温度压力波动等造成的测量误差。

分析仪的操作由两块微处理器进行控制：一块是微型控制器电路板，用于光路系统接口、数据转换、数据预处理和光路系统温度控制；另一块是主控制器主电路板，用于处理输入/输出、色谱柱温度控制和从微型控制器板传过来的数据的最终处理。System200 组态软件是 AMETEK 独有的软件包，用于提供分析仪的接口。

2.2.4 AMETEK 933 样品处理系统

图 2-16 是 AMETEK 933 样品系统的流路图，其主要功能是对采集来的样品气体过滤除雾、减压稳压、色谱分离和流量控制。

(1) 过滤器组件

过滤器组件是可选项。AMETEK 933 的过滤器模块是一种三级过滤组件，主要用于天然气样品的过滤除雾，见图 2-17。

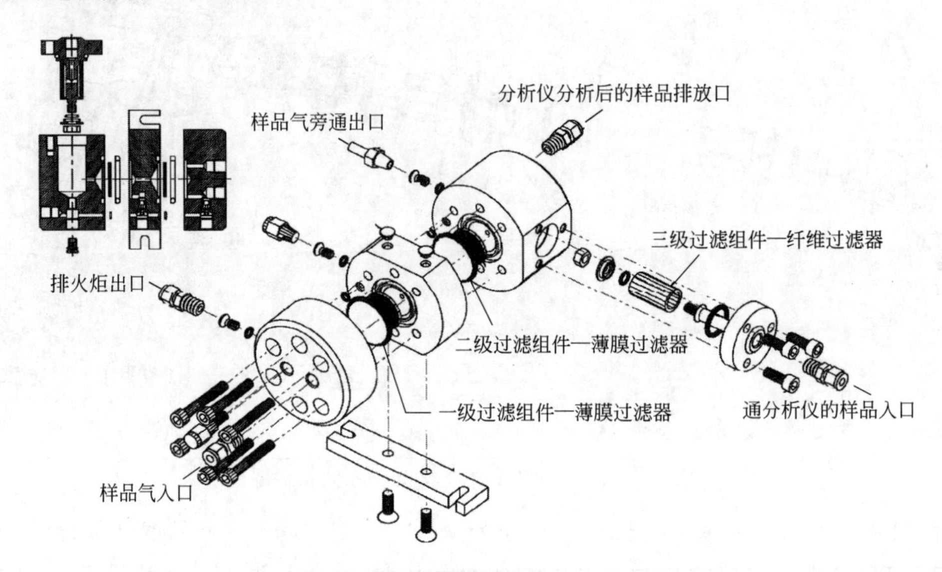

图 2-17 AMETEK 933 的过滤器模块——三级过滤组件

第一级过滤组件是一个有特定大小孔洞的薄膜过滤器（high flow Genie membrane filter），其作用是对天然气进行粗滤。挥发性气体能够通过薄膜上的小孔，气压只会稍微降低。液体飞沫将留在进气口一端，因为它们的表面张力太高，无法通过孔洞。这个过滤器将除去固体颗粒和高表面张力的液体，如水、酒精、乙二醇和胺等。大多数的低表面张力的液体如碳氢化合物也将被除去。

第二级过滤组件也是一个薄膜过滤器（Type 5 Genie membrane filter）。这个过滤器的孔洞比第一个要小。在这里，少量低表面张力的液体，如第一级没有滤除的碳氢化合物会被除去。整个过滤模块中气体压力的降低大部分都发生在第二级过滤过程中。

第三级过滤组件是一个小型的纤维滤芯聚结过滤器（filter cartridge）。这个过滤器可以除去痕量的液体气溶胶（其尺寸可能仅有 0.1μm）。如果前两个过滤器的薄膜破裂，这一部分将作为备用，临时过滤遗漏的颗粒物和液滴。

上述每一级过滤组件都有自己的旁通排气回路，以实现自吹扫功能，防止颗粒物和液滴堵塞过滤器膜片孔洞和纤维滤芯。

(2) 色谱柱组件

色谱柱组件由两根色谱柱交替工作，一根色谱柱分离样品时，另一根色谱柱反吹再生。样品天然气同时作为载气使用，分析后的样品气引入再生色谱柱进行反吹。色谱柱组件见图 2-18。

2.2.5 AMETEK 933 技术数据

① 测量组分 硫化氢（H_2S），也可同时测量羰基硫（COS）和甲基硫醇（MeSH）。

② 测量范围 标准范围测量池：H_2S 最低 0～25mg/L 到最高 0～100mg/L；

低范围测量池：H_2S 最低 0～5mg/L 到最高 0～50mg/L。

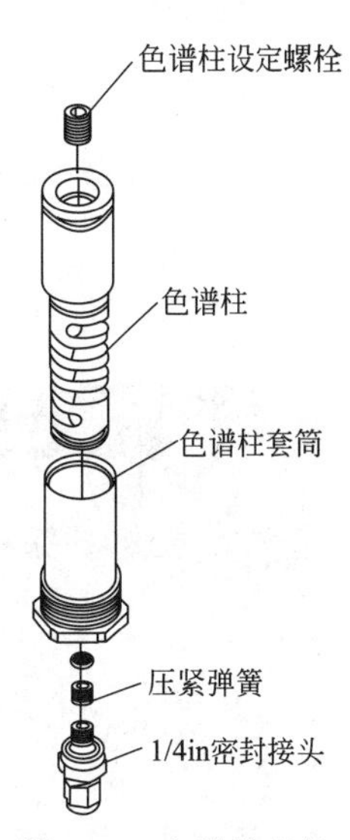

图 2-18　色谱柱组件

③ 响应时间（不含采样系统）　H_2S90%响应小于 30s。

④ 测量精度　标准范围测量池：满量程的±2%；
　　低范围测量池：满量程的±5%。

⑤ 重复性误差　小于满量程的±1%。

⑥ 线性误差　小于 H_2S 读数的±2%。

⑦ 零点漂移　标准范围测量池：24h 内小于满量程的±2%；
　　低范围测量池：24h 内小于满量程的±5%。

⑧ 环境温度范围　0～50℃（32～122℉）。周围的环境温度必须至少高于最高期望露点温度 5℃（9℉）。

⑨ 零点气　仪表零纯度二氧化碳、超高纯度（UHP）氮气或超高纯度甲烷。

最小自动校零时间间隔为每 24h 一次。

⑩ 样气压力要求　在取样探头处一级减压至 100psig (0.7MPa)，进入分析仪柜二级减压至 80psig(0.56MPa) 送过滤模块组件。

⑪ 样品组成要求　甲烷和乙烷之和大于 85%；丙烷小于 3%；丁烷总和小于 1.25%；C_5^+ 小于 0.5%。

⑫ 样气流量　2.5L/min。

2.2.6　使用维护注意事项

① 由于 H_2S 具有强吸附效应，取样和样品处理可采取以下措施：

a. 管材应优先采用硅钢管（Silco Steel Tube，这是一种内部有玻璃覆膜的 316SS Tube 管），如无这种管材，则应采用经抛光处理的 316SS Tube 管；

b. 对样品处理部件进行表面处理，如抛光、电镀某种惰性材料（如镍）来减少吸附效应；

c. 样品处理部件表面涂层，聚四氟乙烯涂层对 H_2S 有效，环氧树脂或酚醛树脂涂层也可减少或消除对含硫化合物或其他微量组分的吸附。

② 根据现场使用经验，AMETEK 933 的故障多出在仪器进入冷凝水。冷凝水液滴进入测量气室后会反射或散射紫外光，造成仪器示值波动，波动幅度最大可达测量值的 50%左右。这是由于样气减压时未采用电加热或蒸汽加热的减压阀，造成冷凝水析出造成。

③ AMETEK 933 的过滤器模块是一种三级过滤组件，前两级为薄膜过滤器，当膜前后压差过大时，液滴被挤压会强行通过这种相位分离膜，所以要控制膜两边的压差不超过允许限值。此外，一定要在过滤膜前设置旁通流路并保持较大流量，旁通流量与分析流量之比应为（3～5）∶1，其作用之一是用旁通气流冲洗滤膜表面，带走分离出的液滴和颗粒，减少与膜接触的杂质数量以防堵塞，其二是降低样品传输滞后时间。

2.3 紫外吸收法硫化氢、二氧化硫比值分析仪

本节以 AMETEK 公司 880-NSL H_2S/SO_2 比值分析仪为例，介绍其工作原理和样品处理技术。

2.3.1 880-NSL的系统构成和工作原理

图2-19是880-NSL型H_2S/SO_2比值分析仪的外观图和系统构成图。

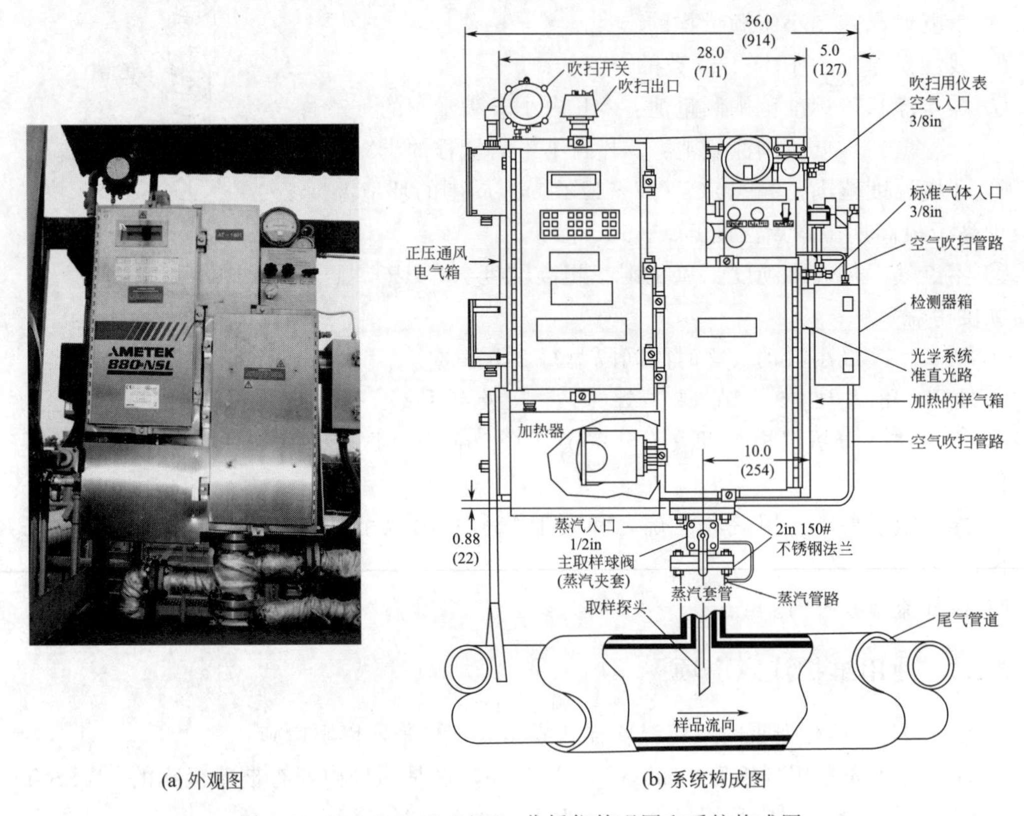

(a) 外观图　　(b) 系统构成图

图2-19　880-NSLH_2S/SO_2分析仪外观图和系统构成图

880-NSL比值分析仪由正压通风的电气箱、加热的样气箱和检测器箱三个主要部分组成。一个大口径密封的不锈钢管作为光路基座，它的一部分在样气箱内，一部分在检测器箱内并与样气箱连通，检测器箱与样气箱之间由石英玻璃窗在管内隔离。

880-NSL分析仪的心脏部分是一个多波长、无散射的紫外分光光谱仪，其原理结构见图2-20。它测量四路互不干涉的紫外光吸收率，其中三路分别测量硫化氢、二氧化硫和含硫蒸气中硫的浓度，第四路波长作为参比基准，以补偿和修正由于石英窗不干净、光强变化和其他干扰对测量精度的影响。

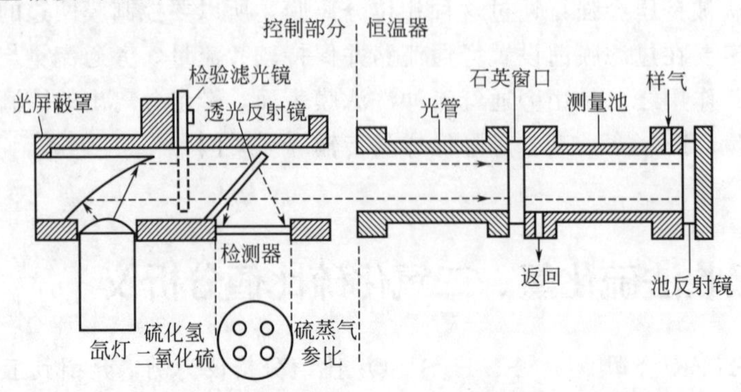

图2-20　880-NSL型紫外可见分光光谱仪原理结构图

在 880-NSL 中，一束由氙灯发出的紫外闪烁光能通过样气室后再进入检测器。仪器完成一系列计算，包括把测量吸收率转换成 H_2S 和 SO_2 的浓度量，H_2S 和 SO_2 的测量值由背景含硫蒸气吸收率、样气温度和样气压力所修正。

该仪器光电检测器中有 4 个硅光电二极管，每个二极管前都有特定波长的滤光片。在测量周期内，各光电二极管检测到的紫外光能量转换成一个成比例的电流信号，随即被累积成各自的总电流。然后，每个电流信号再转换成电压信号，输入到对数放大器，并修正分析器通道的零位偏移。放大后的模拟信号（－5～5V DC），与光电管测量波长的吸收率数值成比例。最后，每个原始吸收率数据都从检测器板送到控制器主板进行处理。4 个信号中的 3 个是 232nm、280nm、254nm 的测量信号，分别对应 H_2S、SO_2、含硫蒸气的特征吸收波长，另一个是 400nm 的参比信号。

在硫黄回收工艺流程的尾气中，氮、氧、二氧化碳、一氧化碳、氩和水是不吸收紫外线的，只有羰基硫（COS)、二硫化碳（CS_2）和含硫蒸气是影响测量的潜在干扰因素（图 2-21）。

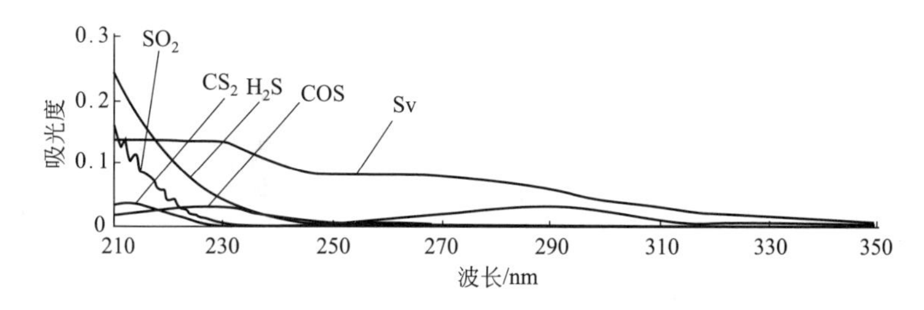

图 2-21　H_2S、SO_2、COS、CS_2 和 Sv（硫蒸气）在紫外波段的特征吸收谱图

CS_2 在 280nm 波长时，吸收系数是 SO_2 的 1/200，在 232nm 波长时，吸收系数是 H_2S 的 1/100，因此，CS_2 的干扰可不考虑。COS 在 280nm 时没有吸收，但在 232nm 波长处吸收系数为 H_2S 的一半，所以样品中的 COS 会给 H_2S 的测量结果带来正的偏差。如果工艺操作正常，样品中的 COS 含量不会超过 0.05%，对测量结果影响不大。

硫蒸气对 H_2S 的干扰是对 SO_2 干扰的 2 倍。当尾气中 H_2S/SO_2 比值等于 2∶1 时，硫蒸气对比值的干扰可以忽略。但在实际的装置运行中，通常比值会偏离 2∶1，硫蒸气的存在会对测量结果造成影响。在 880-NSL 尾气分析仪中，专门设置了测量硫蒸气的光路，从而解决了硫蒸气的干扰问题。

2.3.2　880-NSL 的取样和样品处理系统

样品处理的难点在于硫蒸气的结晶堵塞问题，尾气中的硫黄呈雾状存在，一旦进入分析器，将污染样品室，甚至堵塞测量管路。为此采取了以下措施：分析仪直插在工艺管道上，样品处理箱紧靠取样点，取样管路和阀门用蒸汽加热保温，设置除雾器脱除单质硫，定时对采样管路和测量室进行吹扫等。

图 2-22 是 880-NSL 型 H_2S/SO_2 比值分析仪的气路图。仪器直接插在工艺管道上。正常采样测量时，在仪表空气（加热至 150～160℃）驱动的文丘里抽吸器作用下，样气经进样阀、除雾器到测量室，然后从抽吸器经样品返回阀返回工艺管道。

除雾器的原理是利用冷的仪表空气对除雾器局部降温（冷却到 129℃），使饱和硫蒸气冷凝成液态硫，在重力作用下自动返回工艺管道，然后再将样品升温至 143～160℃，这样，

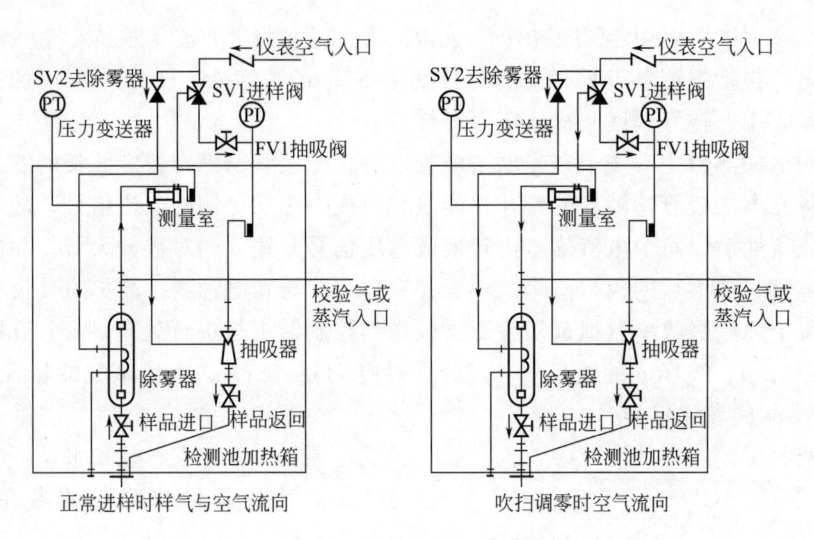

图 2-22 880-NSL 型 H_2S/SO_2 比值分析仪气路图

送入后续的测量室等部件时就不会产生硫的冷凝现象，确保后面的样品管路通畅。

当仪器调零、校验或进行自动吹扫时，三通电磁阀 SV1 切断到抽吸器的动力气源，吹扫空气在进入测量室前分成两路：一路经除雾器、样品进口阀反吹进样管路；另一路吹扫测量室、抽吸器和样品返回阀，此时仪器样品通路没有进样。

反吹介质有仪表空气和蒸汽两种。一般情况下由加热的仪表空气反吹，反吹是自动进行的。反吹间隔时间 2～4h 不等，根据具体工况决定，一般 180min/次。当气样中有氨气存在时，会和二氧化碳反应生成铵盐，铵盐会堵塞反吹回路，再用空气反吹不起作用，只能采用蒸汽反吹，蒸汽的水解作用可以清除铵盐。

880-NSL 取样和样品处理系统的工作过程如下。

① 捕集器出口尾气管线取样点压力 0.03MPaG、温度 160℃。样品取出后立即送入电加热的样品处理箱，样品箱安装在根部取样阀之上、紧接根部阀的位置。根部取样阀及其与尾气管道连接的短管应采用蒸汽夹套保温。现场低压饱和蒸汽仅能达到 0.5～0.6MPa、152～159℃，最好用 0.7MPa、165℃以上的中压饱和蒸汽，且蒸汽夹套应严密包裹石棉保温。

② 硫在 112.8℃开始熔化，变成黄色易流动液体，温度上升到 160℃时，液态硫的颜色变深，黏度增加。据此，样品箱的温度应控制在 112.8～160℃之间的某个点，太高或太低都会有问题。当然，硫蒸气的物理性质与单质硫会有一些差异，且硫蒸气的性质不仅受温度影响，还会受压力的影响。

根据对脱硫尾气中硫蒸气性质的研究，880-NSL 将样品箱内样气的温度控制在 143～160℃之间（电加热器的温度为 190℃，带温控）。

③ 为了防止硫蒸气冷凝堵塞样品管路及污染测量气室，样品箱内设有除雾器（图 2-23）。除雾器上层为金属网，下层为聚四氟乙烯网。

通过仪表风盘管将除雾器内温度降至≤129℃，控制在 129～127℃之间，使硫蒸气冷凝成液态硫，在重力作用下流回工艺管道，而不会凝结成固态硫造成堵塞。根据使用经验，除雾器的温度不可低于 127℃，否则易造成除雾器过负荷（积雾过多），更不可低于其凝固点 112.8℃。在除雾器插入一支热电阻测温，通过控制仪表风的通断来控制除雾器内的温度。

图 2-23 加热的样品处理箱和除雾器

（箱内左中部为除雾器，右中部为文丘里抽吸器）

④ 然后再将离开除雾器的样品升温至 143～160℃，送入后续的测量气室等部件时就不会产生硫的冷凝现象，确保后面的样品管路通畅。测量气室的温度应控制在 150～160℃之间，最佳温度为 155℃，不可低于 145℃。

⑤ 依靠文丘里抽吸器（喷射泵、射流泵）形成的低压，将样品从尾气管道中取出。第二流体一般采用仪表空气。为了防止样品冷凝堵塞，仪表空气预先经盘管加热至 150～160℃再通入文丘里抽吸器。

⑥ 取样探管采用套管结构，内管 1/2in，用于取样；外管 1in，用于分析后样气返回工艺管道。取样流量为 2L/min，样品流量的控制是通过手动调节文丘里抽吸器第二流体的流速（压力）实现的。样品流量的测量则是通过测量除雾器出口样品的压力（流量）实现的，其压力一般控制在 13～15psiA（0.09～0.1MPaA）。

2.3.3 880-NSL 的特点和使用维护注意事项

(1) 880-NSL 的特点

① 检测器具有四路独立的滤光片和硅光电二极管，可同时测量 H_2S、SO_2、硫蒸气特征波长和参比波长的能量。光学检测器如图 2-24 所示。

② 光源采用长寿命的闪烁氙灯。

③ 采用了小容量气室，响应速度快（$T_{90}<10s$），有利于闭环控制，同时也减少硫和氨的污染。

④ 配有校准滤光片，仪器校准不需要标气。

⑤ 无可移动和传动部件，维护量小，减少了维护人员接触硫化氢的机会。

⑥ 分析仪直接安装在工艺管道上，没有样气传输管线，避免了传输管线堵塞带来的系统停机和维护工作量。

⑦ 分析仪中装有除雾器，可以除掉样气中夹带的硫雾，同时降低硫蒸气的压力，避免气样中硫黄冷凝。硫黄在除雾器中呈液态析出，便于流回工艺管道。

⑧ 配备完善的反吹系统，有效防止管路堵塞，减轻光学系统的污染。

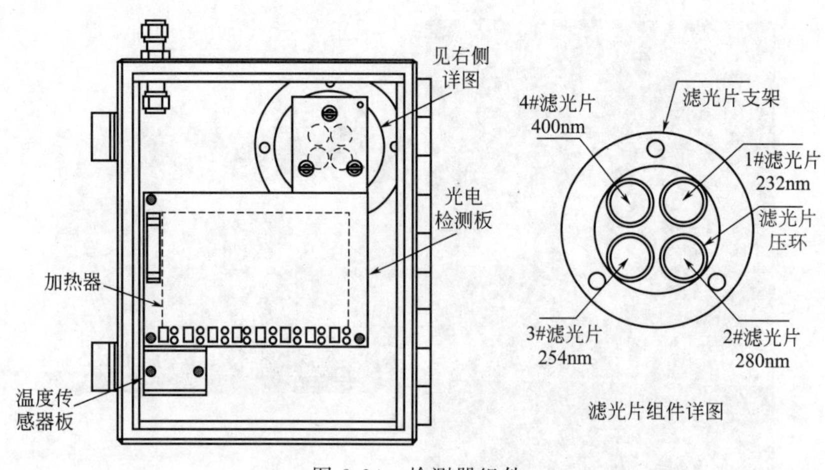

图 2-24 检测器组件

(2) 880-NSL 使用维护注意事项

① 因接触样品的管道和阀门都是采用夹套保温的，所以要保持蒸汽的畅通。要经常检查蒸汽压力与温度是否符合规定，保证样品气体的温度不低于 129℃，否则会引起硫蒸汽冷凝而堵塞工艺管道，中断系统工作。

② 进入喷射器的仪表空气要保持畅通，并具有足够压力，以便产生足够的真空度，保证样品正常循环。

③ 样品室的石英窗、光路上的滤光片、光电管等元件要保证吹扫空气质量，从而保持光学表面清洁，并驱除光路上的其他吸光物质。

④ 在装置正常操作时，样品系统中存在致命浓度的 H_2S 和其他混合气体，因此维修前必须用零点气吹扫样品管，然后关断样品阀门，切断与工艺设备的联系。必要时使用空气呼吸器等防护设备。

⑤ 因紫外线对眼睛有害，应避免直接注视穿过光源灯末端窗口发出的光线，必要时戴上防护眼镜。

⑥ 如果维修时要接触电子线路板，注意避免静电对电子线路的危害。电子线路板或静电敏感部位，储存和运输时应放在静电屏蔽的包装箱内。

⑦ 接触光源灯及透光窗时，不要触摸光学表面，以免手指上的油污染镜面，测量时吸收紫外线造成误差。

⑧ 样品室内部件温度高，维护时注意做好防护措施。

2.4 醋酸铅纸带比色法总硫分析仪

2.4.1 测量原理

醋酸铅纸带法总硫分析仪可测量气体中的总硫含量，它是在醋酸铅纸带比色法 H_2S 分析仪（见本章 2.1 节）上增加一个加氢反应炉构成的。其测量原理是：样品气和 H_2 混合送入加氢反应炉的石英管中，加热至 900℃，在 900℃和 H_2 存在条件下，所有的硫化物将被转化成 H_2S，与此同时，所有比甲烷重的碳氢化合物将被分解成 CH_4，典型反应如下。

硫化学反应的例子：

羰基硫　　$COS+4H_2 \longrightarrow H_2S+CH_4+H_2O$

乙基硫化物　　$(C_2H_5)_2S+4H_2 \longrightarrow H_2S+4CH_4$

甲基硫化物　　$(CH_3)_2S+2H_2 \longrightarrow H_2S+2CH_4$

分解的例子：

丁烷　　$C_4H_{10}+3H_2 \longrightarrow 4CH_4$

反应后的气体从反应炉流入 H_2S 分析仪。分析仪通过测量醋酸铅纸带斑块的明暗程度来确定气体中的总硫含量。Galvanic 903 型醋酸铅纸带比色法总硫分析仪见图 2-25。

2.4.2　总硫反应炉的维护项目和内容

① 如果分析仪读数不稳定，应检查石英管里面是否清洁。如果氢气流量不够，将不能分解所有的碳氢化合物，从而在石英管内将形成烟灰。烟灰过量淤积，将造成石英管产生裂纹，也将造成总硫读数错误。

② 应定期进行泄漏测试，检查管接头的泄漏情况。可以想象，在压力开关状态保持不变的情况下，仍可能存在微小泄漏。

③ 如果安装了压力开关，应定期对压力开关进行检查。检查时，可通过松开一个管接头来测试。压力开关用于监视样气和氢气流量是否过低，当流量低于设定值时发出报警。

④ 打开反应炉更换石英管时，应该检查反应炉的电阻元件。电阻值大约为 42Ω。如果电阻偏高，反应炉性能将变差，因此需要尽快更换。

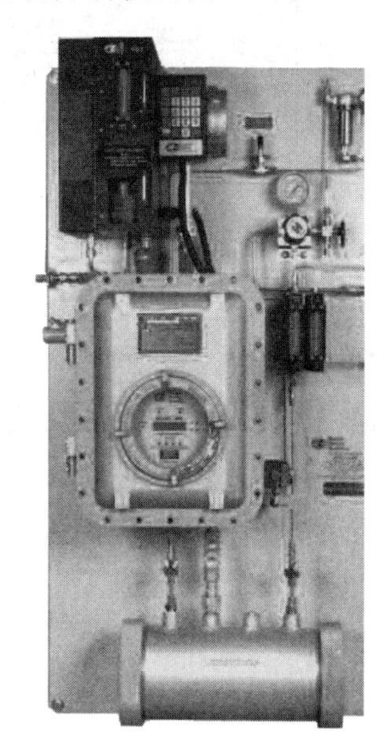

图 2-25　Galvanic 公司 903 型醋酸铅纸带比色法总硫分析仪

2.4.3　总硫反应炉泄漏测试步骤

① 在给总硫反应炉加电以前，需调节氢气流量。将流量计读数调至 1.0，并等待流量计读数稳定下来。

② 调节样气流量。将流量计读数调至 2.0，并等待流量计读数稳定下来。

③ 将位于流量计出口和增湿器入口之间的乙烯塑料管道夹住，阻断气体通过。

④ 如果没有泄漏，氢气和样气流量将降至 0。等待 3～5min，流量表压力将稳定并下降。

⑤ 如果流量表流量没有降至 0，应检查样气系统的泄漏情况。

2.4.4　取样和样品处理注意事项

① 由于脱硫后的原料气十分干净，样品无须特殊处理。值得注意的是尽量避免样品管线的吸附解吸效应，特别是当总硫含量小于 1mg/L 时，吸附解吸效应会造成显著的测量误差。此时，管材应优先采用硅钢管（Silco Steel Tube，一种内部有玻璃覆膜的 316SS Tube 管，其价格较贵）。如无这种管材，则应采用经抛光处理的 316SS Tube 管。

② 总硫分析仪的醋酸铅纸带易受环境空气中微量 H_2S 的干扰而变色，仪器安装在分析小屋内时应采取正压通风措施，安装在现场机柜中时应加仪表风吹扫措施。

2.5 紫外荧光法总硫分析仪

2.5.1 测量原理

紫外荧光法总硫分析方法的测量过程是：待测样品首先进入氧化裂解炉（内有石英裂解管，样品从石英裂解管中通过），在富氧环境下样品中的硫化物被氧化裂解，生成 SO_2、CO_2、H_2O 等氧化产物，然后经过无吸附过滤器（拦截不完全燃烧生成的积炭等颗粒物，避免污染后面的干燥器和检测器等），再经过 Nafion 管干燥器除去水分，最终进入硫检测器检测。SO_2 在紫外光（190～230nm，中心波长为 214nm）照射下生成激发态 SO_2^*。激发态 SO_2^* 不稳定，会很快衰变回到基态，激发态在返回到基态时伴随着特定波长光子的辐射，即发出特征波长的荧光（240～420nm），经滤光片过滤后被光电倍增管接收并转化为电信号放大处理。紫外荧光法测量总硫含量的原理流程见图 2-26。

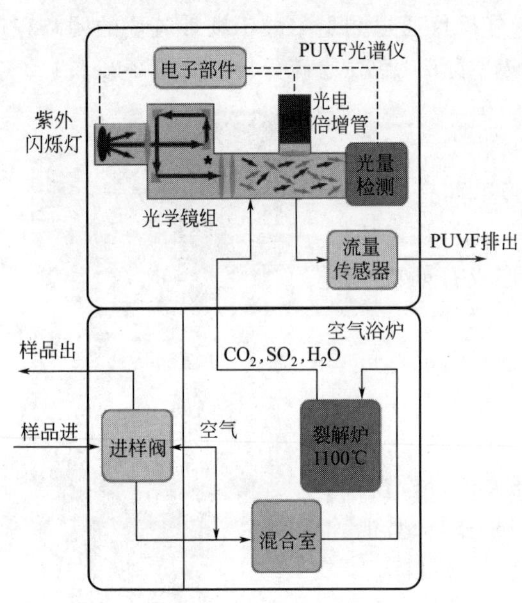

图 2-26　紫外荧光法总硫分析仪原理流程图

测量过程中发生的主要反应如下：

氧化裂解反应　$R\text{-}S \xrightarrow{O_2,\ 1000℃} SO_2 + CO_2 + H_2O +$ 其他氧化物

紫外激发反应　$SO_2 + h\nu \xrightarrow[190\sim230nm]{} SO_2^*$

发射荧光反应　$SO_2^* \xrightarrow[240\sim420nm]{} SO_2 + h\nu$

根据朗伯-比尔定律，检测器反应室中被二氧化硫吸收的紫外光强度的表达式为：

$$I_{吸} = I_0 - I_{透} = I_0 - I_0\exp(-\alpha lc) = I_0[1-\exp(-\alpha lc)]$$

式中，I_0 为紫外激发光光强；α 为 SO_2 对紫外光的摩尔吸收系数；l 为吸收光路长度；c 为 SO_2 的摩尔浓度。

则光电倍增管接收到的荧光强度表达式为：

$$I_{荧} = G\varphi I_{吸} = G\varphi I_0[1-\exp(-\alpha lc)]$$

式中，G 为检测器反应室的几何常数；φ 表示荧光量子效率。将上式在零点泰勒级数展开，得到：

$$I_{荧} = G\varphi I_0\left[\alpha lc - \frac{(-\alpha lc)^2}{2!} - \frac{(-\alpha lc)^3}{3!} - \cdots - \frac{(-\alpha lc)^n}{n!}\right]$$

取 $\alpha lc \rightarrow 0$，则上式可表示为：

$$I_{荧} = G\varphi I_0 \alpha lc$$

这就是二氧化硫浓度的荧光检测原理。由该式可知，当紫外灯光强不变时，二氧化硫气体的荧光强度 $I_{荧}$ 与其浓度 c 成正比关系，而二氧化硫浓度和总硫浓度是一致的，这为定量分析总硫浓度提供了理论依据。

2.5.2　紫外荧光法总硫分析仪的主要部件

图 2-27 为 CS-1 紫外荧光法在线总硫分析仪的内视图。紫外荧光法总硫分析仪的基本组成包括样品处理系统、进样阀、氧化裂解炉（石英裂解管）、无吸附过滤器、干燥器、硫检测器（包括紫外灯、光学镜片组、石英窗、光电倍增管等）、干燥净化器、吹扫系统以及相应的控制、数据处理电路等。

图 2-27　CS-1 在线总硫分析仪内视图

(1) 样品处理系统

图 2-28 是样品处理系统的流路图。该仪器可分析原油、渣油、成品油、天然气以及固体样品，基本不受其他物质干扰，所以在检测气体、液化石油气和汽油、柴油等液体样品时，不需要复杂的样品预处理系统。

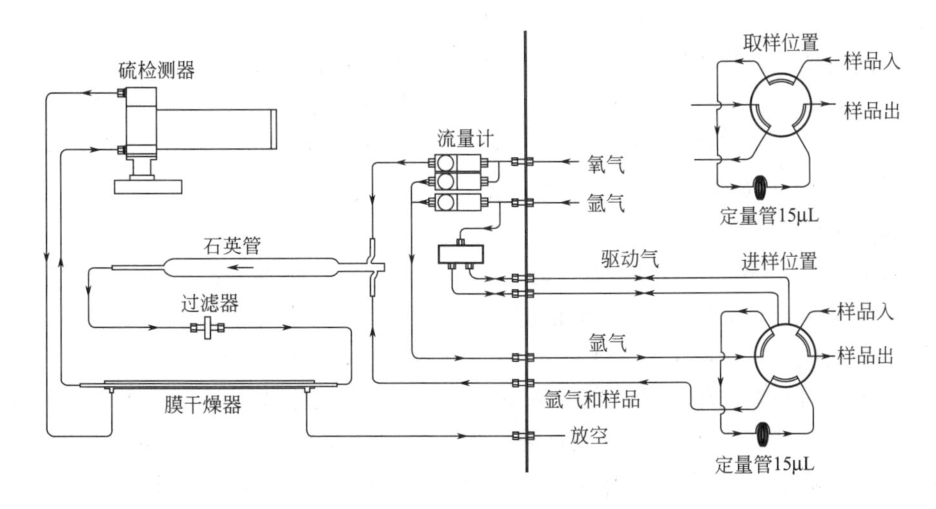

图 2-28　样品处理系统的流路图

(2) 进样阀组件

图 2-29 是进样阀组件的外形图。图 2-30 是进样阀的进样过程，它和过程气相色谱仪中六通平面转阀的工作原理是一样的。

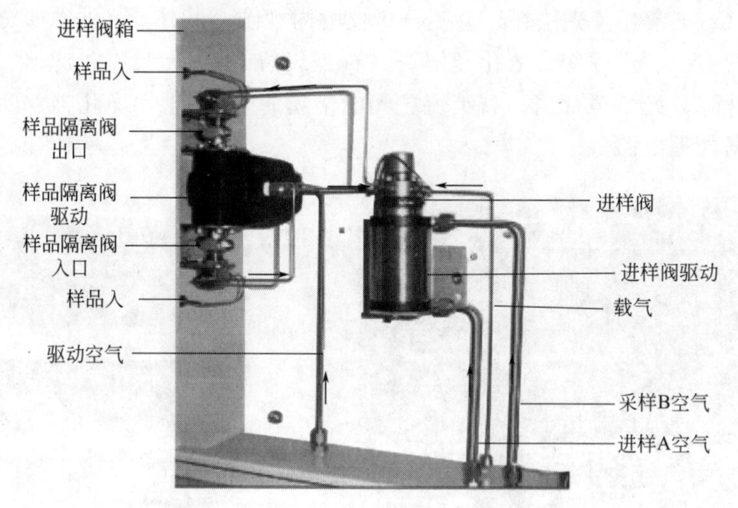

图 2-29 进样阀组件

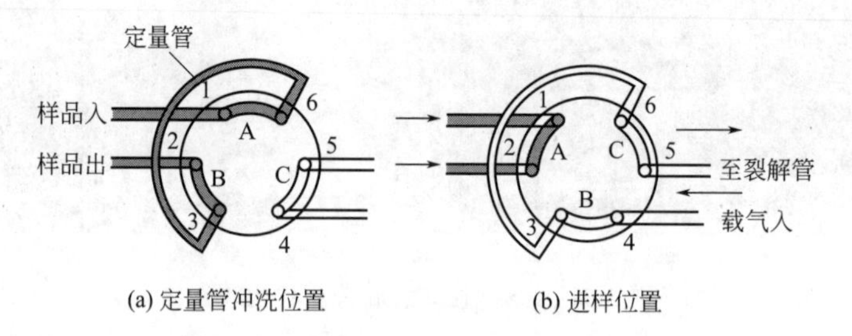

图 2-30 六通平面转阀进样时的两种位置

(3) 氧化裂解炉（图 2-31）

属于管式炉，内部的石英裂解管有两个进气支管：一个支管是载气（氩气或氮气）和样品入口；另一个支管是裂解氧气入口。炉温一般设定在 1000～1100℃，由两个热电偶测温，对炉温进行反馈控制，并带有过温保护继电器，样品在这里完成氧化裂解。裂解管出口末端要填充适量的石英棉，用来防止样品燃烧不充分积炭时污染后面的样品流路。石英裂解管在 1000℃高温下时间长了会起毛并吸附硫组分，从而引起测量偏差，对于硫含量很低样品影响尤其大。所以对于硫含量低于 1mg/L 的样品，石英裂解管寿命一般为 1 年，如果样品硫含量在 1mg/L 以上时石英裂解管寿命可延长至 3 年甚至更长。

(4) 硫检测器

硫检测器是仪器的核心部件，由紫外灯、光学镜片组、石英窗、光电倍增管等组成，见图 2-32。经干燥器除水后的样品气体在这里完成荧光反应和测定。紫外灯提供紫外光能量，用来激发二氧化硫。一般都采用内充氙气的脉冲式锌灯。锌灯的能量主要集中在 214nm 附近，与二氧化硫的激发能量相符，可以提高灵敏度和降低背景噪声。干涉滤光片中心透过波长为 214nm 左右，与二氧化硫的激发能量一致，其作用是提高选择性，减少干扰。不锈钢反光桶使二氧化硫激发的荧光集中到光电倍增管，以提高灵敏度，其内表面抛光处理成镜面。滤光片透过波长为 300～350nm，尽可能只使二氧化硫发出的荧光穿过，射至光电倍增管，以减少干扰。光电倍增管中心接收波长为 320nm，专门接收二氧化硫发出的荧光，光信号转变为电信号，经处理换算成样品的硫含量。其显示控制界面见图 2-33。

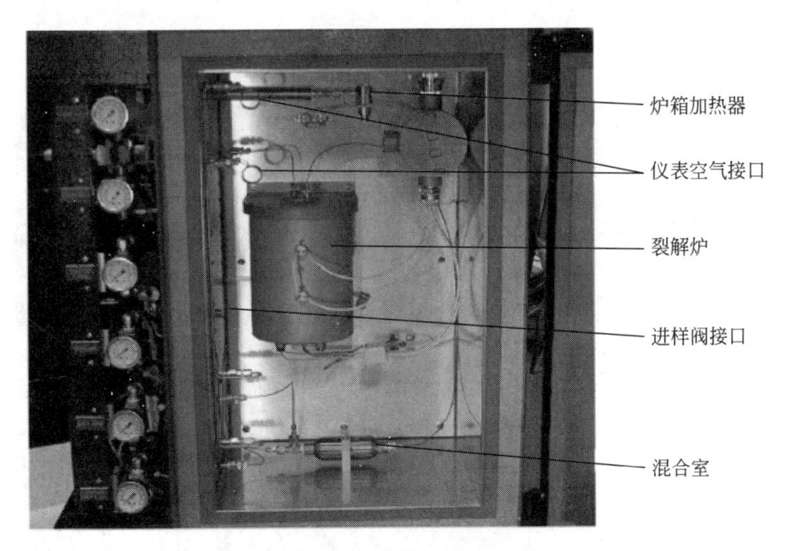

图 2-31 氧化裂解炉

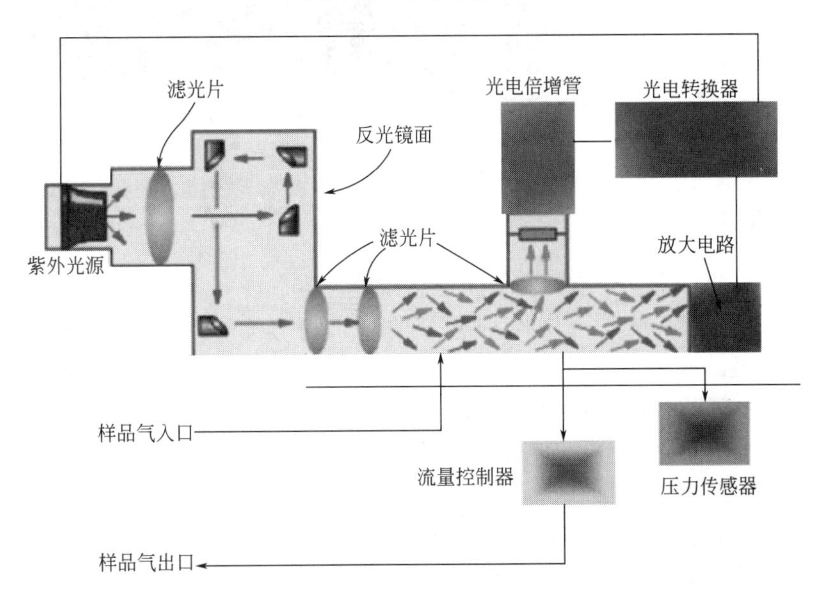

图 2-32 脉冲式紫外荧光硫检测器原理结构图

2.5.3 技术指标和技术条件

测量范围 0.00001%～40%（W/W）

测量精度 <±1%FS

分析周期 2.5～15min

进样量 液体样品 0.5～15μL；气体样品 1～15mL

量程和流路 双量程，多流路自动切换

标定 手动或自动

载气（氩气） 99.975%，35psig，含水量≤5mg/L

燃烧气（氧气） 99.975%，35psig，含水量≤5mg/L

仪表空气 干净、干燥、无油、无尘；压力要求 进样阀驱动 50psig，其他气动阀驱动 80psig，正压吹扫 80～120psig

样品管线 聚四氟乙烯材质或硅烷化处理的不锈钢材质

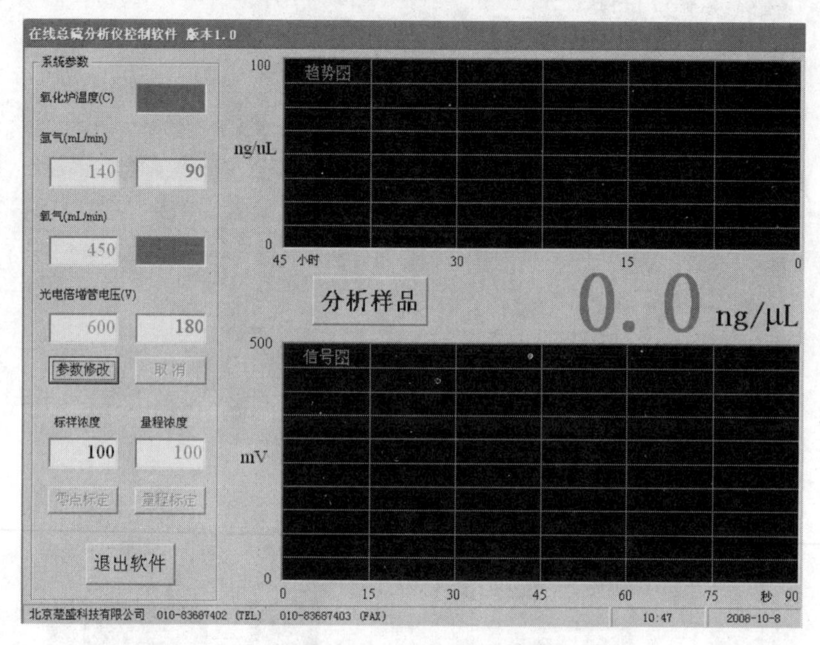

图 2-33 控制软件界面

2.5.4 仪器日常维护

① 定期标定 每周标定一次量程，每月标定一次零点。

② 定期检漏 每月一次打开仪器后门，仔细查看所有接头，看是否有漏液。

③ 样品气路检漏 关闭仪器上所有调节阀，打开钢瓶总阀，调节减压阀，使气体压力为 0.4MPa。将减压阀调节手柄返回原位，观察低压表压力值，10min 内压力应没有明显下降。如果下降明显，表明有泄漏，用试漏液检查各接头，找出漏点，重新上紧接头至不漏即可。上得过紧会损坏垫圈及螺纹。

④ 定期清洗气路 每月清洗一次出口弯管和管路。

⑤ 定期清洗检测器 每年清洗一次检测器。

⑥ 定期更换石英管 每 6 个月更换一根新石英管（24h 连续运行）。

⑦ 定期更换紫外灯 每 6 个月更换一支新紫外灯（24h 连续运行）。

⑧ 定期更换膜干燥器 每 6 个月更换一根新膜干燥器（24h 连续运行）。

⑨ 定期检查仪器顶部散热风扇是否工作正常。

⑩ 长期不开机情况下，定期打开仪器后门置换空气。

⑪ 停机一段时间再开机时，一定要按重新安装仪器步骤操作。

2.5.5 常见故障及处理

(1) 积炭

紫外荧光法总硫分析仪常见故障是积炭，现象是同一样品检测结果突然显著增高几十倍甚至上百倍。出现积炭的原因主要有：裂解氧气供应不足或中断；载气流速过快；样品进样量过大；裂解氧化炉温度过低等。一旦出现积炭现象必须处理，将故障原因找到并排除。

可以采用将石英裂解管的积炭部位放在裂解氧化炉中灼烧的办法处理，之后必须清洗样品流路，更换聚四氟乙烯管，干燥器需要用仪表空气或氮气吹干，检测器反应室需要拆开，用去离子水清洗干净并吹干。

(2) 噪声大或峰拖尾现象

载气或氧气纯度不够时会出现噪声大或峰拖尾现象，需要更换纯度合格的气体。样品进入仪器后通路中被轻微吸附时也会出现峰拖尾现象，需要检查清洗通路部件。

(3) 灵敏度下降

石英裂解管使用半年到1年后会起毛，表现出来的现象是灵敏度下降，硫含量在1mg/L以下的样品检测不到。此时需要更换石英裂解管并清洗样品流路。

(4) 无峰现象

进样阀堵塞或串气会引起该现象，需要检查处理或更换阀芯。如果该现象频繁发生，就需要检查样品处理系统过滤部件是否正常。经常遇到的是因为使用了没有经过硅烷化（钝化）处理的管件或接头等，硫组分被完全吸附。检测器之前的通路有泄漏情况也会引起这种现象，需要检漏并处理。

(5) 检测器的维护

需要注意的是打开检测器时光电倍增管一定要断电，最好在断电的同时用黑色橡胶帽套住其顶端，否则会迅速老化，不能满足检测灵敏度要求。

紫外灯安装时要对准方向和位置，否则灵敏度会大幅下降。

清洗完成或更换其中元件后重新装配时要更换所有的密封圈，防止泄漏。

(6) 样品流路检漏

从裂解管入口开始逐级检漏。简单方法是关闭高纯氧气，只留下氩气，设定稍小流量，如40mL/min，逐级用手指堵住出口，看流量计读数是否能降到0位。

第3章 微量水分与水露点分析仪

3.1 湿度的定义及表示方法

3.1.1 湿度的定义

按照国家计量技术规范《湿度与水分计量名词术语及定义》(JJF 1012—2007)，把气体中水蒸气的含量定义为湿度，对应于英文的 Humidity；而把液体或固体物质中水的含量定义为水分，对应于英文的 Moisture。

当气体中水蒸气的含量低于－20℃露点时（在标准大气压下为 1020ppmV），工业中习惯上称为微量水分（trace water），而不叫湿度。

3.1.2 湿度表示方法

工程测量中常用的表示方法如下。

① 绝对湿度　在一定的温度及压力条件下，每单位体积混合气体中所含的水蒸气质量，单位以 g/m^3 或 mg/m^3 表示。

② 体积百分比　水蒸气在混合气体中所占的体积百分比，单位以%Vol 表示。在微量情况下采用体积百万分比，单位以 10^{-6}Vol 或 $\mu L/L$、ppmV 表示。

③ 质量百分比　水分在液体（或气体中）所占的质量百分比，单位以%W 表示。在微量情况下采用质量百万分比，单位以 10^{-6}W 或 $\mu g/g$、ppmW[1] 表示。

④ 水蒸气分压　是指在湿气体的压力一定时湿气体中水蒸气的分压力，单位以毫米汞柱（mmHg）或帕斯卡（Pa）表示。

⑤ 露点温度　在一个大气压下，气体中的水蒸气含量达到饱和时的温度称为露点温度，简称露点，单位以℃或℉表示。露点温度和饱和水蒸气含量是一一对应的。

⑥ 相对湿度　是指在一定的温度和压力下，湿空气中水蒸气的摩尔分数与同一温度和压力下饱和水蒸气的摩尔分数之比，单位以%RH 表示。有时，也常用一定的温度和压力下湿空气中水蒸气的分压与同一温度和压力下饱和水蒸气的分压之比来表示相对湿度。但须注意，这种表示方法仅适用于理想气体。

---

[1] 1ppmW＝10^{-6}(质量)。

3.1.3 湿度单位的换算

在微量水分的分析中，常用的湿度计量单位主要有以下几种：

绝对湿度——mg/m^3

体积百万分比——ppmV

露点温度——℃

质量百万分比——ppmW

这些计量单位之间的换算，比较方便快捷的方法是查表，有时也需要通过计算进行换算。下面介绍几个常用的换算公式。

① mg/m^3 与 ppmV 之间的换算公式（20℃下）

$$1mg/m^3=\frac{18.015}{24.04}\times ppmV\approx 0.75\times ppmV(20℃)$$
$$1ppmV(20℃)=\frac{24.04}{18.015}\times mg/m^3\approx 1.33\times mg/m^3 \tag{3-1}$$

式中 18.015——水的摩尔质量，g；

24.04——20℃、101.325kPa 下每摩尔气体的体积，L。

② ppmV 与 ppmW 之间的换算公式

$$ppmV=\frac{M_{mix}}{18.015}\times ppmW$$
$$ppmW=\frac{18.015}{M_{mix}}\times ppmV \tag{3-2}$$

式中 18.015——水的摩尔质量，g；

M_{mix}——混合气体的平均摩尔质量，g。

③ mg/m^3 与 ppmW 之间的换算公式（20℃下，空气中）

$$1mg/m^3=\frac{28.96}{24.04}\times ppmW\approx 1.2047\times ppmW(20℃)$$
$$1ppmW(20℃)=\frac{24.04}{28.96}\times mg/m^3\approx 0.8301\times mg/m^3 \tag{3-3}$$

式中 28.96——空气的摩尔质量，g；

24.04——20℃、101.325kPa 下每摩尔气体的体积，L。

④ 常用湿度单位换算见表 3-1 和表 3-2。

3.1.4 常压下天然气水分含量与压力状态下水露点的换算

目前使用的微量水分仪，绝大多数是将样品减压后测量常压下的水分含量。图 3-1 示出了常压下水分含量（ppmV）与露点温度（℃）之间的对应关系，可以看出两者并非线性关系，如需进行换算，一般可查阅相关表格，如表 3-1 和表 3-2 所示。

在天然气工业中，往往需要将常压（1.01×10^5Pa）下测得的天然气水分含量，换算成压力状态下的水露点温度值，以便掌握天然气在管道输送的压力和温度下会不会结露而凝析出液态水，两者之间的相互换算大致有两种方法：计算法和查表法。

表 3-1 101.325kPa 下气体的水露点与水含量对照表
（选自 SY/T 7507—1997 天然气水中含量的测定 电解法）

露点温度/℃	体积分数 φ/ppmV	质量浓度/(g/m³)（按 20℃计）	露点温度/℃	体积分数 φ/ppmV	质量浓度/(g/m³)（按 20℃计）
−80	0.5409	0.0004052	−39	142.0	0.1064
−79	0.6370	0.0004772	−38	158.7	0.1189
−78	0.7489	0.0005610	−37	177.2	0.1327
−77	0.8792	0.0006586	−36	197.9	0.1482
−76	1.030	0.0007716	−35	220.7	0.1653
−75	1.206	0.0009034	−34	245.8	0.1841
−74	1.409	0.001055	−33	273.6	0.2050
−73	1.643	0.001231	−32	304.2	0.2279
−72	1.913	0.001433	−31	333.0	0.2532
−71	2.226	0.001667	−30	375.3	0.2811
−70	2.584	0.001936	−29	416.2	0.3118
−69	2.997	0.002245	−28	461.3	0.3456
−68	3.471	0.002600	−27	510.8	0.3826
−67	4.013	0.003006	−26	565.1	0.4233
−66	4.634	0.003471	−25	624.9	0.4681
−65	5.343	0.004002	−24	690.1	0.5170
−64	6.153	0.004609	−23	761.7	0.5706
−63	7.076	0.005301	−22	840.0	0.6292
−62	8.128	0.006089	−21	925.7	0.6934
−61	9.322	0.006983	−20	1019	0.7633
−60	10.68	0.008000	−19	1121	0.8397
−59	12.22	0.009154	−18	1233	0.9236
−58	13.96	0.01046	−17	1355	1.015
−57	15.93	0.01193	−16	1487	1.114
−56	18.16	0.01360	−15	1632	1.223
−55	20.68	0.01549	−14	1788	1.339
−54	23.51	0.01761	−13	1959	1.467
−53	26.71	0.02001	−12	2145	1.607
−52	30.32	0.02271	−11	2346	1.757
−51	34.34	0.02572	−10	2566	1.922
−50	38.88	0.02913	−9	2803	2.100
−49	43.97	0.03294	−8	3059	2.291
−48	49.67	0.03721	−7	3333	2.500
−47	56.05	0.04199	−6	3639	2.726
−46	63.17	0.04732	−5	3966	2.971
−45	71.13	0.05528	−4	4317	3.234
−44	80.01	0.05994	−3	4699	3.520
−43	89.91	0.06735	−2	5109	3.827
−42	100.9	0.07558	−1	5553	4.160
−41	113.2	0.08480	0	6032	4.519
−40	126.8	0.09499			

表 3-2 1bar abs[1] 下水露点与水含量对照表

（资料来源：M&C Products Analysentechnik GmbH • Rehhecke 79 • 40885 Ratingen-GERMANY E-Mail：info@muc-products. de）

H_2O 露点温度 /℃	H_2O 体积百分比 /%Vol	H_2O 质量浓度 /[g/m³(标准)]	H_2O 露点温度 /℃	H_2O 体积百分比 /%Vol	H_2O 质量浓度 /[g/m³(标准)]	冷凝液体积 /(mL/h)①
−100	0.00000139	0.0000111	0	0.602	4.84	
−90	0.00000955	0.0000767	+1	0.649	5.21	
−80	0.0000540	0.000434	+2	0.696	5.59	
−70	0.000258	0.00207	+3	0.750	6.02	
−60	0.00107	0.00857	+4	0.803	6.45	
−55	0.00207	0.0166	+5	0.861	6.91	0.0
−50	0.00388	0.0312	+6	0.922	7.41	
−48	0.00496	0.0399	+7	0.988	7.94	
−46	0.00631	0.0507	+8	1.06	8.51	
−44	0.00800	0.0642	+9	1.13	9.10	
−42	0.0102	0.0816	+10	1.21	9.74	0.3
−40	0.0127	0.102	+11	1.29	10.40	
−38	0.0159	0.127	+12	1.38	11.10	
−36	0.0198	0.159	+13	1.48	11.90	
−34	0.0246	0.197	+14	1.58	12.70	
−32	0.0304	0.244	+15	1.68	13.50	
−30	0.0375	0.301	+16	1.79	14.40	
−28	0.0461	0.371	+17	1.91	15.40	
−26	0.0565	0.454	+18	2.04	16.40	
−24	0.0690	0.554	+19	2.17	17.40	
−22	0.0840	0.675	+20	2.31	18.50	1.2
−20	0.102	0.816	+21	2.46	19.70	
−19	0.112	0.899	+22	2.61	21.00	
−18	0.123	0.989	+23	2.77	22.30	
−17	0.135	1.09	+24	2.94	23.70	
−16	0.148	1.19	+25	3.13	25.10	1.9
−15	0.163	1.31	+26	3.32	26.70	
−14	0.179	1.43	+27	3.52	28.30	
−13	0.196	1.57	+28	3.73	30.00	
−12	0.214	1.72	+29	3.95	31.80	
−11	0.234	1.88	+30	4.19	33.60	2.8
−10	0.256	2.06	+35	5.55	44.60	4.0
−9	0.280	2.25	+40	7.28	58.50	5.6
−8	0.305	2.45	+45	9.46	76.00	7.7
−7	0.333	2.68	+50	12.20	97.80	10.5
−6	0.363	2.92	+55	15.50	125	14.1
−5	0.396	3.18	+60	19.70	158	19.0
−4	0.431	3.46	+70	30.70	247	34.8
−3	0.469	3.77	+80	46.70	376	69.6
−2	0.510	4.10	+90	69.20	556	179.0
−1	0.555	4.46				

① 样品气露点温度+5℃、流量 100L/h 时的冷凝液体积（mL）。

[1] 1bar=10^5Pa。

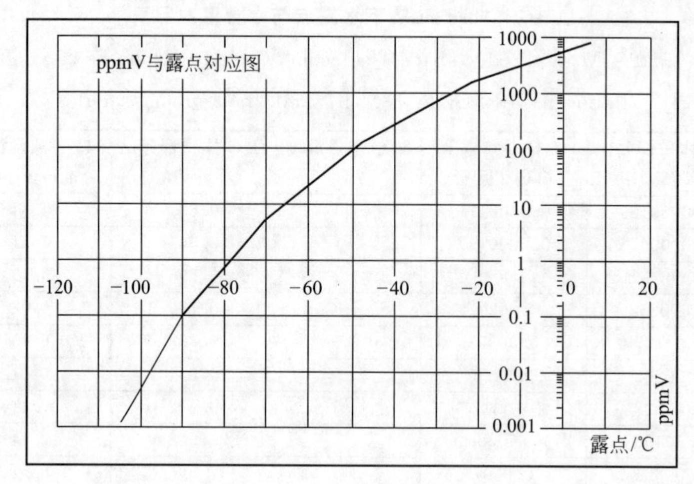

图 3-1 常压下水分含量（ppmV）与露点温度（℃）之间的对应关系

(1) 计算法

采用在线分析仪测量天然气中水分含量通常是在常压下进行，如果需要将仪表所测的水分含量 ppmV 值换算成带压下的露点值，应按 GB/T 22634—2008《天然气水含量与水露点之间的换算》进行。该标准的换算方法较为繁琐，有专用计算软件进行换算。

在现场也可按下面的简易算法进行粗略估算：

$$E_{S0}=\frac{p_0}{p_1}\times E_{S1} \tag{3-4}$$

式中 E_{S0}——标准大气压下的水蒸气分压；

p_0——标准大气压（1.01×10^5 Pa）；

p_1——实际的压力；

E_{S1}——水（或冰）的饱和蒸气压值（带压下）。

露点温度（℃）与饱和水蒸气压（Pa）、体积百万分比（ppmV）对照表见表 3-3。

计算示例 如果常压下仪表所测的水分含量为 8.1ppmV，露点−62℃。查表 3-3，对应的饱和蒸气压为 0.823473Pa，记作 E_{S0}。p_0 为标准大气压（1.01×10^5 Pa），p_1 为实际压力，25MPa。根据式(3-4) 可以计算出 E_{S1} 水（或冰）的饱和蒸气压值（带压下），然后再查表 3-3，即可得出 25MPa 压力下的露点值。

$$E_{S0}=\frac{p_0}{p_1}\times E_{S1}$$

$$0.823473\text{Pa}=\frac{1.01\times10^5\text{ Pa}}{250\times10^5\text{ Pa}}\times E_{S1}$$

$$E_{S1}=205.868\text{Pa}$$

查表 3-3 得到 25MPa 压力下的露点值约为−13℃。

(2) 查表法

图 3-2 为不同压力下气体湿度换算列线图。

使用方法：以常压下仪表所测的水分含量为 8.1ppmV，求 25MPa 压力下的露点值为例，①在图 3-2 左边竖线上找 8.1ppmV 点 A；②在右边竖线上找 250kgf/cm^2（1kgf/cm^2=0.1MPa）点 B；③然后连接 A、B 两点做一条直线，与图 3-2 中间线的交叉点 C 即为 25MPa 压力下的露点值−13℃。

表 3-3 露点温度（℃）与饱和水蒸气压（Pa）、体积百万分比（ppmV）对照表

露点温度/℃	饱和水蒸气压/Pa	体积比/ppmV	露点温度/℃	饱和水蒸气压/Pa	体积比/ppmV
0	611.153	6068	−38	16.0805	158.7
−1	565.675	5584	−39	14.3809	141.9
−2	517.724	5136	−40	12.8485	126.8
−3	475.068	4721	−41	11.4685	113.2
−4	437.488	4336	−42	10.2265	100.9
−5	401.779	3981	−43	9.11011	89.92
−6	368.748	3653	−44	8.10736	80.02
−7	388.212	3349	−45	7.20763	71.14
−8	310.001	3069	−46	6.40114	63.18
−9	283.995	2811	−47	5.67894	56.05
−10	259.922	2572	−48	5.03431	49.67
11	237.762	2352	−49	4.45556	43.97
−12	217.342	2150	−50	3.94017	38.89
−13	198.538	1963	−51	3.48056	34.35
−14	181.233	1792	−52	3.07118	30.31
−15	165.319	1634	−53	2.70680	26.71
−16	150.694	1489	−54	2.38296	23.52
−17	137.263	1357	−55	2.09542	20.68
−18	124.938	1235	−56	1.84042	18.16
−19	113.634	1123	−57	1.61452	15.93
−20	103.276	1020	−58	1.41463	13.96
−21	93.7904	926.5	−59	1.23797	12.22
−22	85.1104	840.7	−60	1.08203	10.68
−23	77.1735	762.2	−61	0.944545	9.322
−24	69.9217	690.6	−62	0.823473	8.127
−25	63.3008	625.1	−63	0.716990	7.076
−26	57.2607	565.4	−64	0.623457	6.153
−27	51.7546	511.0	−65	0.541406	5.343
−28	46.7393	461.5	−66	0.469514	4.634
−29	42.1748	416.4	−67	0.406613	4.013
−30	38.0238	375.4	−68	0.351650	3.471
−31	34.2521	338.2	−69	0.303688	2.997
−32	30.8277	304.3	−70	0.261892	2.585
−33	27.7214	273.7	−71	0.225521	2.226
−34	24.9059	245.9	−72	0.193916	1.914
−35	22.3563	220.7	−73	0.166491	1.643
−36	20.0494	197.9	−74	0.142728	1.409
−37	17.9640	177.3	−75	0.122168	1.206

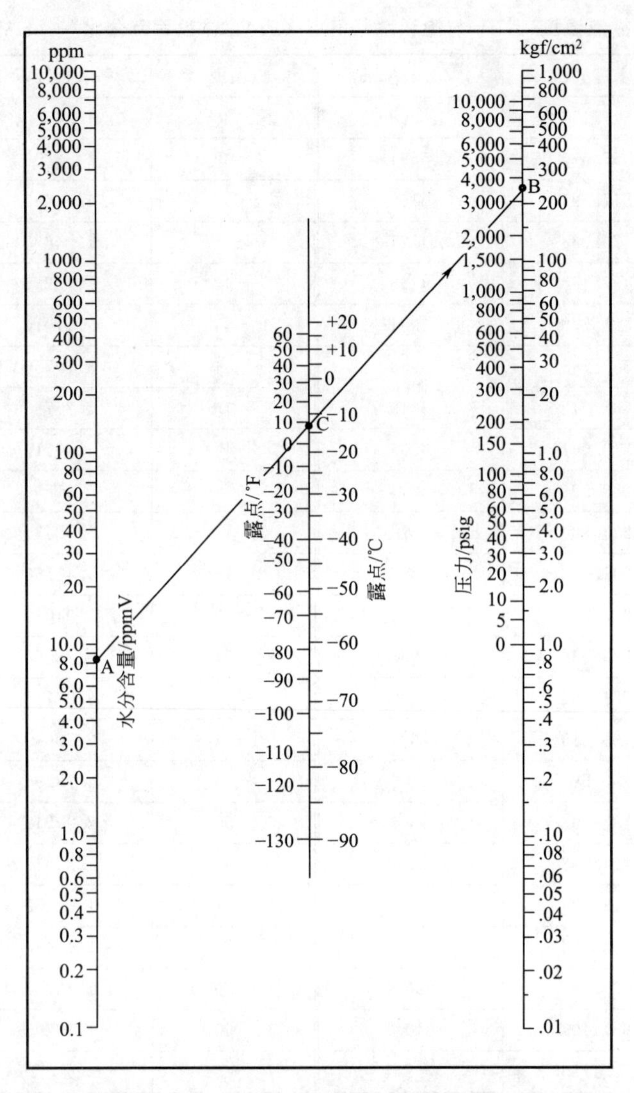

图 3-2 不同压力下气体湿度换算列线图

3.2 微量水分仪的主要类型

在天然气管道输送中，如果含有水分，当环境温度低于管输压力下的水露点温度时，天然气就可能凝析出游离水。游离水可能会产生以下不利影响：

① 降低天然气的热值和管输能力；

② 引起流动条件的不确定，从而带来了天然气的计量误差；

③ 加速酸性组分对设备和管道的腐蚀；

④ 液体进入压缩机可能破坏压缩机，造成事故；

⑤ 与天然气形成水合物，严重时堵塞管道、设备、阀门等，影响平稳供气和生产装置正常运行。

测量水露点温度的实验室仪器和便携式仪器，主要采用冷凝露点湿度计。在线测量天然气水露点的方法，目前大多采用在线微量水分仪测得天然气中的水分含量，通过计算转换为管输压力下的水露点温度。所以天然气工业中也把微量水分仪称为水露点分析仪。

天然气工业中使用的微量水分仪主要有以下几种类型：

- 电解式微量水分仪
- 电容式微量水分仪
- 压电晶体振荡式微量水分仪
- 半导体激光式微量水分仪
- 近红外漫反射式（光纤式）微量水分仪

3.3 电解式微量水分仪

3.3.1 测量原理和特点

(1) 测量原理

电解式微量水分仪又名库仑法电解湿度计，它建立在法拉第电解定律基础之上，广泛应用于气体中微量水分的测量，测量范围通常为1～1000ppmV。这种湿度计不仅能达到很低的测量下限，更重要的是它是一种采用绝对测量方法的仪器。

电解式微量水分仪的主要部分是一个特殊的电解池，池壁上绕有两根并行的螺旋形铂丝，作为电解电极。铂丝间涂有水化的五氧化二磷（P_2O_5）薄层。P_2O_5 具有很强的吸水性，当被测气体经过电解池时，其中的水分被完全吸收，产生偏磷酸溶液，并被两铂丝间通以的直流电压电解，生成的 H_2 和 O_2 随样气排出，同时使 P_2O_5 复原。反应过程如下：

吸湿　$$P_2O_5 + H_2O \longrightarrow 2HPO_3$$

电解　$$4HPO_3 \longrightarrow 2H_2\uparrow + O_2\uparrow + 2P_2O_5$$

在电解过程中，产生电解电流。根据法拉第电解定律和气体状态方程可导出，在一定温度、压力和流量条件下，产生的电解电流正比于气体中的水含量。测出电解电流的大小，即可测得水分含量。

法拉第电解定律的表达式为：

$$m = \frac{M}{nF} \times It \tag{3-5}$$

式中　m——被电解的水的质量，g；

M——H_2O 的摩尔质量，$M_{H_2O}=18.02$g；

n——电解反应中电子变化数，$n=2$；

F——法拉第常数，96500C（1C=1A·s）；

I——电解电流，A；

t——电解时间，s。

被电解的水蒸气的体积可由下式求得：

$$V = \frac{22.4 \times \frac{Tp_0}{T_0 p}}{nF} \times It \tag{3-6}$$

式中 V——被电解的水蒸气的体积，L；

22.4——1mol 气体在标准状态（0℃，101325Pa）下的体积为 22.4L；

T_0——273.15K，即 0℃；

T——电解温度；

p_0——标准大气压，101325Pa；

p——电解池的压力。

当 $T=20℃$，$p=p_0$ 时，由式(3-6) 可计算出被电解的水蒸气的体积为：

$$V=\frac{22.4\times\frac{273.15+20}{273.15}}{2\times96500}\times It=0.00012456\times It=124.56\mu L\times It \tag{3-7}$$

当 $I=1A$，$t=1s$ 时，$V=124.56\mu L$，即 1 库仑电量可电解 124.56μL 的水蒸气。

若样品为 100%的水蒸气，其流量为 100mL/min=100000μL/60s=1666.67μL/s，则将其完全电解所需的电流强度为

$$I=\frac{1666.67\mu L/s}{124.56\mu L/s}=13.38A \tag{3-8}$$

以上是样品为 100%的水蒸气的情况，若样品含水量以 ppmV(μL/L) 计，则

$$\frac{100\%}{ppmV}=\frac{13.38A}{x} \tag{3-9}$$

解得 $x=13.38\mu A$，即在 1 个大气压下，系统温度为 20℃，被测气样以 100mL/min 的流量流经电解池，当气样含水量为 1ppmV 时，电解电流为 13.4μA。

当通入的气体流量不变时，电解电流与气体中水分的绝对含量有精确的线性关系：

$$I=kc \tag{3-10}$$

式中 I——电解电流，μA；

k——比例系数，μA/μL，当 $T=20℃$，$p=1$ 个大气压时，$k=13.4\mu A/\mu L$；

c——气体中水分的绝对含量，μL（或 ppmV）。

若温度、压力不变，流量由 100mL/min 变为 F'mL/min，则 k'可由下式求得：

$$\frac{F'}{100}=\frac{k'}{13.4} \tag{3-11}$$

若温度、压力变化，可通过理想气体状态方程对流量加以修正，然后代入式(3-11) 计算 k'。

(2) 特点

① 电解式微量水分仪的测量方法属于绝对测量法，电解电量与水分含量一一对应，微安级的电流很容易由电路精确测出，所以其测量精度高，绝对误差小。由于采用绝对测量法，测量探头一般不需要用其他方法进行校准，也不需要现场标定。

② 电解池的结构简单，使用寿命长，并可以反复再生使用。

③ 测量对象较广泛，凡在电解条件下不与五氧化二磷起反应的气体均可测量。

3.3.2 仪器构成和主要性能指标

(1) 仪器的构成

电解式微量水分仪由检测器和显示器两部分构成，检测元件为电解池。

电解池由芯管（棒）、电极和外套管三个主要部分组成，有两种结构型式。

一种是内绕式，把两根铂丝电极绕制在直径0.5～2mm的绝缘芯管内壁上，管子长度为几十厘米，两根铂丝电极间的距离一般为十分之几毫米，铂丝直径一般取0.1～0.3mm。在管子内壁涂上一定浓度的P_2O_5水溶液。为使涂层黏附牢固，可加一定润湿剂。做成的管子切成一定长度，装入外套管中，并接上样品进、出管接头和电极引线，即成为完整的电解池。见图3-3(b)。

另一种是外绕式，在一根绝缘芯棒上加工两条有一定距离的螺旋槽，沿槽绕以铂丝电极，电极间涂以P_2O_5水溶液，芯棒外面套上外套管。外套管内径应尽量小，使其与芯棒间距小些，以避免产生水分吸收不完全现象。见图3-3(a)。

电解池的长度应满足对被测气体中的水分达到完全吸收。电解池一般采用不锈钢管内部抛光或内衬玻璃管，也可采用聚四氟乙烯管制作。

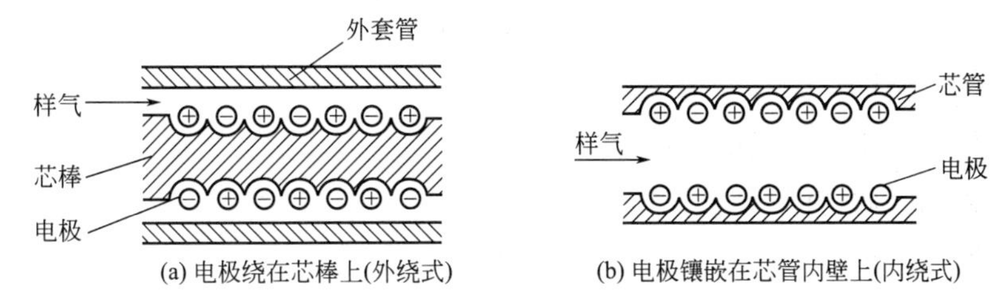

(a) 电极绕在芯棒上(外绕式)　(b) 电极镶嵌在芯管内壁上(内绕式)

图3-3 电解池的结构示意图

(2) 主要性能指标

以天华化工机械及自动化研究设计院（原化工部自动化研究所）生产的HZ3321A型电解式微量水分仪为例，其主要性能指标如下。

测量范围　0～1000ppmV，可扩展至0～2000ppmV

基本误差　仪表读数的±5%（<100ppmV时）

　　　　　仪表读数的±2.5%（>100ppmV时）

响应时间　T_{63}<60s

样品条件　温度常温

　　　　　压力0.1～0.3MPa

　　　　　流量100mL/min（0～1000ppmV量程）

　　　　　　50mL/min（0～2000ppmV量程）

(3) 测量对象和不宜测量的气体

电解式微量水分仪的测量对象为空气、氮、氢、氧、一氧化碳、二氧化碳、天然气、惰性气体、烷烃、芳烃等，混合气体及其他在电解条件下不与P_2O_5起反应的气体也可分析。

下述气体不宜用电解式微量水分仪进行测量：

① 不饱和烃（芳烃除外）　会在电解池内发生聚合反应，缩短电解池使用寿命；

② 胺和铵　会与P_2O_5涂层发生反应，不宜测量；

③ 乙醇　会被P_2O_5分解产生H_2O，引起仪表读数偏高；

④ F_2、HF、Cl_2、HCl　会与接触材料发生反应，造成腐蚀（可选用耐相应介质腐蚀的专用型湿度仪）；

⑤ 含碱性组分的气体。

3.3.3 影响测量精度的主要因素

影响电解式微量水分仪测量精度的因素主要有三个：样气流量、系统压力和电解池的温度。

(1) 样气流量

由电解式微量水分仪测量原理的讨论中可知，当通入的样气流量不变时，电解电流与水分的绝对含量有精确的线性关系，当流量发生波动时，必然会影响到测量精度。因此，在电解式微量水分仪气路系统的设计中，应确保样气压力的稳定和流量的恒定。

转子流量计出厂时，其刻度一般是用空气或水标定的。如果实际测量介质和标定介质不同，当密度相差不大时，则有

$$\frac{Q_{实}}{Q_{刻}}=\sqrt{\frac{(\rho_f-\rho_{介})\rho_0}{(\rho_f-\rho_0)\rho_{介}}}=K$$

$$Q_{实}=Q_{刻}K \tag{3-12}$$

式中 ρ_f——转子密度；

ρ_0——标定介质（空气或水）密度；

$\rho_{介}$——被测介质密度；

$Q_{实}$——实际流量；

$Q_{刻}$——刻度流量；

K——流量校正系数。

表 3-4 给出了部分气体的流量校正系数表，可供参考。

表 3-4 部分气体的流量校正系数表

序号	气体名称	转子流量计刻度校正系数 K	序号	气体名称	转子流量计刻度校正系数 K
1	空气	1.00	11	丙烯	0.83
2	氮气	1.02	12	丙烷	0.96
3	氧气	0.933	13	裂解氨气(75%氢和25%氮)	1.74
4	氢气	3.233	14	丁烷	0.853
5	氦气	1.97	15	丁二烯	0.883
6	氩气	0.85	16	异丁烷	0.886
7	一氧化碳	1.01	17	异丁烯	0.72
8	甲烷	1.4	18	氟里昂 22	0.58
9	乙烯	1.03	19	氟里昂 12	0.38
10	乙烷	1.11			

例如，转子流量计的刻度是用氮气给出的（该流量计是氮气流量计），当用其测甲烷时，可参考表 3-4 按下式进行修正：

$$Q_{甲烷}=Q_{氮气}\times\frac{K_{甲烷}}{K_{氮气}}=Q_{氮气}\times\frac{1.4}{1.02} \tag{3-13}$$

实际工作中，也可使用皂沫流量计对转子流量计的示值进行校正。

(2) 系统压力

电解式微量水分仪的测量结果，是根据法拉第电解定律和理想气体状态方程导出的，若大气压力为 760mmHg[1]，流量为 100mL/min，仪表读数为 C_0，则当大气压力为 p、样气流

[1] 1mmHg=0.133kPa。

量为 Q 时，仪表读数 C 可按下式进行修正：

$$C=C_0\times\frac{760}{p}\times\frac{100}{Q}\ (\mathrm{ppmV}) \tag{3-14}$$

如需扩大仪表量程，按照上式只需减小流量 Q 即可。设所在地区 $p=760\mathrm{mmHg}$，流量减小为 50mL/min，则 $C=2C_0$，即将量程扩大 2 倍，当 $C_0=1000\mathrm{ppmV}$ 时，$C=2000\mathrm{ppmV}$。其他情况可依此类推，但工业在线测量情况下，流量不可太小，以免引起响应时间滞后和流量控制不稳定等现象。

如需进一步扩大测量范围，可在仪表前设干、湿气体配比混合装置，即将样品视为湿气，另配一路干气，两者按一定比例混合后，其水分含量按相应的比例降低。如干、湿气体配比为 2∶1，则水含量降至原来的 1/3，所以测量结果应为仪表读数乘以 3。

(3) 电解池温度

因为温度变化会影响样气的密度、P_2O_5 的比电阻和电解池的导电系数，从而造成不可忽视的测量误差，所以电解池应当恒温。

3.3.4 安装、使用和维护

(1) 安装

电解式微量水分仪安装配管时应注意以下问题。

① 首先应确保气路系统严格密封，这是微量水分测量中至关重要的一个问题。配管系统中某个环节哪怕出现微小泄漏，大气环境中的水蒸气也会扩散进来，从而对测量结果造成很大影响。虽然样品气体的压力高于环境大气压力，但样气中微量水分的分压远低于大气中水蒸气的分压，当出现泄漏时，大气中的水分便会从泄漏部位迅速扩散进来，实验表明，其扩散速率与管路系统的泄漏速率成正比，所造成的污染与样品气体的体积流量成反比。

样品系统的配管应采用不锈钢管，管线外径以 $\phi 6$ (1/4in) 为宜，管子的内壁应清洗干净并用干气吹扫干燥。取样管线尽可能短，接头尽可能少，接头及阀门应保证密闭不漏气。待样品管线连接完毕之后，必须做气密性检查。样品系统的气密性要求是：在 0.3MPa 测试压力下持续 5min，压力降不大于 1% (0.003MPa)。

② 为了避免样品系统对微量水分的吸附和解吸效应，配管内壁应光滑洁净，必要时可做抛光处理，所选接头、阀门死体积应尽可能小。当气路发生堵塞或受到污染需要清洗时，清洗方法和清洗剂参照电解池清洗要求，但管子的内壁需要用线绳拉洗，管件用洗耳球冲洗，以防损伤其表面，最后应做烘干处理。

③ 为防止样气中的微量水分在管壁上冷凝凝结，应根据环境条件对取样管线采取绝热保温或伴热保温措施。

④ 微量水分仪的检测探头应安装在样品取出点近旁的保温箱内，不宜安装在距取样点较远的分析小屋内，以免管线加长可能带来的泄漏、吸附隐患以及由此造成的测量滞后。如果微量水分仪安装位置距取样点较远或取样管线较细，则应加大旁通放空流量，一般测量流量与放空流量的比例为 1∶5 以上。

⑤ 如果被测气体中含有杂质或油雾量太多，将会直接影响测量探头的使用寿命。此时应配备预处理装置对样品进行处理，以提高仪表的测量精度和使用寿命。

(2) 开机和停机

电解式微量水分仪开机前，要对电解池进行干燥脱水处理，使吸湿剂中存在的 HPO_3

完全回复到 P_2O_5。这是因为电解池的总电流：

$$I_T = I_{H_2O} + I_B + I_R \tag{3-15}$$

式中 I_{H_2O}——电解 H_2O 时产生的电流；

I_B——干燥电解池有限绝缘电阻（主要由 P_2O_5 决定）所造成的电流；

I_R——由电解生成的 H_2 和 O_2 复合成水所产生的电流。

其中底电流为 $I_B + I_R$，I_B 是很小的，I_R 在脱水完后也可忽略。如不完全脱水，则吸湿剂 P_2O_5 中残存的 HPO_3 发生的电解作用将影响 I_{H_2O} 的大小，使电解池的总电流 I_T 产生严重偏差。

可按以下步骤进行干燥脱水和开机操作。

① 先将所有阀门关闭，然后卸掉样气输入端密封压帽，通入干燥气体（一般用干氮），再打开样气进口阀和放空阀，调节干燥气体流量，使其以 50mL/min 通过电解池放空，带走电解池和气路管道中的水分。

② 1h 后，接通二次表电源，如显示值超过 1000mg/L，超量程指示灯亮，应继续吹扫，直至显示值≤1000mg/L。

③ 断开二次表电源和干燥气气路，通入样气，样气压力调整至 0.1～0.3MPa 范围内，流量调整至 100mL/min，吹扫半小时。

④ 再次打开二次表电源开关，当仪表显示值稳定后就可以读数（安装后首次运行所需时间较长），仪表投入正常运行。

停机步骤及注意事项如下：

① 仪表停止使用时，先关闭电源，后切断气源；

② 关闭检测器所有阀门，用密封压帽将所有外部端口封闭，以避免空气中水分及其他杂质渗入气路中；

③ 如是短时间停机，则可通入干燥气体，以 20～50mL/min 的流量吹扫气路系统，以待下次开机。

(3) 电解池的使用和维护

电解池是仪器测量系统的心脏，使用中应注意以下事项：

① 不可将脏物和油污吹入电解池中；

② 不可通入过湿气体进行测量；

③ 不可在无气体流动的情况下长期通电电解。

如果怀疑电解池有故障，可用以下两种方法进行检查。

① 用万用表 $R\times1\text{k}\Omega$ 或 $R\times100\Omega$ 挡测量电解池两极间电阻，电解池越干燥，其阻值越大。如电阻值像电容充电似地上升至 2kΩ 以上，则表示电解池良好；如很快停在某一较低值，则表示电解池有故障；如低于 100Ω，则表示电解池两极已短路。

② 将被测气体流量从 100mL/min 降为 50mL/min，所得到的水分含量应该是原来数值的一半（分别扣除相应流速下的本底后），最大相对偏差为 10%。假如读到的数值比一半明显偏离，说明被测气体带入了杂质，与五氧化二磷发生反应或吸附在其表面，使池效率降低，这时得到的分析结果偏低。

(4) 电解池的清洗和重新涂覆

① 拧开检测器组件上的压盖，抽出电解池，拆除两极间绕制的玻璃丝，然后浸泡在水中，用毛刷清除掉表面脏物。

② 当芯管材料采用硅玻璃时，一般先用洗液、热硝酸依次清洗，最后用去离子水反复冲洗。如果采用聚四氟乙烯，则在丙酮（或乙醇）中浸泡数小时，再冲洗干净，有条件者可放在超声波清洗器中清洗。

③ 不锈钢外套管先用三氯乙烯除油，然后用酸洗，最后用热的去离子水冲洗干净。

④ 在烘箱（温度控制在80℃左右）中烘干或用红外灯烤干后绕上玻璃丝。

⑤ 电解池的涂覆液一般采用磷酸、甘油和水的混合液，加甘油的目的是改善涂膜的均匀性和附着性。混合液的百分比是磷酸15%～20%，甘油5%～10%，其余为去离子水（配比不需要严格控制）。用小注射器或小毛笔涂覆电解池表面，涂覆时要保证厚度均匀，多余的溶液用滤纸吸除。溶液不要涂在电极以外的非工作面上，否则会影响仪器的时间常数。一般反复涂3次，每次间隔中将涂液烘干。

⑥ 烘干后将电解池迅速装入检测器壳体中，拧上压盖，紧固密封好，重新进行干燥处理。

(5) 常见故障和处理方法（表3-5）

表3-5 电解式微量水分仪常见故障及处理方法

故障现象	故障原因	处理方法
表头无指示	电解池插头脱落 导线或接线断 电解池电极断开 保险丝断	焊好复原 修复 修复电极 更换保险丝
指示值很大(极间电压低于2V)	两极间击穿短路 金属及其他异物使两极短路	修复或更换 检查两极电阻,修复
样气通入后指示不灵敏	P_2O_5 膜表面被油污覆盖 P_2O_5 膜脱落 流量计不准	重新清洗电解池,并涂磷酸后干燥 涂磷酸 用皂沫流量计校正流量
流量很小,仪表指示很大,关闭输入阀读数下降	流量计之前的接头、阀门或管道漏气,湿气渗入	检查处理漏气,拧紧卡套和螺纹
输入阀全开,流量调节到最大,但流量指示不上升或流量计不稳定	流量计入口漏气 工艺样气压力不足,稳压阀不能正常工作 流量计转子污染	检查并排除漏气 检查并开大工艺管道的取样阀 用干净的绸子擦洗转子
不能升温或温升超过40℃	晶闸管损坏 温度控制线路故障 接点温度计损坏	更换晶闸管 检查温度控制线路,修复 更换接点温度计(40℃)

3.4 电容式微量水分仪

3.4.1 测量原理

图3-4(a)所示是由含水介质构成的平行板电容器，其等效电路如图3-4(b)所示。R是随水分含量而变化的电阻，水分含量越大，R值越小，反之则越大；C为与水分含量有关的电容，其值随水分的增大而增大（根据国家计量技术规范JJF 1272—2011《阻容法露点湿度计校准规范》，电容式微量水分仪也可称为阻容式微量水分仪）。

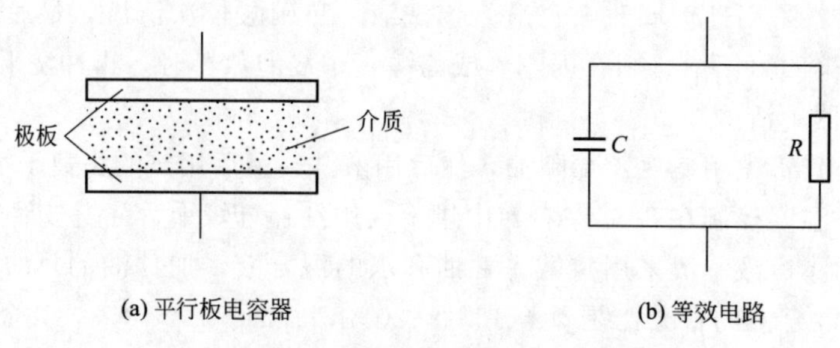

图 3-4　平行板电容式水分传感器及其等效电路

当忽略电容的边缘效应时，平行板电容器电容的计算公式为：

$$C=\frac{\varepsilon S}{d}=\frac{\varepsilon_0\varepsilon_r S}{d} \tag{3-16}$$

式中　C——传感电容；

S——单块极板的面积；

d——两极板间的距离；

ε——介质的介电常数；

ε_0——真空介电常数，$\varepsilon_0=\frac{1}{3.6\pi}$pF/cm=0.0884pF/cm；

ε_r——介质的相对介电常数，$\varepsilon_r=\frac{\varepsilon}{\varepsilon_0}$。

若 S 的单位用 cm²，d 的单位用 cm，则 C 的单位为 pF，式(3-16) 可改写为

$$C=0.0884\times\frac{\varepsilon_r S}{d} \tag{3-17}$$

从式(3-17) 可见，当电容器的尺寸确定之后，传感电容 C 的大小取决于介质的相对介电常数 ε_r。

根据电介质物理学理论，通常对于两种成分的混合介质而言，可将其相对介电常数写成一般表达式：

$$\varepsilon_r=\varepsilon_{r1}^{\alpha}\varepsilon_{r2}^{1-\alpha} \tag{3-18}$$

式中　ε_{r1}——第一种介质（水）的相对介电常数；

ε_{r2}——第二种介质（背景气体）的相对介电常数；

α——水的体积分数；

$1-\alpha$——背景气体的体积分数。

则平行板电容器电容的计算公式可写为

$$C=0.0884\times\varepsilon_r\frac{S}{d}=0.0884\times\varepsilon_{r1}^{\alpha}\varepsilon_{r2}^{1-\alpha}\frac{S}{d} \tag{3-19}$$

从上式可以看出，当电容器的几何尺寸 S、d 一定时，电容量 C 仅和极板间介质的相对介电常数 $\varepsilon_r=\varepsilon_{r1}^{\alpha}\varepsilon_{r2}^{1-\alpha}$ 有关。其中一般干燥气体的相对介电常数 ε_{r2} 在 1.0～5.0 之间，水的相对介电常数 ε_{r1} 为 80（在 20℃时），比 ε_{r2} 大得多。所以，样品的相对介电常数主要取决于样品中的水分含量，样品相对介电常数的变化也主要取决于样品中水分含量的变化。当样品中含有微量水分时，$1-\alpha\approx1$，此时式(3-19) 变为：

$$C=0.0884\times\varepsilon_{r1}^{\alpha}\varepsilon_{r2}\frac{S}{d}\approx k\varepsilon_{r1}^{\alpha}\frac{S}{d} \tag{3-20}$$

式中，$k=0.0884\varepsilon_{r2}$为常数。对式(3-20）两边取对数得

$$\ln C=\alpha\ln\varepsilon_{r1}+\ln\frac{kS}{d} \tag{3-21}$$

所以

$$\alpha=\frac{\ln C-\ln\frac{kS}{d}}{\ln\varepsilon_{r1}}=K\left(\ln C-\ln\frac{kS}{d}\right)=K\ln C-K\ln\frac{kS}{d}=K\ln C-n \tag{3-22}$$

式中，$K=\frac{1}{\ln\varepsilon_{r1}}$，$n=K\ln\frac{kS}{d}$，均为常数。从式(3-22）可见，气体中的水分含量α（体积分数）与传感电容C的对数呈线性关系，电容式微量水分仪就是依据这一原理工作的。

3.4.2 氧化铝湿敏传感器

(1) 结构

平行板电容式水分测量探头如图3-5所示。

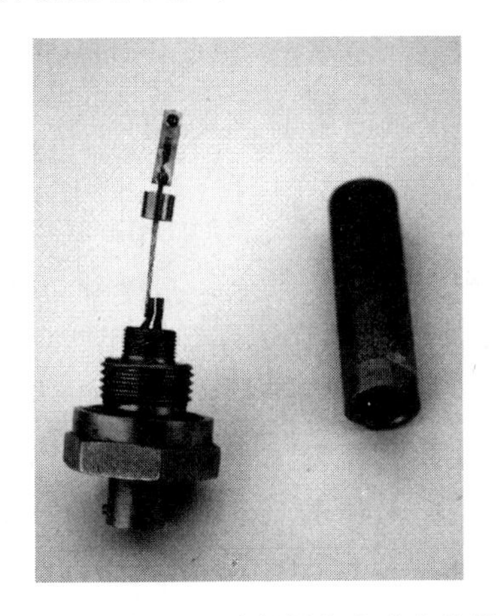

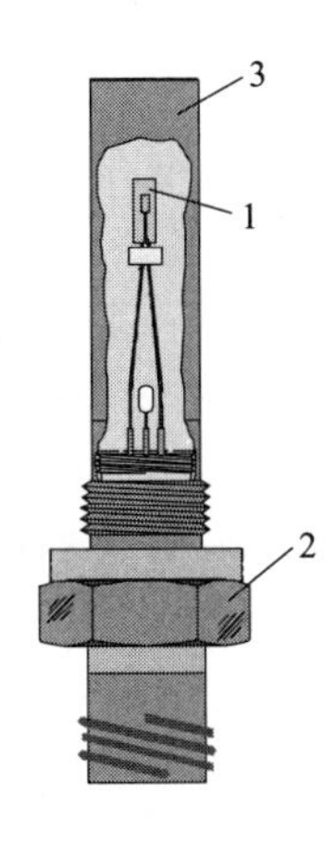

图3-5 平行板电容式水分测量探头外观图
1—传感器；2—安装架；3—保护外壳

氧化铝湿敏传感器的结构如图3-6所示。氧化铝层上的电极膜可采用金、铝、铂、钯、镍铬合金等。其中钯和镍铬合金具有良好的黏附性能，而铂和金则具有化学惰性。成膜的方法一般采用喷涂法或真空镀膜法。由于水汽直接穿过电极膜进入氧化铝层，因此电极膜越薄越好。电极的导线采用细铜线或细金线，用银导电漆点粘在膜上。导线与膜应保持紧密机械接触。铝基极的导线可用铝条咬合，并用环氧树脂粘接固定。传感器的形式可以是片状或棒状，不同的形式分别采用不同的结构。敏感元件必须固定在具有电绝缘性和机械稳定性的基座上。

氧化铝湿敏传感器的核心部分是吸水的氧化铝层。研究结果并经高分辨率电子显微照片证实，氧化铝层布满相互平行且垂直于其平面的管状微孔，它从表面一直深入到氧化铝层的底部，微孔的大小差不多是相同的，并且近于均布（图3-7)。

下面是用硫酸作电解质形成的氧化铝层的有关数据：

氧化铝层厚度	30～127μm；	微孔直径	19～30nm；
微孔距离	45～60nm；	微孔容积/氧化铝层体积	13%；
微孔密度	13×10^{9} 个/cm^2；	微孔表面积	0.2m^2/cm^2(氧化膜)；
微孔底厚	约50nm或更小		

由上可见，多孔氧化铝层具有很大的比表面积，对水汽具有很强的吸附能力，而其结构的规律性则为制造规格一致、性能稳定的氧化膜提供了可能性。

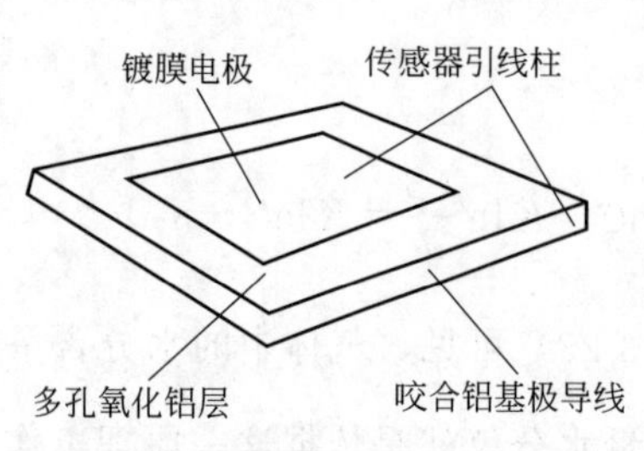

图 3-6　氧化铝湿敏传感器结构示意图

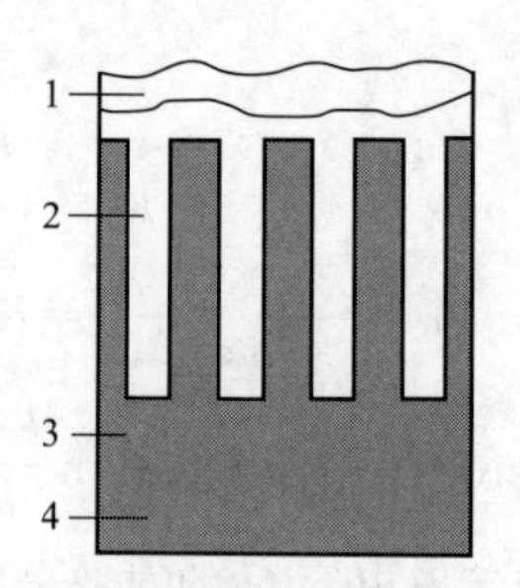

图 3-7　氧化铝湿敏传感器剖面示意图

1—金镀膜电极；2—毛细微孔；3—氧化铝层；4—铝基极

(2) 特点

氧化铝湿敏传感器的优点如下。

① 体积小，灵敏度高（露点测量下限达－110℃），响应速度快（一般在 0.3～3s 之间）。

② 样品流量波动和温度变化对测量的准确度影响不大（样品压力变化对测量有一定影响，须进行压力补偿修正）。

氧化铝湿敏传感器的工作原理建立在多孔氧化铝层对被测气体的吸附平衡基础上，类似于连续测定水蒸气的分压。同它的测量准确度相比，温度和流量对测量的影响不大，这一结论已为许多实验所证实。温度的试验表明，在－60～＋20℃的环境温度范围内，其平均温度系数（即环境温度每变化 1℃引起的露点变化）为每度零点几，这同方法本身的测量误差相比还是比较小的。样品流量的变化对水蒸气分压影响不大，因而对测量探头中被测水分吸附平衡的影响也不大。但样品压力的变化对水蒸气分压的影响较大，因而在电容式微量水分仪中均装有压力传感器，根据样品压力变化对测量结果进行压力补偿修正。

③ 它不但可以测量气体中的微量水分，也可以测量液体中的微量水分。

氧化铝湿敏探头的微小孔隙只允许气体进入，而不允许液体进入。测量液体中微量水分的原理是借助于亨利定律。根据亨利定律，溶解于液体中气体的摩尔浓度，在温度一定的条件下和与之平衡的蒸气分压成正比。此定律只在气体的溶解度（用摩尔浓度表示）不太大、气体在溶液中不与溶剂起化学反应时才成立。

对于含有微量水分的非极性液体，可以用氧化铝湿敏探头测得的水蒸气分压计算出溶解于液体中水的摩尔浓度，即：

$$C_w = K p_w \tag{3-23}$$

式中　C_w——液体中水的摩尔浓度；

p_w——氧化铝湿敏元件测得的水蒸气分压；

K——亨利常数，以相应量纲为单位。

亨利定律常数的值可由已知溶液的水饱和浓度和水的饱和蒸气分压算出：

$$K = C_s / p_s \tag{3-24}$$

式中　C_s——在测量温度下液体中的水的饱和浓度；

p_s——在测量温度下水的饱和蒸气分压。

氧化铝湿敏传感器有以下缺点。

① 探头存在“老化”现象，需要经常校准。氧化铝探头的湿敏性能会随着时间的推移逐渐下降，这种现象称之为“老化”。其原因有多种解释，为解决老化问题，各国的研究人员做过各种各样的尝试，但都未能从根本上解决“老化”问题。目前的唯一办法是定期校准，一般是一年左右校准一次，有时需半年甚至3个月校准一次（由于水分含量和电容量之间并不呈线性关系，校准曲线并非是一条直线，校准时一般需要校5个点）。

② 零点漂移会给应用带来一些困难和问题。传感器由于储存条件或环境条件不同会引起校准曲线位移，也就是说，传感器的校准曲线随条件（主要是湿度）而变。在实际测量中表现为对于同一湿度，若传感器储存条件不固定，则测量结果重复性差；使用时的条件与校准时的条件不同将会产生相当大的误差。

③ 对极性气体比较敏感，在测量中应注意极性物质的干扰，这是方法本身固有的缺点。此外，氧化铝湿敏传感器对油脂的污染也比较敏感。

3.4.3　测量电路

电容式微量水分仪的测量电路主要包括电容参量变换器和测量放大电路。常用的电路有阻抗电桥、差频电路、高频谐振电路和复阻抗分离电路四种。下面对其中常用的两种做一简介。

(1) 差频测量电路

差频测量方法是调频型水分仪中常用的一种方法。为了提高仪器的测量精度，通常采用高频差频电路，它可以避免电源波动和放大器漂移等形成的计量误差。它以频率-数字量作为电容传感器计量过程的中间参量，可直接与微处理器接口相连接，具有灵敏度高、稳定性好等特点。

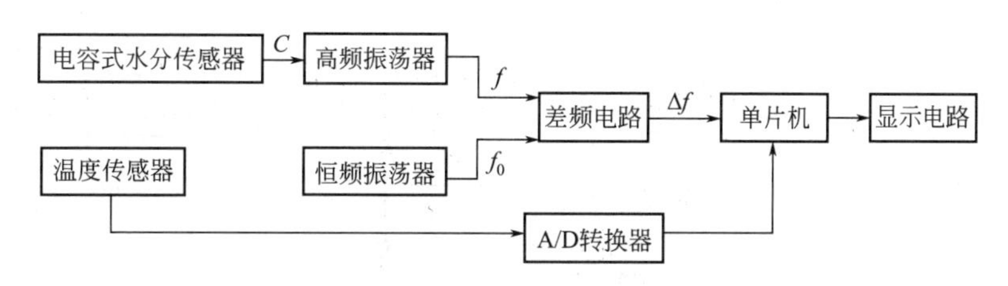

图3-8　差频测量电路的原理框图

差频测量电路的原理框图如图3-8所示。高频振荡器由电容式水分传感器调频的LC高频振荡电路构成；恒频振荡器一般采用带石英晶体的振荡电路，具有极高的频率稳定性。当物料水分变化时会引起传感器电容的变化，从而使高频振荡器的频率 f 发生变化，它与恒频振荡器的固定频率 f_0 一起送入差频电路后产生差频信号，可用下式表示：

$$f_x=\Delta f=f_0-f$$

用恒重法测出不同温度下的物料水分-差频曲线 $w=F(\Delta f)$，如图3-9所示。将标准曲线固化在单片机的存储器中，由单片机通过测定差频 Δf 和物料温度 t，经过线性插值法和查表法得出水分值。

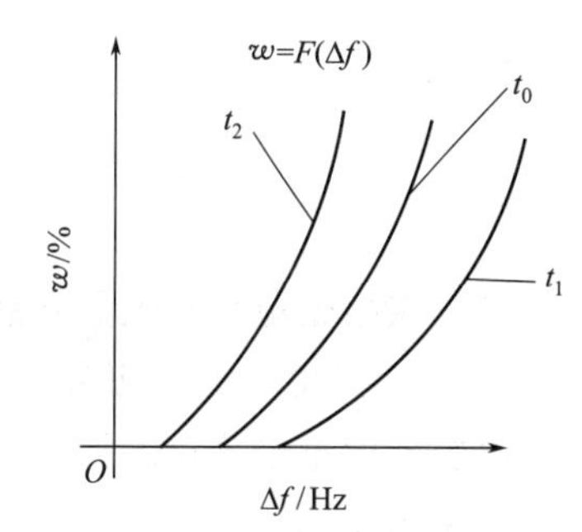

图3-9　物料水分-差频曲线

t_0—标定温度；t_1—温度下限值；t_2—温度上限值

(2) 高频谐振测量电路

高频谐振测量电路直接利用传感电容调频的 LC 振荡器产生高频信号。当传感器未加载时，振荡频率为 f_0；当传感器加载时，振荡频率为 f。显然其频率差也可表示为：

$$f_x = \Delta f = f_0 - f$$

图 3-10 为高频谐振测量电路的原理框图。振荡器的频率信号经限幅放大整形后送入单片机中，由单片机测出两频率差，并经过线性差值法和查表法等运算转换成水分值。

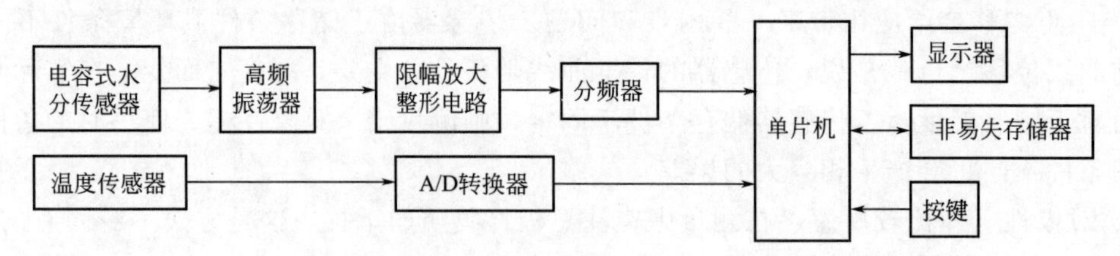

图 3-10　高频谐振测量电路的原理框图

3.4.4　样品处理系统

(1) 气相微量水分仪的样品处理系统

图 3-11 是电容式气相微量水分仪样品处理系统的典型流路图。图中的微量水分传感探头和样品处理系统装在不锈钢箱体内，用带温控的防爆电加热器加热。箱子安装在取样点近旁，样品取出后由电伴热保温管线送至箱内，经减压稳流后送给探头检测，两个转子流量计分别用来调节和指示旁通流量和检测流量，检测流量计带有电接点输出，当样品流量过低时发出报警信号。

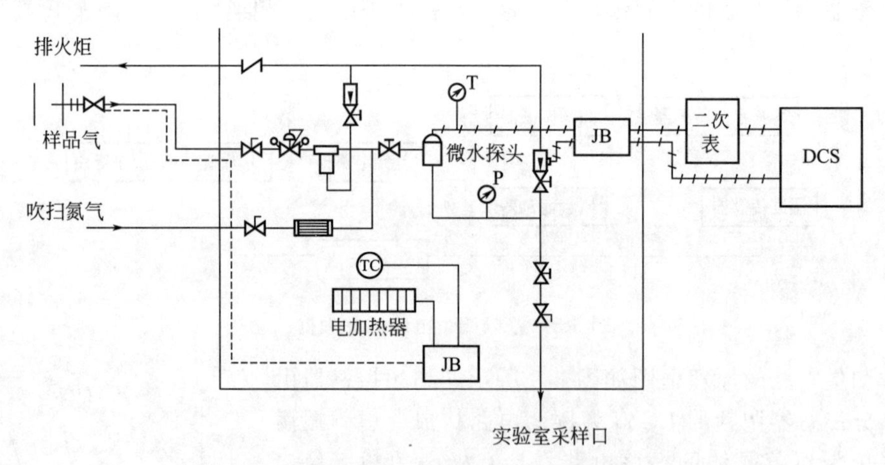

图 3-11　电容式气相微量水分仪样品处理系统流路图

(2) 液相微量水分仪的样品处理系统

图 3-12 是电容式液相微量水分仪样品处理系统的流路图。

电容式微量水分仪的探头对样品的纯净度要求较高，实际工艺液样中往往含微粒杂质较多，如果仅使用一个 7μm 的烧结金属过滤器，短期内滤芯就会被堵塞，换成大容量的过滤器会带来大的滞后。图 3-12 中采取了以下措施：

① 用多级过滤器配置，按照微粒杂质的粒径大小分级过滤，以减轻最后一级 7μm 烧结金属过滤器的负担；

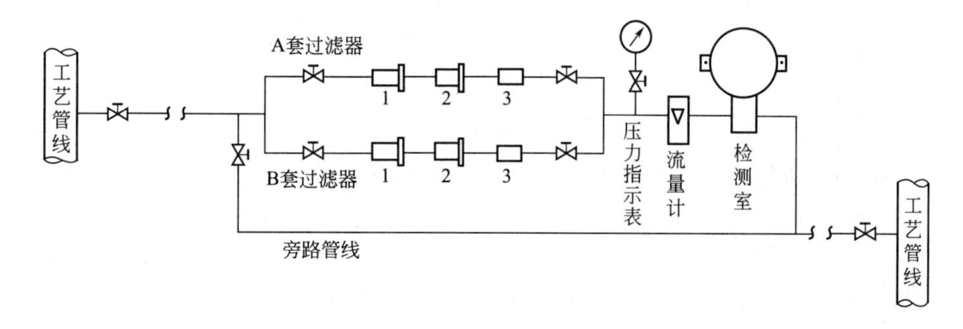

图 3-12 电容式液相微量水分仪样品处理系统流路图

1—玻璃纤维过滤器；2—20μm 烧结金属过滤器；3—7μm 烧结金属过滤器

② 设置 A、B 两套过滤器切换使用，保证在清洗过滤器时不停止对样品的检测；

③ 旁通回路入口选在过滤器之前的样品管路中，使大部分液样流入旁路，这样可大大减少过滤器的过滤量。

由于液体样品的流速较慢，应适当加大样品传输管线的管径及快速旁通回路的流量，以保证及时检测，防止滞后。

3.4.5 主要性能指标和应用场合

(1) 主要性能指标

以 Panametrics 公司的 M 系列电容式微量水分仪为例，其主要性能指标如下。

测量范围 气体：−80～+20℃露点（0.5～23080ppmV），可扩展至−110～+60℃露点；液体：0.1～1000ppmW

测量精度 ±3℃露点（−80～−66℃露点范围）；±2℃露点（−65～+20℃露点范围）

响应时间 T_{63}约为 5s

样品条件 温度：−110～+70℃

压力：M1 探头≤0.5MPa，M2 探头≤35MPa

流量：气体 1000mL/min，液体 100mL/min

显示 ppmV、ppmW、露点、相对湿度、水蒸气分压

(2) 应用场合

电容式微量水分仪的测量对象和测量范围是十分广泛的，不仅可测气体中的水分含量，也可测液体中的水分含量；不仅可测微量水分，也可测常量水分（最高可测量到 60℃露点湿度，相当于 20%体积比或 12%质量比的含水量）。电容式微量水分仪不能测量腐蚀性介质的水分含量，因为铝电极不耐腐蚀。

3.4.6 安装、使用和维护

(1) 安装

电容式微量水分仪安装配管要求和电解式微量水分仪相同，不再重述。需要注意的是，电容式微量水分仪对现场探头和显示器之间连接电缆的长度、线芯截面、屏蔽、绝缘性能等都有一定要求。许多因素（特别是电缆长度）会对电缆的分布电容产生影响，从而对测量结果造成影响。

一般情况下，应选用仪表厂家配套提供的电缆。如需自行采购，应严格符合仪表安装使用说明书的要求。在安装和使用过程中，应注意以下问题：

① 电缆长度应严格符合仪表厂家的要求，不可根据现场需要将所带电缆加长或截短，加长或截短电缆等于增加或减少了电缆的分布电容；

② 电缆的插接头应注意保护，不可损伤，自配电缆要特别注意电缆端部插接头的适配性、坚固性和密封性能；

③ 连接电缆要一根到底，不允许有中间接头，切不可将几根短电缆连接起来使用；

④ 在标定探头时应将所配电缆同探头连在一起进行标定。

(2) 使用

① 防止探头跌落地上摔坏，或样气压力忽高忽低（电容法可测高压气体，防止压力剧烈变化），这些情况会造成探头的氧化铝膜与镀膜电极脱落，造成探头电极开路。表现为仪表示值为“0”或偏“0”下。

② 防止极性气体、油污污染传感器，极性气体吸附性强，会在氧化铝膜吸附且难以脱附，影响对水分的吸附能力。

常见故障和处理方法见表3-6。

表3-6 电容式微量水分仪常见故障和处理方法

故障现象	故障原因	处理方法
仪表指示超过刻度上限	湿气浸入或样品水分过高	停止通电并通干燥样品
	探头或电路中其他元件短路	更换探头或其他短路元件
	探头沾污了导电固体或液体	用试剂纯乙烷或甲苯清洗探头并干燥
	探头清洗后仪表仍指满刻度	说明探头短路，送生产厂修理
仪表读数为“0”或偏“0”下	插头或电缆接触不良，造成开路	处理开路部件
	探头开路	取下探头，当探头芯片与外部短接时，仪表超过满刻度，则证明探头已开路
仪表读数不准	样品温度过高	增加采样管线长度或采用其他换热方法降温
	样品中颗粒物引起	过滤除尘，重新标定传感器
	传感器使用时间过长，引起漂移	重新标定传感器
	样品系统平衡时间不足	改变流速，用足够时间平衡样品系统
	采样点上的露点与仪表测量的露点不同	检查管路是否泄漏，检查管路内表面是否吸附水分
	传感器污染	清洗并干燥传感器
	传感器腐蚀	清洗并干燥传感器，重新标定传感器，如果腐蚀严重，则需更换传感器
仪表响应极慢	样品流速过慢	加快样品流速
	探头污染	清洗探头

(3) 探头的清洗

电容式微量水分仪探头的清洗方法和步骤如下：

① 将探头取出并拧开保护套；

② 把探头放入乙烷溶液中，轻轻转动10min，如果知道探头上具体的污染介质，可寻找相应清洗液清洗；

③ 将探头从清洗液中取出，放入蒸馏水中浸泡10min；

④ 将探头从蒸馏水中取出，放入低温干燥器内干燥2h，干燥温度为50℃左右；

⑤ 重复步骤②～④清洗保护套；

⑥ 将探头装上并接上电缆另一基准探头，与清洗过的探头同时测量同一介质（例如测量空气），比较两者的读数误差；

⑦ 若两者误差较小（≤±2℃），则清洗过的探头可继续使用，否则，再按步骤②～④继续清洗。

若多次清洗仍达不到要求，可将探头返送生产厂家，重新标定或更换新探头。

3.5 晶体振荡式微量水分仪

3.5.1 测量原理和特点

（1）测量原理

晶体振荡式微量水分仪的敏感元件是水感性石英晶体，它是在石英晶体表面涂覆了一层对水敏感（容易吸湿也容易脱湿）的物质，称为吸湿涂层或吸湿薄膜。当湿性样品气通过石英晶体时，石英表面的涂层吸收样品气中的水分，使晶体的质量增加，从而使石英晶体的振荡频率降低。然后通入干性样品气，干性样品气萃取石英涂层中的水分，使晶体的质量减少，从而使石英晶体的振动频率增高。在湿气、干气两种状态下，振荡频率的差值与被测气体中水分含量成比例。

石英晶体质量变化与频率变化之间有一定的关系，这一关系同样适用于由涂层或水分引起的质量变化，通过它可建立石英检测器信号与涂覆晶体性能的定量关系：

$$\Delta F = K\Delta m \tag{3-25}$$

式中 ΔF——频率变化；

Δm——质量变化；

K——质量灵敏度系数。

设 ΔF_0 为干涂层引起的频率变化，Δm_0 为干涂层的质量，ΔF 为由于水吸附引起的频率变化，Δm 为由于水吸附增加的质量。代入式(3-25)并整理后可得到

$$\Delta F = \frac{\Delta m}{\Delta m_0}\Delta F_0 \tag{3-26}$$

通过式(3-26)，可知石英晶体传感器的灵敏度和选定的吸湿物质相关，其校正方程可通过具体采用的吸湿物质的校正曲线获得。

（2）石英晶体传感器

频率为9MHz的石英晶体（AT切割）最常采用的形状有圆形、正方形和矩形。图3-13是一种圆形石英晶体传感器的结构图。圆形石英晶体的直径为ϕ10～16mm，厚度为0.2～0.5mm。将金、镍、银或铅等金属镀在石英片表面上作为电极。如果分析对象是腐蚀性气体，则只能用惰性金属。标准的电极吸湿涂层面积直径在ϕ3～8mm之间，厚度为300～1000nm。用吸水物质涂覆的晶体频率变化一般能达到5～50kHz。通过计算可知，9MHz石英晶体的质量灵敏度系数大约为400Hz/μg。

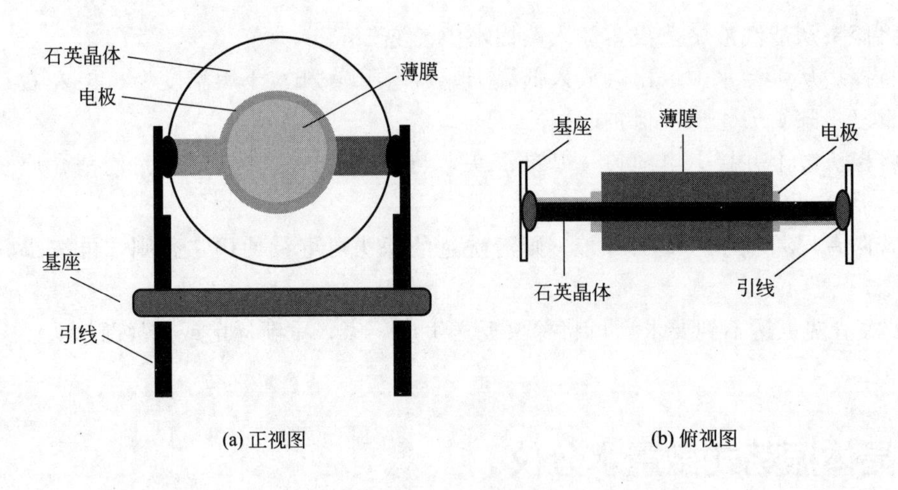

图 3-13　一种圆形石英晶体传感器的结构图

石英晶体的吸湿涂层可以采用分子筛、氧化铝、硅胶、磺化聚苯乙烯和甲基纤维素等吸湿性聚合物，还可采用各种吸湿性盐类。在上述吸湿剂中，磺化聚苯乙烯和吸湿性盐都是制作湿度检测器的良好的湿敏物质（晶体振荡式微量水分仪就是采用磺化聚苯乙烯作为湿敏涂层的）。

(3) 特点

① 石英晶体传感器性能稳定可靠，灵敏度高，可达 0.1ppmV。测量范围 0.1～2500ppmV，在此范围内可自定义量程。精度较高，在 0～20ppmV 范围测量误差为 ±1ppmV，大于 20ppmV 时为仪表读数的±10%。重复性误差为仪表读数的 5%。

② 反应速度快，水分含量变化后能在几秒内做出反应。

③ 抗干扰性能较强。当样气中含有乙二醇、压缩机油、高沸点烃等污染物时，仪器采用检测器保护定时模式，即通样品气 30s，通干燥气 3min，可在一定程度上降低污染，减少"死机"现象（根据我国使用经验，仍需配置完善的过滤除雾系统，并加强维护）。

3.5.2　系统组成和工作过程

现以 3050-OLV（On-Line Verification）型在线微量水分仪为例进行介绍。

(1) 3050-OLV 的系统组成

3050-OLV 型分析仪由石英晶体振荡器、水分发生器、干燥器、压力传感器、质量流量计、电磁阀和电子部件组成。此外，还配备有样品处理用的液体捕集器、脏污捕集器、微米过滤器和背压调节器等。分析仪系统外观图和流路图分别见图 3-14 和图 3-15。

(2) 工作过程

3050-OLV 分析仪的核心部件是石英晶体传感器 QCM，其工作频率在 8.8～9.0MHz 范围内。3050-OLV 分析仪的工作流程如图 3-16 所示，它有三种工作模式。

① 正常工作模式　如图 3-16 所示，样气经电磁阀 PSV1 先进入分子筛干燥器脱水，脱水后的样气称为干参比气，其水分含量<0.025ppmV。干参比气再经电磁阀 SV3 至传感器 QCM，然后通过质量流量计 MFM 排出；紧接着 SV3 阀关闭，样气电磁阀 SV1 打开，样气经传感器 QCM 和质量流量计 MFM 排出。在一个周期内交替测出样气和干参比气通过时传感器谐振频率的差值，即可求得样气的水分含量。水分含量与频率差值的标定数据存储在传感器电路模件的 EEPROM 中。

图 3-14　3050-OLV 微量水分仪系统外观图

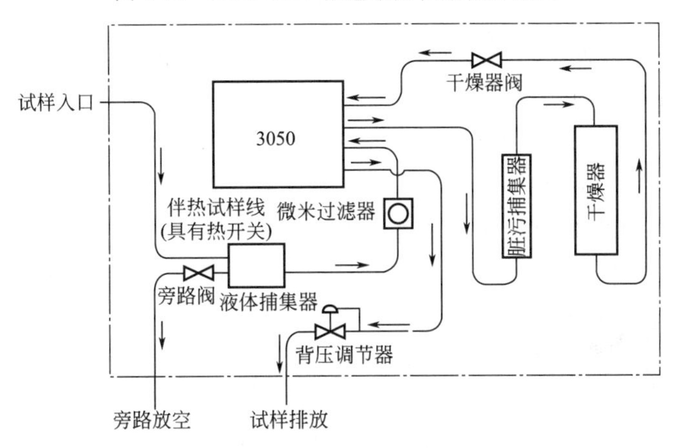

图 3-15　3050-OLV 微量水分仪系统流路图

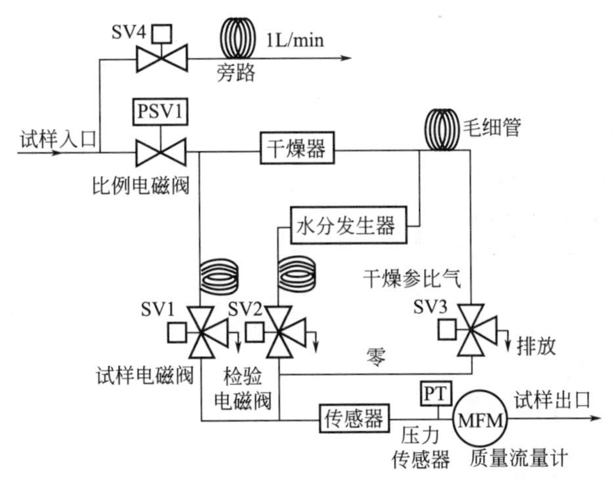

图 3-16　3050-OLV 分析仪工作流程图

图 3-16 中的质量流量计用于监视流过 QCM 的流量，通过调整比例电磁阀 PSV1 使样气流量保持在 150mL/min。压力传感器 PT 用于监视排放压力，排放压力为 0～0.1MPa。为了减小测量滞后，分析仪内部有一路经电磁阀 SV4 的旁通回路，旁通流量维持在 1L/min 左右。

② 校验模式　为了实现在线校验，3050-OLV 有一内置的标准水分发生器，干参比气的一部分流经水分发生器，在此加入一定含量的水分，形成校验用的标准气。当分析仪开始

校验时，传感器 QCM 交替通入干参比气和从水分发生器来的标准气，即样气电磁阀 SV1 关闭，SV3 和校验电磁阀 SV2 交替开、关。水分含量值与储存的数值比较，如果数值在允许范围内，分析仪会自动调整校准；如果数值超出允许范围，会发出报警信号。

③ 节省传感器模式　3050-OLV 的分析周期有两种定时模式。

正常工作模式切换时间：样气 30s，干参比气 30s。

节省传感器模式切换时间：样气 30s，干参比气 2min，这样做的目的是延长传感器使用寿命。当然，这会使分析周期加长。

如果在正常工作模式下检测出传感器工作性能异常变差，分析仪将自动切换到节省传感器模式。一旦分析仪自动切换到节省传感器模式，它将不能回到原有模式，这意味着再经过一段时间的运行，如传感器性能再变差就要更换了。

3.5.3 校准

Ametek 公司的晶体振荡式微量水分仪内带有标准水分发生器，可在现场迅速方便地对仪器加以校验，简化了微量水分仪的校验手续。

该发生器置于恒温炉中，发生器内有蒸馏水和渗透管，见图 3-17。经过干燥的样气流经渗透管，带走经渗透管渗出的定量水分，供仪表校准之用。校准气体的水分含量是炉温、气体流量、渗透管设计尺寸和渗透能力的函数，气体流量由一台控制器加以控制。标准水分发生值：常规约 20ppmV，低值约 3ppmV。

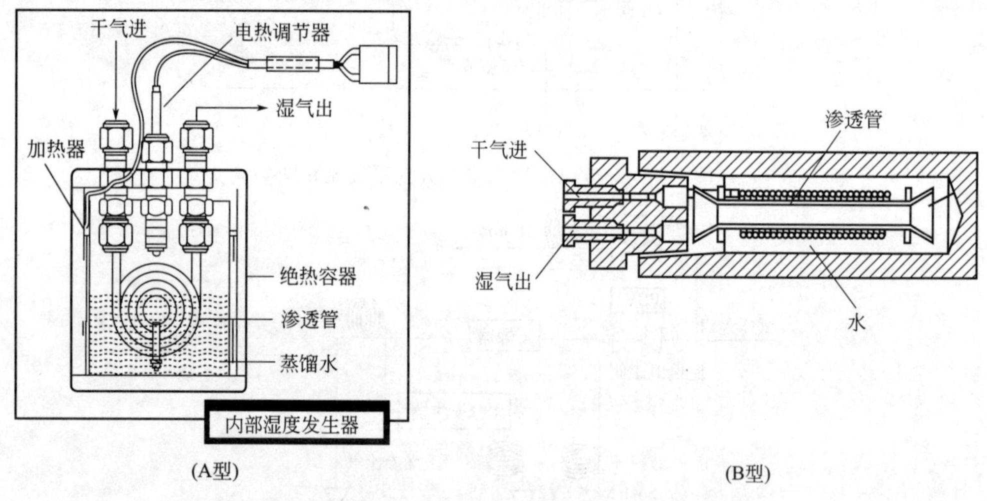

图 3-17　晶体振荡式微量水分仪内置标准水分发生器

3.5.4 安装、使用与维护

(1) 安装和使用注意事项

晶体振荡式微量水分仪安装和使用时应注意以下问题。

① 分析仪系统的安装位置应尽可能靠近取样点，样品管线应选用内壁光滑的不锈钢管并采取伴热保温措施。如果管壁粗糙或环境温度变化较大，样气中的水分会吸附在管壁上或从管壁上解吸出来，这些都会造成动态测量误差。

② 分析仪应避免直接暴露在阳光和大气中。为避免电磁干扰使仪器性能变差或损坏内部电路，直流电源线和输入、输出信号线应采用金属网状屏蔽的电缆。

③ 分析仪投用前，应先用样气通过旁路吹扫管线至少 3h，将管线中的水分吹净。

④ 干燥器必须定期更换。正常使用时对于浓度高于 50ppmV 的样气，干燥器一年需更换一次。

⑤ 标准水分发生器是由制造厂严格标定过的专用部件，工作到后期，标定时将会发出报警信号，此时应更换备件。

(2) 维护保养与故障提示

晶体振荡式微量水分仪的维护保养应注意以下问题。

① 气液分离器、污物过滤器等每 6 个月定期检查一次，如有必要更换过滤膜。

② 干燥器、污物过滤器，视所测介质气体情况每 1～1.5 年更换一次。

③ 一般情况下，水分发生器、石英晶体每 1～3 年更换一次。

④ 用笔记本电脑每周定期查看 305 型水分仪组态软件的状态栏 Status 的情况，包括：

- Oven Temperature Error 炉温错误提示；
- Flow Error 流量错误提示；
- Replace the Moisture Generator 更换水分发生器提示；
- Invalid Reading 读数错误提示；
- Moisture Generator 水分发生器，标称值 50ppmV。

通过观察状态栏检查炉温是否正常，是否有报警提示，水分浓度是否为正常值，石英晶体工作是否正常等。

3.6 半导体激光式微量水分仪

半导体激光气体分析仪是根据气体组分在近红外波段的吸收特性，采用半导体激光光谱吸收技术（DLAS，Diode Laser Absorption Spectroscopy）进行测量的一种光学分析仪器。

3.6.1 半导体激光气体分析仪的测量原理

(1) 激光光谱吸收原理

DLAS 技术本质上是一种光谱吸收技术，通过分析激光被气体的选择性吸收来获得气体的浓度。它与传统红外光谱吸收技术的不同之处在于，半导体激光光源的光谱宽度远小于气体吸收谱线的展宽。因此，DLAS 技术是一种高分辨率的光谱吸收技术，半导体激光穿过被测气体的光强衰减可用朗伯-比尔（Lambert-Beer）定律表述：

$$I_\nu = I_{\nu,0}T(\nu) = I_{\nu,0}\exp[-S(T)g(\nu-\nu_0)pXL] \tag{3-27}$$

$$\approx I_{\nu,0}[1-S(T)g(\nu-\nu_0)pXL] \tag{3-28}$$

式(3-27) 中，$I_{\nu,0}$ 和 I_ν 分别表示频率为 ν 的激光入射时和经过压力 p、浓度 X 和光程 L 的气体后的光强；$S(T)$ 表示气体吸收谱线的强度；线性函数 $g(\nu-\nu_0)$ 表征该吸收谱线的形状。通常情况下气体的吸收较小时（浓度较低时），可用式(3-28) 来近似表达气体的吸收。这些关系式表明气体浓度越高，对光的衰减也越大，因此，可通过测量气体对激光的衰减来测量气体的浓度。

(2) 调制光谱检测技术

调制光谱检测技术是一种被广泛应用、可以获得较高检测灵敏度的 DLAS 技术。它通过快速调制激光频率，使其扫过被测气体吸收谱线的一定频率范围，然后采用相敏检测技术测量被气体吸收后透射谱线中的谐波分量来分析气体的吸收情况。调制类方案有外调制和内调制两种：外调制方案通过在半导体激光器外使用电光调制器等来实现激光频率的调制，内调制方案则通过直接改变半导体激光器的注入工作电流来实现激光频率的调制。由于使用的方便性，内调制方案得到更为广泛的应用。下面简单描述其测量原理。

在激光频率 $\bar{\nu}$ 扫描过气体吸收谱线的同时，以一较高频率正弦工作电流来调制激光频率，瞬时激光频率 $\nu(t)$ 可以表示为：

$$\nu(t)=\bar{\nu}(t)+a\cos(\omega t) \tag{3-29}$$

式中，$\bar{\nu}(t)$ 表示激光频率的低频扫描；a 是正弦调制产生的频率变化幅度；ω 为正弦调制频率。透射光强可以被表达为下述 Fourier 级数的形式：

$$I(\bar{\nu},t)=\sum_{n=0}^{\infty}H_n(\bar{\nu})\cos(n\omega t) \tag{3-30}$$

令 θ 等于 ωt，则可按下式获得 n 阶 Fourier 谐波分量：

$$H_n(\bar{\nu})=\frac{2}{\pi}\int I_0(\bar{\nu}+a\cos\theta)\exp[-S(T)g(\bar{\nu}+a\cos\theta-\nu_0)NL]\cos(n\theta)\mathrm{d}\theta \tag{3-31}$$

谐波分量 $H_n(\bar{\nu})$ 可以使用相敏探测器（PSD）来检测。调制光谱技术通过高频调制来显著降低激光器噪声（$1/f$ 噪声）对测量的影响，同时可以通过给 PSD 设置较大的时间常数来获得很窄带宽的带通滤波器，从而有效压缩噪声带宽。因此，调制光谱技术可以获得较好的检测灵敏度。

图 3-18 是高分辨率气体“单线吸收光谱”信号波形示意图（$\Delta\nu_c$ 为气体吸收谱线的压力展宽）。

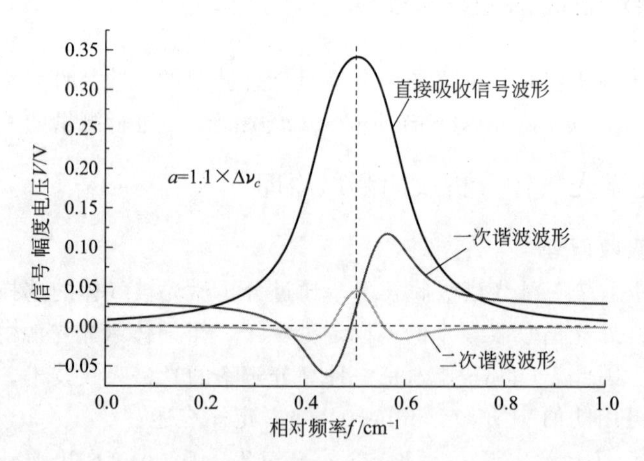

图 3-18 高分辨率气体“单线吸收光谱”信号波形示意图

(3) 半导体激光气体分析仪原理电路

半导体激光气体分析仪原理电路框图见图 3-19。其工作过程简述如下。

① 半导体激光器 又称二极管激光器（diode laser），由 p 型和 n 型半导体材料构成二极管 p-n 结的有源区。当在 p-n 结上施加正向偏压，电子和空穴分别从 n 型区和 p 型区注入到二极管结区，并在受激辐射效应的作用下，电子和空穴复合并发射出光子。

利用半导体晶体的解理面形成两个平行反射镜面作为反射镜，组成谐振腔，使光振荡、反馈，产生光的相长干涉和辐射放大，输出功率倍增的单色光——激光。

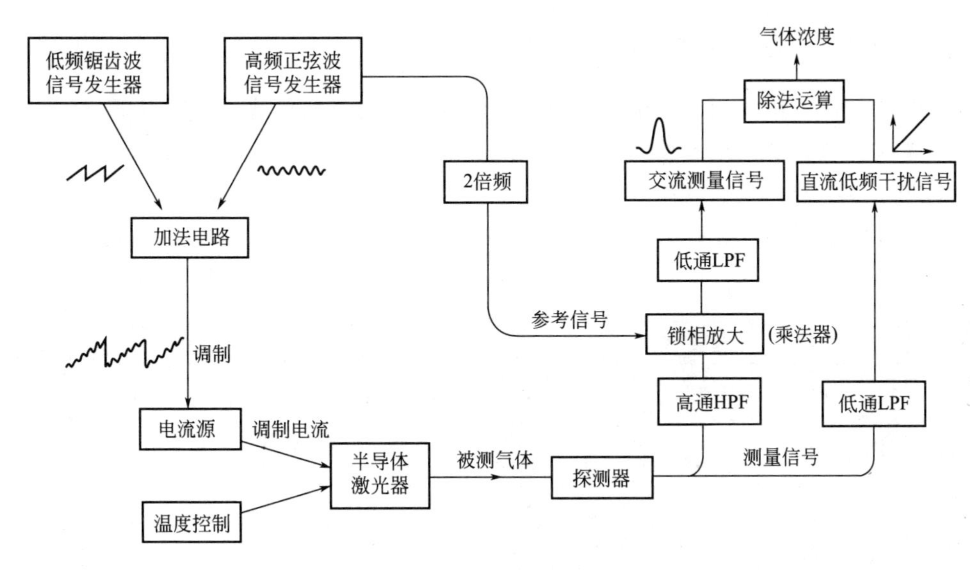

图 3-19 半导体激光气体分析仪的原理电路框图

② 光电探测器 是根据量子效应，将接收到的光信号转变成电信号的器件，最常用的是以 p-n 结为基本结构，基于光生伏特效应的 PIN 型光电二极管。这种器件的响应速度快、体积小、价格低，从而得到广泛应用。

③ 图中低频信号发生器发出的锯齿波电流，使激光器频率扫描过整条吸收谱线来获得需要的“单线发射光谱”。由于半导体激光器的功率很低，信号弱，很容易淹没在来自电路自身和外部环境的电、光、热噪声中而难以检测，故采用载波技术，将其载带在高频正弦波上来避开这种低频干扰。由高频信号发生器发出的正弦波电流信号和低频锯齿波电流信号在加法器中汇合，产生调制激光器的工作电流 $\nu(t)=\bar{\nu}(t)+a\cos(\omega t)$，使激光器发出特定频率的激光束。

④ 半导体激光器发射的激光频率(波长)受工作电流和工作温度两者影响，工作电流或工作温度的波动均会使激光的频率发生变化，为此采用了温度控制的措施来稳定激光器的工作温度。

⑤ 激光器发射的高频激光信号经被测气体吸收后到达检测器，透射光强可以表达为下述 n 阶 Fourier 谐波分量：

$$I(\bar{\nu},t)=A_1\sin(\omega t+\alpha)+A_2\sin(2\omega t+\alpha)+A_3\sin(3\omega t+\alpha)+\cdots$$

⑥ 透射光强信号分别经过高通 HPT 和低通 LPT 后，将信号的高频部分和低频部分分开，分别加以处理。高频谐波信号在锁相放大器中与二倍频正弦参考信号相乘（为了简化表达式，仅将二倍频信号相乘部分列出）：

$$A_2\sin(2\omega t+\alpha)\times B_2\sin(2\omega t+\beta)=\frac{A_2B_2}{2}[\cos(\alpha-\beta)+\cos(4\omega t+\alpha+\beta)]$$

再经过低通 LPT 后，仅保留 $\frac{A_2B_2}{2}\cos(\alpha-\beta)$ 部分，得到图示的交流测量信号。

⑦ 交流测量信号（透射光强的二次谐波）和直流干扰信号经过除法运算，得到被测气体的浓度信号。当噪声干扰、粉尘或视窗污染造成光强衰减时，两信号会等比例下降，而比值保持不变，相除之后可消除这些因素对测量结果的干扰和影响。

3.6.2 半导体激光气体分析仪的特点

与传统的气体分析仪相比，半导体激光气体分析仪的突出优势主要有以下几点。

(1) 单线吸收光谱，不易受到背景气体的影响

传统非色散红外光谱吸收技术采用的光源谱带较宽，在近红外波段，其谱宽范围内除了被测气体的吸收谱线外，还有其他背景气体的吸收谱线。因此，光源发出的光除了被待测气体的多条吸收谱线吸收外，还被一些背景气体的吸收谱线吸收，从而导致测量误差。

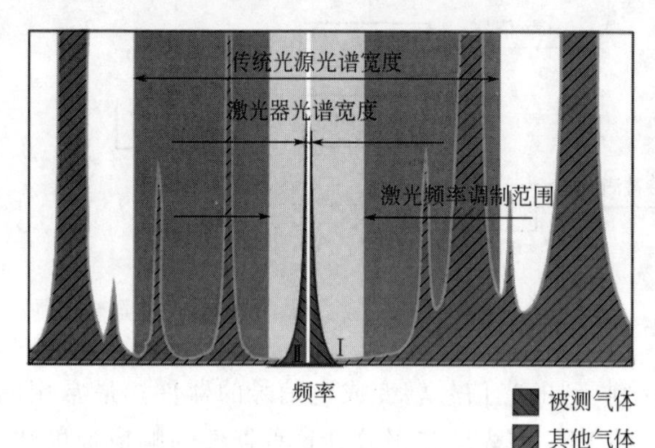

图 3-20 “单线吸收光谱”测量技术示意图

而半导体激光吸收光谱技术中使用的激光谱宽小于 0.0001nm，为红外光源谱宽的 $1/10^6$～$1/10^5$，远小于被测气体一条吸收谱线的谱宽。例如，经计算在 2000nm 波长处，3MHz 激光线宽相当于 4×10^{-5}nm，而红外分析仪使用的窄带干涉滤光片带宽一般为 10nm，所以激光线宽是红外带宽的 $4/10^6$。DLAS 气体分析仪首先选择被测气体位于特定频率的某一吸收谱线，通过调制激光器的工作电流使激光波长扫描过该吸收谱线，从而获得如图 3-20 所示的“单线吸收光谱”。

需要说明的是，激光光谱的这一优势，主要表现在 780～2526nm 的近红外波段。近红外波段是中红外基频吸收的倍频和合频吸收区，是各种化合物吸收的“指纹区”，吸收谱带密集，交叉和重叠严重，红外分析仪的光源谱带较宽，即使采用窄带干涉滤光片，仍难避开各种干扰，而单线吸收的激光光谱便表现出明显的优势。

注意：测天然气时，CH_4 对 H_2O 吸收谱线有重叠干扰，仪器出厂时对其进行了补偿修正，测量时要求 CH_4 浓度＞75%。如果 CH_4 含量低于 75%，需要重新设定零点值。

(2) 粉尘与视窗污染对测量的影响很小

如上所述，当激光传输光路中的粉尘或视窗污染造成光强衰减时，透射光强的二次谐波信号与直流信号会等比例下降，两者相除之后得到的气体浓度信号可以克服粉尘和视窗污染对测量结果的影响。实验结果表明，粉尘和视窗污染导致光透过率下降到 3%以下时，仪器的噪声才会显著增大，示值误差随之增大。激光气体分析仪广泛用于烟道气的原位分析而无需进行样品除尘、除湿处理，正是基于这一优势。

(3) 非接触测量

光源和检测器件不与被测气体接触，只要测量气室采用耐腐蚀材料，即可对腐蚀性气体进行测量。天然气中含有的粉尘、气雾、重烃及其对光学视窗的污染，对于仪器的测量结果影响很小。实验结果表明，当激光光强衰减到 20%报警前，测试精确度不受影响；清洗镜面后，报警解除（SS 公司）。

各种干扰气体对不同微量水测量方法影响的比较见表 3-7（仅供参考）。

当采用激光分析仪测量小于 5ppmV 的微量 H_2O 或 H_2S 时，应选择测量气室为海洛特腔或怀特腔的激光分析仪。

表 3-7　各种干扰气体对不同的测量法影响比较表（SS 公司资料）

干扰性气体	SS 公司激光法	电容法 Al_2O_3	电解法 P_2O_5	石英晶体振荡法	冷镜法
甲醇	√	*+⊕	*+⊕	*⊕	⊕+
乙二醇	√	*+⊕	*+⊕	+⊕	⊕+
胺	√	*+⊕	*+⊕	+⊕	⊕+
汞	√	●	+	√	√
H_2S	√	●	●	●	●
HCl	√	●	+	●	●
氯气	√	●	+	●	●
氨	√	●	●	●	●

注：√表示对仪器无影响；+表示要求时常校正和清洗仪器；●表示会对仪器造成损坏，甚至永远性损坏传感器；*表示使传感器反应速度变慢；⊕表示会带来不准确的读数。

这种气室通过光线的 30～40 次反射来实现长达 10～30m 的测量光程，从而使气室的长度和体积大为缩减，可以减轻采用单光程长气室时对 H_2O 或 H_2S 的吸附现象，同时也便于实现气室的恒温、恒压控制，防止样气温、压波动造成测量误差。

目前，测量天然气中水分含量的激光气体分析仪，采用单次反射气室的测量下限仅能达到 5ppmV，采用多次反射气室的测量下限可以达到 0.1～0.5ppmV。

3.6.3　Aurora 激光微量水分仪

GE 公司近期推出的 Aurora 激光微量水分仪见图 3-21。其测量气室和光学器件见图 3-22，样品处理系统设计方案见图 3-23。与其他类型的微量水分仪相比，Aurora 的优点是响应速度快（<2s），测量精度较高（仪器读数的±2%）。

GE Aurora 激光微量水分仪测量范围 0～5000ppmV，测量下限 5ppmV，如需测量含量更低的微量水分，可采用该公司 Aurora Trace 激光痕量水分仪，见图 3-24。

图 3-21　GE Aurora 激光微量水分仪

Aurora Trace 痕量水分仪的测量范围为 0～400ppmV，测量下限 0.1ppmV。该仪器采用以下技术来保证痕量 H_2O 的测量灵敏度和精度。

① 测量气室的光学系统为长光程、多光路式，激光多次反射，以增强微量水分的吸收，提高测量灵敏度。在 Aurora 中激光仅 1 次反射，光程 1m 左右，而 Aurora Trace 反射 30 次，光程约 30m，因而测量灵敏度提高了约 30 倍。

② 严格保持被测样气的温度和压力恒定，测量气室恒温控制，其内的样气经临界小孔被负压泵抽出，由于流经临界小孔的样气流量恒定，使测量气室内的样气压力也恒定。

经理论分析，当限流小孔满足临界条件，即限流小孔上游压力 $p_上$ 与下游压力 $p_下$ 满足下述关系时

$$p_下 \leqslant 0.53 p_上$$

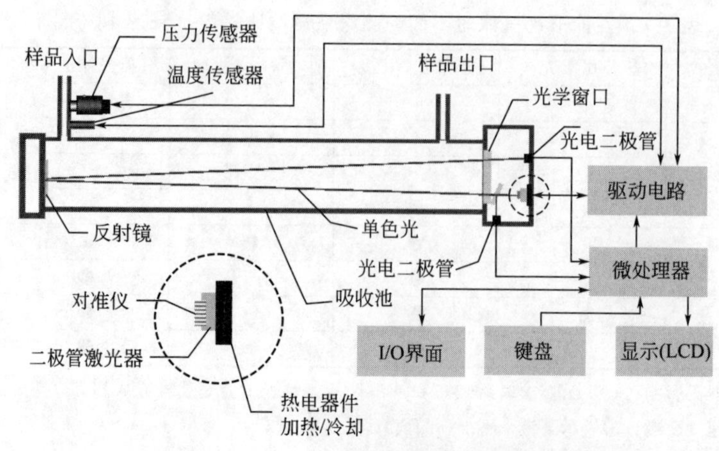

图 3-22　Aurora 测量气室和光学器件

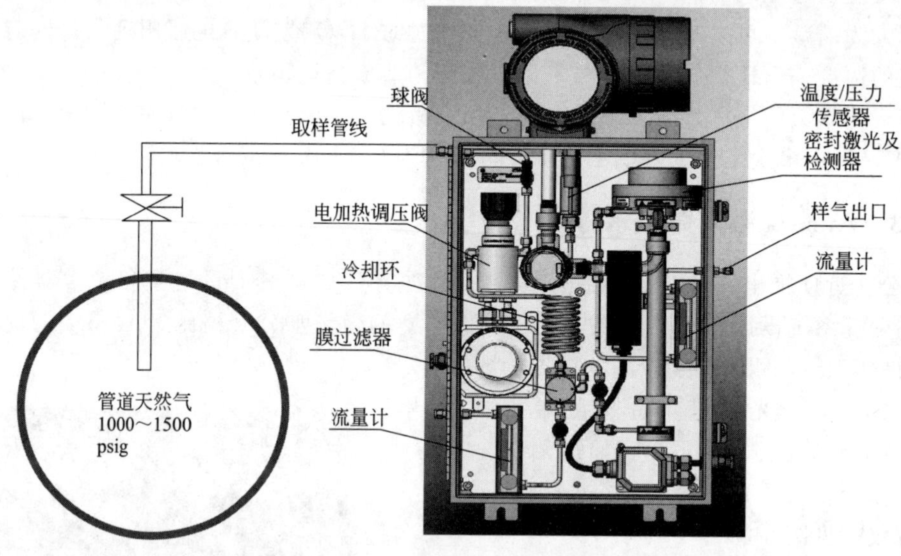

图 3-23　Aurora 样品处理系统设计方案

孔板达到临界状态。在临界状态下，流体通过小孔的流量被限制在声速，此时流过小孔的流量不再与小孔两侧的压差有关，体积流量保持为恒定值，其流量为

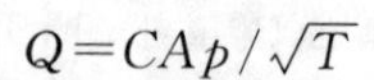

$$Q=CAp/\sqrt{T}$$

式中，Q 为流过小孔的体积流量；C 为比例常数；A 为小孔的面积；p 为烟气进入小孔处的压力；T 为烟气的绝对温度。

限流小孔也称为声速孔、临界孔。

图 3-24　GE Aurora Trace 激光痕量水分仪

3.6.4　其他激光微量水分仪产品

除 GE 公司的 Aurora 激光微量水分仪外，还有一些厂家也生产激光微量水分仪，例如英国 Mishell（米歇尔）公司 TDL600 激光微量水分仪；美国 Ametek 公司 5100 型激光微量水分仪、Spectra Sensors 公司 SS2000 型激光微量水分仪，我国杭州聚光公司。

3.7 近红外漫反射式微量水分仪

3.7.1 测量原理

BARTEK BENKE 公司的 HYGROPHIL F5673 型近红外漫反射式微量水分仪的测量光路如图 3-25 所示（由于该仪器用光纤传输光学信号，也有人将其称为光纤式微量水分仪）。

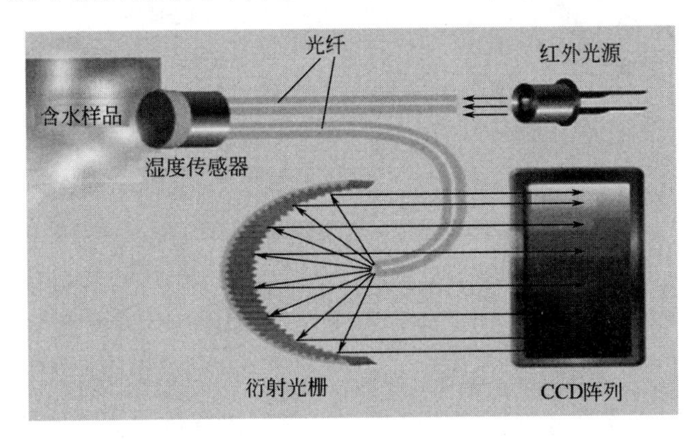

图 3-25 近红外漫反射式微量水分仪原理示意图

其中湿度传感器的表面为具有不同反射系数的氧化硅和氧化锆构成的层叠结构，通过特殊的热固化技术，使传感器表面的孔径控制在 ϕ0.3nm。这样分子直径为 ϕ0.28nm 的水分子可以渗入传感器内部。仪器工作时控制器发射出一束 790～820nm 的近红外光，通过光纤传送给传感器，进入到传感器内部的水分子浓度不同，对不同波长的光反射系数就不一样，从而 CCD 检测器检测到的特征波长就不同。实验表明，该特征波长与介质的水分含量有对应关系。

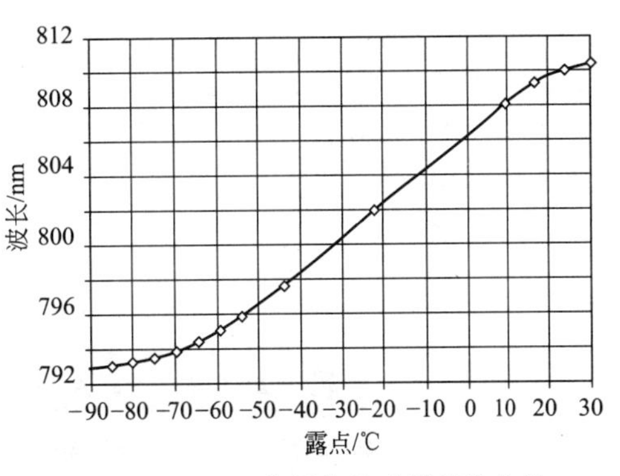

图 3-26 F5673 分析仪传感器特性曲线

水分子和其他分子的直径（粒径）对比如下：

H_2O 0.28	NO 0.317	O_2 0.346	CH_4 0.38	Xe 0.396
He 0.26	CO_2 0.33	N_2 0.364	C_2H_4 0.39	C_3H_8 0.43
H_2 0.289	Ar 0.34	CO 0.376		

HYGROPHIL F5673 分析仪传感器特性曲线见图 3-26。

3.7.2 测量系统组成与特点

(1) 组成

近红外漫反射式微量水分测量系统由湿度探头、电子单元和组合光纤电缆组成。湿度探头见图 3-27(a)，电子单元见图 3-27(b)。组合光纤电缆包括两根光纤和一根 PT100 温度检测电缆。

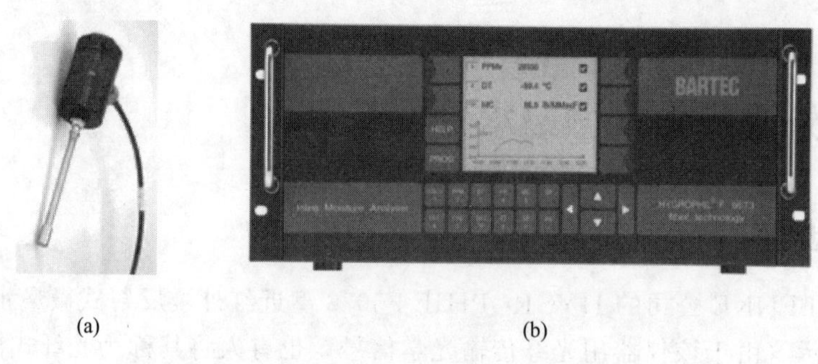

图 3-27　近红外漫反射式水分仪构成部件

(2) 测量范围和精度

测量范围　露点：－80～＋20℃

水分含量：0.00052%～2.31%(V)

测量精度　±1℃。

(3) 特点

① 传感器表面为 ϕ0.3nm 孔径的多微孔结构，只有直径小于 ϕ0.3nm 的分子如水分子（ϕ0.28nm）能够渗入，并且仪器所用的 790～820nm 近红外光只对水分子敏感，因而水分测定不受其他组分干扰，选择性好，重复性高。

② 不需取样系统　探头可直接插入管道、设备中，避免了取样管线、部件对水分子的吸附，可以更真实地测得管输天然气在压力状态下的水露点。

③ 维护方便　可方便地将探头拔出来清洗。清洗剂可用酒精或异丙醇，探头抗腐蚀，不老化，清洗完的探头可重新插入使用，不需再次标定。

④ 如图 3-28 所示，分析仪具有多种安装方式可以选择，可以满足用户的不同需求。传感器可以应用于 0 区防爆场所，主机可以安装在现场，也可以安装在仪表控制室。传感器与主机的距离可长达 800m。

图 3-28　多种安装方式示意图

⑤ 既可以测量气体中的微量水分，也可以测量液体中的微量水分。

⑥ 1 台 F5673 可以带 3 个传感器，可以实现多点测量。

(4) 应用场合

近红外漫反射式水分仪特别适合常规露点仪无法应用的严酷条件（耐压 25MPa，耐温

−30～+60℃)。以下一些场合均可应用近红外漫反射式水分仪对物料中水分进行测量：

① 天然气行业的储罐、干燥、分输站、CNG 加气站；

② 炼油厂的裂解塔、重整装置、油气/循环气、燃料脱硫、汽油或柴油；

③ 化工行业的标准气体、碳氢化合物、酒精、液态丙烯、乙烯等。

3.8 微量水分仪的校准

3.8.1 微量水分仪的校准方法

(1) 用标准湿气发生器进行校准

微量水分标准气体不宜压缩装瓶，也不宜用钢瓶盛装和存放，因为很容易出现液化、分层、吸附、冷凝等现象，所以不能从钢瓶气获得，只能现配现用。可以使用标准湿气发生器(采用渗透管配气法、硫酸鼓泡配气法、干湿气混合配气法）进行校准。

将配好的微量水分标准气按规定流量通入仪表，仪表的指示值同标准气的水分含量值之间的误差应符合仪表的精度要求。注意在使用标准气标定前，仪表的本底值必须降到规定数值以下。

(2) 用高精度湿度计进行校准

用高精度的湿度计作标准仪器，与微量水分仪同时测量同一样品的水分含量，两者之间进行比较。常用来作标准的仪器是冷凝露点湿度计（用于气相水分仪的校准）和卡尔·费休水分仪（用于液相水分仪的校准）。

以上两种方法往往组合在一起使用。

3.8.2 渗透管配气法

(1) 配气原理

渗透管内装有纯净的组分物质，管内的组分气体通过渗透膜扩散到载气流中。经过控制为已知流量的载气，部分或全部地流过渗透管，它起着载带渗出的组分气体分子的作用，同时也是构成混合气体的背景气。

载气一般采用 99.999%的高纯氮气，且不允许含有痕量的组分气体。通过渗透膜的渗透速率，取决于组分物质本身的性质、渗透膜的结构和面积、温度以及管内外气体的分压差，只要对渗透管进行正确操作，这些因素能保持恒定。

如果渗透速率保持恒定，则可在适当的时间间隔内，用称量的方法来测定渗透管的渗透率，其计算式如下：

$$\text{渗透率}=\frac{\text{两次称量之间组分物质因渗透所损失的质量}(\mu\text{g})}{\text{两次称量之间的时间间隔}(\text{min})}$$

(2) 渗透管

几种渗透管的结构如图 3-29 所示。

许多具有良好化学惰性和力学性能的聚合物，都可以用作渗透膜。通常采用聚四氟乙烯(PTFE)、聚乙烯、聚丙烯或四氟乙烯和六氟乙烯的共聚物（FEP)。

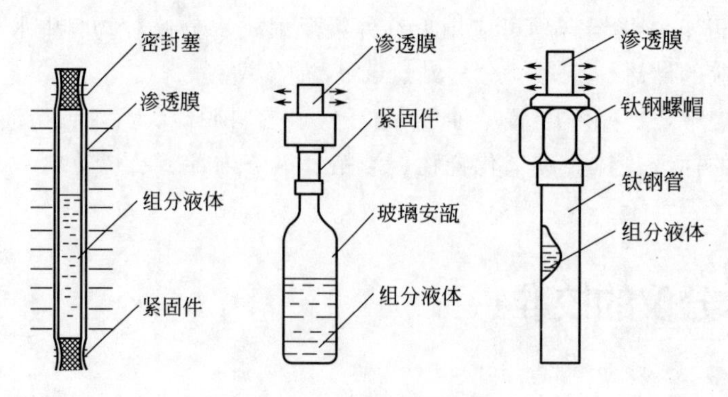

图 3-29　渗透管的结构

(3) 配气装置

渗透法配气装置如图 3-30 所示。

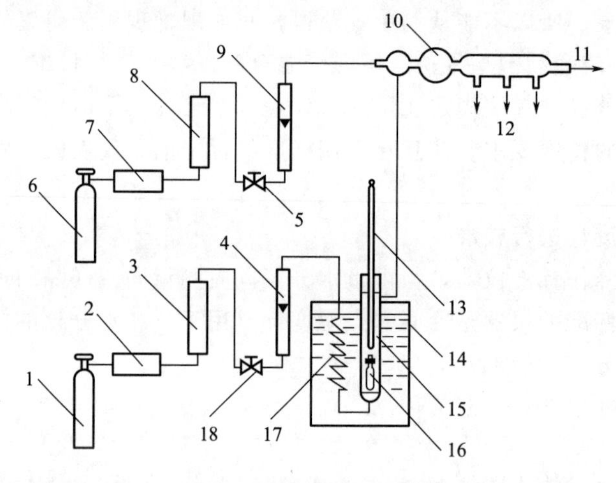

图 3-30　渗透法配气装置

1—载气；2，7—稳流稳压系统；3，8—净化系统；4，9—流量计；5，18—流量调节阀；6—稀释气体；
10—混合器；11—排空；12—校准混合气体输出；13—温度计；14—恒温浴；
15—气体发生瓶；16—渗透管；17—预热管

注：1. 为获得正确的标准气值，流量计应采用质量流量控制器。

2. 预热管应采用传热良好的管材，其长度必须足够长，以保证流经管路的气体温度和恒温水浴一致。

(4) 渗透管配气法的不足之处

① 操作步骤比较繁琐。

② 配气精度受载气流速、压力、含水量等因素的影响较大。

③ 校准微量水分仪时，往往需要和冷凝露点湿度计配合使用。

④ 可用于实验室校准，不适合现场校准。

3.8.3　硫酸鼓泡配气法

(1) 配气原理

当硫酸浓度确定后，与其平衡的水蒸气压力符合克拉-克劳修斯关系式：

$$\lg p = A - \frac{B}{T} \tag{3-32}$$

式中，p 是硫酸温度为 T(K) 时的水蒸气分压值（mmHg，760mmHg＝0.101MPa）；系数 $B=\frac{L}{2.303R}$，R 为气体常数，L 为硫酸中水的摩尔蒸发潜热，随硫酸的浓度和温度而变化；A、B 既可从一般的分析手册中查到，也可以用经验公式表示：

$$A=22.9316-10.51c$$

$$B=2.458+466.7c$$

式中，c 是硫酸的质量分数。后者可以用比重法测得。这样一旦硫酸的浓度和温度确定了，其饱和水分压也就可知了。

硫酸鼓泡器如图 3-31 所示。进气口为分析样品的底气入口，例如要制取高纯氮中痕量水时，进气口的气体为高纯氮。当氮气流量在 20～200mL/min 范围内，N_2 含水量基本平衡。

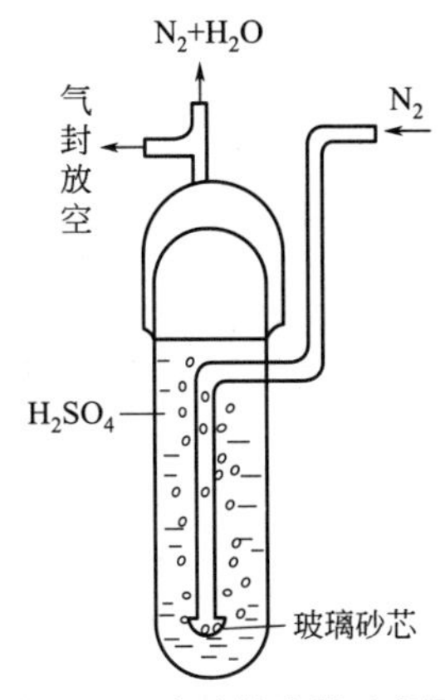

图 3-31　硫酸鼓泡器示意图

根据气体分压定律，通过鼓泡器的气体中的水值仅是硫酸浓度和温度的函数，不受气体种类的限制。如在同样条件下通入 H_2 或 H_2S 气体，其含水值与测定结果是一致的。

在表 3-8 中，给出了 760mmHg（0.101MPa）时不同浓度和温度的饱和水蒸气值。

表 3-8　通过鼓泡器的气体中的含水值

[760mmHg（0.101MPa）下，不同浓度的硫酸溶液在不同温度时的饱和水蒸气值（10^{-6}）]

温度/℃ \ H_2SO_4/%	75.0	76.0	77.0	78.0	79.0	80.0	81.0	82.0	83.0
0	76.4	57.1	43.6	32.8	24.69	18.74	14.11	10.62	8.06
1	83.3	62.6	47.5	35.8	26.94	20.45	15.39	11.59	8.80
2	90.8	68.2	51.8	39.0	29.37	22.30	16.79	12.64	9.59
3	98.8	74.3	56.4	42.5	32.0	24.3	18.29	13.77	10.46
4	107.5	80.8	61.4	46.2	34.84	26.46	19.92	15.01	11.39
5	116.9	87.9	66.8	50.3	37.91	28.79	21.69	16.34	12.41
6	127.1	95.6	72.6	54.7	41.24	31.30	23.59	17.77	13.50
7	138.1	103.8	78.9	59.5	44.82	34.05	26.65	19.33	14.68
8	149.9	112.7	85.7	64.6	48.68	36.97	27.87	21.00	15.95
9	162.7	122.3	93.0	70.1	52.86	40.16	30.27	22.81	17.33
10	176.4	132.7	100.9	76.0	57.34	43.58	32.85	24.76	18.81
11	191.2	143.8	109.3	82.4	62.19	47.26	35.63	26.86	20.41
12	207.1	155.8	118.5	89.3	67.39	51.23	38.62	29.12	22.13
13	224.2	168.7	128.3	96.8	72.99	55.49	41.34	31.55	23.98
14	242.6	182.6	138.8	104.7	79.01	60.01	45.31	34.17	25.98
15	262.3	197.4	150.2	113.3	85.48	65.00	49.03	36.98	28.12
16	283.5	213.4	162.3	122.5	92.45	70.30	53.04	40.01	30.42
17	306.2	230.6	175.4	132.4	99.90	75.98	57.33	43.25	32.90
18	330.6	248.9	189.4	143.0	107.9	82.09	61.94	46.74	35.55
10	356.7	268.8	204.4	154.3	116.5	88.63	66.89	50.48	38.40
20	334.7	289.8	220.5	166.5	125.7	98.47	72.19	54.50	41.46
21	414.7	312.4	237.8	179.5	135.6	103.15	77.87	58.79	44.73
22	446.8	336.7	256.2	193.5	146.2	111.22	83.96	63.40	48.24
23	481.2	362.6	276.0	203.5	157.5	119.3	90.49	68.33	52.00
24	517.9	390.3	297.1	224.4	169.6	129.1	97.47	73.60	56.03
25	557.1	419.9	319.7	241.5	182.5	138.9	104.9	79.25	60.32

续表

H_2SO_4/% 温度/℃	75.0	76.0	77.0	78.0	79.0	80.0	81.0	82.0	83.0
26	599	451.6	343.9	259.8	196.4	149.5	112.9	85.29	64.92
27	643.8	485.4	369.6	279.3	211.1	160.7	121.4	91.75	69.85
28	691.6	521.5	397.2	300.2	226.9	172.8	130.6	98.65	75. 11
29	742.6	560.0	426.6	322.4	243.8	185.6	140.3	106.0	80.72
30	797.0	601.1	457.9	346.1	261.7	199.3	150.7	113.9	86.71
31	854.9	644.9	491.3	371.4	280.9	213.9	162.8	122.2	93.09
32	916.7	691.6	526.9	398.4	301.3	229.5	173.5	131.2	99.90
33	982.5	741.3	564.8	427.1	323.1	246.1	186.1	140.7	107.2
34	1052.4	794.2	605.2	457.2	346.2	263.8	119.5	150.8	114.9
35	1206.1	850.5	648.2	490.3	370.9	282.6	213.7	161.7	123.2
36	1290.3	910.4	693.9	524.9	397.2	302.7	228.9	173.1	131.9
37	1379.8	974.1	742.5	561.8	425.1	324.0	245.1	185.4	141.3
38	1474.9	1042	794.2	600.9	454.9	346.6	262.2	198.4	151.2
39	1474.9	1114	849.1	642.6	486.4	370.8	280.5	212.2	161.8
40	1575.9	1190	907.4	686.8	520.0	396.4	299.9	226.9	173.0

H_2SO_4/% 温度/℃	84.0	85.0	86.0	87.0	88.0	89.0	90.0	91.0	92.0	93.0
0	6.06	4.56	3.46	2.61	1.96	1.49	1.12	0.844	0.641	0.482
1	6.62	4.98	3.79	2.85	2.14	1.63	1.22	0.922	0.701	0.527
2	7.22	5.44	4.13	3.11	2.34	1.78	1.34	1.006	0.765	0.576
3	7.88	5.93	4.50	3.39	2.55	1.94	1.46	1.098	0.835	0.629
4	8.58	6.46	4.91	3.70	2.79	2.11	1.59	1.20	0.911	0.686
5	9.35	7.04	5.35	4.03	3.03	2.30	1.73	1.31	0.992	0.747
6	10.17	7.66	5.82	4.39	3.30	2.51	1.89	1.42	1.08	0.814
7	11.06	8.34	6.33	4.77	3.60	2.73	2.05	1.55	1.18	0.886
8	12.03	9.06	6.89	5.19	3.91	2.97	2.24	1.69	1.28	0.965
9	13.06	9.85	7.48	5.64	4.25	3.27	2.43	1.84	1.39	1.05
10	14.18	10.70	8.13	6.12	4.61	3.51	2.64	1.99	1.52	1.14
11	15.39	11.60	8.81	6.64	5.01	3.81	2.87	2.17	1.65	1.24
12	16.69	12.57	9.55	7.21	5.43	4.13	3.1.2	2.35	1.78	1.35
13	18.09	13.64	10.37	7.82	5.90	4.49	3.38	2.55	1.94	1.46
14	19.57	14.78	11.23	8.47	6.39	4.86	3.66	2.77	2.10	1.08
15	21.21	16.00	12.16	9.18	6.92	5.26	3.97	3.00	2.28	1.72
16	22.95	17.31	13.17	9.93	7.49	5.70	4.30	3.24	2.47	1.86
17	24.82	18.73	14.24	10.74	8.11	6.17	4.65	3.51	2.67	2.01
18	26.83	20.24	15.40	11.62	8.77	6.67	5.03	3.80	2.89	2.18
19	28.98	21.87	16.64	12.56	9.48	7.21	5.44	4.11	3.12	2.36
20	31.29	23.62	17.97	13.56	10.24	7.79	5.89	4.44	3.38	2.55
21	33.77	25.49	19.39	14.64	11.05	8.41	6.35	4.79	3.65	2.75
22	36.42	27.50	20.93	15.80	11.93	9.03	6.85	5.17	3.94	2.97
23	39.26	29.65	22.56	17.04	12.86	9.79	7.39	5.58	4.25	3.21
24	42.30	31.95	24.32	18.36	13.87	10.56	7.97	6.02	4.58	3.46
25	45.56	34.42	26.19	19.79	14.94	11.38	8.59	6.49	4.94	3.73
26	49.04	37.05	28.20	21.31	1.6.09	12.25	9.26	6.99	5.32	4.02
27	52.77	39.86	30.35	22.93	17.33	13.19	9.97	7.58	5.73	4.38
28	56.75	42.88	32.65	24.67	18.64	14.1.9	10.72	8.10	6. 17	4.66
29	60.99	46.10	35.10	26.53	20.04	15.26	11.53	8.72	6.64	5.02
30	65.54	49.53	37.72	28.51	21.55	16.41	12.40	9.37	7.14	5.39
31	70.37	53.20	40.51	30.62	23.15	17.63	13.33	10.07	7.67	5.80

续表

温度/℃ \ H_2SO_4/%	84.0	85.0	86.0	87.0	88.0	89.0	90.0	91.0	92.0	93.0
32	75.52	57.09	43.49	32.88	24.85	18.93	14.31	10.82	8.24	6.23
33	81.04	61.26	46.68	35.28	26.68	20.32	15.37	11.62	8.85	6.69
34	86.89	65.70	50.06	37.85	28.62	21.81	16.49	12.47	9.50	7.18
35	93.15	69.12	53.66	40.59	30.70	23.39	17.68	13.37	10.19	7.71
36	99.79	75.47	57.52	43.50	32.90	25.07	18.96	14.34	10.93	8.27
37	106.9	80.71	61.60	46.60	35.25	26.87	20.32	15.37	11.71	8.86
38	114.4	86.53	65.95	49.90	37.75	28.77	21.77	16.47	12.55	9.49
39	122.4	92.62	70.58	53.41	40.41	30.80	22.30	17.63	13.44	10.17
40	130.9	99.06	75.51	57.13	43.24	32.96	24.94	18.87	14.39	10.89

(2) 硫酸鼓泡法微量水分标气制备装置

硫酸鼓泡法微量水标气发生装置可分为出厂标定用和现场校准用两种类型，前者为固定式，后者为便携式。

现场校准用微量水标气发生装置由硫酸鼓泡器、恒温加热炉（铸铝炉体，电热丝加热）和相应控制部件组成（图 3-32），底气由高纯氮气钢瓶供给。如果缺乏纯氮或钢瓶氮（如天然气管输现场），也可采用气泵＋P_2O_5 干燥罐的方案，将空气压缩、干燥后再送硫酸鼓泡器。

(3) 硫酸鼓泡器的使用方法

① 将配制好的硫酸溶液装入鼓泡器内，硫酸溶液应占鼓泡器容积的 3/5～4/5。

② 将脱湿后的底气引入鼓泡器，注意保持流量稳定。

③ 底气流量不可超过规定限值，如果流量太大，硫酸溶液上方的水蒸气分压不能达到饱和值，则标气水分含量不足；另一方面，流量过大，还可能造成酸液沸腾、气流夹带硫酸液滴的危险情况。

④ 如果硫酸鼓泡器出口压力与大气压之间有较大压差，则标气水分含量会产生较大偏差，这是由于标气含水量 Q 由下式决定：

$$Q=\frac{p_1}{p_2+p_3} \tag{3-33}$$

式中 p_1——硫酸的饱和水分压，mmHg，数据可由文献查得；

p_2——大气压，mmHg；

p_3——系统压差，mmHg。

要注意观察和控制硫酸鼓泡器的出口压力，使之稍微高于大气压力即可。

(4) 硫酸鼓泡法的优点及与其他方法的比较

① 硫酸鼓泡器制作简单，操作方便，使用可靠。硫酸鼓泡法是一种科学、简便的微量水标气制备方法。

② 根据气体分压定律，通过鼓泡器的气体中的水分含量仅是硫酸浓度和温度的函数，不受气体种类的限制，也不受气体中含有微量水分的影响。这是由于浓硫酸是强干燥剂，当气体通过硫酸溶液时，所含水分已被硫酸吸收。

③ 渗透管配气法操作步骤较为复杂，配气条件要求严格，配气精度易受多种因素影响。例如，载气中含有微量水分就会追加到所配标气中，从而造成附加误差。

④ 采用硫酸鼓泡法校准微量水分仪时，可以根据硫酸浓度和温度对应的微量水分值直

(a) 外观图

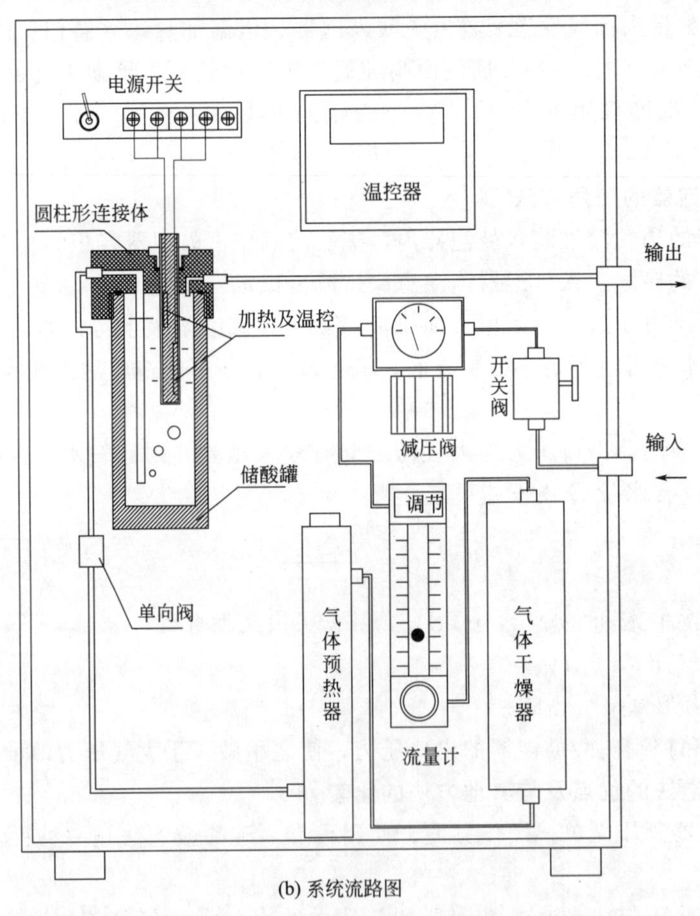

(b) 系统流路图

图 3-32 现场校准用便携式硫酸鼓泡法微量水标气发生装置

接校准被校表。而渗透管配气法仍需采用高精度标准表与被校表对照的方法进行校准。简言之，硫酸鼓泡法可进行直接校准，渗透管配气法只能进行间接校准。

⑤ 采用冷凝露点湿度计校准微量水分仪，是国家计量测试机构检验仪器和仪表生产厂家标定仪器的常用方法，但这种冷镜仪价格昂贵，且只能在实验室条件下使用，无法用于现

场校准。硫酸鼓泡器结构简单，使用方便，可做成便携式仪器用于现场校准。

3.8.4 干湿气混合配气法

图 3-33 是采用干湿气混合配气法的 MG101 型水分仪校验系统外观图，图 3-34 是其流路图。

MG101 根据气体稀释原理进行配气，干气体进入系统后被分成两个流路，一路在已知的温度（恒温控制）下加入饱和水蒸气，另一路保持干燥，两个流路然后混合，加饱和水蒸气的湿气被大量的干燥气体稀释，通过两次稀释以产生所需水分含量的气体，供微量水分仪校验之用。

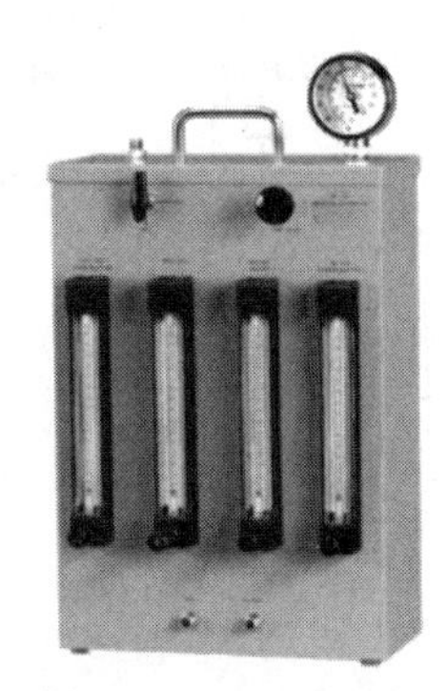

图 3-33 MG101 型水分仪校验系统外观图

MG101 型水分仪校验系统配制出的校准气体通入精密冷凝露点湿度计，测量其露点温度并换算水分含量，对并联运行的微量水分仪进行校准。

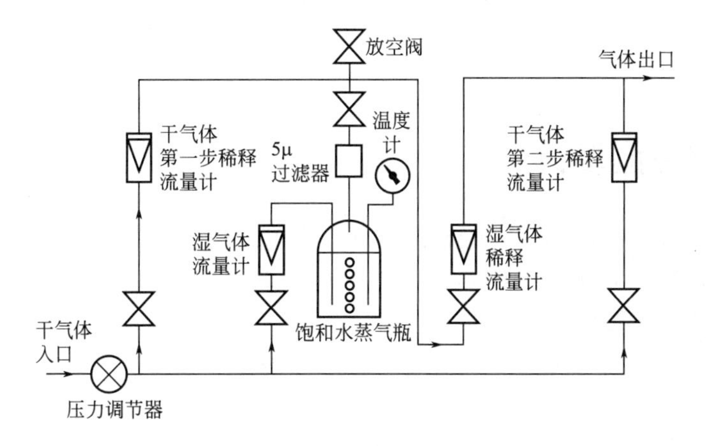

图 3-34 MG101 型水分仪校验系统流路图

3.8.5 用湿度发生器和精密露点仪校准气相微量水分仪

(1) 校准设备

① 配气装置 能配出−80（0.5ppmV）～−10℃（2500ppmV）露点的湿气发生器，推荐采用硫酸鼓泡法，也可采用渗透管配气法。

② 测量湿度的标准仪器 能测量−80～−10℃露点的精密露点仪，不确定度不超过±0.5℃范围。

如果现场难以提供精密露点仪，也可采用高精度电解法微量水分仪，测量范围 0～2000ppmV；基本误差：仪表读数的±5%（<100ppmV 时）或仪表读数的±2.5%（>100ppmV 时）。

③ 干燥器 经干燥后的氮气含水量应不大于 1ppmV。

④ 高纯氮气 1 瓶，减压阀、测温仪器、气压计、精密压力表等。

(2) 校准条件

① 湿气压力波动不超过±200Pa。

② 气源连接应尽可能短，从配气装置出口到仪器入口连接长度应不大于 2m，整个系统

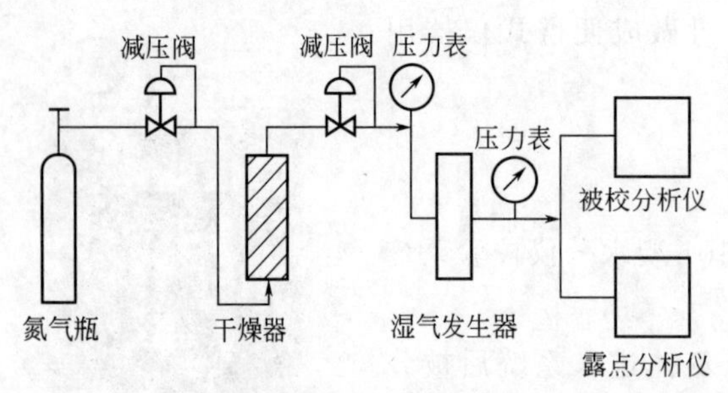

图 3-35　气相微量水分仪校准系统示意图

应尽量减少阀门、接头，连接处应以卡套紧固。

(3) 校准步骤

① 按图 3-35 装接气源系统。

② 在标定或校准微量水分仪之前，应先通高纯氮气将其彻底干燥，等降至测量下限以下之后才可进行校准。

③ 调节湿气发生器，使湿气露点为 −70℃(3ppmV)，平衡后记录仪器的读数。

④ 重复步骤③，每隔 10～20℃露点（5～10ppmV）记录一次读数，直到量程终点。

⑤ 通过仪表编程，将标定数据输入到仪表内，即完成校准。

在工业现场校准微量水分仪时还可以变通执行。例如，可以只采用精密露点仪进行校准，也可以只采用硫酸鼓泡器进行校准；可以校准两个点，也可以只校准一个点。总之，要符合现场实际需要，简便易行。

3.9 冷凝露点湿度计

冷凝露点湿度计又称冷却镜面凝析湿度计、光电式露点仪等。这种湿度计具有准确度高、测量范围宽的特点，其准确度仅次于重量法湿度计。因此，它不仅是一种工作仪器，而且也是长期以来普遍采用的标准仪器。

国家标准 GB 11603—2005《湿度测量方法》中规定，精密冷凝露点湿度计属于湿度标准仪器，可用来校准湿度发生器及除重量法湿度计以外的其他湿度计。

冷凝露点湿度计的测量范围一般为 −70～+60℃露点（最低可测至−80℃露点，但测量时间过长），测量误差约±0.25℃（一级精密冷凝露点湿度计的测量误差为 0.1～0.2℃露点，二级精密冷凝露点湿度计的测量误差为 0.3～0.4℃露点）。其测量灵敏度为 0.1～1ppmV，反应时间为 20s。但仪器的价格很贵，维护比较困难，通常用于实验室中，可作为标准仪器对在线微量水分仪进行校准。

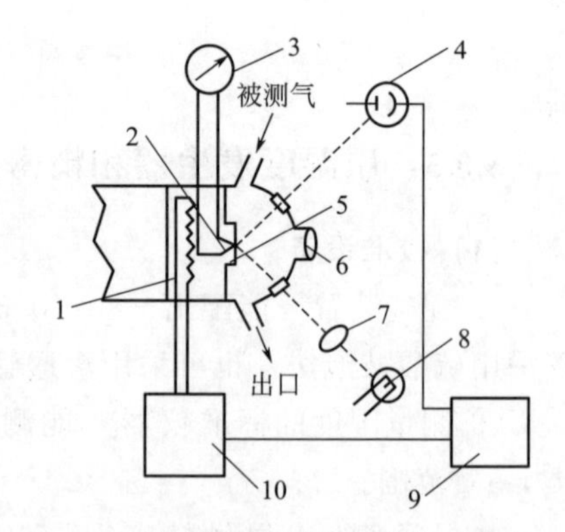

图 3-36　冷凝露点湿度计结构示意图

1—半导体制冷制热器；2—热电堆；3—毫伏计；4—光电管；5—镜面；6—透镜；7—聚光镜；8—光源；9—放大器；10—功率控制器

3.9.1　仪器组成和工作过程

图 3-36 为冷凝露点湿度计的结构示意图。被测气体在恒定压力下，以一定流量流经冷凝露点湿度计测量室中的抛光金属镜面（一般采用镀金或镀铑的紫铜镜镜面），使该镜面的温度连续不断地降低并精确测量，当气体中的水蒸气随镜面温度逐渐降低而达到饱和时，镜面上开始结露，此时所测得的镜面温度即为该气体的露点，并可转换为水分含量。

水雾的检测是用光电管（或光电池）接收镜面的反射光，它是光源（发光二极管）的光线经聚光镜后投射到镜面上被反射回来的。当镜面上出现雾气时，反射光强突然降低，光电流减小。光电流的变化经放大器放大后控制半导体制冷制热器的电流方向。当光电流减小时，半导体制热，镜面温度上升，雾气消失，于是光电流又增加，半导体制冷，使镜面温度下降，镜面出现雾气，如此反复，使镜面温度保持在露点温度附近，此温度由热电堆（或铂电阻感温元件）加以测量并供记录。

3.9.2　操作方法和步骤

(1) 开机前的准备

① 气路系统所有接头处应无泄漏，否则会由于空气中水分的渗入而使测量结果偏高。若发现系统漏气，则应分段检查解决。

② 样品管线原则上采用尽可能短的小口径管子，一般使用长度不超过 2m、内径不大于 4mm 的不锈钢管或壁厚不小于 1mm 的聚四氟乙烯管，使用前洗净，再吹干或烘干。不允许用橡皮管。

③ 采用死体积小的调节阀，如针形阀。

④ 流量计应送计量部门进行周期检定。针对不同气体样品，可用精密电子流量计或皂膜流量计校准样品气体的测试流量。

(2) 一般操作步骤

① 用气体吹洗气路管道和测定室。对放置后刚启用的仪器，如待测气体中水分露点约为−60℃时，应吹洗 2h 后才能进行测定。

② 调节样品气流量至规定范围内。

③ 开始制冷，当镜面温度离露点约 5℃时，降温速度应不超过 5℃/min。对不知道露点范围的样品气，可先进行一次粗测。

④ 停机后，样品气的进出口拧上密封螺母。

3.9.3　使用注意事项

(1) 干扰物质的影响

当固体颗粒或灰尘等进入仪器并附着在镜面上时，用光电法测得的露点值将发生偏离；除水蒸气以外的其他蒸气也可能在镜面上冷凝，使所观察到的露点不同于相应的水蒸气含量的露点。

(2) 固体杂质及油污

如果固体杂质绝对不溶于水，它们就不会改变露点，但是会妨碍结露的观察。在自动式露点仪中，对固体杂质如果没有采用补偿装置，在低露点测量时，有时会因镜面上附着固体杂质使测得的露点值偏高，这时应该用脱脂棉蘸上无水乙醇或四氯化碳清洗镜面。为了防止固体杂质的干扰，仪器入口要设置过滤器，而过滤器对气体中水分应无吸附。如果被测气体中有油污，在气体进入测定室前应该除去。

(3) 以蒸气形式存在的杂质

烃能在镜面上冷凝，如果烃类露点低于水蒸气露点，不会影响测定，相反，会先于水蒸气结露，因此水蒸气冷凝前必须分离出烃的冷凝物。

如被测气体中含有甲醇，它将与水一起在镜面上凝结，这时得到的是甲醇和水的共同露点。

(4) 冷壁效应

除镜子外，仪器其余部分和管子的温度应高于气体中水分露点至少 2℃，否则，水蒸气将在最冷点凝结，改变了气体样品中水分含量。

(5) 降温速度

如果气体样品中水分含量较低，通过冷却镜子时应尽可能慢。因为这时冰的结晶过程比较缓慢，若以不适当的速度降温，在冰层生长和达到稳定之前，还没有观察到结露，温度已大大超过了露点，这就是过冷现象。

微量水分仪性能小结于表 3-9。

表 3-9 微量水分仪性能

类型	测量范围 基本误差	同比价格	适用场合	特点
电解式	测量范围：0～1000ppmV，可扩展至 0～2000ppmV 测量精度： 仪表读数的±5%（<100ppmV 时） 仪表读数的±2.5%（>100ppmV 时）	较低	测量对象为在电解条件下不与 P_2O_5 起反应的气体。 不宜测量的气体： ①不饱和烃（芳烃除外）、胺和铵、乙醇； ② F_2、HF、Cl_2、HCl 等强腐蚀性气体； ③含碱性组分的气体。 测量氢气中的含水量时选用铑丝电解池（其他气体则采用铂丝电解池）	①测量方法属于绝对测量法，电解电量与水分含量一一对应，微安级的电流很容易由电路精确测出，所以其测量精度高，绝对误差小。 ②由于是绝对测量法，测量探头一般不需要用其他方法进行校准，也不需要现场标定。 ③测量对象较广泛，仅不能测量在电解条件下与五氧化二磷起反应的气体。 ④电解池的结构简单，使用寿命长，并可以反复再生使用
电容式	测量范围： 气体：-80～+20℃露点（0.5～23080ppmV） 液体：0.1～1000ppmW 测量精度： ±3℃露点（-80～-66℃露点范围） ±2℃露点（-65～+20℃露点范围）	较低	①测量对象和测量范围广泛，不仅可测气体，也可测液体中的水分含量；不仅可测微量水分，也可测常量水分（最高可测量到 60℃露点湿度，相当于 20%体积比或 12%质量比的含水量）。 ②不能测量腐蚀性介质的水分含量，因为铝电极不耐腐蚀	优点：①氧化铝湿敏传感器体积小，灵敏度高（露点测量下限达-110℃），响应速度快（一般在 0.3～3s 之间）。 ②样品流量波动和温度变化对测量的准确度影响不大（样品压力变化对测量有一定影响，须进行压力补偿修正）。 缺点：①属于相对测量法，含水量低时精度较高，含水量高时精度较低。 ②探头存在“老化”现象，易发生零点漂移，需要经常校准。 ③对极性气体比较敏感，测量中应注意极性物质的干扰。此外，对油脂的污染也比较敏感
晶体振荡式	测量范围：0.1～500ppmV 测量精度： 在 0～20ppmV 范围为±1ppmV >20ppmV 时为仪表读数的±10%	高	几乎可用于所有气体测量场合，但仅能测量 2500ppmV 以下的微量水分。 不能用于腐蚀性气体	①石英晶体传感器性能稳定，灵敏度高，可达 0.1ppmV。精度较高。 ②反应速度快，水分含量变化后，能在几秒内做出反应。 ③当样气中含有乙二醇、压缩机油、高沸点烃等污染物时，仪器可采用检测器保护定时模式，即通样品气 30s，通干燥气 3min，可在一定程度上降低污染（根据我国使用经验，仍需配置完善的过滤除雾系统，并加强维护）

续表

类型	测量范围 基本误差	同比价格	适用场合	特点
激光式	量程：0.1～400ppmV 5～2500ppmV 测量误差：±2% 重复性：±0.025ppmV	高	①可测微量水，也可测常量水(湿度)。 ②可测量腐蚀性气体中的水分含量	优点：①单线光谱测量技术，不受背景气体的干扰。 ②调制光谱检测技术，对样品的洁净程度要求不高。当激光传输光路中的粉尘或视窗污染造成光强衰减时，透射光强的二次谐波信号与直流信号会等比例下降，两者相除之后得到的气体浓度信号，可以克服粉尘和视窗污染对测量结果的影响。实验结果表明，粉尘和视窗污染导致光透过率下降到3%以下时，仪器的噪声才会显著增大，示值误差随之增大。 ③非接触测量，可以测量腐蚀性气体中的含水量。 目前存在的问题： ①大多数厂家的产品测量下限仅能达到5ppmV。个别厂家声称测量下限可达0.1～0.2ppmV，但在我国尚无应用实例加以佐证(测量<5ppmV水分时需采用高难度的激光多次反射和样气压力稳定技术)。 ②测天然气时，CH_4 对 H_2O 吸收谱线有重叠干扰，仪器出厂时对其进行了补偿修正，测量时要求 CH_4 浓度>75%，如果 CH_4 含量低于75%，需要重新进行补偿修正，设定零点值
近红外漫反射式	测量范围：－80～＋20℃露点 重复性：1%； 测量精度：±1℃露点 测量周期：7次/min	高	①既可以测量气体中的微量水分，也可以测量液体中的微量水分。 ②原位式测量，耐压等级高(耐压25MPa)，特别适合高压气体水分含量的直接测量。 适用于下述场合： ①天然气行业的储罐、干燥、分输站、CNG加气站； ②炼油厂的裂解塔、重整装置、油气/循环气、燃料脱硫、汽油或柴油； ③化工行业的标准气体、碳氢化合物、酒精、液态丙烯、乙烯等	①不需要取样系统。探头通过可插拔组件置于气体管道中，可直接测量样气的工况露点。 ②无交叉干扰。传感器表面为0.3nm孔径的多微孔，只有直径小于0.3nm的分子能够渗入，如水分子(0.28nm)，且所用的790～820nm的近红外光只对水分子敏感，水露点测定不受样品气中背景组分的干扰。 ③维护方便。通过可插拔组件，可方便地将探头从带压的主管道上拔出来清洗，不需停气(探头插入后需吹扫1～2天才能将其表面暴露在环境空气中时吸附的水分吹除干净，然后才能开始正常测量)

烃露点分析仪

对天然气输配系统的操作而言，烃露点是一项重要指标。因为液烃在管道内冷凝并积聚后会产生两相流而影响计量的准确性，并加大管道阻力，同时造成生产操作方面的安全隐患。此外，天然气夹带的液烃也会影响燃气轮机的操作，对压缩机组的运行造成不良影响。为防止上述情况发生，要求天然气输配系统必须保证在高于管输天然气烃露点的条件下运行，因而准确地进行烃露点测定是天然气气质管理的一项重要任务。

4.1 天然气的烃露点与反凝析现象

根据国家标准 GB/T 20604—2006《天然气词汇》的规定，烃露点是指在规定压力下，高于此温度时无烃类冷凝现象出现的温度。它与水露点的本质区别在于：给定的烃露点温度下，可能存在一个出现反凝析现象（retrograde condensation）的压力范围。

由于天然气组成的复杂性和特殊性，其相态特性不同于单一组分的相态特性。天然气的相态特性是非理想性的，不像空气中水的相态特性随着压力的升高水露点温度逐渐增加，天然气相态曲线具有反凝析现象，在中间压力时烃露点具有最大值（图 4-1）。

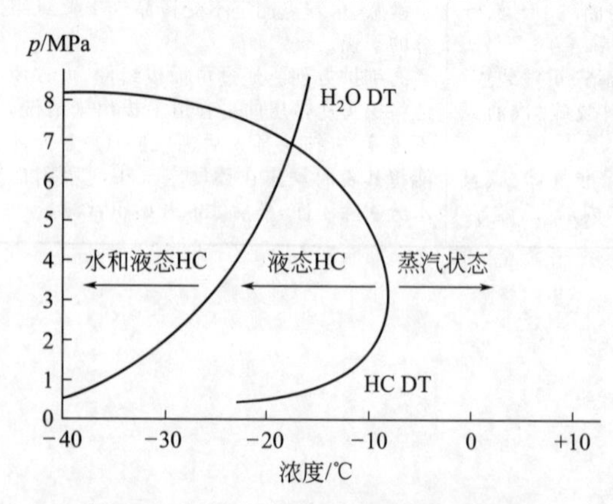

图 4-1　天然气的烃露点和水露点曲线

图 4-2 为天然气典型的相态图。图中露点曲线为相边界线，曲线的右边和上边部分只有单相的气态存在，露点线里面为气液两相区，气液比例取决于气体的温度和压力，越靠近曲线的部位，烃液的比例越小。临界凝析温度为露点曲线上最高的露点温度，高于该温度，无论压力为多少，都只有单相气体存在。同样地，高于临界凝析压力时，无论温度为多少，也只有单相气体存在。

当图 4-2 中天然气压力在 7MPa 温度为 −5℃时，为稳定的单相气态；如果温度保持不变，而压力降低到大约 4.5MPa，仍保持单相气态，但此时将遇到相边界线，并且压力继续降低即有烃凝析物开始析出；随着压力的进一步降低，气液比例发生变化，当压力降到大约 1.5MPa 时，又返回单相气体区。实际上，天然气中一旦有烃凝析物析出，不太可能立即返回气态，而是在较低的压力下继续有烃液存在。

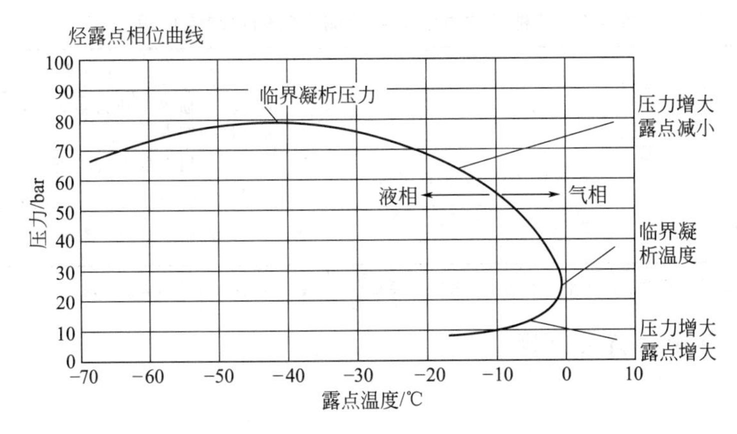

图 4-2 天然气典型的相态图

临界凝析温度：高于此温度，无论施加多大的压力，气体都不会液化。所以测量临界凝析温度点压力下的烃露点值在实际应用中最具有指导意义

4.2 烃露点检测方法

4.2.1 烃露点检测方法及其比较

获得天然气烃露点的方法主要有三种：一是采用手动露点仪目测法检测烃露点；二是采用烃露点检测仪自动测定天然气的烃露点；三是采用气相色谱法分析天然气的组成，然后采用专用软件，由天然气的组成数据计算工况条件下的烃露点。表 4-1 总结了天然气烃露点三种检测方法的原理、参考标准、代表仪器和国内使用情况。

表 4-1 天然气烃露点不同检测方法的比较

检测方法		原理	代表仪器	参考标准	国内使用情况
直接测定	冷却镜面目测法	样品通过安装有一个金属镜面的测定室，当镜面温度被冷却直至凝露开始形成时，观察到露点形成的那点温度	美国 Chandler 公司生产的 13-1210、A-2 型等露点仪	ISO 6327 ISO/TR 11150 ГОСТ 20061—84 GB/T 17283	便携式露点仪，普遍用于测定水露点
	冷凝镜面光学自动检测法	采用电热制冷，通过光学检测原理自动检测烃露的形成	美国 HC-4P 便携式烃露点仪，Ametek 公司 241CE 型在线烃露点仪和英国 Michell 公司的 Condumax Ⅱ烃露点自动检测仪	ISO/TR 11150	长庆油田榆林天然气处理厂 Condumax Ⅱ 陕京管道榆林首站 241CE 型烃露点仪，北京华油股份公司 HC-4P 便携式烃露点仪
间接测定	计算法	气相色谱法分析天然气的组成，由组成数据，通过专用软件计算获得天然气的烃露点	气相色谱仪	GB/T 13609 ISO 23874 GB/T 13610 GB/T 17281	能提供相态曲线及烃露点，其准确性有待进一步与其他方法比较研究

表 4-2 比较了三种检测方法的优缺点。选用不同的检测方法，取决于要求测定结果的准确度、检测频率、自动化程度和操作成本等。

表 4-2 三种天然气烃露点检测方法的优缺点比较

检测方法	优点	缺点
冷却镜面目测法	操作简单	不能获得临界凝析温度，只能周期性检测点样，结果依赖操作者
冷凝镜面光学自动检测法	在线检测，自动化程度高	不能获得临界凝析温度，水、乙二醇和甲醇干扰，需选用合适的过滤器
气相色谱分析/状态方程计算	可获得临界凝析温度和不同压力下的露点	影响烃露点结果的因素较多，准确度较差

注：表 4-1 和表 4-2 摘自罗勤、曾文平、王晓琴. 天然气烃露点检测技术浅析. 石油与天然气化工，2008，增刊，51～58。

4.2.2 烃露点测量有关问题

(1) 使用场合

烃露点是管输天然气一项重要的气质指标，对于凝析气田天然气而言尤其如此。烃露点分析仪的主要使用场合为：①天然气处理厂脱烃后测量，检查脱烃效果，指导工艺操作；②管输天然气交接点处，监视管输天然气的烃露点是否符合管输要求。

(2) 影响因素

冷凝镜面自动检测法受人为因素影响较小，其主要影响因素是水、乙二醇、甲醇和压缩机油对光学检测的干扰，因此需选用合适的过滤器。另外，应保证从取样点到仪器之间的进样系统没有烃液析出，并要求仪器安装场合环境温度高于天然气烃露点，为此应对进样系统及分析小屋采取保温伴热措施。

(3) 测量烃露点时样品气的压力

烃露点分析仪在线测量时，一般将被测天然气的压力降至 2.7MPa 左右，以便与临界凝析温度对应的压力一致，在此压力下测得的烃露点接近临界凝析温度。天然气输送时的温度至少应高于临界凝析温度 3～5℃以上（不管压力多高，只要高于临界凝析温度，就不会出现凝析现象）。

此外，在此压力下测量烃露点还可拉开烃露点与水露点的距离（间隔），因为在此压力下，水露点一般很低，不会干扰烃露点的测量。

(4) 校准方法

国内外尚无烃露点分析仪的校准标准，密析尔（Michell）公司 Condumax Ⅱ烃露点分析仪的校准方法是：在操作范围内，用 10%(mol) n-buatne/N_2（也可采用纯丙烷气或甲烷+10%的丁烷气）来校准 5 个点，然后按 Peng/Robinson 状态方程计算校准气体压力和烃露点之间的关系，据此校正烃露点分析仪的示值。

国际标准化组织天然气技术委员会（ISO/TC 193）正在研究采用液烃含量称量法的数据对天然气烃露点冷却镜面测定仪进行校准的方法。

4.3 烃露点分析仪产品简介

4.3.1 英国 Michell 公司 Condumax Ⅱ烃露点分析仪

(1) 测量原理

碳氢化合物气体在露点时的特性表现为产生冷凝液膜。由于冷凝液膜表面的低张力和无色的外表，人类的视力对其难以察觉。Condumax Ⅱ烃露点分析仪采用专利的“黑斑”技术(Dark Spot™)，具有 5mg/m³ 的高灵敏度，能够检测到几乎难以视见的冷凝液膜。

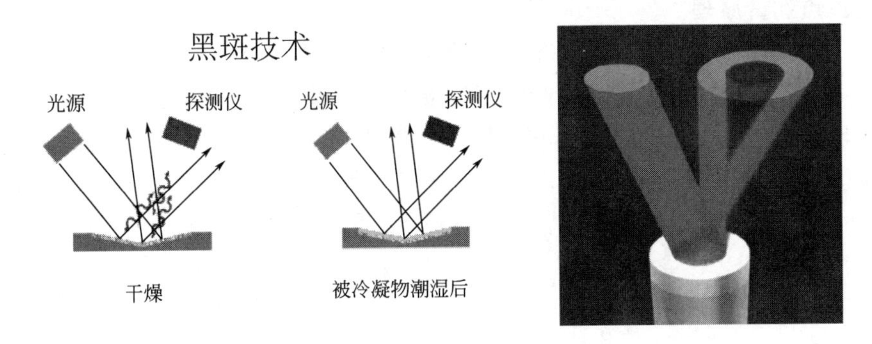

图 4-3 “黑斑”技术（Dark Spot™）示意图

“黑斑”技术可用图 4-3 来说明。光学反射面由一个酸性蚀刻、亚光的不锈钢镜面组成，中心带有凹陷的圆锥体，在测量期间圆锥体被冷却，一道校准得异常精确的可见红色光束聚焦在光学反射面的中心区域。在干燥的情况下，入射光束从亚光表面散射，提供一个均匀的散射光信号到光学检测器。在测量周期内，光学反射面上产生烃类冷凝液。由于冷凝液膜的表面张力低而呈凸球形，光束从凸球周围反射出去，在探测器上形成了一道光环，凸球中间的反射光强度显著降低，在检测器光环中间形成“黑斑”区域。当检测到冷凝液膜时，仪表电路就把所记录的光学反射面表面温度作为露点温度，而后产生一个恢复周期，光学反射面被加热，使冷凝液蒸发，返回到流动气体样品中去。整个过程的进行是全自动化的，只需 10 多分钟。

(2) 仪器构成

见图 4-4 和图 4-5。

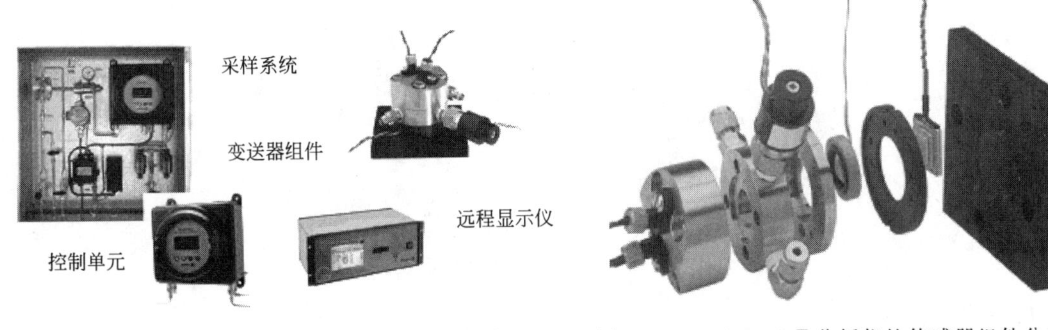

图 4-4 Condumax Ⅱ烃露点分析仪的构成　　图 4-5 Condumax Ⅱ分析仪的传感器组件分解图

(3) 技术数据

- 测量技术　直接光学测量，黑斑 Dark Spot™技术
- 变送器冷却　自动冷却，采用 3 级珀耳贴效应电子冷却器
- 最大量程　−34℃烃露点，在 2.7MPaG 压力、21℃环境温度下测定（量程取决于变送器温度）
- 测量精度　±0.5℃烃露点
- 采样气体流量　0.03m³（标准)/h [0.5L（标准)/min]

4.3.2 德国 BARTEC 公司 HYGROPHIL HCDT 烃露点分析仪

(1) 烃露点测量原理

HYGROPHIL HCDT 烃露点分析仪的测量原理采用的是内部全反射技术。一束光线被引导到呈某一角度的玻璃板上，这束光线穿过玻璃板全部透射出去。玻璃面板通过帕尔贴元件冷却，当样品中的碳氢化合物没有冷凝时，光电检测器接收不到信号，样品中的碳氢化合物形成冷凝液时，耦合在一起的光线通过冷凝液被引导进入光电检测器。此时的温度通过铂电阻检测到，并且作为烃露点温度。见图 4-6 和图 4-7。

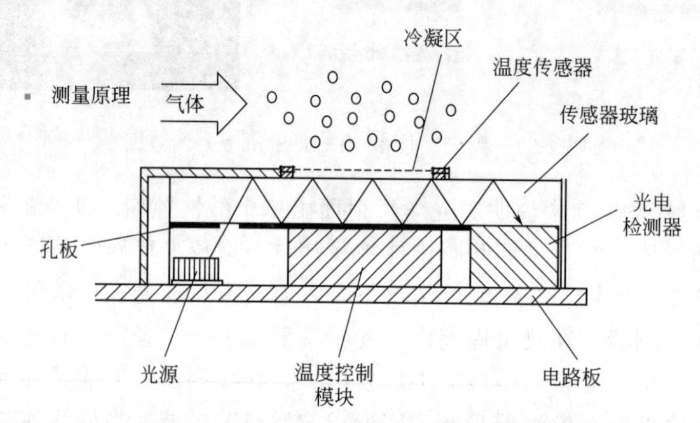

图 4-6 HYGROPHIL HCDT 烃露点分析仪的测量原理 1

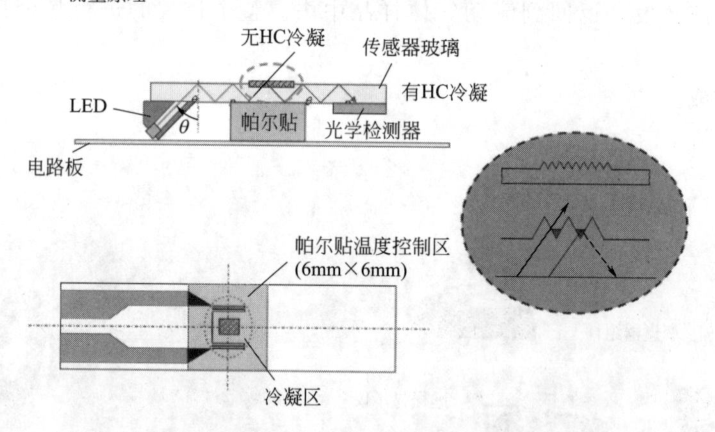

图 4-7 HYGROPHIL HCDT 烃露点分析仪的测量原理 2

(2) 仪器构成

HYGROPHIL F5673 烃露点分析仪由电子单元、样品处理系统、烃露点传感器、水露点传感器构成，见图 4-8、图 4-9。烃露点和水露点传感器安装在样品处理系统中。

(3) HYGROPHIL HCDT 烃露点分析仪的特点及优势

① 采用经典的冷镜测量原理，稳定性好，测量精度非常高，可达到±0.5℃。

② 采用创新的“内部全反射”专利技术，气体从冷凝器的上方流过，而光路系统在玻璃衬板内。这种设计的优势是气体中带有的灰尘及微小颗粒杂质不会对光路系统产生影响，不会出现误判，也就是说气体中含有的灰尘及颗粒杂质不会对测量结果产生影响。

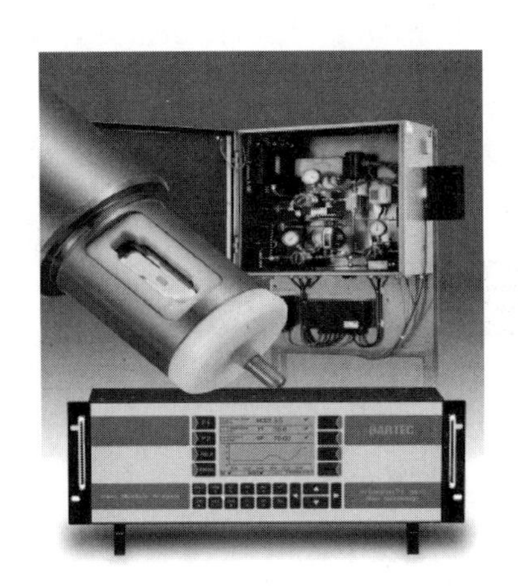

图 4-8 HYGROPHIL F5673 烃露点分析仪

图 4-9 同时测量水露点和烃露点时传感器在样品处理系统中安装图

③ 能检测极微量的凝析物（<5mg），检测区小（2mm×1mm），可实现快速测量（0℃烃露点时，4min/次）。

④ 整套系统可同时测量水露点和烃露点，并将水露点和烃露点区分开。

在线气相色谱仪

5.1 在线气相色谱仪概述

5.1.1 气相色谱分析法和在线气相色谱仪

多组分的混合气体通过色谱柱时，被色谱柱内的填充剂所吸收或吸附，由于气体分子种类不同，被填充剂吸收或吸附的程度也不同，因而通过柱子的速度产生差异，在柱出口处就发生了混合气体被分离成各个组分的现象，如图 5-1 所示。这种采用色谱柱和检测器对混合气体先分离、后检测的定性、定量分析方法叫做气相色谱分析法。

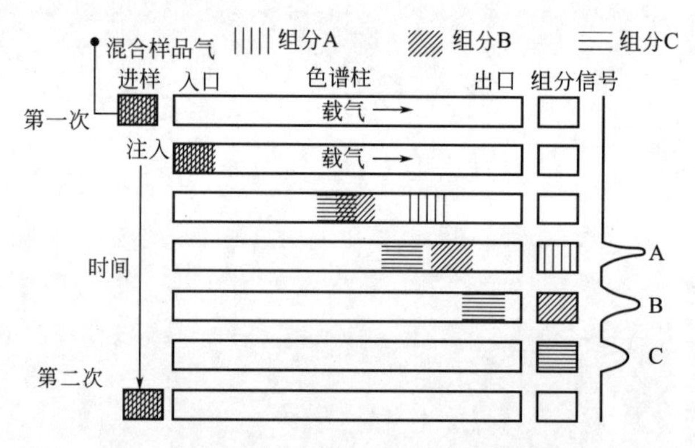

图 5-1　混合气体通过色谱柱后被分离成各个组分示意图

在色谱分析法中，填充剂叫做固定相，它可以是固体或液体。通过固定相而流动的流体，叫做流动相，它可以是气体或液体。按照流动相的状态，可以把色谱分析法分为气相色谱法和液相色谱法两大类。按照固定相的状态，又可以把气相色谱法分为气固色谱法和气液色谱法两类。

在线气相色谱仪，又称过程气相色谱仪（Process Gas Chromatography，PGC）、工业气相色谱仪（以下简称在线色谱仪），是目前应用比较广泛的在线分析仪器之一。它利用先分离、后检测的原理进行工作，是一种大型、复杂的仪器，具有选择性好、灵敏度高、分析对象广以及多组分分析等优点，广泛用于石油化工、炼油、化工、天然气、冶金等领域中。

对于实验室色谱仪，可以配备多种检测器和附件，可以安装各种类型、规格的色谱柱，可以分析多种样品，但其动作要由人工逐一操作进行。而在线色谱仪的功能比较单一，检测器、色谱柱、样品和系统动作都是固定的，要求能够自动连续可靠地重复运行。它安装在取样点附近，在结构上要适合现场的环境条件要求，在爆炸危险场所要具有防爆功能。此外，在线色谱仪要有一套取样和样品处理系统，为其连续提供适合分析要求的清洁、干燥工艺流程样品。在线色谱仪的所有部件均在控制单元的统一指挥下，自动完成取样分析和测量信号的处理，最后将样品组分浓度信号输送到控制室的 DCS 或记录仪。

5.1.2 在线气相色谱仪的基本组成

图 5-2 是在线色谱仪分析系统的方框图。工艺气体经取样和样品处理装置变成洁净、干燥的样品连续流过定量管，取样时定量管中的样品在载气的携带下进入色谱柱系统。样品中的各组分在色谱柱中进行分离，然后依次进入检测器。检测器将组分的浓度信号转换成电信号。微弱的电信号经放大电路后进入数据处理部件，最后送主机的液晶显示屏显示，并以模拟或数字信号形式输出。程序控制器按预先安排的动作程序，控制系统中各部件自动、协调、周期地工作。温度控制器对恒温箱温度进行控制。

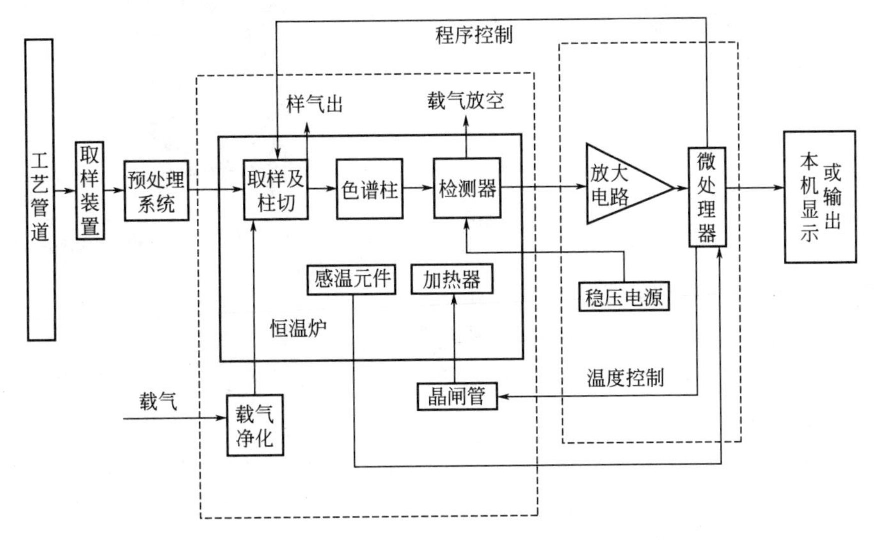

图 5-2　在线气相色谱仪分析系统的方框图

图中的两个虚线框分别表示在线色谱仪主机中的分析器和控制器部分。

在线色谱仪由分析器、控制器、样品处理及流路切换单元（简称采样单元）三个部分组成，一般来说，三者组装在一体化机箱内。在某些欧美国家及一些国际标准中，要求在火灾爆炸危险场所使用的在线色谱仪，其采样单元必须安装在分析小屋外，只允许分析器和控制器安装在分析小屋内，此时，分析器和控制器组装在一起，采样单元装在另一个箱体内。但无论如何，分析器、控制器和采样单元是在线色谱仪的三个有机组成部分，分析器、采样单元均在控制器的控制下按动作程序协调工作，当出现“样品流量低”等情况时，采样单元发出报警信号，控制器指挥分析器和其信息处理部分采取相应措施加以应对。

以横河 GC1000 在线气相色谱仪为例，其外形图和内部结构图分别见图 5-3 和图 5-4。

在线气相色谱仪的主要组成部件简介如下。

(1) 分析器

① 恒温炉　给分析器提供恒定的温度。在程序升温型的色谱仪中，还需要设置程序升温炉，供色谱柱按程序升温。

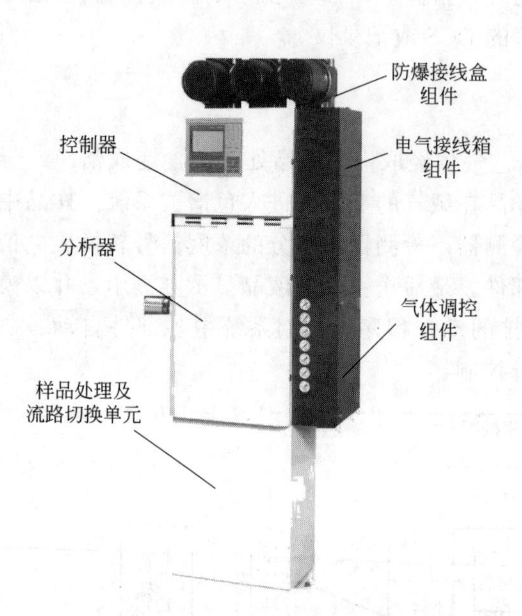

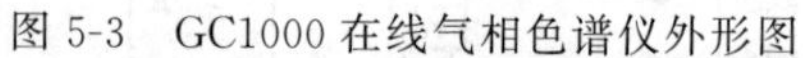

图 5-3 GC1000 在线气相色谱仪外形图

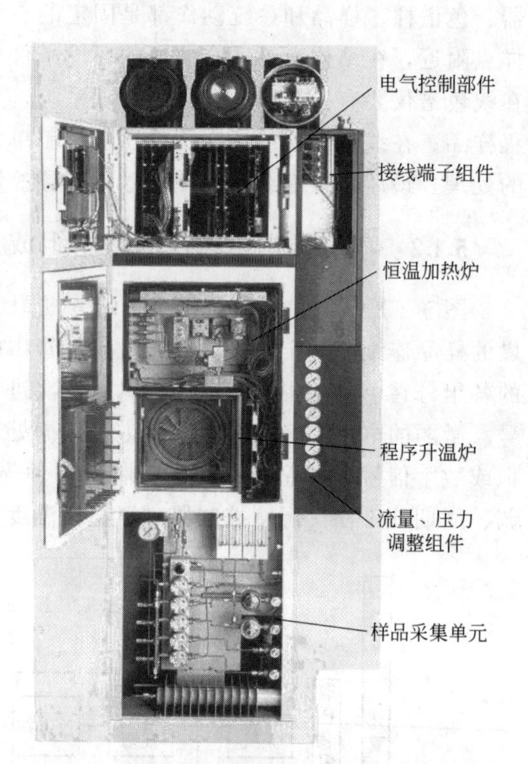

图 5-4 GC1000 在线气相色谱仪内部结构图

② 自动进样阀 周期性向色谱柱送入定量样品。

③ 色谱柱系统 利用各种物理化学方法将混合组分分离开。

④ 检测器 根据某种物理或化学原理，将分离后的组分浓度信号转换成电信号。

(2) 控制器

控制器的功能包括炉温控制、进样、柱切换和流路切换系统的程序控制、对检测器信号进行放大处理和数值计算、本机显示操作和信号输出、与 DCS 通信等。

(3) 采样单元

包括样品处理、流路切换、大气平衡部件等。这里所说的样品处理仅是对样品进行一些简单的流量、压力调节和过滤处理，如果样品含尘、含水量较大，或含有对分析器有害的组分，则需另设样品处理系统预先加以处理。

除了上述部件之外，还有气路控制指示部件（其作用是对进入仪器的载气及辅助气体进行稳压、稳流控制和压力、流量指示）和防爆部件（各种隔爆、正压、本安防爆部件及其报警联锁系统）等。

5.1.3 在线气相色谱仪的主要性能指标

(1) 测量对象

在线气相色谱仪的测量对象是气体和可气化的液体，一般以沸点来说明可测物质的限度，可测物质的沸点越高说明可分析的物质越广。目前能达到的指标见表 5-1。

高沸点物质的分析以往在实验室色谱仪上完成，现在这些物质的分析也可在在线色谱仪上完成，但分析周期较长。通常的在线分析还是局限于低沸点物质。

表 5-1　在线气相色谱仪的测量对象

炉体类型	最高炉温/℃	可测物质最高沸点/℃
热丝加热铸铝炉	130	150
空气浴加热炉	225	270
程序升温炉	320	450

在线气相色谱仪的测量对象还与使用的检测器类型有关。目前使用的检测器主要有以下三种：

① 热导检测器（TCD），测量范围广，几乎可以测量所有非腐蚀性组分，从无机物到有机物；

② 氢火焰离子化检测器（FID），主要用于对碳氢化合物进行高灵敏度分析，也可测量少数可以甲烷化的无机物，如 CO、CO_2 等；

③ 火焰光度检测器（FPD），仅用于测量含有硫和磷的化合物。

（2）测量范围

这是一个很重要的性能指标，能充分体现仪器的性能。测量范围主要体现在分析下限，即 10^{-6} 及 10^{-9} 级的含量可否分析，目前能达到的指标为：TCD 检测器分析下限一般为 10mg/L；FID 检测器一般为 1mg/L；FPD 检测器一般为 0.05mg/L（50μg/L）。

（3）重复性

重复性也是在线色谱仪的一项重要指标。对于色谱仪而言，讲重复性而无精度指标，主要有三个原因：

其一，在线色谱仪普遍采用外标法，其测量精度依赖于标准气的精度，色谱仪仅仅是复现标准气的精度；

其二，色谱仪用于多组分分析，而样品中各组分的含量差异较大（有的常量，有的微量），各组分的量程范围和相对误差（%FS）也不相同，很难用一个统一的精度指标来表述不同组分的测量误差；

其三，重复性更能反映仪器本身的性能，它体现了色谱仪测量的稳定性和克服随机干扰的能力（目前，多数在线分析仪器说明书中已无测量精度这一指标）。

目前，在线色谱仪的重复性误差一般为：

100%～0.05%　　±1%FS
0.05%～0.005%　　±2%FS
0.005%～0.0005%　　±3%FS
<0.0005%　　±4%FS

（4）分析流路数

分析流路数是指色谱仪具备分析多少个采样点（流路）样品的能力。目前，色谱仪分析流路最多为 31 个（包括标定流路），实际使用一般为 1～3 个流路，少数情况为 4 个流路。但要说明以下几点：

① 对同一台色谱仪，各流路样品组成应大致相同，因为它们采用同一套色谱柱进行分离；

② 分析某一流路的间隔时间是对所有流路分析一遍所经历的时间，所以多流路分析是以加长分析周期为代价的，当然也可根据需要对某个流路分析的频率高些，对其他流路频率

低些，总之，多流路的分析会使分析频率降低，以致不能保证DCS对分析时间的要求；

③ 一般推荐一台色谱仪分析一个流路，当然对双通道的色谱仪（有两套柱系统和检测器）来说，其本身具有两台色谱仪的功效，可按两台色谱仪考虑。

(5) 分析组分数

是指单一采样点（流路）中最多可分析的组分数，或者说软件可处理的色谱峰数，这不是一个很重要的指标。通常的分析不会需要太多的组分，而只对工艺生产有指导意义的组分进行分析，分析组分太多会使柱系统复杂化，分析周期加长。目前，色谱仪测量组分数最多为：恒温炉50～60个，程序升温炉255个，实际使用一般不超过6个组分。

(6) 分析周期

分析周期是指分析一个流路所需要的时间。从控制的角度讲，分析周期越短越好。色谱仪的分析周期一般为：

填充柱，无机物3～6min，有机物6～12min；

毛细管柱，1min左右。

5.1.4 主要生产厂家和产品型号

目前，我国使用的在线气相色谱仪主要生产厂家及产品型号见表5-2，主要产品的性能规格对照表见表5-3。

表5-2 我国使用的在线气相色谱仪主要生产厂家及产品型号

厂家	型号	推出年代	备注
日本横河公司 YOKOGAWA	GC1000 MarkⅡ	2001年	GC8000实现了并行分析，属于双通道色谱仪。通过数据通信，可利用一台色谱仪的控制器对几台仅具有分析器的色谱仪进行操作和控制
	GC8000	2007年	
ABB公司 ABB Process Analytics	Vista Ⅱ 2000	1996年	PGC2000采用模块式结构，由一台控制器和几台分析器组成
	PGC2000	2006年	
美国应用自动化公司(AAI) Applied Automation Inc.	Advance Maxum	1998年	该公司1999年并入西门子公司
德国西门子公司 Siemens Applied Automation	PGC302Ⅱ	1995年	Maxum Ⅱ是西门子与AAI合并后，综合AdvanceMaxum与PGC302Ⅱ优势开发的产品
	Maxum Ⅱ	2002年	
美国罗斯蒙特公司 Rosemount （现为Emerson公司）	Model 6750、6800	20世纪90年代	原美国贝克曼公司产品，已并入罗斯蒙特
	GCX、Danalyzer700	2000年	变送器式色谱仪，可直接安装在工艺管道上
天华化工机械及自动化研究设计院	HZ3810	1992年	HZ3810仿横河GC6，分体式结构；HZ3880自主开发，一体化结构，双TCD检测器
	HZ3880	2000年	
南京分析仪器厂有限公司	CX6710，CX6800	20世纪90年代	引进美国贝克曼技术生产
	GX8800	2010年	自主开发，TCD、FID双检测器

表5-3 在线气相色谱仪主要产品性能规格对照表（仅供参考）

色谱仪型号		GC8000	MaxumⅡ	VistaⅡ2000	HZ3880
一般性能	测量对象	气体和可气化的液体 沸点最高450℃	气体和可气化的液体 沸点最高350℃	气体和可气化的液体 沸点最高350℃	气体和可气化的液体 沸点最高150℃
	测量范围	TCD：0.0001%～100% FID：0.0001%～100% FPD：0.0001%～0.1%	最小测量范围 TCD：0～0.05% FID：0～0.0001%	TCD：0.001%～100% FID：10^{-6}%～100% FPD：10^{-6}%～1%	TCD：0.05%～100% FID：几个10^{-6}～100%

续表

色谱仪型号		GC8000	Maxum Ⅱ	Vista Ⅱ 2000	HZ3880
一般性能	测量流路数	理论上可达到31个，实际使用一般≤4个(不包括标定流路)			
	分析组分数	恒温炉最多50～60个，实际使用一般不超过10个组分；程序升温炉最多255个			
	分析周期	一般气体样品：填充柱，无机物4～6min，有机物8～12min；毛细管柱，1min左右(采用并行分析技术，分析周期还可缩短) 程序升温法分析高沸点液体样品：几十分钟甚至更长			
	重复性误差	±1%FS	2%～100%：±0.5%FS 0.05%～2%：±1%FS 0.005%～ 0.05%：±2%FS 0.0005%～ 0.005%：±3%FS 0.00005%～ 0.0005%：±5%FS	±1%FS	气体样品：±1%FS 液体样品：±2%FS
分析器	恒温炉	空气浴炉，热风加热，单炉体 内部容积：40L 温度范围：55～225℃ 温控精度：±0.03℃	空气浴炉，电加热炉 单炉体，双炉体 内部容积：40L 温度范围：5～225℃ 温控精度：±0.02℃ 空气浴炉可用于恒温或程序升温 电加热炉只能用于恒温	空气浴炉，单炉体 内部容积：46.6L 温度范围：30～180℃ 温控精度：±0.1℃	电加热炉 内部容积：23.1L 温度范围：50～120℃ 温控精度：±0.1℃
	程序升温炉	空气浴炉，热风加热，由涡旋管产生的)冷风制冷 内部容积：8.6L 温度范围：5～320℃ 温控精度：±0.03℃		Vista Ⅱ 2005 空气浴炉， 内部容积：8L 温度范围：5～225℃ 温控精度：±0.03℃	无
	色谱柱	填充柱、微填充柱、毛细管柱	填充柱、微填充柱、毛细管柱	填充柱、微填充柱、毛细管柱	填充柱、微填充柱
	进样阀、柱切阀	4、6通平面转阀 液体进样阀	11型6通柱塞阀 50型10通膜片阀 液体进样阀	CP型10通滑块阀 液体进样阀	4、6通平面转阀
	检测器	TCD FID FPD	TCD FID FPD等	TCD FID FPD	TCD FID
	电子压力控制(EPC)	有	有	有	无
安全防护和环境温度	防爆等级	CENELEC(ATEX) EEx pdⅡB+H_2 T1～T4 NEC Class1 Division 1， Group B，C，D T1～T4	CAS C/US Class1 Division2， Group B，C，D CENELEC EEx pedmib ⅡB+H_2 T4	CAS Class 1，Division 2， Group B，C，D CENELEC EEx pdeibⅡB+H_2， T2～T4	GB 3836 Ex pdⅡCT3
	防护等级	IP53 NEMA3R	IP54 NEMA3	IP52 NEMA12	
	环境温度	－10～＋50℃	－18～＋50℃	－10～＋50℃	－10～45℃
输出和显示	模拟输出	36点，4～20mA	根据需要配置	16～32点，4～20mA	根据需要配置
	接点输出	8点，干接点	根据需要配置	根据需要配置	根据需要配置
	通信	DCS、PC通信： RS-422 分析仪总线网络： 以太网	串行输出：RS-232 Modbus：RS-485 接口，RTU协议 以太网：标准10M网， RJ45接头	串行输出：RS-232 Modbus：RS-485 接口，RTU协议	RS-232 RS-485
	本机显示	LCD液晶屏	LCD液晶屏	LCD液晶屏	LCD液晶屏中文显示

续表

色谱仪型号		GC8000	MaxumⅡ	VistaⅡ2000	HZ3880
供电	电源	200～240V AC±10% 50/60Hz±5%	195～260V AC 47～63Hz	230V AC±10% 50/60Hz±10%	220V AC±10% 50Hz
	功耗	S型：max1600VA D型：max3300VA	单柱箱：max1840V・A 双柱箱：max1400V・A×2	启动：1200V・A 运行：900V・A	1500V・A
样品和辅助气体	样品气	对进入色谱仪的气体样品，一般要求为：流量50～100mL/min，压力<50kPa，温度<120℃			
	仪表空气	350～900kPa 露点－20℃以下 100L/minS型 150L/minD型	对于50型阀：≥550kPa <1mL/min 对于炉体：≥175kPa 85L/min(每一炉体)	≥414kPa 启动：214～242L/min 运行：127～147L/min	400～600kPa 启动：80L/min 运行：10L/min
	载气 (H_2、N_2、Ar、He)	400～700kPa 60～300mL/min 纯度：>99.99%	每个检测器约 5100L/月	每个检测器约 80mL/min	60～300mL/min
	助燃空气 (每个检测器)	300mL/min	2600L/月	450mL/min	300mL/min
	燃烧H_2 (每个检测器)	40mL/min	2000L/月	40mL/min	40mL/min
尺寸和重量	外形尺寸 ($W \times H \times D$) (不包括样品处理箱)	616mm×1012mm× 350mm	662mm×1010mm× 451mm	496mm×1175mm× 340mm	600mm×1000mm× 420mm
	重量	约120kg (包括样品处理箱)	约77kg (不包括样品处理箱)	约73kg (不包括样品处理箱)	约80kg (不包括样品处理箱)

5.2 恒温炉

恒温炉又称恒温箱、色谱柱箱。恒温炉的温控精度是在线色谱仪的重要指标之一。因为保留时间、峰高等都与色谱柱的温度有关，保留时间、峰高随柱温变化的系数分别为2.5%/℃、3%～4%/℃，故柱温的变化直接影响到色谱分析的定性与定量。

早期的恒温炉采用铸铝炉体，内部埋有数根电热丝加热，这种恒温炉称为电加热炉或铸铝炉。20世纪90年代中期以后，国外产品开始改用空气浴炉，它采用不锈钢炉体，热空气加热，也称热风炉。空气浴炉与铸铝炉相比，有如下优点。

(1) 加热温度提高，可分析的样品范围扩大

铸铝炉的温度设定范围为50～120℃。由于受防爆温度组别T4（≤135℃）的限制，其最高炉温只能设定为120℃，分析对象限于沸点≤150℃的样品。

空气浴炉的温度设定范围一般为50～225℃，分析对象扩展至沸点≤270℃的样品。由于循环流动的热空气兼有吹扫（将可能泄漏的危险气体稀释）和正压防爆（防止外部危险气体进入）两种作用，因而其最高炉温不受防爆温度组别的限制。

(2) 温控方式改变，温控精度提高

铸铝炉的温控方式一般为位式控制或时间比例控制，温控精度一般为±0.1℃。受加热元件和传热方式的限制，难以采用PID方式控温，温控精度也难以提高。

空气浴炉采用数字PID方式控温，温控精度一般可达±0.03℃，有的产品达到

±0.02℃。

(3) 内部容积扩大

铸铝炉的内部容积以前一般小于12L，受温度梯度分布、温度场的均衡性等因素制约，其容积难以再扩大。空气浴炉的内部容积一般为40L甚至更大，其传热介质和传热方式易于达到大容积炉体内的温度均衡。

内部容积的大小涉及炉体内可安装色谱柱、阀件等的多少。12L铸铝炉仅能装一套色谱柱系统，23L铸铝炉可装两套柱系统，空气浴炉内部至少可装两套柱系统。两套色谱柱系统可以分别分析两个流路的样品，相当于两台色谱仪的功能；也可以并行分析一个流路的复杂样品，从而大大提高分析速度。

内部容积大的另一个优点是维修空间也大，便于更换色谱柱、阀件等操作。

(4) 热惯性小，升温速度快，温控迅速

空气浴炉的传热方式决定了其升温速度快，开机升温到炉温稳定的时间仅需30min到1h，而铸铝炉则需2～4h。同样，温控速率前者也比后者快许多。

图5-5是ABB VistaⅡ2000色谱仪的空气浴炉，内部容积为46.6L。

图5-6是SIEMENS-AA MaxumⅡ色谱仪的空气浴炉，与其他空气浴炉的不同之处是它分割为两个独立控温的炉体，可以分别在不同的炉温下进行工作。

图5-5 VistaⅡ2000色谱仪的空气浴炉

图5-6 MaxumⅡ色谱仪的双炉体空气浴炉

5.3 自动进样阀和柱切换阀

5.3.1 作用和类型

自动进样阀（又称自动采样阀）和柱切阀是在线色谱仪的关键技术之一，也是和实验室色谱仪的主要不同之处。

在在线色谱仪中，被测样品经自动进样阀采集并由载气带入色谱柱中。气体样品由气体进样阀的定量管采集，液体样品由液体进样阀的注射杆采集并在阀内加热气化，所以液体进样阀也称为液体气化进样阀。柱切阀和色谱柱组成柱切换系统，用于不同色谱柱之间气流的切换。

自动进样阀和柱切阀的驱动方式有气驱动和电驱动两种，目前普遍采用压缩空气驱动。其综合性能指标是使用寿命，用动作次数来表示，目前可达到100万次。在线色谱仪中进样阀和柱切阀每年动作次数约8万～10万次，据此推算，阀件的理论使用寿命约为10年。但由于受样品洁净程度和密封材料性能等因素限制，实际使用寿命一般在5年左右甚至更短。

气体进样阀的结构类型较多：横河和天华采用4、6通平面转阀，6通阀用于进样，4通阀用于柱切；ABB采用CP型10通滑块阀；SIEMENS-AA采用11型6通柱塞阀和50型10通膜片阀。上述10通阀相当于一个6通进样阀和一个4通柱切阀组合在一起。液体进样阀的结构比较单一，各厂家大同小异。下面分别加以介绍。

5.3.2 平面转阀

平面转阀主要有6通、4通两种，6通阀用于进样，4通阀用于柱切。6通平面转阀的进样过程见图5-7和图5-8。图中定量管的容积一般为0.1～5mL。

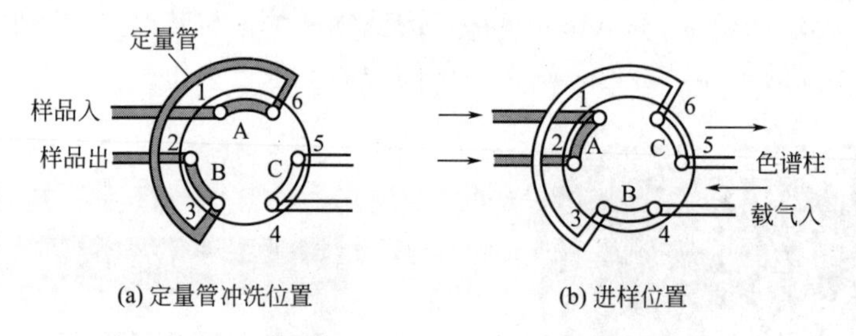

图5-7 6通平面转阀用于进样时的两种位置

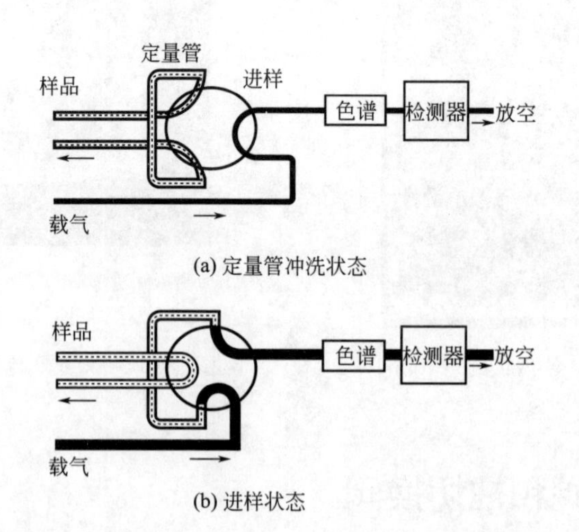

图5-8 6通平面转阀进样过程中样品和载气的两种流动状态

图5-9是GC1000色谱仪6通平面转阀的外形图和结构图。

6通平面转阀的驱动空气压力为0.3MPa。阀座由不锈钢制作，经压盖固定在阀体上部，阀座上焊接有6根气体连接管，管子外径为1/16in（约ϕ1.6mm）。阀芯由改性聚四氟乙烯塑料制作，具有优良的耐磨性能，阀芯上加工有供气体导通的微小沟槽。未接入驱动空气时，在复位弹簧的作用下齿条位于原始位置，阀芯相对阀座处在定量管冲洗位置；接入驱动空气后，膜盒受力推动齿条上移，齿条推动齿轮轴带动阀芯转动60°，则阀芯相对阀座处于进样位置。

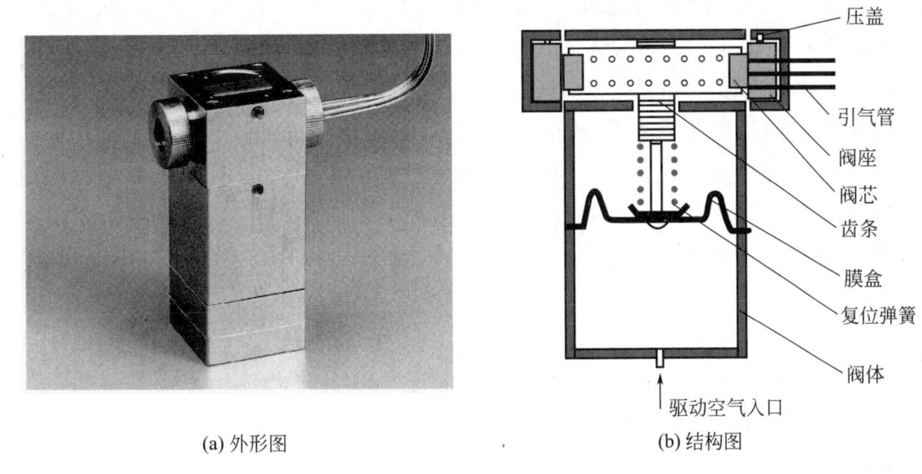

图 5-9　GC1000色谱仪6通平面转阀的外形图和结构图

5.3.3　滑块阀

滑块阀又称滑板阀，简称滑阀。图5-10是ABB VistaⅡ2000色谱仪中使用的CP型10通滑块阀的外形图，图5-11是其结构和工作过程示意图。

图 5-10　VistaⅡ2000色谱仪CP型10通滑块阀的外形图

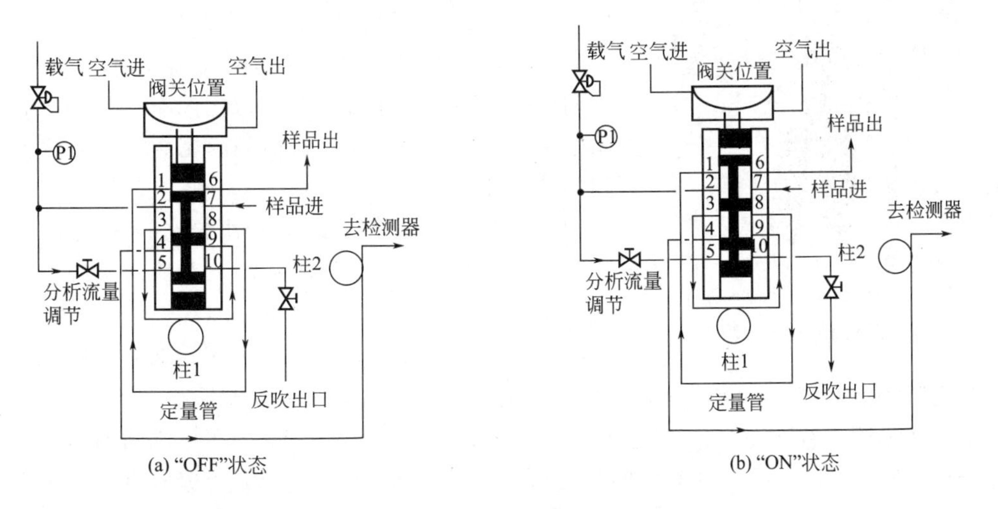

图 5-11　CP型10通滑块阀的结构和工作过程示意图

10通滑块阀的基座由不锈钢制成，内部有上下两个气室（驱动气室和工作气室）、一个固定块和一个滑动块。驱动气室由一片橡胶膜片（俗称皮帽子）分隔成前后两个腔体。固定块与工作气室连成一体，滑动块通过一个活塞推杆与橡胶膜片相连。当0.3MPa的压缩空气驱动着橡胶膜片上下移动时，滑动块也随之移动。固定块上有10个小孔排成两列，每列5个小孔，每个小孔都连接了外径为1/16in（约ϕ1.6mm）的不锈钢管用于通气。滑块上面的阀芯是用改性聚四氟乙烯材料制成的，有优良的耐磨性能。阀芯上加工了6个供气体通过的小凹槽，当滑块动作的时候，阀芯上的小凹槽与固定块上的10个小孔的连通状态就发生了变化。

10通滑块阀起一个6通进样阀和一个4通柱切阀的作用，其分析和进样过程可简述如下。

① 阀的分析状态（或称复位状态、阀关状态） 这时电磁阀（用于控制驱动空气通路）不带电，处于“OFF”状态，后腔与驱动空气相连，前腔与大气相连放空。橡胶膜片在后腔空气的推动下，带动活塞推杆向下移动一个槽位，1～6相通、2～3、4～5、7～8、9～10都连通，样品气的流通路径是7→8→定量管→1→6，处于冲洗定量管的位置。此时，先前已进入的样品在载气的携带下，进入色谱柱1（主分柱）进行分离，然后经检测器排出。

② 阀的进样状态（或称为阀开状态） 这时电磁阀带电动作，处于“ON”状态，前腔与驱动空气相连，后腔与大气相连放空。橡胶膜片在前腔空气的推动下，带动活塞推杆向上移动一个槽位，造成1～2、3～4、5～10、6～7、8～9分别相通。样品气的流动路径为：样品入→7→6→样品出直接放空。进入阀的载气又被分成两路：第一路进2→1→样品定量管→8→9→色谱柱1（预分柱）→3→4→柱2（主分柱）→检测器出口。这一路载气的作用是将样品从定量管中送入色谱柱进行预分离、主分离。第2路载气进5→10→反吹出口，是反吹通路。

进样过程结束后，阀复位，重新回到主分析周期。尚未进入主分离柱的那部分样品就在第一路载气的推动下被反吹掉。其流程是→2→3→柱1（预分柱）→9→10→反吹出口。

5.3.4 柱塞阀和膜片阀

图5-12是SIEMENS-AA色谱仪11型6通柱塞阀的外形图，图5-13是其结构和工作状态图。

Model 11型阀是空气驱动的两阀位6端口阀，6个端口排列成一个圆周。在每两个端口之间有一个用来打开和关闭的柱塞，用一层聚四氟乙烯隔膜密封，防止气流泄漏到阀的其他部分。

阀下部两个活塞的不同位置决定了阀有两种工作状态。下面的活塞叫空气驱动活塞，上面的活塞叫弹簧驱动活塞。驱动空气从两个活塞中间进入。

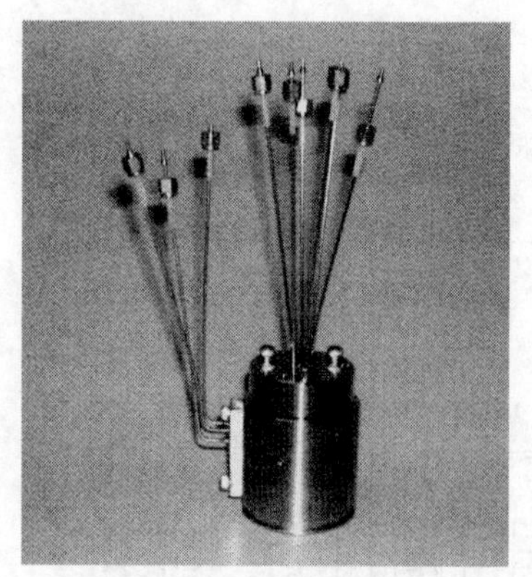

图5-12 Model 11型6通柱塞阀的外形图

第一种状态下没有驱动空气进入，属非激励态。这时下部弹簧驱动活塞向上移动，顶起3个柱塞上升，上部弹簧驱动活塞下降，带动另外3个柱塞下降，使膈膜位置如图5-13状态A所示，端口1和6、5和4、3和2之间的通道打开关闭；端口1和2、3和4、5和6之间的端口，此时外部流路、内部流路及柱塞位置见图5-13状态A。

第二种状态下有空气驱动，属激励态。此时驱动空气让上部驱动活塞上升，下部驱动活塞下降，使非激励态中 3 个下降的柱塞上升，非激励态中 3 个上升的柱塞下降，使膈膜位置如图 5-13 状态 B 所示。端口之间的开关状态刚好与第一种方式相反，此时的外部流路、内部流路与柱塞位置见图 5-13 状态 B。

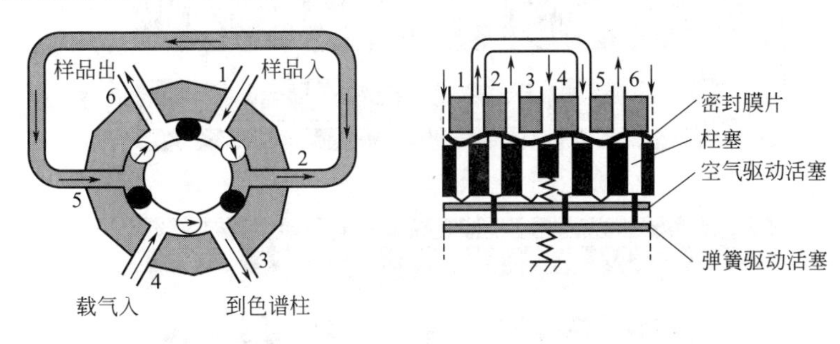

状态A

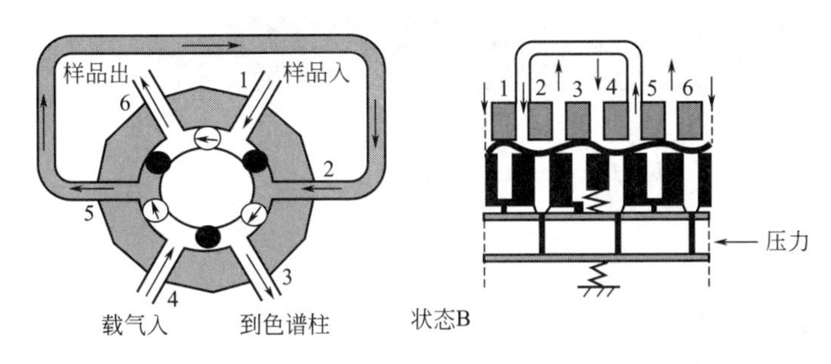

图 5-13　Model 11 型 6 通柱塞阀的结构和工作状态图

当阀从第一种工作方式切换到第二种方式或从第二种方式切换到第一种方式时，随着驱动空气的逐步加入或撤出，在一个活塞上升而另一活塞下降的过程中，某一个时刻会出现隔膜在同一水平面上的情况，这时 6 个通路全部关断，确保切换时流路之间不会发生串气现象。

图 5-14 是 SIEMENS-AA 50 型 10 通膜片阀的外形图，它采用在膜片上加压的方式，控制 10 个端口的通断，无移动部件，其功能相当于一个 6 通进样阀和一个 4 通柱切阀。图 5-15 为 Model 50 型 10 通膜片阀的两个工作状态图，其中状态 A 为开启状态，状态 B 为关闭状态。

图 5-14　Model 50 型 10 通膜片阀的外形图

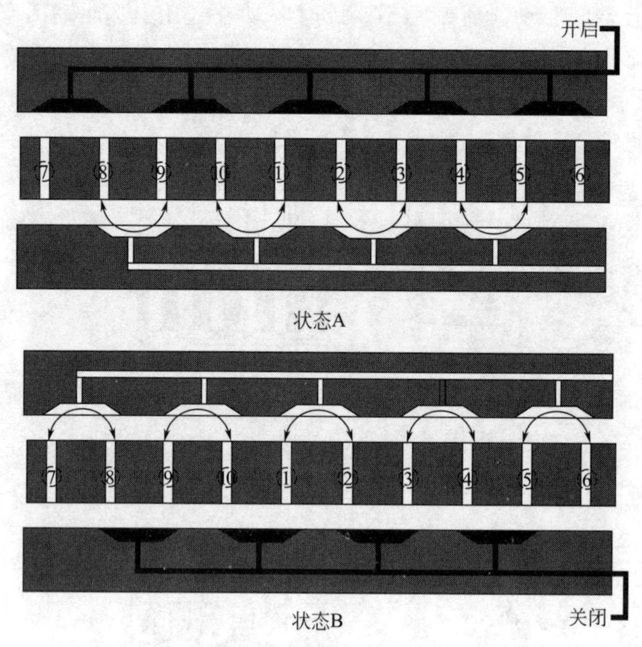

图 5-15 Model 50 型 10 通膜片阀的工作状态图

5.4 色谱柱和柱系统

5.4.1 色谱柱的类型

在线气相色谱仪中使用的色谱柱主要有填充柱、微填充柱、毛细管柱三种类型。

填充柱（packed column）是填充了固定相的色谱柱，内径一般为 1.5～4.5mm，以 2.5mm 左右居多。微填充柱（micro-packed column）是填充了微粒固定相的色谱柱，内径一般为 0.5～1mm。两者也可不加区分，统称为填充柱。填充柱的柱管采用不锈钢管。

毛细管柱（capillary column）是指内径一般为 0.1～0.5mm 的色谱柱。毛细管柱的柱管多采用石英玻璃管。毛细管柱有开管型、填充型之分。开管型毛细管柱（open tubular capillary column）又称空心柱，是指内壁上有固定相的开口毛细管柱，柱内径为 0.1～0.3mm。填充型毛细管柱（packed capillary column）是指将载体或吸附剂疏松地装入石英玻璃管中，然后拉制成内径为 0.25～0.5mm 的色谱柱。

毛细管柱可以是分配柱，也可以是吸附柱，分离机理与填充柱相同。其优点是：能在较低的柱温下分离沸点较高的样品；分离速度快，柱效高，进样量少，具有较好的分离度；载气消耗量小；在高温下使用稳定。其缺点是：柱材料要求高；耐用性与持久性差；不易维护；样品进样量不能太多，要求系统的死体积尽量小。

色谱柱的制作、测试和色谱分离技术是一门复杂、庞大的学问，已有多种书籍、资料可供查阅，本节仅简略介绍与在线色谱仪有关的一些内容。

5.4.2 气固色谱柱

气固色谱柱又叫吸附柱，是用固体吸附剂作固定相的色谱柱，它利用吸附剂对样品中各组分吸附能力的差异进行分离。

(1) 气固色谱柱的特点和适用范围

气固色谱柱有以下特点：表面积比气液柱固定相大，热稳定性较好，不存在固定液流失问题；价格低，许多吸附剂失效后可再生使用，柱寿命比气液柱长；高温下非线性较严重，在较高温度下使用会出现催化活性，若将吸附剂表面加以处理，能得到部分克服。

气固色谱柱主要用于永久性气体和低沸点化合物的分离，特别适合于高灵敏度痕量分析，但不适合用于高沸点化合物的分离。

(2) 气固色谱柱常用的吸附剂

气固色谱柱常用的吸附剂有活性炭、硅胶、活性氧化铝、分子筛、高分子多孔小球等，它们的性能见表5-4。

表5-4 气固色谱柱常用吸附剂及其性能

吸附剂	化学成分	最高使用温度/℃	性质	活化方法	应用范围
炭质吸附剂	C	<300	非极性		永久性气体及轻烃
硅胶	$SiO_2 \cdot xH_2O$	<400	氢键型	用1∶1盐酸浸泡2h，水洗至无氯离子，180℃烘干，200～300℃活化	永久性气体及轻烃
氧化铝	Al_2O_3	<400	弱极性	用碳酸氢钠浸泡，105℃下烘干，450℃下灼烧2～3h，处理后的氧化铝再涂2%～3%的“阿皮松”(apiezon)	烃及异构体
分子筛	$xMo \cdot yAl_2O_3 \cdot zSiO_2 \cdot nH_2O$	<400	极性	350～400℃下活化3～4h	永久性气体及惰性气体
高分子多孔小球(GDX Porapak等)	多孔共聚物	一般250～290℃，随产品而异	聚合时原料不同，极性不同	一般在230℃下通氮气活化8h	C_{10}以下各种有机物及无机气体

高分子多孔小球是用苯乙烯和二乙烯基苯的共聚物或其他共聚物做成的多孔球形颗粒物，是一种性能优良的吸附剂，既能够直接作为气相色谱固定相，又可以作为担体。它有下列特点：具备特殊均匀的表面孔径结构，有很大的表面积和一定的机械强度；无论分析极性或非极性物质，峰的拖尾现象都很少，有利于分析强极性物质；与羟基化合物的亲和力极小，特别适于分析样品中的水分；具有耐腐蚀和耐辐射的特性。

(3) 分子筛柱的使用注意事项

① 分子筛柱在使用中需有严格的载气干燥系统，一般要求载气干燥后露点低于－60℃，即其水分含量低于10mg/L。

② 仪器停运后，需用极低流速保持分子筛柱微正压，或堵死柱出口，防止大气中CO_2和H_2O扩散进入柱中。

③ 在待分析样品注入口设干燥器，防止样品中水分带入柱子。

④ 采用正确的活化再生方法延长分子筛柱使用寿命。常用的方法：在高温下灼烧、真空活化和通惰性气体活化，后者效果最好。

一根直径ϕ3mm、长4m的5A分子筛柱，严格按上述要求使用，寿命一般可达4年以上。

5.4.3 气液色谱柱

气液色谱柱又叫分配柱，是将固定液涂覆在载体上作为固定相的色谱柱。其固定相是把具有高沸点的有机化合物（固定液）涂覆在具有多孔结构的固体颗粒（载体）表面上构成的。它利用混合物中各组分在载气和固定液中具有不同的溶解度，造成在色谱柱内滞留时间上存在差别，从而使其得到分离。

常用的气液柱按固定液的化学结构和官能团分类如下：①烃类，如角鲨烷；②醇类及其聚合物，如聚乙二醇；③酯类及聚酯，如二丁酯、DC200；④硅酮类，如OV-101；⑤腈类，如癸二腈；⑥胺类化合物；⑦酰胺和聚酰胺；⑧含卤素化合物及其聚合物。

(1) 载体

载体（support）又称担体，是一种化学惰性的物质，大部分为多孔性的固体颗粒。它使固定液和流动相间有尽可能大的接触面积。色谱分析中用的载体种类很多，总的可分为硅藻土型（由海藻的单细胞骨架构成）和非硅藻土型（如玻璃微球、氟载体等）两类。目前应用比较普遍的是硅藻土型载体。

硅藻土型载体分为红色和白色两种，其性能比较见表5-5。

表5-5 红色和白色硅藻土型载体的性能比较

类型	制造特点	表面酸度	孔径	分离特征	备注
红色载体	由天然硅藻土与适当黏合剂烧制而成	略呈酸性 pH＜7	较小	为通用载体，柱效较高，液相负荷量大，但在分离极性化合物时往往有拖尾现象	浅红色、粉红色载体均属此类
白色载体	由天然硅藻土与助熔剂（如 Na_2CO_3 等）烧制而成	略呈碱性 pH＞7	较小	为通用载体，柱效及液相负荷量均为红色载体一半稍强，但在分离极性化合物时拖尾效应较小	灰色载体也属于此类，仅所用助熔剂酸碱性不同

(2) 固定液

固定液是固定相的组成部分，指涂渍在载体表面起分离作用的物质，在操作温度下是不易挥发的液体。气液色谱仪中使用的固定液已达1000多种，通常可以按其极性分成以下四类：

非极性固定液　不含极性、可极性化的基团，如角鲨烷；

弱极性固定液　含有较大烷基或少量极性、可极性化的基团，如邻苯二甲酸二壬酯；

极性固定液　含有小烷基或可极性化的基团，如氧二丙腈；

氢键型固定液　极性固定液之一，含有与电负性原子（O_2、N_2）相结合的氢原子，如聚乙二醇等。

常用固定液的分类及性能见表5-6。

表5-6 常用固定液的分类及性能

固定液		最高使用温度/℃	常用溶剂	分析对象
非极性	十八烷	室温	乙醚	低沸点烃类
	角鲨烷	140	乙醚	C_8 以前烃类
	阿皮松(L. M. N)	300	苯，氯仿	各类高沸点有机化合物
	硅橡胶(SE-30，E-301)	300	丁醇+氯仿(1+1)	各类高沸点有机化合物

续表

	固 定 液	最高使用温度/℃	常用溶剂	分 析 对 象
弱极性	癸二酸二辛酯	120	甲醇、乙醚	烃、醇、醛酮、酸酯各类有机物
	邻苯二甲酸二壬酯	130	甲醇、乙醚	烃、醇、醛酮、酸酯各类有机物
	磷酸三苯酯	130	苯、氯仿、乙醚	芳烃、酚类异构物、卤化物
	丁二酸二乙二醇酯	200	丙酮、氯仿	
极性	苯乙腈	常温	甲醇	卤代烃,芳烃和 $AgNO_3$ 一起分离烷烯烃
	二甲基甲酰胺	0	氯仿	低沸点碳氢化合物
	有机皂土-34	200	甲苯	芳烃,特别对二甲苯异构体有高选择性
	β,β′-氧二丙腈	<100	甲醇、丙酮	分离低级烃、芳烃、含氧有机物
氢键型	甘油	70	甲醇、乙醇	醇和芳烃,对水有强滞留作用
	季戊四醇	150	氯仿+丁醇(1+1)	醇、酯、芳烃
	聚乙二醇 400	100	乙醇、氯仿	极性化合物:醇、酯、醛、腈、芳烃
	聚乙二醇 20M	250	乙醇、氯仿	极性化合物:醇、酯、醛、腈、芳烃

选择固定液应根据不同的分析对象和分析要求进行。样品组分与固定相之间的相互作用力，是样品各组分得以分离的根本要素，固定液的选择主要取决于这一点。一般可以按照“相似相溶”的规律来选择，即按待分离组分的极性或化学结构与固定液相似的原则来选择，其一般规律如下：

① 非极性样品选非极性固定液，分子间作用力是色散力，组分按沸点从低到高流出；

② 极性样品选极性固定液，分子间的作用力是静电力，组分按极性从小到大流出；

③ 极性与非极性混合样品，选非极性固定液，极性组分先流出，非极性组分后流出；也可选极性固定液，非极性组分先流出，极性组分后流出；

④ 氢键型样品选氢键型固定液或极性固定液，组分按氢键力从小到大或极性从小到大流出；

⑤ 复杂样品选混合固定液或组成多柱系统，将各组分分别分离开来。

5.4.4 色谱柱系统和柱切技术

在线色谱仪中使用的色谱柱是由几根短柱组合成的色谱柱系统，通过柱切换阀的动作，采用反吹、前吹、中间切割等柱切技术，提高分离速度，缩短分析时间，以适应在线分析的要求。色谱柱系统柱切技术的主要作用有以下几个方面。

① 缩短分析时间，使不要的组分（它们具有较长的保留时间，可能影响下一次分析）不经过分离柱（主分柱）。如轻烃混合气内存在重组分，完全分离要耗费很长时间，为此，当需要分析的组分从预切柱出来以后就让重组分离开系统，只让需要分析的组分进入主分柱中分离，然后在检测器内测定，这样就缩短了分析时间。

② 保护主分柱和检测器，除去样品中对主分柱和检测器造成危害的有害组分。如水或一些有机组分，由于它们的吸附特性强，会逐渐积累而使柱子活性降低甚至失效。这时，可以用气液柱作预切柱，将有害组分在主分柱前面排除出系统。

③ 改善组分分离效果，吹掉不测定的而又会因为扩展影响小峰的主峰。如测定精丙烯所含的杂质时，由于精丙烯与微量杂质的含量相差悬殊，并在色谱图上出现重叠，分离比较

困难。这时，将精丙烯的大部分在进入主分柱之前将其吹除，使剩下的精丙烯组分和杂质组分的含量之间的差别缩小，再用主分柱实现分离。

④ 改变组分流径，选用不同长度和不同填充剂的柱子，进行有效的分离。如某些样品内有机组分和无机组分都有，它们的选择性比较强，需要用不同长度和填充物的柱子分离，柱子之间又不能串接，以免影响分离效果和柱寿命。再如炼铁高炉气分析中，H_2、N_2、CH_4 和 CO 可以用分子筛柱分离，而 CO_2 必须用硅胶柱分离，这就需要在柱系统设计时采取措施，改变各组分的流径，使它们分开流动，进入各自对应的色谱柱中。

下面给出在线色谱仪中常见的几种柱切连接方法的例子。

① 反吹连接法示例（图 5-16） 图中 V_2 阀虚线连通时为反吹状态，目的是将被测组分以后流出的所有有害组分、重组分、不需要的组分用载气吹出。图中的预分柱 1 又叫反吹柱，通常是分配型色谱柱（气液柱），主分柱 2 通常是吸附型色谱柱（气固柱）。

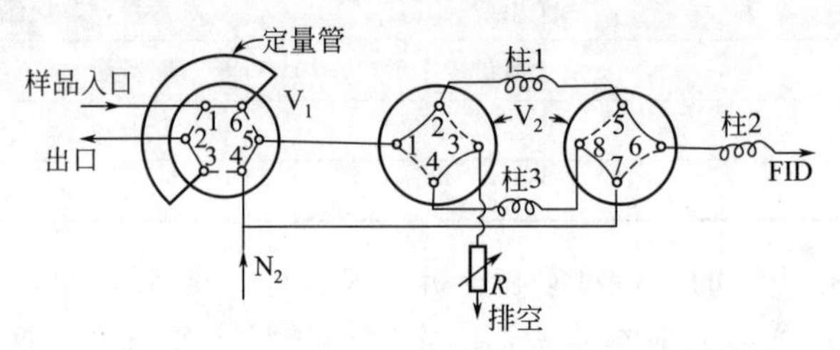

图 5-16 反吹连接法示例图

柱 1—预分柱；柱 2—主分柱；柱 3—平衡柱；R—气阻；

V_1—六通进样阀；V_2—双四通反吹阀

② 前吹连接法示例（图 5-17）

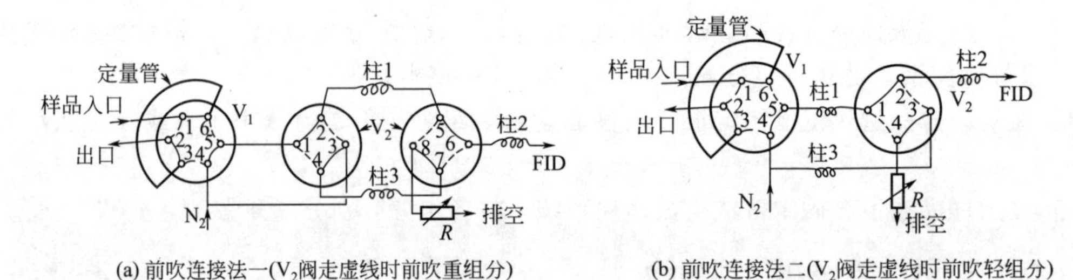

图 5-17 前吹连接法示例图

V_1—六通进样阀；V_2—双（单）四通反吹阀；柱 1—预分柱；

柱 2—主分柱；柱 3—平衡柱；R—气阻

③ 柱切换连接法示例（图 5-18）

5.4.5 色谱分离操作条件的选择

(1) 有关概念和定义

分配过程 样品组分在固定相和流动相间发生溶解与解析或吸附与脱附的过程叫做分配过程。

分配系数 在平衡状态下，样品组分在固定相与流动相中的浓度之比。

色谱图 色谱分析仪进样后，色谱柱流出物通过检测器时产生的响应信号对时间或载气流出体积的关系曲线图。

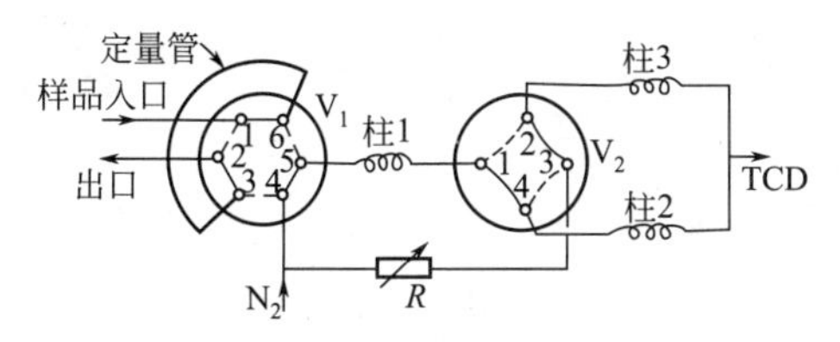

(a) 柱切换连接法一
(柱切前后的样品分别进入主分柱2和柱3，可改善部分组分的分离效果)
V_1—六通进样阀;V_2—单四通切换阀;
柱1—预分柱; 柱2, 柱3—主分柱;R—气阻

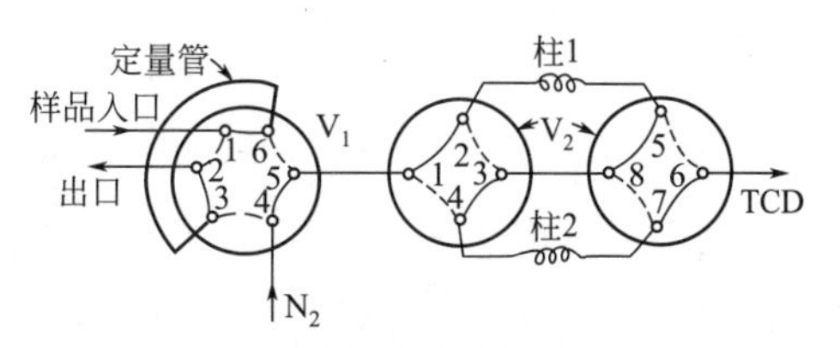

(b) 柱切换连接法二
(通过柱切，可改变样品中组分的出峰顺序,优化谱图)
V_1—六通进样阀;V_2—双四通切换阀;
柱1—主分柱; 柱2—延迟柱

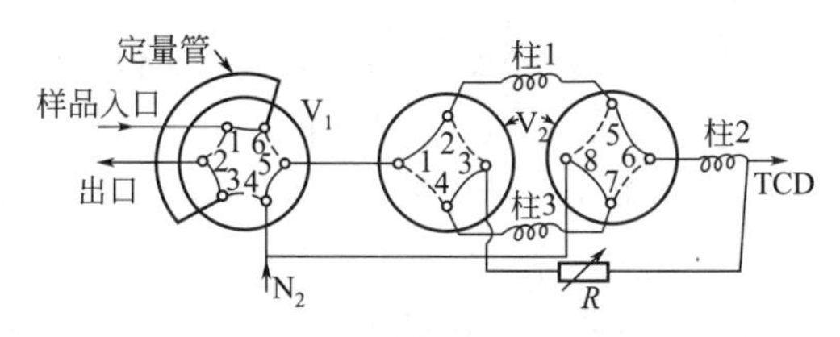

(c) 柱切换连接法三
(通过柱切可把重组分组合反吹进检测器，可改善分析时间)
柱1, 柱3—延迟柱; 柱2—主分柱; R—气阻

图 5-18 柱切换连接法示例图

色谱流出曲线 色谱图中检测器随时间输出的响应信号曲线，见图 5-19。

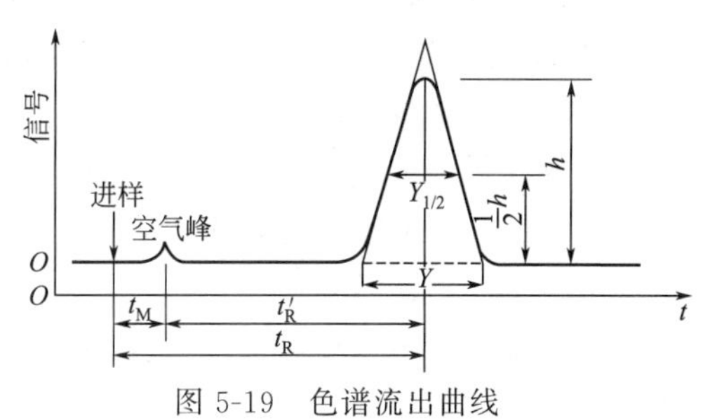

图 5-19 色谱流出曲线
t_M—死时间；t_R—保留时间；t'_R—校正保留时间；
Y—峰宽；$Y_{1/2}$—半峰宽；h—峰高

基线 当没有样品组分进入检测器（仅有载气通过检测器）时，色谱流出曲线只是一条反映仪器噪声随时间变化的曲线，称为基线。稳定的基线是一条直线。

基线噪声 由于各种因素所引起的基线波动。

基线漂移 基线随时间定向的、缓慢的变化。

死时间（t_M） 不被固定相吸附或溶解的惰性组分（空气等），从进样开始到流出曲线浓度极大值之间的时间，它正比于色谱柱系统中空隙体积的大小。

保留时间（t_R） 指被分析样品从进样开始到该组分流出曲线浓度极大值之间的时间。

校正保留时间（t'_R） 扣除死时间后的保留时间，$t'_R=t_R-t_M$。

保留值 表示样品中各组分在色谱柱中滞留时间的数值，通常用时间（保留时间）或用将组分带出色谱柱所需载气的体积（保留体积）来表示。

峰宽（Y） 从流出曲线的拐点作切线与基线相交的两点间的距离。

半峰宽（$Y_{1/2}$） 峰高一半处的色谱峰的宽度。

峰高（h） 样品组分流出最大浓度时检测器的输出信号。

(2) 色谱分离操作条件的选择

为了判断相邻两组分在色谱柱中的分离情况，可以用分离度 R 进行衡量。R 定义为相邻两组分色谱峰保留时间之差与两组分峰宽平均值之比：

$$R=\frac{t_{R2}-t_{R1}}{\frac{1}{2}(Y_1+Y_2)}$$

分离度综合考虑了两个相邻组分保留时间的差值和每个色谱峰的宽窄两方面的因素，既反映了柱子的选择性，又反映了柱效率，是反映色谱柱分离效率的总指标。

当 $R=1.5$ 时，分离效率可达 99.7%，认为两峰可完全分离。在线色谱仪要求具有足够大的分辨率，以便峰间有足够的开关门时间，并保持分析系统有较好的稳定性，因此 R 最好为 5～10。

影响色谱柱分离效率的操作条件有如下一些。

① 色谱柱工作温度　较低的温度对低沸点组分分离有利，而高沸点组分由于挥发度小，会使峰拖尾很长。较高的温度对高沸点组分分离有利，而低沸点组分则流出快，分离不好。工作温度的选定原则上取各组分沸点的平均值或中间值，也可采用程序升温的办法。

② 载气压力　色谱柱中流动相的移动来自载气的压力，柱子的出、入口间存在压力差，色谱柱内各点的流速不可能均匀。若柱管压差大，就不可能得到适应柱管各点的最佳载气流速，使用粗颗粒的固定相或短柱管都有助于减小柱管压差。

③ 载气流速　提高载气流速，可以减少分子扩散作用，提高柱效，但也将加剧分配过程的不平衡，引起峰变宽，使柱效降低，故应寻求最佳流速以保证柱效最好。实际工作中，可选择在最佳流速或稍高一点的流速下操作。

④ 载气性质　载气应不与样品、固定液起反应，且不被固定液吸收和溶解。样品分子在载气中的扩散系数与载气分子量的平方根成反比。在分子量较小的载气中样品分子容易扩散，使柱效降低。载气流速较低时，分子的扩散影响较显著，这时应采用分子量较大的气体作载气，如 N_2、Ar 等。当流速较快时，分子扩散不起主要作用，为提高分析速度，多采用分子量小的 H_2、He 作载气。

一般来说，除考虑检测器类型这一因素之外，要求高效分离时选用重的载气，要求快速分析时优先选用轻的载气。

⑤ 进样量与进样时间　进样时间越短，柱效越高。在保证柱的分离效率前提下，进样量适当大些，以保证有足够的输出值。

⑥ 载气中的水、氧及微量有机物　载气中的水含量高，使吸附柱分子筛很快失效，使气液柱保留时间变化。载气中的氧使活性炭降解，使聚乙二醇慢性氧化，使柱性能变坏。载气中的有机物使分析无法进行。这些杂质都应当予以除去。

5.5 检测器

5.5.1 检测器的类型和主要性能指标

在线气相色谱仪使用的检测器有以下几种类型：热导检测器（TCD)、氢火焰离子化检测器（FID)、火焰光度检测器（FPD)、电子捕获检测器（ECD)、光离子化检测器（PID）等。从使用数量上看，TCD 约占 65%～70%，FID 约占 25%～30%，FPD 约占 4%～5%，其他检测器不足 1%。

（1）热导检测器（TCD）

测量范围较广，几乎可以测量所有非腐蚀性成分，从无机物到碳氢化合物。它利用被测气体与载气间热导率的差别，使测量电桥产生不平衡电压，从而测出组分浓度。TCD无论过去还是现在都是色谱仪的主要检测器，简单、可靠，比较便宜，并且具有普遍的响应。

随着微填充柱及毛细管柱的应用，对TCD提出了更高的要求。微型TCD的研制也取得了长足进步，检测器的热导池体积从原来的几百微升降至几微升，极大地减小了死体积，提高了热导检测器的灵敏度，并减小了色谱峰的拖尾，改善了色谱峰的峰形，使其可与毛细管柱直接连用。其最低检测限一般为10mg/L，横河HTCD高性能热导检测器可达1mg/L数量级。

（2）氢火焰离子化检测器（FID）

适用于对碳氢化合物进行高灵敏度（微量）分析。其工作原理是：碳氢化合物在高温氢气火焰中燃烧时，发生化学电离，反应产生的正离子在电场作用下被收集到负极上，形成微弱的电离电流，此电离电流与被测组分的浓度成正比。其最低检测限一般为1mg/L，有些产品可达100μg/L甚至10μg/L数量级。

（3）火焰光度检测器（FPD）

对含有硫和磷的化合物灵敏度高，选择性好，比FID高3～4个数量级。其原理是：在H_2火焰燃烧时，含硫物发出特征光谱，波长为394nm，含磷物为526nm，经干涉滤光片滤波，用光电倍增管测定此光强，可得知硫和磷的含量。其测量范围一般在0.0001%～0.1%之间。

在线气相色谱仪检测器的性能指标主要有灵敏度、检测限、响应时间、线性范围等。

① 灵敏度　检测器的灵敏度是指一定量的组分通过检测器时所产生的电信号［电压（mV）、电流（mA）］的大小。通常把这种电信号称为响应值（或应答值），以S表示。灵敏度可由色谱图的峰高或峰面积来计算。

对于浓度型检测器（如TCD），如果进样是液体，则灵敏度的单位是$mV \cdot mL \cdot mg^{-1}$，也可写成mV/（mg/mL），即每毫升载气中含有1mg的样品时，在检测器上所能产生的响应信号毫伏值。同样，若进样是气体，灵敏度的单位是$mV \cdot mL \cdot mL^{-1}$，也可写成mV/（mL/mL）。

对于质量型检测器（如FID），其响应只取决于单位时间内进入检测器某组分的质量。质量型和浓度型检测器之所以有这样的区别，是由于前者对载气没有响应，而后者对载气有响应的缘故。质量型检测器灵敏度的单位是$mV \cdot s \cdot g^{-1}$，也可写成mV/（g/s），即每秒内有1g样品通过检测器时所产生的响应信号毫伏值。

② 检测限　检测限又称敏感度，是指检测器恰能产生和噪声相鉴别的信号时，在单位体积载气或单位时间内进入检测器的组分的量。通常认为恰能鉴别的响应信号至少应等于检测器噪声的3倍（过去采用噪声的2倍，国际理论与应用化学联合会IUPAC推荐采用3倍）。

③ 响应时间T_{90}　是指从进样开始至到达记录仪最终指示的90%处所需要的时间。检测器的体积愈小，特别是死体积愈小，其响应时间愈短。氢火焰离子化检测器的死体积接近于零，故其响应时间能满足快速分析要求。

④ 线性范围　线性范围指响应信号与待测组分浓度或质量成直线关系的范围。通常以检测器呈线性响应时最大进样量与最小进样量之比来表示线性范围。该比值愈大，线性范围

越宽，在定量分析中可测定的浓度或质量范围就愈大。热导检测器线性范围为 10^5，氢焰检测器为 10^7。

总之，对检测器的要求是灵敏度高、稳定性好、响应速度快、死体积小、线性范围宽、应用范围广，以及结构简单、经济耐用、使用方便。

5.5.2 热导检测器(TCD, thermal conductivity detector)

(1) 在线气相色谱仪中使用的热导检测器

图 5-20 是 ABB VistaⅡ2000 色谱仪热导检测器的外形图和工作原理示意图。

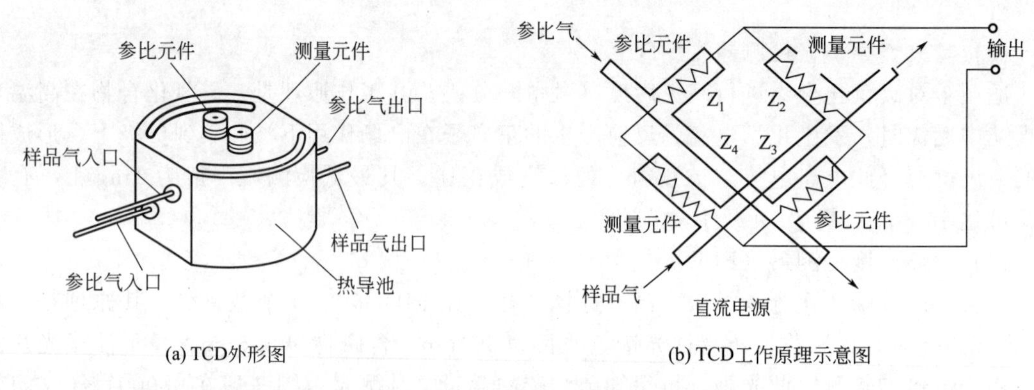

(a) TCD外形图　　(b) TCD工作原理示意图

图 5-20　ABB 热导检测器外形图和工作原理示意图

TCD 检测器一般采用串并联双气路，4 个热敏元件两两分别装在测量气路和参比气路中，测量气路通载气和样品组分，参比气路通纯载气。每一气路中的两个元件分别为电路中电桥的两个对边，组分通过测量气路时，同时影响电桥两臂，故灵敏度可增加一倍。

常用的热敏元件有热丝型和热敏电阻型两种。

热丝型元件有铂丝、钨丝或铼钨丝等，形状有直线型或螺旋型两种。铂丝有较好的稳定性，零点漂移小，但灵敏度比钨丝低，且有催化作用。钨丝与铂丝相比，价格便宜，无催化作用，但高温时易氧化，使电桥电流受到一定限制，影响灵敏度的提高。铼钨丝（含铼 3%）的机械强度和抗氧化性比钨丝好，在相同电桥电流下有较高灵敏度，用铼钨丝能提高基线稳定性。

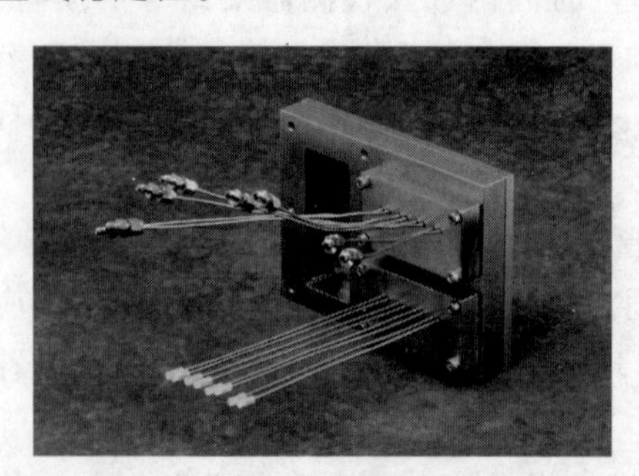

图 5-21　SIEMENS-AA 8 通道热敏电阻热导检测器外形图

半导体热敏电阻型检测器阻值大，室温下可达 10～100kΩ，温度系数比钨丝大 10～15 倍，可制成死体积小、响应速度快的检测器。其优点是灵敏度高，寿命长，不会因载气中断而烧断；其缺点是不宜在高温下使用，温度升高，灵敏度迅速下降。半导体热敏电阻对还原性组分十分敏感，使用时须注意。

图 5-21 是 SIEMENS-AA MaxumⅡ色谱仪使用的 8 通道热敏电阻热导检测器的外形图。8 通道热敏电阻热导检测器有 6 个测量通道、2 个参比通道，每个通道相当于一个热导池，内装一个热敏电阻元件。每 2 个测量元件和 2 个参比元件可组合成一个双臂串并联型不平衡电桥，8 个通道可组合成 3 个电桥，相当于 3 个热导检测器的功能，其中一个用作测量检测器，其余两个用作柱间检

测器。柱间检测器接在色谱柱之间，供色谱仪调试时确定峰的开、关门时间，可为柱切、前吹、反吹提供依据，这对于维护人员是极为方便的。

(2) 热导检测器操作条件的选择

热导检测器操作条件的选择包括桥流选择、载气与载气流速选择、池体温度的选择等。

热导池的灵敏度与桥流的三次方成正比。桥流增大一点，灵敏度变化十分显著。但桥流增加，仪表噪声会增加，可能导致基线不稳；也会因温度太高造成热丝氧化或烧断。所以通常以 H_2 作载气时桥流最大 200mA，用氮作载气时桥流最大 100mA。

载气的热导率与组分的热导率差别越大，桥路输出就越大，测量灵敏度越高。对于TCD检测器，用氢气或氦气作载气，比用氮气时的灵敏度要高。热导检测器是一种浓度型检测器，其峰面积与流速成反比。在最佳载气流速范围，峰高与流速无关。

热导池温度升高，检测器灵敏度下降。这是因为：

① 池体温度升高，热传导变得困难，使灵敏度下降；

② 池体温度升高，热导丝阻值变大，桥流必须变低，灵敏度下降。另外，池体温度升高，会引起噪声使基线不稳定。所以池体温度选择低一些好。但热导检测器温度应略高于柱温，防止样品冷凝。

(3) 保持热导检测器的基线稳定

保持热导检测器的基线稳定的条件是：

① 载气要有足够的纯度，至少要达到99.99%，否则要对载气进行净化处理；

② 载气流速要稳定，工业色谱一般都用两级调节器调节载气流速，变化率控制在0.5%～1.0%，通过微流量电子流量计（或皂膜流量计）连续测定来确认；

③ 检测器温控精度要求在0.01℃以内，可用二级水银温度计测定，否则要进一步检查原因；

④ 桥路供电电源稳定性要高，波动系数要小于0.02%，交流纹波要小。

(4) 使用维护注意事项

从使用维护方面看，下述因素会使气相色谱仪热导检测器的性能恶化。

① 热导检测器敏感元件的热丝被污染。有机分解物污染会造成漂移，机械杂质污染会造成基线的突变。

② 热丝发生氧化。在高温下使用，要特别留意热丝不能与氧接触。热丝的氧化会造成桥路零点的变化，甚至不能调到零点。

③ 热丝过电流。热丝过电流会破坏桥路的平衡，应根据温度和载气种类来选择恰当的工作电流。除非因灵敏度的特殊要求，桥流不宜过高。

④ 热丝过热。常因TCD的恒温控制失灵造成。一般应在较低的设定温度下接通温控电源开关，再将温度调至希望的设定值。

⑤ 超过规定限度的强烈机械振动。

⑥ 违反了合理的操作程序。正确的操作程序应该是：开机时先通载气5～10min，然后升温，通载气时要防止大流量冲击，待温度基本稳定后再加上桥流。停机时，应先断桥流，然后降低TCD的恒温温度，等温度充分降低后，再切断载气。在加桥流时，一般应在小桥流条件下接通电源开关，然后再调到所希望的合适桥流。

⑦ 如果载气因某种原因中断，就必须立即断开桥路电流。

5.6 控制器和采样单元

5.6.1 控制器

控制器内的电路包括检测器信号的放大电路，数据处理电路，炉温控制电路，进样、柱切和流路切换系统的程序控制电路，显示操作电路，模拟和接点信号输入/输出电路，数据通信电路，电源稳压和分配电路等。控制器内装的应用软件包括各种程序控制、色谱信号处理和计算、系统故障诊断、显示操作、输入/输出、通信软件等。

控制器涉及到的硬件、软件很多，内容庞大繁杂，此处不展开介绍，在线分析仪器的常用电路和数据处理技术具有某些共同之处，可参见本书有关章节。这里仅以横河 GC1000 为例，给出在线气相色谱仪控制器的电路框图（图 5-22）和操作面板图（图 5-23）。

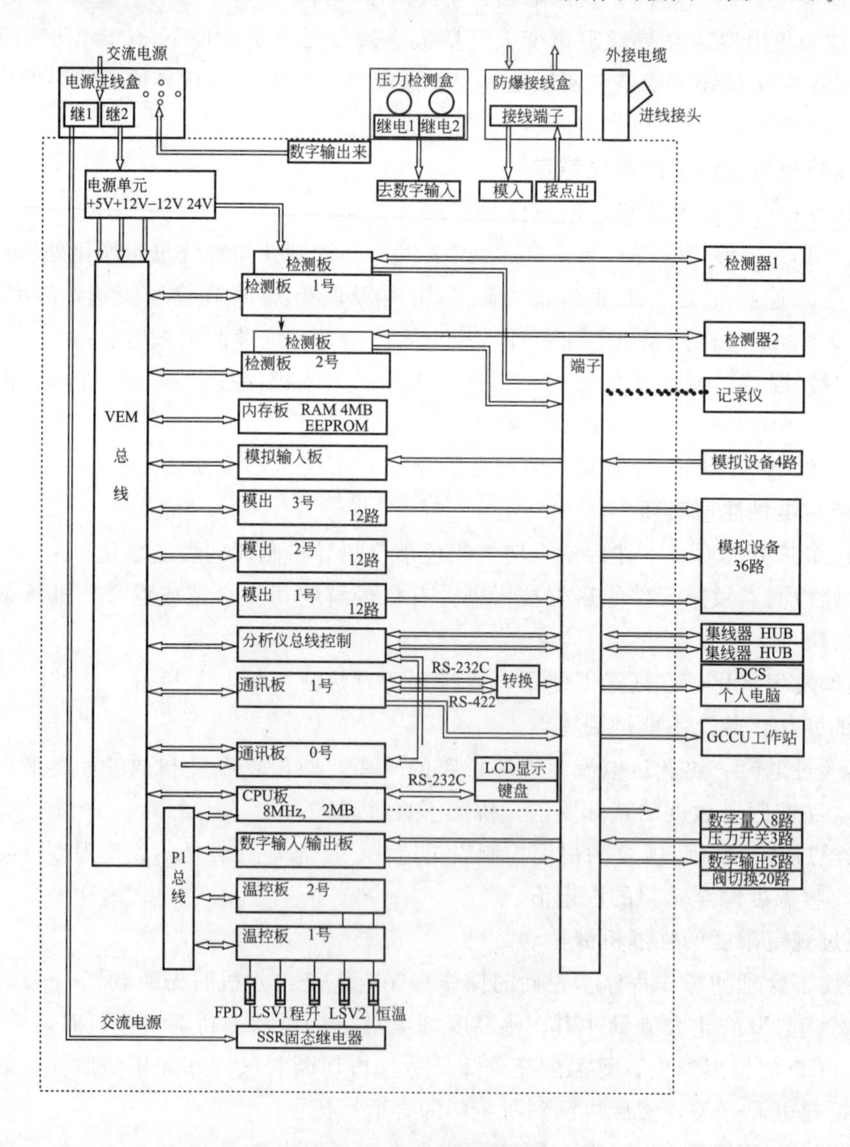

图 5-22 GC1000 色谱仪控制器电路框图

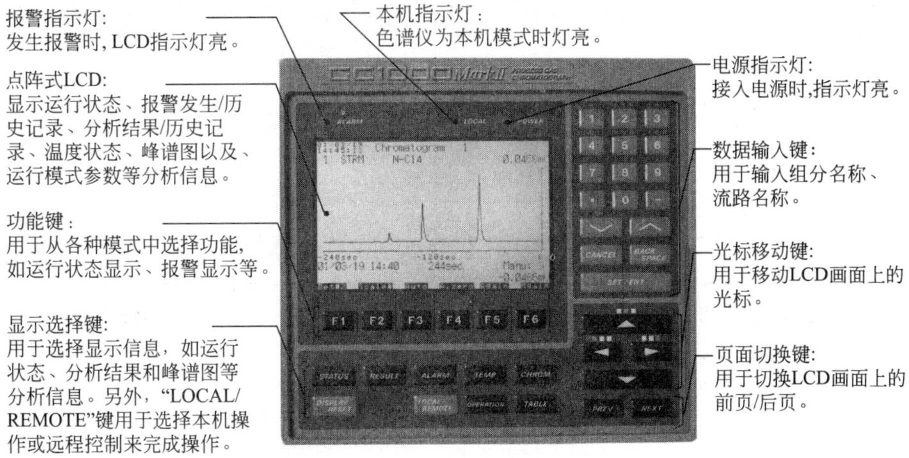

报警指示灯:
发生报警时, LCD指示灯亮。
本机指示灯:
色谱仪为本机模式时灯亮。
电源指示灯:
接入电源时,指示灯亮。
点阵式LCD:
显示运行状态、报警发生/历史记录、分析结果/历史记录、温度状态、峰谱图以及、运行模式参数等分析信息。
数据输入键:
用于输入组分名称、流路名称。
功能键:
用于从各种模式中选择功能,如运行状态显示、报警显示等。
光标移动键:
用于移动LCD画面上的光标。
显示选择键:
用于选择显示信息，如运行状态、分析结果和峰谱图等分析信息。另外，“LOCAL/REMOTE”键用于选择本机操作或远程控制来完成操作。
页面切换键:
用于切换LCD画面上的前页/后页。
F1
F2
F3
F4
F5
F6

图 5-23　GC1000 色谱仪操作面板图

5.6.2　采样单元

在线色谱仪的样品处理及流路切换单元简称采样单元，其功能一般包括：

① 对样品进行一些简单的压力、流量调节和进入色谱仪之前的精细过滤；

② 采用快速旁通回路加快样品流动，减少样品的传送滞后；

③ 通过流路切换系统实现各样品流路之间的自动切换，以及样品流路与标定流路之间的自动切换（自动标定）；

④ 与气体进样阀配合，实现进样时的大气平衡，保证样品的定量采集。

图 5-24 是横河 GC1000 色谱仪采样单元外形图，它装配在一个带有低压蒸汽伴热保温装置的机箱内。

流量计板
样品稳压阀
样品压力表
流路切换阀
蒸汽加热器

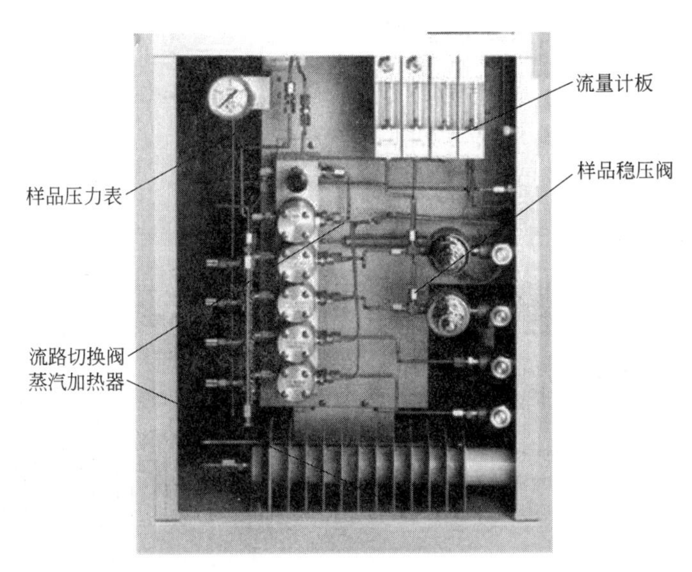

图 5-24　GC1000 色谱仪采样单元外形图

图 5-25 是一种采样单元的流路图。图中的流路切换部分由气动二通阀和针阀组成反向洗涤系统，防止各流路样品之间的交叉污染 。图中的气动三通阀和大气平衡阀联动，进样

瞬间定量管与大气相通，使定量管内的样气压力与大气压力相同，以保证进样量的准确和恒定。

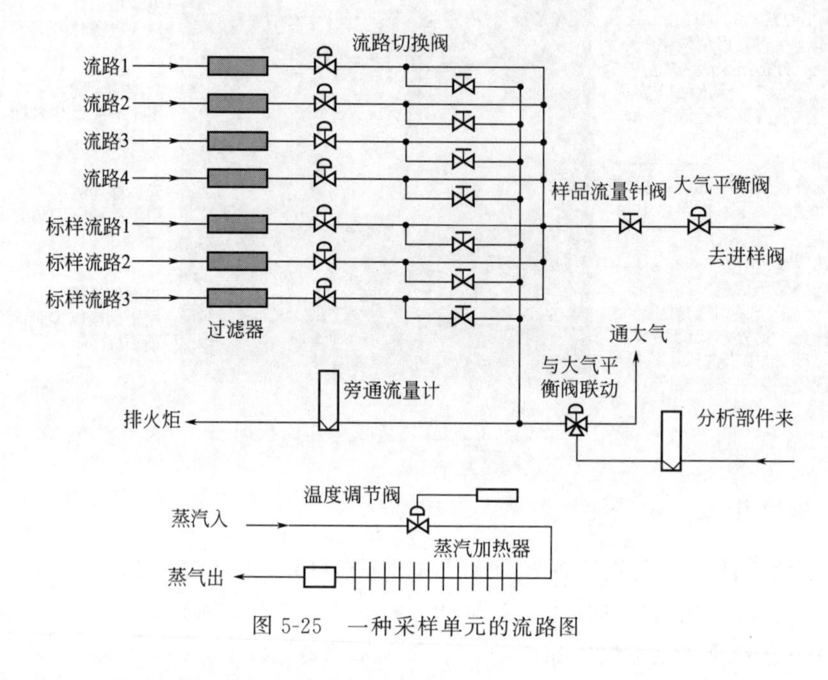

图 5-25　一种采样单元的流路图

5.7 在线色谱仪使用的辅助气体

图 5-26 是在线气相色谱仪气路系统的管线连接示意图。

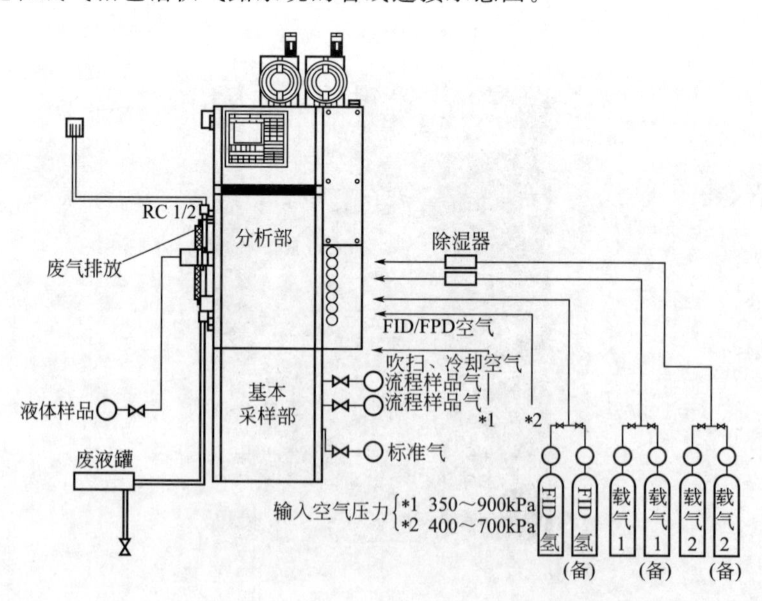

图 5-26　在线气相色谱仪气路系统管线连接示意图

从图 5-26 可以看出，在线气相色谱仪使用的辅助气体种类较多，包括标准气、载气、FID、FPD 检测器用的燃烧氢气、仪表空气、伴热保温用的低压蒸汽等。一台色谱仪使用的载气往往不止一种，仪表空气在色谱仪中又有多种用途（图 5-27）。不同种类、不同用途的辅助气体，对其压力、流量、纯度的要求也是不同的。

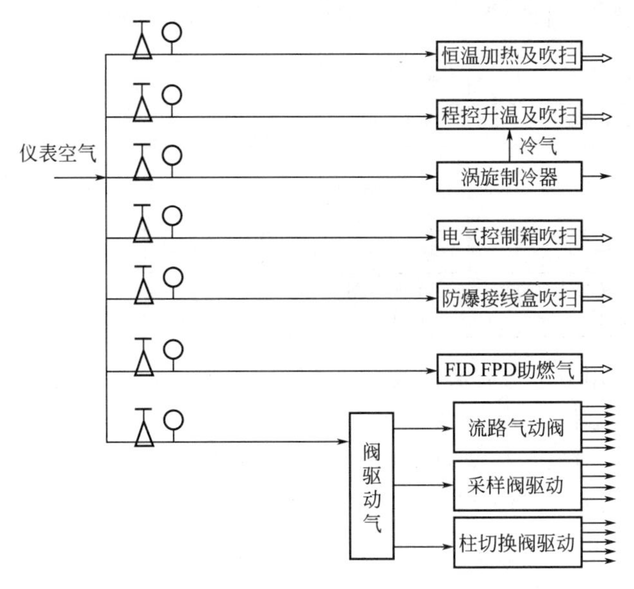

图 5-27 仪表空气在在线色谱仪中的用途

(1) 载气中的杂质对色谱分析的影响

正确选用合适的载气或适当对载气进行预处理，可延长色谱柱的寿命，否则会缩短柱寿命或损坏色谱柱。载气不纯对色谱分析的影响主要表现在以下几个方面。

① 若载气含水量高，将使吸附性柱子如分子筛柱迅速失效；如果柱子使用聚酯填料，遇水会水解，呈现永久性破坏；对其他一些柱子会因水的作用造成分析不准。

② 若载气中含氧，对一些填料如特别灵敏的高分子多孔聚合物会迅速降解；对聚酯和聚乙二醇柱子有慢性氧化作用，使柱性能变坏；若氧含量达到 100mg/L 以上，则足以对许多柱子产生破坏性影响。

③ 载气中若含有有机化合物，不仅直接影响仪器的基线稳定，也将使定量分析特别是微量分析受到影响。若有机物含量高，会严重污染柱系统，损坏色谱柱。

④ 另外，载气中的杂质，一般均会使检测信号“噪声”增大，影响基线的稳定性，也影响检测器的灵敏度。

(2) 载气的净化方法

① 除水　常用干燥剂及其除水能力见表 5-7。

表 5-7 常用干燥剂及其除水能力

干燥剂名称	氯化钙	硅胶	高氯酸镁	五氧化二磷	分子筛
吸收后残留水分/(mg/L)	0.14～0.25 0.36(熔融过)	6×10^{-3}	5×10^{-4}	2×10^{-5}	<10

② 除氧　部分高效脱氧剂性能见表 5-8。

③ 除碳氢化合物

a. 活性炭吸附法　活性炭在常温下对碳链较高的烃和油雾具有一定吸附能力。但这种方法吸附场有限。

表 5-8 部分高效脱氧剂性能

脱氧剂名称	活性铜	活性镍	银X分子筛	氧化锰
组成	活性铜负载在氧化铝上	活性镍负载在氧化铝上	银离子交换在13X分子筛上	活性氧化锰水泥
外观	黑色	黑色	灰色	灰褐色，还原后呈绿色
脱氧空速/h^{-1}	约10000	约10000	约10000	约10000
脱氧容量/(mL/g)	15～35	2～10	3～12	5～16
脱氧深度/(mg/L)	<0.1	<0.1	<0.1	<0.1
脱氧温度/℃	250～350	常温～250	常温～120	常温～150
还原条件	氢气空速100～500，250℃，4h	氢气空速100～500，250℃，4h	氢气空速100～500，110℃，4h	氢气空速100～500，350℃，4～8h

b. 冷冻吸附法　用分子筛或活性炭，在干冰或液氮冷阱中对烃类进行吸附。用一段时间后升至常温，杂质脱附后再继续冷冻吸附，循环使用。

c. 氧化银氧化法　在200℃条件下氧化银作为一种强氧化剂和微量的碳氢化合物反应，生成 CO_2 和 H_2O。CO_2 和 H_2O 再通过烧碱石棉吸收除掉。经实际测定，10g 氧化银可连续净化50瓶 $6m^3$ 含1mg/L烃的载气或净化7瓶含5mg/L烃的空气。

5.8 标定和日常维护

5.8.1 在线气相色谱仪的标定

在线气相色谱仪的标定方法有外标法、归一化法、内标法，其中最常用的是外标法。有时也采用与实验室分析结果相对照的方法进行标定。这里以天华 HZ 3880 色谱仪中使用的标定方法为例加以介绍。

HZ 3880 色谱仪中使用的标定方法三种：外标法、全面积归一化法和全组分归一化法，下面分别加以说明。

(1) 外标法

外标法适用于用标准气对仪器进行标定。外标法只对组分表中所设定的组分进行计算，可用峰高或峰面积来计算，标定系数（标定因子）可通过标定操作来求得。

标定系数 k_i 计算公式如下：

$$k_i=\frac{m_i}{A_i}\text{或}k_i=\frac{m_i}{h_i}$$

式中　m_i——标定表中所设定的 i 组分在标气中的含量；

A_i——所测量的 i 组分的峰面积；

h_i——所测量的 i 组分的峰高值。

(2) 全面积归一化法

全面积归一化法适用于全组分分析。这种方法对所有的色谱峰面积进行100%的归一化计算，即所有的组分含量累加和应为100%，其计算公式为：

$$M_i=\frac{A_i}{\sum A_i}\times100\%$$

式中　M_i——i 组分的百分含量；

A_i——i 组分的测量峰面积；

$\sum A_i$——各组分的测量峰面积之和。

在显示计算结果时，只显示满足在组分表中所设定的参数的组分含量，但所测量的组分不得超过32个。

（3）全组分归一化法

全组分归一化法适用于对规定的组分进行归一化计算。当实际测量结果所有组分之和不为100%时，可用全组分归一化法。其计算方法采用了加权平均的方法，计算公式如下：

$$M_i = \frac{A_i \times k_i}{\sum (A_i \times k_i)} \times 100$$

式中　M_i——i 组分的百分含量；

A_i——i 组分的测量峰面积；

k_i——i 组分的标定系数，k_i 取外标法中所求得的数值；

$\sum (A_i \times k_i)$——各组分的测量峰面积与标定系数的乘积之和。

（4）标定操作

通常情况下，标定可按下述方法进行操作。

方法一：若已知标定系数 k_i，可以人为地由键盘输入 k_i，即可完成标定过程。

方法二：用标准气进行标定。

① 将标准气接入色谱仪，然后对此样品进行分析，产生一组分析结果。

② 将操作画面切入标定画面，按F5键后，选择刚刚分析产生的结果。

③ 将标准气含量输入到标气含量STD-CONC项中。

④ 按F6键，则仪器自动修改标定系数 k_i，至此标定即可完成。

内标法在在线色谱仪中的实现，是将内标物的峰面积存储在微处理器中，标定时调出进行计算，调整各组分的标定系数。

5.8.2　在线气相色谱仪的日常维护

在线气相色谱仪是一种较为复杂的大型仪器，其应用状况与维护水平密切相关。色谱仪的维护分日常维护、月检修、年检修三个不同的层次。根据使用场合及外部设备配置的不同，维护工作量和项目也不同，一般应用场合的维护内容如下。

（1）日常维护

主要是检查色谱仪的运行状态，一般情况下应1～2天进行一次。主要检查项目如下：

- 载气压力及流量；
- 仪表风的压力及流量；
- 样气的压力及流量；
- 样品的旁通量；
- 燃烧 H_2 的压力及流量；
- 助燃空气的压力及流量；
- 炉体的恒温状态；
- TCD桥流或FID基流；
- 分析结果；
- 模拟输出。

（2）月检修

主要是检查色谱仪的运行状态，对仪器进行标定，检查仪器的各种运行表格，查看分析结果及谱图。

(3) 年检修

主要是根据仪器一年的运行情况对色谱仪的各种气体管路、出口及排污口进行清洁，对色谱柱进行活化处理或更换，对样品处理系统进行检修。必要时对检测器及电气控制电路板进行检修。

(4) 特别检修

根据实际使用情况，对过滤器、聚结器、疏水器、抽气泵进行检修。

5.8.3 分析结果异常时的检查步骤

若色谱仪的分析结果与实际情况不符，可按图 5-28 所示步骤进行检查以确定可能的原因。该图适用于使用热导检测器的色谱仪。

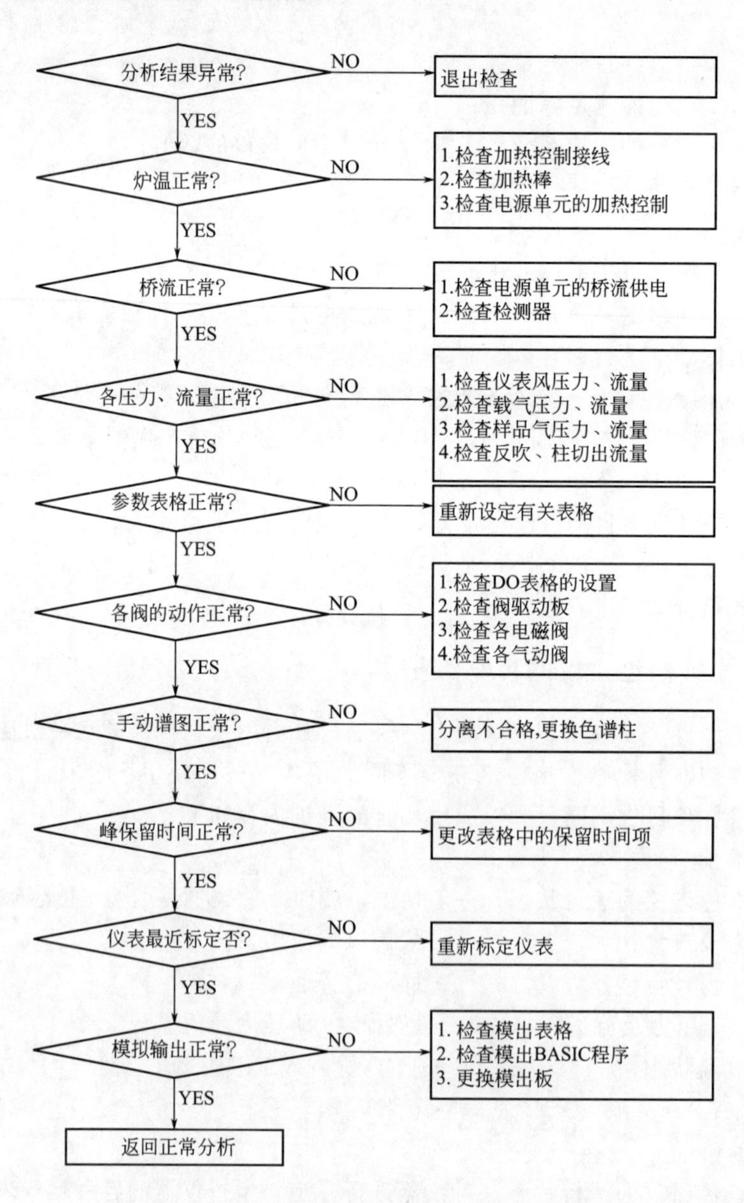

图 5-28 色谱仪分析结果异常时的检查步骤

5.9 天然气分析用小型在线色谱仪

5.9.1 小型在线气相色谱仪

早在1992年，日本山武-霍尼韦尔公司就率先推出了变送器式的小型在线气相色谱仪SGC3000，此后其他厂家也相继开发出小型在线色谱仪产品。与传统的在线色谱仪相比，它们具有以下特点。

① 小型化设计，体积小，重量轻，其体积和重量仅为传统色谱仪的三分之一。

② 直接安装在现场取样点近旁，不需要样品传输管线，也不需要分析小屋，安装费用低。

③ 不需要仪表压缩空气，进样阀、柱切阀采用电磁阀（或用载气驱动），电气部分的防爆采用隔爆方式。

④ 载气消耗量很低，仅为8～10mL/min。而传统色谱仪的载气消耗量一般大于50mL/min。

⑤ 采用24V直流供电，因而称之为变送器式色谱仪，最大功耗一般在50～60W。而传统色谱仪需要220V交流供电，最大功耗约1200W。

国外厂家开发小型色谱仪的初衷是希望用它替代传统的大型色谱仪，但实际情况并不理想，十几年来，石油化工、炼油、化肥等行业仍在沿用传统的大型色谱仪，小型色谱仪在这些工业领域中并未取得多大进展。但在天然气行业，小型色谱仪却独占鳌头，这主要是由于在天然气输送管道现场，难于提供大型色谱仪所需要的仪表空气源，天然气的组成相对稳定，其分析属于常量分析，对色谱仪的要求不高，这些都有利于小型色谱仪在天然气行业的推广。

目前在我国市场销售的小型在线气相色谱仪产品主要有：

- 日本山武-霍尼韦尔公司（Yamatake-Honeywell）SGC 3000智能型气相色谱仪；
- 美国丹尼尔公司（现属Emerson集团）Danalyzer™500、700系列在线气相色谱仪；
- 德国Elster-Instromet公司EnCal 3000在线色谱仪；
- 德国RMG公司PGC9000VC天然气色谱仪
- 西门子公司（Siemens Applied Automation）MicroSAM小型在线气相色谱仪；
- ABB公司Totalflow 8200系列BTU/CV天然气色谱仪；
- 加拿大Galvanic公司（Galvanic Applied Sciences Inc.）PLGCⅡ型气相色谱仪；
- 美国Chandler公司（Chandler Engineering Company L. L. C.）2920型在线热值分析色谱仪；
- 美国休斯敦·阿特拉斯公司（Houston Atlas Inc.）6800系列在线气相色谱仪。

部分小型色谱仪的外形见图5-29～图5-32。

5.9.2 加拿大Galvanic公司PLGCⅡ型天然气在线色谱仪

图5-33是PLGCⅡ型气相色谱仪的外观图，是一种天然气分析专用的小型气相色谱仪。

图 5-29　山武-霍尼韦尔 SGC 3000 智能型气相色谱仪

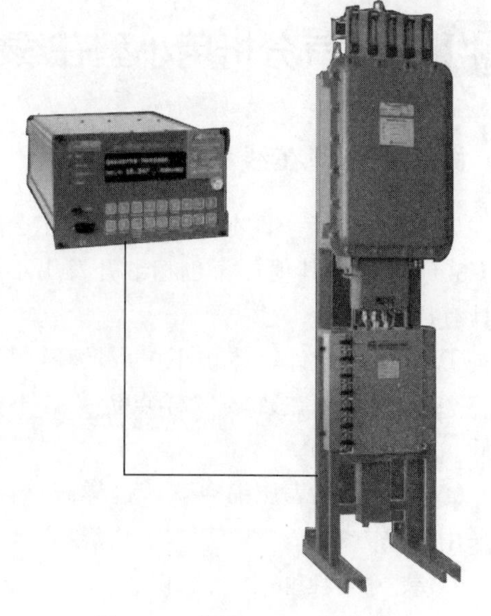

图 5-30　德国 RMG 公司的 PGC9000VC 天然气色谱仪

图 5-31　西门子 MicroSAM 小型在线气相色谱仪

图 5-32　ABB NGC8206 天然气 BTU 色谱仪

(1) 主要性能指标

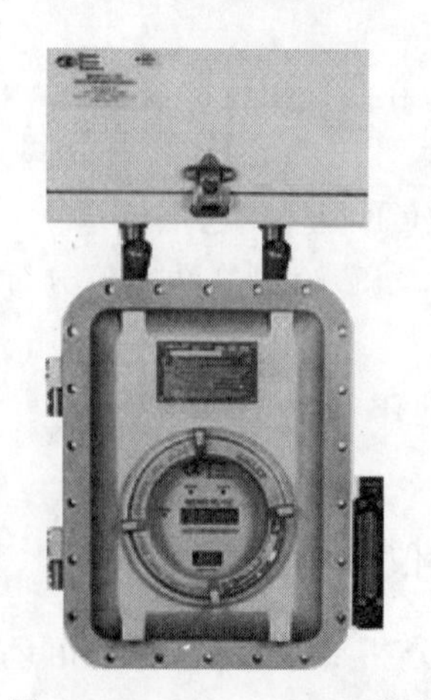

图 5-33　Galvanic PLGCⅡ型天然气分析专用色谱仪

测量范围　0～1000mg/L 到 0～100%

测量组分数　最多 16 个

响应时间　16min 到 C_6^+（可选 4min 到 C_6^+）

测量流路数　最多 16 个

线性误差　±1%FS

重复性误差　±0.1%

供电　24V DC（或 220V AC），功耗：最大 50W

输出信号　4 个隔离 4～20mA；4 个继电器接点；RS-485 Modbus

计算功能　可进行天然气热值和密度计算

载气　氦气（He），耗气量 10mL/min，400kPa

样气　清洁干燥，95mL/min，0.7～700kPa

(2) 色谱柱系统及分离流程

PLGCⅡ型色谱仪的柱系统采用两根微填充柱，柱管采用

1/16in（外径 ϕ1.6mm）不锈钢管，柱填料为 Chromosorb PAW 红色硅藻土。柱切和进样阀为 Valco DV22 型 10 口微体积膜片阀。分离流程如下：

① 载气携带着样品经柱 1 流向柱 2，C_6^+ 以外所有组分通过后，柱 1 截留 C_6^+，柱 2 分离其余组分，见图 5-34(a)；

② 最后一个 C_5 组分（戊烷）离开柱 1 进入柱 2 之后，十通阀动作，载气反向逆流通入，C_6^+ 呈一小的尖峰首先进入 TCD，其余组分经过柱 2，并反向逆流再次通过柱 1 到达 TCD，见图 5-34(b)。

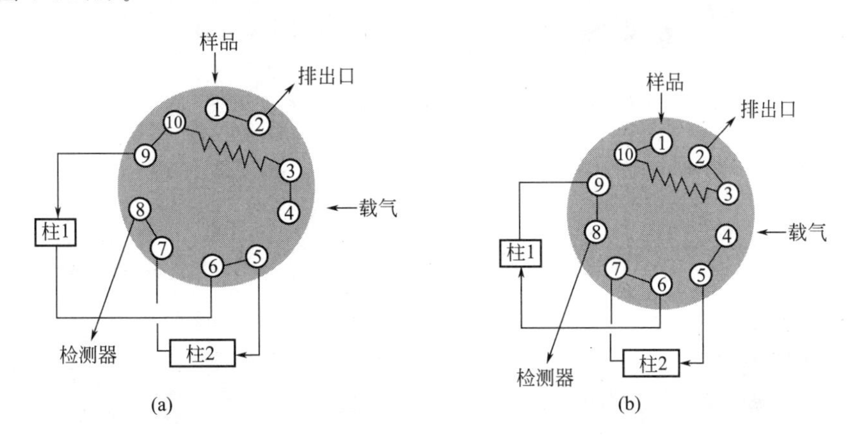

图 5-34　天然气分析色谱柱系统切换示意图

(3) 管输天然气的取样和样品处理

参见本书“第 7 章 7.4 节天然气取样和样品处理技术概述”。

(4) 载气和标准气使用注意事项

载气应使用高纯氦，纯度不低于 99.995%，载气中若含有水分（由于气瓶处理等原因造成）干扰测定，可在载气入口处加装干燥器，干燥器内填充 0.63～0.28mm（30～60 目）的分子筛。

天然气分析用的标准气中含有少量重组分，标准气瓶应在 15℃或高于烃露点的温度下保存。如果标准气在低温下放置，使用前气瓶应加热几小时。如果对异戊烷和正戊烷的含量有怀疑，应用纯组分气检查。

5.9.3 德国 Elster-instromet 公司 EnCal 3000 天然气在线色谱仪

EnCal 3000 天然气在线色谱仪的外观见图 5-35，分析部件见图 5-36。

EnCal 3000 的主要特点如下。

① 采用了最先进的微电子机械系统（MEMS）分析元件，结构紧凑，性能先进。

② 采用毛细管色谱柱（内壁带涂层开孔管式色谱柱）。与填充式色谱柱相比，毛细管柱的主要优点如下：a. 压损小，分析周期短；b. 色谱柱长度增大，天然气和固定相之间交互作用的路径更长，峰值分离效果更好；c. 所需天然气样品量更少，因而检测器的灵敏度更高。

③ C_6^+ 分析周期为 3min（C_6^+ 分析至 nC_6），C_9^+ 分析周期为 5min（C_6^+ 分析至 nC_6）。

④ 重复性误差＜0.01%。

⑤ 采用双通双阻塞流路切换系统，可选择分析 5 个流路。

图 5-35　EnCal 3000 天然气色谱仪的外观图

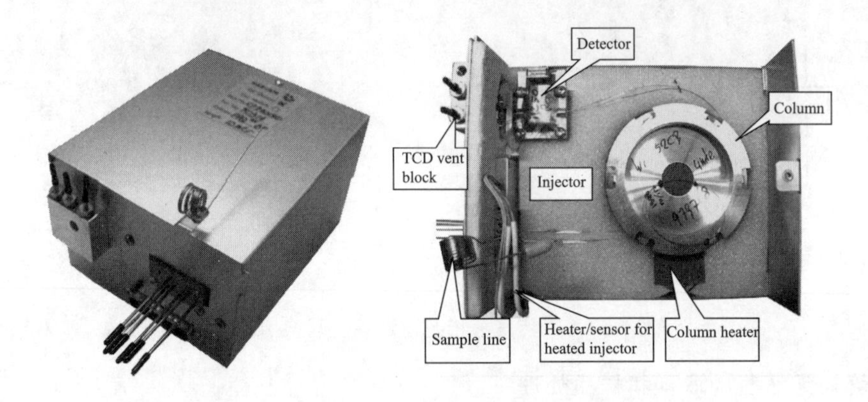

图 5-36　EnCal 3000 天然气色谱仪的分析部件
（包含进样阀、色谱柱、TCD 检测器和两个独立的恒温加热器）

⑥ TCP/IP 通信，数据存储符合 API21.1 标准，可存储至少 35 天的分析数据。

5.9.4　美国丹尼尔公司 Danial 500 天然气在线色谱仪

丹尼尔 Danniel 570（C_6^+）天然气色谱仪见图 5-37，其分析器和控制器见图 5-38 和图 5-39，Danniel 590（C_9^+）双热导池式天然气色谱仪见图 5-40。

图 5-37　Danniel 570（C_6^+）天然气色谱仪外观图

图 5-38　分析器
（包括进样阀、柱切阀、色谱柱、恒温炉、TCD 检测器）

图 5-39 2350A 控制器

图 5-40 Danniel 590 双热导池式天然气色谱仪
（组分可测至 C_9^+ 或测至 C_6^+ 和硫化氢含量）

(1) Danniel 570（C_6^+）天然气色谱仪的主要特点

① 在任意温度下±0.5 BTU(±0.05%) 的重复性误差；在相对稳定的温度下，重复性误差可达±0.25 BTU(±0.025%)。

② 分析组分 氮气（N_2），二氧化碳（CO_2），甲烷（C_1），乙烷（C_2），丙烷（C_3），正丁烷（nC_4），异丁烷（iC_4），NEO-C_5 辛戊烷；正戊烷（nC_5），异戊烷（iC_5）和 C_6^+（重组分，包括 C_6、C_7、C_8、C_9 和 C_{10} 的总和）。

③ 以氦气或氮气为载气，无需仪表风和吹扫。

④ 热导率检测器（TCD）灵敏度高，16bit A/D 转换。

⑤ 分析时间短，每路样气分析时间不超过 4min。

⑥ 单台色谱仪支持多路天然气分析，最多可分析 12 流路。

⑦ 安装成本低，无需分析小屋和空调系统。

⑧ 维护保养成本低 多通阀寿命居同类产品之冠，达 500 万次；72h 模拟环境（－18～＋55℃）测试，有效减少部件故障。

(2) Danniel 570（C_6^+）天然气色谱仪的分析过程

Danniel 570（C_6^+）天然气色谱仪的色谱仪柱系统见图 5-41。该系统通过色谱柱切换阀的动作控制出峰顺序，分析过程如下。

① 分组 将天然气组分分成三组：

A C_1，C_2，N_2，CO_2；

B C_3，C_4，C_5；

C C_6^+。

② 出峰顺序

理论出峰顺序：A，B，C（分子越小，跑得越快，出峰时间越短）。

为节省时间，进行反吹，C 组不经过 2、3 色谱柱而先出峰，B 组不经过 3 色谱柱其次出峰，而 A 组先后经过 1、2、3 色谱柱而最后出峰。

实际出峰顺序：C，B，A（C_6^+，C_3，C_4，C_5，N_2，C_1，CO_2，C_2）。

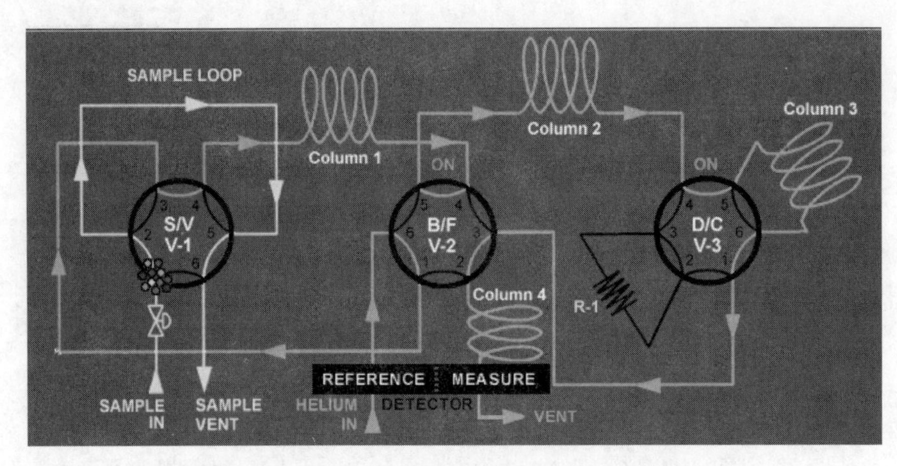

图 5-41 丹尼尔 Danniel 570 天然气色谱仪的色谱仪柱系统

[标准 C_6^+ BTU/CV 分析仪（C_1～C_6^+，CO_2，N_2）]

5.10 天然气能量计量与天然气热值色谱仪

5.10.1 天然气能量计量

在天然气计量方面，有体积计量、质量计量、能量计量几种方式，目前国际上普遍采用能量计量方式进行贸易结算，即将流量计测得的体积（或质量）流量乘以在线分析仪测得的发热量（热值），从而得到其能量。作为燃料的天然气，其商品价值是其所含的发热量，即使用天然气的实质是天然气的能量，采用能量计量方式进行贸易结算是科学、合理的，因为同样体积（或质量）的天然气，其发热量不一定相同，甚至差异较大。

我国以前采用体积（或质量）计量方式进行贸易结算，近年来国家颁布了一系列标准，规定逐步采用能量计量方式替代体积（或质量）计量方式进行贸易结算，以便与国际标准接轨，同时也使天然气的贸易结算更趋科学、合理。与此有关的标准主要如下：

GB/T 18608—2001 天然气计量系统技术要求

GB/T 18604—2001 用气体超声流量计测量天然气流量

GB/T 18940—2003 封闭管道中气体流量的测量 涡轮流量计

SY/T 6148—2004 用标准孔板流量计测量天然气流量

GB 17747.1～8—1999 天然气压缩因子的计算

GB/T 11062—1998 天然气发热量、密度、相对密度和沃泊指数的计算方法

GB/T 13609—1999 天然气取样导则

GB/T 1368—1999 天然气的组分分析 气相色谱法

GB/T 17281—1998 天然气中丁烷至十六烷烃类的测定 气相色谱法

图 5-42 是一个典型的天然气能量计量站的组成及其工艺流程。

图 5-43 是采用超声波流量计的天然气能量计量系统，图 5-44 是该系统的分析小屋，内装天然气热值色谱仪。

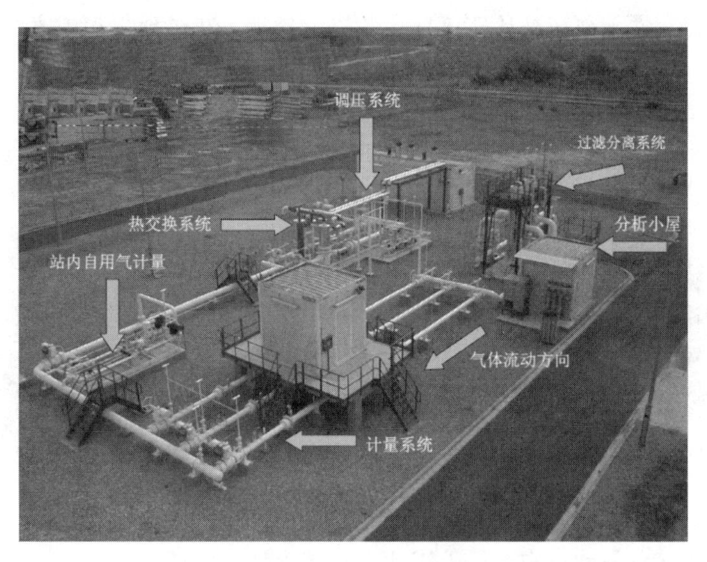

图 5-42 天然气能量计量站的组成及其工艺流程

图 5-43 采用超声波流量计的天然气能量计量系统

图 5-44 天然气能量计量系统的分析小屋

天然气贸易计量中常用的流量计有如下几种。

① 孔板流量计 精度较低，为 1.5 级（测量误差±1.5%），天然气流经孔板会产生一定的压力损失。其优点是可以干校，无需高压实流标定装置。

② 涡轮流量计（图 5-45） 精度高（一般为 1.0 级，测量误差±1.0%），重复性好，经

图 5-45 涡轮流量计

过证实具有长期稳定性，须在高压实流标定装置上检定，在全球很多国家取得了天然气计量型式批准认证。

③ 气体超声波流量计（图 5-46） 精度高，可达到 0.5 级（测量误差±5‰），重复性好，须在高压实流标定装置上检定，在越来越多的国家被认可作为天然气贸易计量工具。

图 5-46 气体超声波流量计

目前，在天然气贸易计量中，国外工业发达国家认为将超声波流量计和涡轮流量计串联在一起可组成较完善的天然气计量系统，见图 5-47。

图 5-47 将超声波流量计和涡轮流量计串联测量天然气流量

天然气能量计量的计算过程见图 5-48。

5.10.2 天然气发热量、密度和沃泊指数计算

天然气的发热量、密度和沃泊指数计算由天然气热值色谱仪自动完成，下面根据 GB/T 11062—1998《天然气发热量、密度、相对密度和沃泊指数的计算方法》，简单介绍有关概念、计算步骤和公式。

(1) 气体的发热量

高位发热量（superior calorific value） 规定量的气体在空气中完全燃烧时所释放出的热量。在燃烧反应发生时，压力 p_1 保持恒定，所有燃烧产物的温度降至与规定的反应物温度 t_1 相同的温度，除燃烧中生成的水在温度 t_1 下全部冷凝为液态外，其余所有燃烧产物均为气态。

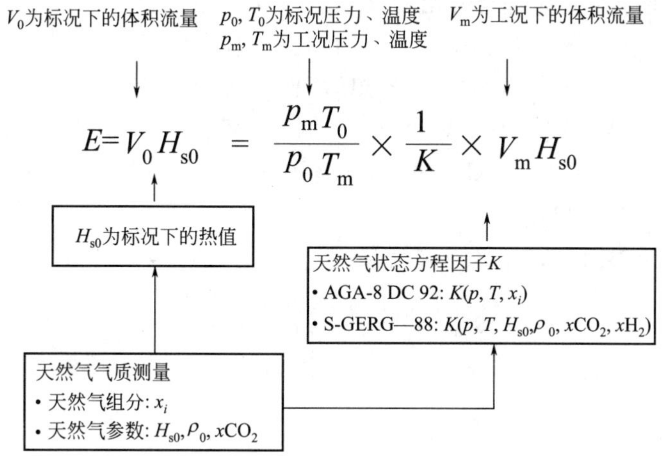

V_0为标况下的体积流量　p_0, T_0为标况压力、温度　V_m为工况下的体积流量

p_m, T_m为工况压力、温度

$$E=V_0H_{s0}=\frac{p_mT_0}{p_0T_m}\times\frac{1}{K}\times V_mH_{s0}$$

H_{s0}为标况下的热值

天然气状态方程因子K

• AGA-8 DC 92: $K(p, T, x_i)$

• S-GERG—88: $K(p, T, H_{s0}, \rho_0, xCO_2, xH_2)$

天然气气质测量

• 天然气组分: x_i

• 天然气参数: H_{s0}, ρ_0, xCO_2

图 5-48　天然气能量计量的计算过程

低位发热量（inferior calorific value）　规定量的气体在空气中完全燃烧时所释放出的热量。在燃烧反应发生时，压力 p_1 保持恒定，所有燃烧产物的温度降至与规定的反应物温度 t_1 相同的温度，所有燃烧产物均为气态。

高位发热量用 H_s 表示，低位发热量用 H_i 表示，两者的区别在于：H_s 包括燃烧产物中的水蒸气完全冷凝为水时放出的气化潜热，而 H_i 不包括这部分气化潜热。

天然气能量计量中一般按高位发热量进行计算。

当上述规定量的气体分别由摩尔、质量和体积给出时，发热量分别称为摩尔发热量（用 $\overline{H}$ 表示）、质量发热量（用 $\hat{H}$ 表示）和体积发热量（用 $\tilde{H}$ 表示）。

(2) 燃烧参比条件和计量参比条件

燃烧参比条件　指规定的燃料燃烧时的温度 t_1 和压力 p_1。

计量参比条件　指规定的燃料燃烧时，计量的温度 t_2 和压力 p_2。

我国目前使用的计量和燃烧参比条件相同，即 $t_1=t_2=20℃=293.15K$，$p_1=p_2=101.325kPa$。

国际标准化组织 ISO 规定的计量和燃烧参比条件为：$t_1=t_2=15℃=288.15K$，$p_1=p_2=101.325kPa$。

世界各国使用的计量和燃烧参比条件不完全相同，如美、英等国的计量和燃烧参比条件为 15.6℃（60°F）及 101.325kPa。

(3) 理想气体和真实气体

理想气体　符合理想气体状态方程（$pV=nRT$ 或 $p_1V_1/T_1=p_2V_2/T_2$）的气体叫做理想气体。

真实气体　各种实际气体都或多或少地偏离理想气体状态方程，在常温常压下，这种偏离很小，温度、压力变化越大，这种偏离就越大。即使在同一温度和压力下，各种气体与理想气体状态方程的偏离程度也是不一样的。为了与理想气体相区别，各种实际气体叫做真实气体。

(4) 压缩因子

压缩因子（compression factor）　在规定的压力和温度条件下，一给定气体的实际体积与在相同条件下按理想气体定律计算出的该气体体积的比值。即：

压缩因子 Z=实际体积/理想体积

实际体积=理想体积×压缩因子 Z

例如，按理想气体状态方程 $pV=nRT$，1mol 丙烷在 0℃、101.325kPa 下的体积为 22.414L，丙烷在 0℃、101.325kPa 下的压缩因子 $Z=0.9789$，则丙烷的实际体积为 22.414L×0.9789=21.9711L。

气体混合物的压缩因子 Z_{mix} 按下式计算：

$$Z_{mix}=1-\left(\sum_{j=1}^{n}x_j\sqrt{b_j}\right)^2 \tag{5-1}$$

式中 x_j——组分 j 的摩尔分数；

$\sqrt{b_j}$——求和因子，$\sqrt{b_j}=\sqrt{1-Z_j}$；

Z_j——组分 j 的压缩因子。

(5) 天然气体积发热量计算

用气相色谱仪测得气体混合物各组分的摩尔浓度后，可按以下步骤计算天然气的体积发热量。

第一步 计算气体混合物在燃烧温度 t_1 下的摩尔发热量 $\overline{H}(t_1)$

$$\overline{H}(t_1)=\sum_{j=1}^{n}x_j\times\overline{H}_j(t_1) \tag{5-2}$$

式中 x_j——组分 j 的摩尔分数；

$\overline{H}_j(t_1)$——混合物中组分 j 在温度 t_1 下的摩尔发热量。

第二步 计算气体混合物在燃烧温度 t_1、计量温度 t_2 和压力 p_2 下的体积发热量 $\widetilde{H}[t_1,V(t_2,p_2)]$

$$\widetilde{H}[t_1,V(t_2,p_2)]=\overline{H}(t_1)\times\frac{p_2}{RT_2Z_{mix}(t_2,p_2)} \tag{5-3}$$

式中 R——摩尔气体常数，$R=8.314510$J/(mol·K)；

T_2——热力学温度，$T_2=t_2+273.15$K；

$Z_{mix}(t_2,p_2)$——在计量参比条件 t_2 和 p_2 下气体混合物的压缩因子。

上式计算出的体积发热量是真实气体的实际体积发热量。

(6) 天然气密度计算

气体混合物的密度按下式计算：

$$\rho_{mix}(t,p)=\sum_{j=1}^{n}x_jM_j\times\frac{p}{RTZ_{mix}(t,p)} \tag{5-4}$$

式中 $\rho_{mix}(t,p)$——在规定的压力 p 和温度 t 条件下气体混合物的密度；

x_j——组分 j 的摩尔分数；

M_j——组分 j 的摩尔质量；

R——摩尔气体常数，$R=8.314510$J/(mol·K)；

T——热力学温度，$T=t+273.15$K；

$Z_{mix}(t,p)$——在 t 和 p 下气体混合物的压缩因子。

上式计算出的密度是真实气体的实际密度。

(7) 天然气沃泊指数计算

沃泊(Wobb)指数(也称华白数)是代表燃气特性的一个参数，其定义式为

$$W=H/\sqrt{d} \tag{5-5}$$

式中 W——沃泊(Wobb)指数，或称热负荷指数；

H——燃气热值，kJ/m^3，各国习惯不同，有的取高热值，有的取低热值，我国取高热值；

d——燃气相对密度(设空气的 $d=1$)。

假设两种燃气的热值和相对密度均不同，但只要它们的沃泊指数相等，就能在同一燃气压力下和在同一燃具或燃烧设备上获得同一热负荷。换句话说，沃泊指数是燃气互换性的一个判定指数。只要一种燃气与另一种燃气的沃泊指数相同，则此燃气对另一种燃气具有互换性。各国一般规定，在两种燃气互换时沃泊指数的允许变化率不大于±5%～±10%。由此可见，在具有多种气源的城镇中，由燃气热值和相对密度所确定的沃泊指数，对于燃气经营管理部门及用户都有十分重要的意义。

(8) 计算示例

用在线色谱仪测得天然气各组分的摩尔分数如表5-9所示，试计算其体积高位发热量和密度。参比条件为国际标准化组织ISO标准参比条件：$t_1=t_2=15℃=288.15K$，$p_1=p_2=101.325kPa$。

表5-9 天然气各组分的摩尔分数

组分	摩尔分数 x_j	组分	摩尔分数 x_j
甲烷	0.9247	正戊烷	0.0006
乙烷	0.0350	氮气	0.0175
丙烷	0.0098	二氧化碳	0.0068
丁烷	0.0022	总和	1.0000
2-甲基丙烷	0.0034		

解 计算步骤如下。

① 查表求取所需数据并进行简单计算，见表5-10。

(天然气发热量和密度计算数据可查阅GB/T 11062—1998《天然气发热量、密度、相对密度和沃泊指数的计算方法》)

表5-10 天然气发热量和密度计算有关数据

组分	摩尔质量 M_j /(kg/mol)	高位发热量 $(\overline{H}_s)_j$ (15℃) /(kJ/mol)	求和因子 $\sqrt{b_j}$(15℃，101.325kPa)	摩尔分数 x_j	摩尔分数×摩尔质量 x_jM_j /(kg/kmol)	摩尔分数×发热量 $x_j(\overline{H}_s)_j$ /(kJ/mol)	摩尔分数×求和因子 $x_j\sqrt{b_j}$
甲烷	16.043	891.56	0.0447	0.9247	14.8350	824.43	0.04133
乙烷	30.070	1562.14	0.0922	0.0350	1.0525	54.67	0.00323
丙烷	44.097	2221.10	0.1338	0.0098	0.4322	21.77	0.00131
丁烷	58.123	2879.76	0.1871	0.0022	0.1279	6.34	0.00041
2-甲基丙烷	58.123	2870.58	0.1789	0.0034	0.1976	9.76	0.00061
正戊烷	72.150	3538.60	0.2510	0.0006	0.0433	2.12	0.00015
氮气	28.0135	0	0.0173	0.0175	0.4902	0	0.00030
二氧化碳	44.010	0	0.0748	0.0068	0.2993	0	0.00051
总和				1.0000	17.478	919.09	0.04785

② 按式(5-2) 计算摩尔高位发热量

$$\overline{H}_s(t_1)=\sum_{j=1}^{n}x_j\times(\overline{H}_s)_j(t_1)=919.09\text{kJ/mol}$$

③ 按式(5-1) 计算天然气气体混合物的压缩因子

$$Z_{mix}(t_2,p_2)=1-\left(\sum_{j=1}^{n}x_j\sqrt{b_j}\right)^2=1-0.04785^2=0.99771$$

④ 按式(5-3) 计算体积高位发热量

$$\widetilde{H}_s[t_1,V(t_2,p_2)]=\overline{H}_s(t_1)\times\frac{p_2}{RT_2Z_{mix}(t_2,p_2)}$$

$$=919.09\times\frac{101.325}{8.314510\times288.15\times0.99771}=38.959\text{MJ/m}^3$$

式中 p_2——绝对压力，$p_2=101.325$kPa；

R——摩尔气体常数，$R=8.314510$J/(mol·K)；

T_2——热力学温度，$T_2=t_2+273.15\text{K}=288.15\text{K}$。

⑤ 按式(5-4) 计算天然气气体混合物的密度

$$\rho_{mix}(t_2,p_2)=\sum_{j=1}^{n}x_jM_j\times\frac{p_2}{RT_2Z_{mix}(t_2,p_2)}$$

$$=17.478\times\frac{101.325}{8.314510\times288.15\times0.99771}=0.74088\text{kg/m}^3$$

(9) 发热量单位换算

在天然气能量计量中，我国使用国际单位制，发热量单位为 kJ，体积发热量单位为 MJ/m^3。西方国家多使用英制单位，发热量单位为 BTU，体积发热量单位为 BTU/cf。两者之间的换算关系如下：

1kJ（千焦）=0.948BTU（英热单位 British Thermal Unit，也写为 Btu)；

1BTU=1.055kJ

1m^3（立方米)=35.31073cf（立方英尺 cubic foot，也写为 ft^3）

1cf=0.02832m^3

所以

1BTU/cf=37.25kJ/m^3=0.03725MJ/m^3

1MJ/m^3=26.84BTU/cf

红外线气体分析器

6.1 电磁辐射波谱和吸收光谱法

6.1.1 电磁辐射及其波谱

(1) 电磁辐射

电磁辐射是以极快速度通过空间传播的光量子流，是一种能量的形式。电磁辐射具有波动性与微粒性：其波动性表现为辐射的传播以及反射、折射、散射、衍射、干涉等，可用传播速度、频率、波长等参量来描述；其微粒性表现为，当其与物质相互作用时引起辐射的吸收、发射等，可用能量来描述。电磁辐射的波动性与微粒性用普朗克方程式联系起来：

$$E=h\nu \tag{6-1}$$

式中 E——辐射的光子能量，J；

ν——辐射的频率，s^{-1}；

h——普朗克常数，6.626×10^{-34} J·s。

若将式(6-1) 用波长表示，则为

$$E=h\nu=\frac{hc}{\lambda} \tag{6-2}$$

式中 λ——波长，cm；

c——光速，$c=3\times10^{10}$ cm/s。

用式(6-2) 可以方便地计算出各种频率或各种波长光子的能量。从式（6-2）可以看出，波长与能量成反比，波长越短，能量越大；频率与能量成正比，频率越高，能量越大。

(2) 电磁辐射波谱

若按频率、波长或能量的大小顺序，把电磁波排列起来，便成为一个电磁波谱，见表 6-1。从表中可以看出，不同波段的电磁波产生的方法和引起的作用各不相同，因而出现了各种波谱分析方法。

6.1.2 吸收光谱法

(1) 吸收光谱法的定义及涉及范围

吸收光谱法是波谱分析法中的一种。电磁辐射与物质相互作用时产生辐射的吸收，引起原子、分子内部量子化能级之间的跃迁，测量辐射波长或强度变化的一类光学分析方法，称为吸收光谱法。

表 6-1　电磁辐射波谱和各种波谱分析法一览表

波长													
纳米(nm)	10^{-3}	10^{-2}	10^{-1}	1	10	10^{2}	10^{3}	10^{4}	10^{5}	10^{6}	10^{7}	10^{8}	10^{9}
微米(μm)	10^{-6}	10^{-5}	10^{-4}	10^{-3}	10^{-2}	10^{-1}	1	10	10^{2}	10^{3}	10^{4}	10^{5}	10^{6}
埃(Å)①	10^{-2}	10^{-1}	1	10	10^{2}	10^{3}	10^{4}	10^{5}	10^{6}	10^{7}	10^{8}	10^{9}	10^{10}

波段	γ射线	X射线	紫外光	可见光	红外光	微波	射频
谱型	γ射线(光)谱 莫斯鲍尔(波)谱	X射线(光)谱	真空紫外；近紫外；紫外吸收光谱	比色，可见吸收光谱	红外吸收光谱	顺磁共振，微波波谱	核磁共振波谱
跃迁类型	核反应	内层电子跃迁	外层电子跃迁		分子振动	分子转动，电子自旋，核自旋	
辐射源	原子反应堆，粒子加速器	X射线管	氢(或氘)灯或氙灯	钨灯	碳化硅热棒，涅恩斯特辉光管	速调管	电子振荡器
单色器	脉冲-高度鉴别器	晶体光栅	石英棱镜，光栅	玻璃棱镜，光栅滤光片	盐棱:LiF;NaCl;KBr;$CaBr_2$	单色光源	
检测器	盖革-弥勒管，闪烁计数器，半导体探测器		光电管，光电倍增管	光电池，光电管肉眼	温差电堆，测热辐射计，气动检测器	晶体二极管	二极管，三极管，晶体三极管

频率/Hz	10^{20}	10^{19}	10^{18}	10^{17}	10^{16}	10^{15}	10^{14}	10^{13}	10^{12}	10^{11}	10^{10}	10^{9}
波数/cm^{-1}	10^{10}	10^{9}	10^{8}	10^{7}	10^{6}	10^{5}	10^{4}	10^{3}	10^{2}	10	1	0.1
能量/eV	10^{6}	10^{5}	10^{4}	10^{3}	10^{2}	10	1	10^{-1}	10^{-2}	10^{-3}	10^{-4}	10^{-5}

① 1Å＝0.1nm。

吸收光谱法是基于物质对光的选择性吸收而建立的分析方法，包括原子吸收光谱法和分子吸收光谱法两类，紫外-可见分光光度法、红外吸收光谱法均属于分子吸收光谱分析法。

吸收光谱法所涉及的光谱名称、波长范围、量子跃迁类型和光学分析方法见表 6-2。

表 6-2　吸收光谱法所涉及的光谱名称、波长范围、量子跃迁类型和光学分析方法

光谱名称	波长范围	量子跃迁类型	光学分析方法
X 射线	0.01～10nm	K 和 L 层电子	X 射线光谱法
远紫外线	10～200nm	中层电子	真空紫外光度法
近紫外线	200～400nm	价电子	紫外光度法
可见光	400～780nm	价电子	比色及可见光度法
近红外线	0.78～2.5μm	分子振动	近红外光谱法
中红外线	2.5～25μm	分子振动	中红外光谱法
远红外线	25～1000μm	分子转动和低位振动	远红外光谱法
微波	1～1000mm	分子转动	微波光谱法
无线电波	1～1000m	核自旋	核磁共振光谱法

注：表中波长范围的界限不是绝对的，各波段之间连续过渡，因而有关资料中对波长范围的划分不尽相同。

(2) 吸收光谱法的作用机理

由物理学中可知，分子由原子和外层电子组成。各外层电子的能量是不连续的分立数值，即电子处在不同的能级中。分子中除了电子能级之外，还有组成分子的各个原子间的振动能级和分子自身的转动能级。

当从外界吸收电磁辐射能时，电子、原子、分子受到激发，会从较低能级跃迁到较高能级，跃迁前后的能量之差为：

$$E_2-E_1=h\nu \tag{6-3}$$

式中　E_2，E_1——分别表示较高能级和较低能级（跃迁前后的能级）的能量；

ν——辐射光的频率；

h——普朗克常数，$4.136\times10^{-15}\mathrm{eV\cdot s}$。

当某一波长电磁辐射的能量 E 恰好等于某两个能级的能量之差 E_2-E_1 时，便会被某种粒子吸收并产生相应的能级跃迁，该电磁辐射的波长和频率称为某种粒子的特征吸收波长和特征吸收频率。

电子能级跃迁所吸收的辐射能为 1～20eV，吸收光谱位于紫外和可见光波段（200～780nm）；分子内原子间的振动能级跃迁所吸收的辐射能为 0.05～1.0eV，吸收光谱位于近红外和中红外波段（780nm～25μm）；整个分子转动能级跃迁所吸收的辐射能为 0.001～0.05eV，吸收光谱位于远红外和微波波段（25～10000μm）。

6.2 红外线分析器的测量原理、类型和特点

6.2.1　红外线分析器测量原理

红外线是电磁波谱中的一段，介于可见光区和微波区之间，因为它在可见光谱红光界限之外，所以得名红外线。在整个电磁波谱中红外波段的热功率最大，红外辐射主要是热辐射。在红外线气体分析器中，使用的波长范围通常在 1～16μm 之内。

红外线通过待测介质层时具有吸收光能的待测介质就吸收一部分能量，使通过后的能量较通过前的能量减少。下面分析待测介质（即待分析组分）对红外光线能量的吸收规律。入射光为平行光，光的强度 I_0，出射光的强度为 I，吸收室内待测介质的厚度为 l，如图 6-1 所示。

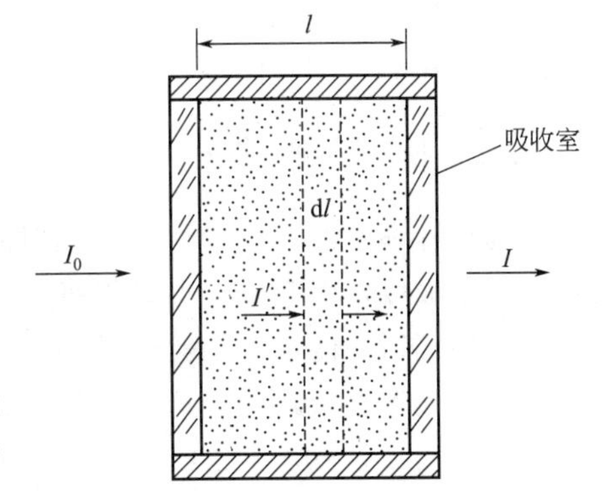

图 6-1　待测介质对光能的吸收

取吸收室内一薄层介质对光能的吸收，设薄层的厚度为 dl，其中能吸收光能的物质摩尔百分浓度为 c，进入该薄层的光强度为 I'，实践证明，对光能的吸收量与入射光的强度 I'、薄层中的能吸收光能物质的分子数 dN 成正比，即 dl 层中的吸光能量为：

$$dI'=-I'k\,dN$$

式中，k 为比例常数，即待测介质对光能的吸收系数；“－”号表示光能量是衰减的。

显然 $dN=c\,dl$，则

$$\frac{dI'}{I'}=-kc\,dl$$

对上式进行积分，并取积分限为 $I_0 \to I'$，$0 \to l$，则得：

$$\int_{I_0}^{I'}\frac{dI'}{I'}=-kc\int_0^l dl$$

$$\ln I'-\ln I_0=-kcl$$

即

$$I'=I_0 e^{-kcl} \tag{6-4}$$

式(6-4) 就是朗伯-比尔吸收定律。公式表明待分析物质是按照指数规律对射入它的光辐射能量进行吸收的。经吸收后剩下来的光能，可用式(6-5) 来求得：

$$I=I_0-I'=I_0-I_0 e^{-kcl}=I_0(1-e^{-kcl}) \tag{6-5}$$

应该指出的是，吸收系数 k 对单色光（特征吸收波长）来说是常数，而且随波长不同而不同，但实际上由光源得到的光大多数不是单色光。所以严格地说 k 应写作 $k(\lambda)$，即对应不同波长的吸收系数。

式(6-4) 也叫指数吸收定律。e^{-kcl} 可根据指数的级数展开为

$$e^{-kcl}=1+(-kcl)+\frac{(-kcl)^2}{2!}+\frac{(-kcl)^3}{3!}+\cdots \tag{6-6}$$

当待测组分浓度很低时，$kcl \ll 1$，略去$\frac{(-kcl)^2}{2!}$以后各项，式(6-6) 可以简化为

$$e^{-kcl}=1+(-kcl) \tag{6-7}$$

此时，式(6-4) 所表示的指数吸收定律就可以用线性吸收定律来代替：

$$I=I_0(1-kcl) \tag{6-8}$$

式(6-8) 表明，当 cl 很小时，辐射能量的衰减与待测组分的浓度 c 呈线性关系。

实际上，由于辐射光多数不是单色光，所以吸收规律既非线性也不按指数规律进行。但在一般分析仪器的生产中都是从降低测量气室（也叫工作气室）的吸收深度 cl 和改变检测器内的配气比例（配不同浓度的气体）的方法进行调整。

6.2.2 特征吸收波长

在近红外和中红外波段，红外辐射能量较小，不能引起分子中电子能级的跃迁，而只能被样品分子吸收，引起分子振动能级的跃迁，所以红外吸收光谱也称为分子振动光谱。当某一波长红外辐射的能量恰好等于某种分子振动能级的能量之差时，才会被该种分子吸收，并产生相应的振动能级跃迁，这一波长便称为该种分子的特征吸收波长。

所谓特征吸收波长是指吸收峰顶处的波长（中心吸收波长）。在特征吸收波长附近，有一段吸收较强的波长范围，这是由于分子振动能级跃迁时，必然伴随有分子转动能级的跃迁，即振动光谱必然伴随有转动光谱，而且相互重叠，因此红外吸收曲线不是简单的锐线，而是一段连续的较窄的吸收带。这段波长范围可称为“特征吸收波带（吸收峰）”，几种气体分子的红外特征吸收波带范围见表 6-3。

6.2.3 红外线气体分析器的类型

目前使用的红外线气体分析器类型很多，分类方法也较多。

表 6-3 气体分子的特征吸收波带范围

气体名称	分子式	红外线特征吸收波带(吸收峰)范围/μm	吸收率/%
一氧化碳	CO	4.5～4.7	88
二氧化碳	CO_2	2.75～2.8 4.26～4.3 14.25～14.5	90 97 88
甲烷	CH_4	3.25～3.4 7.4～7.9	75 80
二氧化硫	SO_2	4.0～4.17 7.25～7.5	92 98
氨	NH_3	7.4～7.7 13.0～14.5	96 100
乙炔	C_2H_2	3.0～3.1 7.35～7.7 13.0～14.0	98 98 99

注：表中仅列举了红外线气体分析器中常用到的吸收较强的波带范围。

① 从是否采用分光技术来划分，可分为分光型（色散型）和非分光型（非色散型）两种。

a. 分光型（DIR） 分光型是根据待测组分的特征吸收光谱，采用一套分光系统（可连续改变波长），使通过介质层的辐射光谱与待测组分的特征吸收光谱相吻合，以对待测组分进行定性、定量的测定。这类分析器的优点是选择性好，灵敏度也比较高。缺点是分光系统分光后光束的能量很小，同时分光型的光学系统任一元件位置的微小变化，都会严重影响分光的波长，所以一直用于工作条件很好的实验室。因此把分光型也叫实验室型。随着科学技术的发展和生产需要，特别是窄带干涉滤光片的发展，在生产流程上分光型的红外分析器也越来越多。它的结构与非分光型的区别只是有无干涉滤光片。

为了与采用光栅分光连续改变波长的仪器相区别，也有人将这种采用干涉滤光片在固定波长处分光的仪器称为固定分光型（CDIR）红外分析器。

b. 非分光型（NDIR） 光源发出的连续光谱全部都投射到被测样品上，待测组分吸收其特征吸收波带的红外光，由于待测组分往往不止一个吸收带，例如 CO_2 在波长为 2.6～2.9μm 及 4.1～4.5μm 处具有吸收峰，因而就 NDIR 的检测方式来说具有积分性质。因此非分光型仪器的灵敏度比分光型高得多，并且具有较高的信噪比和良好的稳定性。其主要缺点是待测样品各组分间有交叉重叠的吸收峰时，会给测量带来干扰，或者说其选择性较差。但可在结构上增加干扰滤波气室等办法去掉这种干扰的影响。

② 从光学系统来划分，可以分为双光路（双气室）和单光路（单气室）两种。

a. 双光路（双气室） 从精确分配的一个光源，发出两路彼此平行的红外光束，分别通过几何光路相同的测量气室、参比气室后进入检测器。

b. 单光路（单气室） 从光源发出的单束红外光，只通过一个几何光路（分析气室），但是对于检测器而言，接收到的是两束不同波长的红外光束，只是它们到达检测器的时间不同而已。这是利用滤波轮的旋转（在滤波轮上装有干涉滤光片或滤波气室），将光源发出的光调制成不同波长的红外光束，轮流送往检测器，实现时间上的双光路。为了便于区分这种时间上的双光路，通常将测量波长光路称为测量通道，参比波长光路称为参比通道。

③ 从使用的检测器类型来划分。红外线气体分析器中使用的检测器，目前主要有薄膜电容检测器、微流量检测器、光电导检测器、热释电检测器四种。根据结构和工作原理上的差别，可以将其分成两类，前两种属于气动检测器，后两种属于固体检测器。

a. 气动检测器 靠气动压力差工作，薄膜电容检测器中的薄膜振动靠这种压力差驱动，微流量检测器中的流量波动也是由这种压力差引起的。这种压力差来源于红外辐射的能量差，而这种能量差是由测量光路和参比光路形成的，所以气动检测器一般和双光路系统配合使用。非分光红外（NDIR）源自气动检测器，气动检测器内密封的气体和待测气体相同（通常是待测气体和氩气的混合气），所以光源光谱的连续辐射到达检测器后，只对待测气体特征吸收波长的光谱有灵敏度，不需要分光就能得到很好的选择性。

b. 固体检测器　光电导检测器和热释电检测器的检测元件均为固体器件，根据这一特征将其称为固体检测器。固体检测器直接对红外辐射能量有响应，对红外辐射光谱无选择性，它对待测气体特征吸收光谱的选择性是借助于窄带干涉滤光片实现的。与其配用的光学系统一般为单光路结构，靠相关滤波轮的调制形成时间上的双光路。这种红外分析器属于固定分光型仪器。

由上所述可以看出，这两类检测器的工作原理不同，配用的光路系统结构不同，从是否需要分光的角度来看，两者也是不同的。因此，可以将红外线气体分析器划分为两类：采用气动检测器的不分光型双光路红外分析器和采用固体检测器的固定分光型单光路红外分析器。这两类仪器相比，前者的灵敏度和检出限明显优于后者，而后者的结构简单、调整容易、体积小、价格低，又胜过前者。前者是红外线气体分析器的传统产品，也是目前的主流产品。

6.2.4　红外线气体分析器的特点

(1) 能测量多种气体

除了单原子的惰性气体（He、Ne、Ar 等）和具有对称结构无极性的双原子分子气体（N_2、H_2、O_2、Cl_2 等）外，CO、CO_2、NO、SO_2、NH_3 等无机物，CH_4、C_2H_4 等烷烃、烯烃和其他烃类及有机物，都可用红外分析器进行测量。

(2) 测量范围宽

可分析气体的上限达 100%，下限达几个 mg/L 的浓度。当采取一定措施后，还可进行痕量（μg/L 级）分析。

(3) 灵敏度高

具有很高的检测灵敏度，气体浓度有微小变化都能分辨出来。

(4) 测量精度高

一般都在±2%FS，不少产品达到或优于±1%FS。与其他分析手段相比，它的精度较高且稳定性好。

(5) 反应快

响应时间 T_{90} 一般在 10s 以内。

(6) 有良好的选择性

红外分析器有很高的选择性系数，因此特别适合于对多组分混合气体中某一待分析组分的测量，而且当混合气体中一种或几种组分的浓度发生变化时，并不影响对待分析组分的测量。因此，用红外分析器分析气体时，只要求背景气体（除待分析组分外的其他组分都叫背景气体）干燥、清洁和无腐蚀性，而对背景气体的组成及各组分的变化要求不严，特别是采取滤光技术以后效果更好。这一点与其他分析仪器比较是一个突出的优点。

6.3 光学系统的构成部件

红外线气体分析器由光学系统和测量电路构成。光学系统一般由红外辐射光源、测量气室、红外检测器构成，通常称之为红外三大部件。

红外辐射光源　包括红外光源和切光（频率调制）装置。

测量气室　包括测量气室、参比气室、滤波气室和干涉滤光片。

红外检测器　主要有薄膜电容检测器、微流量检测器、光电导检测器、热释电检测器等。

6.3.1 红外辐射光源

（1）红外光源

按发光体的种类分，红外光源有镍铬丝光源、陶瓷光源、半导体光源等；按光能输出形式分，有连续光源和断续光源（脉冲光源）两类。

目前，红外分析器大多采用镍铬丝光源，它将镍铬丝在胎具上绕制成螺旋形或锥形（图 6-2）。螺旋形绕法的优点是比较近似点光源，但正面发射能量小，锥形绕法正面发射能量大，但绕制工艺比较复杂。目前使用的以螺旋形绕法居多。镍铬丝加热到700℃左右，其辐射光谱的波长主要集中在 2～12μm 范围内，能满足绝大部分红外分析器的要求。合金丝光源的最大优点是光谱波长非常稳定，几乎不受任何工作环境温度影响，寿命长，能长时期高稳定性工作。缺点是长期工作会产生微量气体挥发。

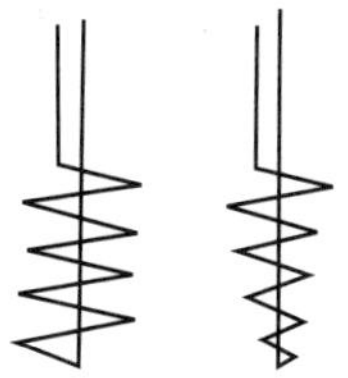

图 6-2　光源灯丝绕制形状

（2）切光（频率调制）**装置**

切光装置包括切光片和同步电机。切光片由同步电机（切光马达）带动，其作用是把光源发出的红外光变成断续的光，即对红外光进行频率调制。调制的目的是使检测器产生的信号成为交流信号，便于放大器放大，同时可以改善检测器的响应时间特性。切光片的几何形状有多种，图 6-3 中是常见的三种，其中半圆形切光片与单通式电容检测器配用，十字形切光片与双通式电容检测器配用，几何单光路用切光片则与固体检测器配用。

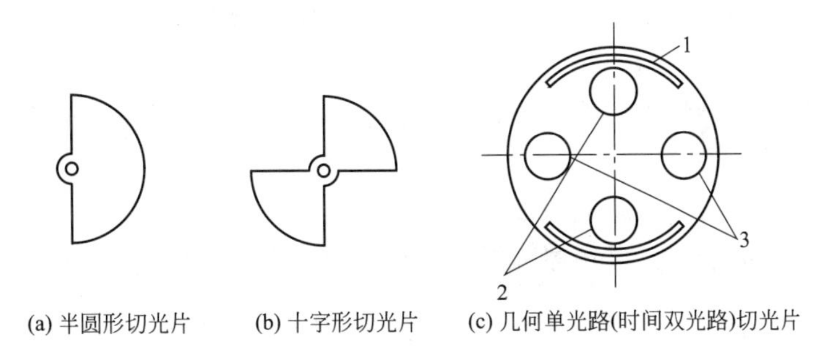

(a) 半圆形切光片　(b) 十字形切光片　(c) 几何单光路(时间双光路)切光片

图 6-3　切光片的几何形状

1—同步孔；2—参比滤光片；3—测量滤光片

切光频率（调制频率）的选择与红外辐射能量、红外吸收能量及产生的信噪比有关。从灵敏度角度看，调制频率增高，灵敏度降低，超过一定程度后，灵敏度下降很快。因为频率增高时，在一个周期内测量气室接收到的辐射能减少，信号降低，另外气体的热量及压力传递跟不上辐射能的变化。因此从灵敏度角度看，频率低一些是有利的。但频率太低，放大器制作较难，并且增加仪器的滞后，检波后滤波也较困难。切光频率一般应取在 5～15Hz 范围内，属于超低频范围（采用半导体检测器的红外分析器，切光频率可高达几百赫兹）。

6.3.2 气室和窗口材料（晶片）

（1）测量气室和参比气室

测量气室和参比气室的结构基本相同，外形都是圆筒形，筒的两端用晶片密封。也有测量气室和参比气室各占一半的“单筒隔半”型结构。测量气室连续地通过待测气体，参比气室完全密封并充有中性气体（多为 N_2）。

气室的主要技术参数有长度、直径和内壁粗糙度。

① 长度　根据式（6-8），测量气室的长度主要与被测组分的浓度有关，也与要求达到的线性度和灵敏度有关，一般小于 300mm。测量高浓度组分时气室最短仅零点几个毫米（当气室长度<3mm 时，一般采用在规定厚度的晶片上开槽的办法制成开槽型气室，槽宽等于气室长度），测量微量组分时气室最长可达 1000mm 左右。

② 直径　气室的内径取决于红外辐射能量、气体流速、检测器灵敏度要求等。一般取 20～30mm。太粗会使测量滞后增大，太细则削弱了光强，降低了仪表的灵敏度。

③ 内壁粗糙度　气室要求内壁粗糙度小，不吸收红外线，不吸附气体，化学性能稳定（包括抗腐蚀）。气室的材料多采用黄铜镀金、玻璃镀金或铝合金（有的在内壁镀一层金）。金的化学性质极为稳定，气室内壁不会氧化，所以能保持很高的反射系数。

常规气室外还有一种特殊的多重反射气室。通过光学反射体将红外辐射光在气室内进行 10～40 次反射，增加气室内光程距离，将常规气室 300～1000mm 的光程增加至 10～30m。通过有效提高光程，提高微量浓度检测的信号强度。

（2）窗口材料（晶片）

晶片通常安装在气室端头，要求必须保证整个气室的气密性，具有高的透光率，同时也能起到部分滤光的作用。因此，晶片应有高的机械强度，对特定波长段有高的“透明度”，还要耐腐蚀、潮湿，抗温度变化的影响等。窗口所使用的晶片材料有多种，在线分析器中用得最多的是氟化锂（LiF_2）、氟化钙（CaF_2、萤石）、氯化钠（NaCl）、蓝宝石（青玉），这些材料都采用单晶结构。氯化钠因为潮解，故表面需涂覆防潮物质。

晶片和窗口的结合多采用胶合法，测量气室由于可能受到污染，有的产品采用橡胶密封结构，以便拆开气室清除污物。但橡胶材料的长期化学稳定性较差，难以保证长期密封，应注意维护和定期更换。

晶片上沾染灰尘、污物、起毛等都会使仪表的灵敏度下降，测量误差和零点漂移增大，因此，必须保持晶片的清洁，可用擦镜纸或绸布擦拭，注意不能用手指接触晶片表面。

6.3.3 滤光元件

光源发出的红外光通常是所谓的广谱辐射，比被测组分的吸收波段要宽得多。此外，被测组分的吸收波段与样气中某些组分的吸收波段往往会发生交叉甚至重叠，从而对测量带来干扰。因此必须对红外光进行过滤处理，这种过滤处理称为滤光或滤波。

红外线气体分析器中常用的滤光元件有两种，一种是早期采用且现在仍在使用的滤波气室，一种是现在普遍采用的干涉滤光片。

（1）滤波气室

其结构和窗口材料与参比气室基本相同，只是其中充干扰组分。例如，CO_2 的特征吸收波长为 2.7～4.6μm，CO 的特征吸收波长为 2.37～4.65μm，而 CH_4 的特征吸收波长为

3.3～7.65μm，如果测 CO_2 浓度，因为它的特征吸收波长与 CO 和 CH_4 的特征吸收波长范围有重叠部分，所以 CO 和 CH_4 是 CO_2 的干扰气体。同样道理，这三种气体中任一种气体是被测气体时，另两种气体就是干扰气体。因此，当要测这三种气体时，其滤波气室充气数据见表 6-4。

表 6-4　滤波气室充气数据

分析器种类	滤波气室充气成分	充气浓度/%
CO_2 分析仪	$CO+CH_4$	50+50
CO 分析仪	CO_2+CH_4	50+50
CH_4 分析仪	$CO+CO_2$	50+50

如果干扰组分是一种成分，则滤波气室充以 100% 的干扰组分。滤波气室装在测量侧，而参比侧则在参比室充以与滤波气室相同的组分。

滤波气室的结构和参比气室一样，只是长度较短。滤波气室内部充有干扰组分气体，吸收其相对应的红外能量以抵消（或减少）被测气体中干扰组分的影响。例如 CO 分析器的滤波气室内填充适当浓度的 CO_2 和 CH_4，将光源中对应于这两种气体的红外波长吸收掉，使之不再含有这些波长的辐射，则会消除测量气室中 CO_2 和 CH_4 的干扰影响。

滤波气室的特点是：除干扰组分特征吸收峰中心波长能全吸收外，吸收峰附近的波长也能吸收一部分，其他波长全部通过，几乎不吸收。或者说它的通带较宽，因此检测器接收到的光能较大，灵敏度高。其缺点是体积比干涉滤光片大，一般长 50mm，发生泄漏时会失去滤波功能。在深度干扰时，即干扰组分浓度高或与待测组分吸收波段交叉较多时，可采用滤波气室。如果两者吸收波段相互交叉较少时，其滤波效果就不理想。当干扰组分多时也不宜采用滤波气室。

（2）干涉滤光片

滤光片是一种形式最简单的波长选择器，它是基于各种不同的光学现象（吸收、干涉、选择性反射、偏振等）而工作的。采用滤光片可以改变测量气室的辐射通量和光谱成分，消除或减少散射辐射和干扰组分吸收辐射的影响，仅使具有特征吸收波长的红外辐射通过。滤光片有多种类型，按滤光原理可分为吸收滤光片、干涉滤光片等，按滤光特点可分为截止滤光片、带通滤光片等。目前红外线气体分析器中使用的多为窄带干涉滤光片。

干涉滤光片是一种带通滤光片，根据光线通过薄膜时发生干涉现象而制成。最常见的干涉滤光片是法布里-珀罗型滤光片，其制作方法是以石英或白宝石为基底，在基底上交替地用真空蒸镀的方法，镀上具有高、低折射系数的膜层。一般用锗（高折射率）和一氧化硅（低折射率）作镀层，也可用碲化铅和硫化锌作镀层，或用碲和岩盐作镀层。镀层的光学厚度 $d=\frac{\lambda}{2n}$，n 为镀层材料的折射率，即保持其光学厚度 $d\times n$ 等于半波长的整数倍，因而对波长为 λ 的光有较大的透射率。

显然，不满足这一条件的光透射率很小，如果几层镀膜叠加起来，那么不满足这一条件的光实际上透不过去，这样就构成了以 λ 为中心波长的带通滤光片。

干涉滤光片可以得到较窄的通带，其透过波长可以通过镀层材料的折射率、厚度及层次等加以调整，现代干涉滤光片已发展到采用几十层镀膜，通带宽度最窄已达到 0.1nm 左右。

干涉滤光片的特点是：通带很窄，其通带 $\Delta\lambda$ 与特征吸收波长 λ_0 之比 $\Delta\lambda/\lambda_0\leqslant0.07$，所

以滤波效果很好。它可以只让被测组分特征吸收波带的光能通过，通带以外的光能几乎全滤除掉。其厚度和体积小，不存在泄漏问题，只要涂层不被破坏，工作就是可靠的。一般在干扰组分多时采用干涉滤光片。其缺点是由于通带窄，透过率不高，所以到达检测器的光能比采用滤波气室时小，灵敏度较低。

综上所述，干涉滤光片是一种“正滤波”元件，它只允许特定波长的红外光通过，而不允许其他波长的光通过，其通道很窄，常用于分光式仪器中的分光，个别场合也用于非分光式仪器中的躲避干扰。滤波气室是一种“负滤波”元件，只阻挡特定波长的红外光，而不阻挡其他波长的光，其通道较宽，常用于非分光式仪器中的滤光，当用于分光式仪器中的分光时，必须和干涉滤光片配合使用。

上述适用场合的分析，基于非分光和分光这两种测量方式对波长范围的要求，从应用意义上看，窄带干涉滤光片是一种待测组分选择器，而滤波气室是一种干扰组分过滤器。

6.3.4 薄膜电容检测器

薄膜电容检测器又称薄膜微音器，由金属薄膜片动极和定极组成电容器，当接收气室内的气体压力受红外辐射能的影响而变化时，推动电容动片相对于定片移动，把被测组分浓度变化转变成电容量变化。

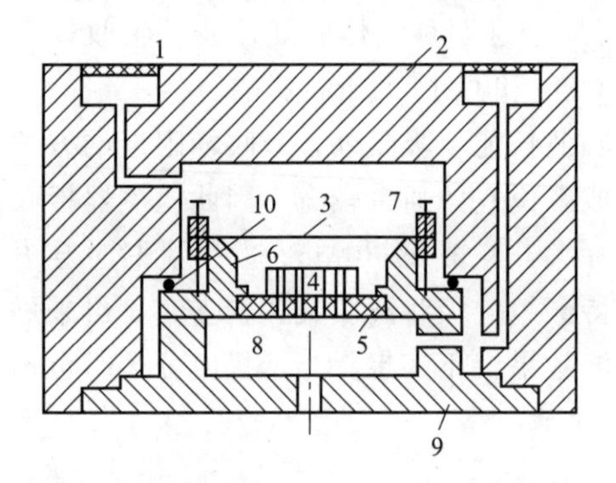

图 6-4 双通式薄膜电容检测器结构简图

1—晶片和接收气室；2—壳体；3—薄膜；4—定片；5—绝缘体；6—支持体；7,8—薄膜两侧的空间；9—后盖；10—密封垫圈

双通式薄膜电容检测器的结构如图 6-4 所示。薄膜材料以前多为铝镁合金，厚度为 5～8μm，近年来则多采用钛膜，其厚度仅为 3μm。定片与薄膜间的距离为 0.1～0.03mm，电容量为 40～100pF，两者之间的绝缘电阻＞10^5MΩ。

薄膜电容器通常采用平行板结构，其电容量 C 由下式给出：

$$C=\frac{1}{U}\times\frac{\varepsilon_0\varepsilon_r S}{d} \tag{6-9}$$

式中，U 为极板间电压；ε_0 为真空介电常数；ε_r 为板极间物质的相对介电常数；S 为单块极板的面积；d 为极板间距离。

接收气室的结构有并联型（左、右气室并联）和串联型（前、后气室并联）两种，图 6-4所示为并联型，串联型将在后面介绍。

薄膜电容检测器是红外线气体分析器长期使用的传统检测器，目前使用仍然较多。它的特点是温度变化影响小、选择性好、灵敏度高，但必须密封并按交流调制方式工作。其缺点是薄膜易受机械振动的影响，接收气室漏气，即使有微漏也会导致检测器失效，调制频率不能提高，放大器制作比较困难，体积较大等。

6.3.5 微流量检测器

微流量检测器是一种利用敏感元件的热敏特性测量微小气体流量变化的新型检测器。其传感元件是两个微型热丝电阻和另外两个辅助电阻组成惠斯通电桥。热丝电阻通电加热至一定温度，当有气体流过时，带走部分热量使热丝元件冷却，电阻变化，通过电桥转变成电压信号。

微流量传感器中的热丝元件有两种。一种是栅状镍丝电阻，简称镍格栅，它是把很细的镍丝编织成栅栏状制成的。这种镍格栅垂直装配于气流通道中，微气流从格栅中间穿过。另一种是铂丝电阻，在云母片上用超微技术光刻上很细的铂丝制成。这种铂丝电阻平行装配于气流通道中，微气流从其表面掠过。

这种微流量检测器实际上是一种微型热式质量流量计，它的体积很小（光刻铂丝电阻的云母片只有 3mm×3mm 见方，毛细管气流通道内径仅为 0.2～0.5mm），灵敏度极高，精度优于±1%，价格也较便宜。采用微流量检测器替代薄膜电容检测器，可使红外分析器光学系统的体积大为缩小，可靠性、耐振性等性能提高，因而在红外、氧分析仪等仪器中得到了较广应用。

图 6-5 是微流量检测器工作原理示意图。测量管（毛细管气流通道）3 内装有两个栅状镍丝电阻（镍格栅）2，和另外两个辅助电阻组成惠斯通电桥。镍丝电阻由恒流电源 5 供电加热至一定温度。

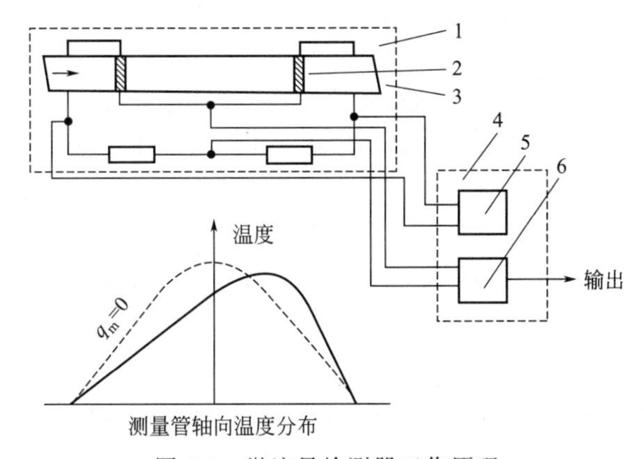

图 6-5 微流量检测器工作原理

1—微流量传感器；2—栅状镍丝电阻（镍格栅）；3—测量管（毛细管气流通道）；4—转换器；5—恒流电源；6—放大器

当流量为零时，测量管内的温度分布如图 6-5 下部虚线所示，相对于测量管中心的上、下游是对称的，电桥处于平衡状态。当有气体流过时，气流将上游的部分热量带给下游，导致温度分布变化如实线所示，由电桥测出两个镍丝电阻阻值的变化，求得其温度差 ΔT，便可按下式计算出质量流量 q_m：

$$q_m = K\frac{A}{c_p}\Delta T \tag{6-10}$$

式中 c_p——被测气体的定压比热容；

A——镍丝电阻与气流之间的热传导系数；

K——仪表常数。

然后利用质量流量与气体含量的关系，计算出被测气体的实际浓度。

当使用某一特定范围的气体时，A、c_p 均可视为常量，则质量流量 q_m 仅与镍丝电阻之间的温度差 ΔT 成正比，如图 6-6 中 Oa 段所示。Oa 段为仪表正常测量范围，测量管出口处气流不带走热量，或者说

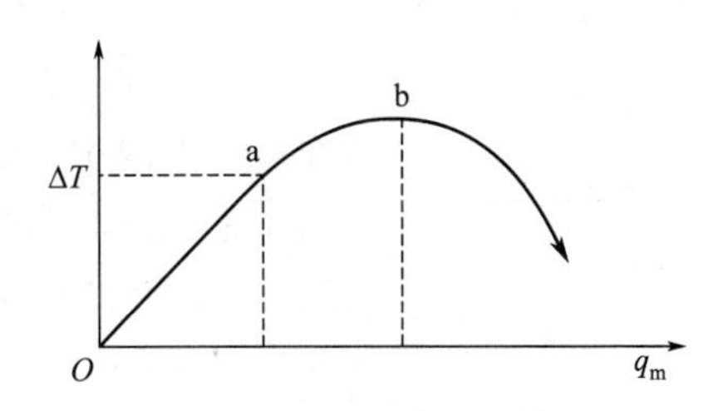

图 6-6 质量流量与镍丝电阻温度差的关系

带走热量极微；超过 a 点，流量增大到有部分热量被带走而呈现非线性，流量超过 b 点，则大量热量被带走。

当气流反方向流过测量管时，图 6-6 中温度分布变化实线向左偏移，两个镍丝电阻的温度差为 $-\Delta T$，质量流量计算式为

$$q_{\mathrm{m}}=-K\frac{A}{c_{\mathrm{p}}}\Delta T \tag{6-11}$$

上式中的负号表示流体流动方向相反。

6.3.6 光电导检测器

光电导检测器是利用半导体光电效应的原理制成的。当红外光照射到半导体元件上时，它吸收光子能量后使非导电性的价电子跃迁至高能量的导电带，从而降低了半导体的电阻，引起电导率的改变，所以又称其为半导体检测器或光敏电阻。

光电导检测器使用的材料主要有锑化铟（InSb）、硒化铅（PbSe）、硫化铅（PbS）、碲镉汞（HgCdTe）等。

红外线气体分析器大多采用锑化铟检测器，也有采用硒化铅、硫化铅检测器的。锑化铟检测器在红外波长 3～7μm 范围内具有高响应率（响应率即检测器的电输出和灵敏面入射能量的比值），在此范围内 CO、CO_2、CH_4、C_2H_2、NO、SO_2、NH_3 等几种气体均有吸收带，其响应时间仅为 5×10^{-6}s。

碲镉汞检测器的检测元件由半导体碲化镉和碲化汞混合制成，改变混合物组成可得不同测量波段。其灵敏度高，响应速度快，适于快速扫描测量，多用在傅里叶变换红外分析器中。

光电导检测器的结构简单、成本低、体积小、寿命长、响应迅速。与气动检测器（薄膜电容、微流量检测器）相比，它可采用更高的调制频率（切光频率可高达几百赫兹），使信号的放大处理更为容易。它与窄带干涉滤光片配合使用，可以制成通用性强、快速响应的红外分析器。其缺点是半导体元件的特性（特别是灵敏度）受温度变化影响大，一般需要在较低的温度（77～200K 不等，与波长有关）下工作，因此需要采取制冷措施。硫化铅、硒化铅检测器可在室温下工作，也有室温型锑化铟、碲镉汞检测器可选，在线红外分析器中采用的就是这种室温型检测器。

6.3.7 热释电检测器

热释电检测器是基于红外辐射产生的热电效应为原理的一类检测器，它以热电晶体的热释电效应（晶体极化引起表面电荷转移）为机理。

热释电检测器具有波长响应范围广（无选择性检测或选择性差）、检测精度较高、反应快的特点，可在室温或接近室温的条件下工作。以前主要用在傅里叶变换红外分析器中，它的响应速度很快，可以跟踪干涉仪随时间的变化，实现高速扫描，现在也已广泛用在红外线气体分析器中。下面简单介绍其工作原理和结构组成。

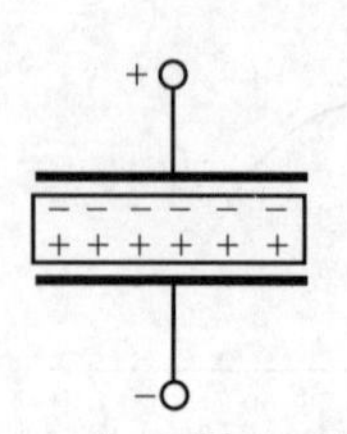

图 6-7 晶体的极化现象

如图 6-7 所示，在某一晶体两个端面上施加直流电场，晶体内部的正电荷向阴极表面移动，负电荷向阳极表面移动，结果晶体的一个表面带正电，另一表面带负电，这就是极化现象。对大多数晶体来说，当外加

电场去掉后，极化状态就会消失，但有一类叫“铁电体”的晶体例外，外加电场去掉后，仍能保持原来的极化状态。铁电体还有一个特性，它的极化强度即单位表面积上的电荷量是温度的函数，温度愈高极化强度愈低，温度愈低则极化强度愈高，而且当温度升高到一定值之后，极化状态会突然消失（使极化状态突然消失的这一温度叫居里温度）。也就是说，已极化的铁电体，随着温度升高表面积聚电荷降低（极化强度降低），相当于释放出一部分电荷来，温度越高释放出的电荷越多，当温度高到居里温度时，电荷全部释放出来。人们把极化强度随温度转移这一现象叫做热释电，根据这一现象制成的检测器称为热释电检测器。

热释电检测器中常用的晶体材料是硫酸三苷肽（$(NH_2CH_2COOH)_3H_2SO_4$（TGS）、氘化硫酸三苷肽（DTGS）和钽酸锂（$LiTaO_3$）。热释电检测器的结构和电路见图6-8，将TGS单晶薄片正面真空镀铬（半透明，用于接收红外辐射），背面镀金，形成两电极，其前置放大器是一个阻抗变换器，由一个10^{11}～$10^{12}\Omega$的负载电阻和一个低噪声场效应管源极输出器组成。为了减小机械振荡和热传导损失，把检测器封装成管，管内抽真空或充氦等导热性能很差的气体。

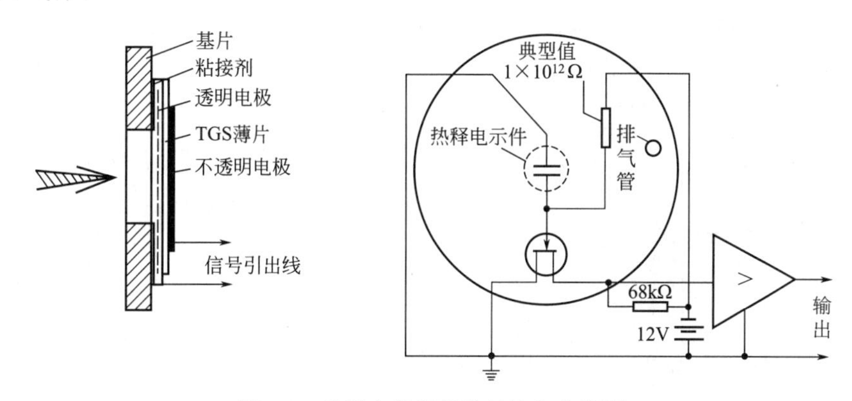

图6-8　热释电检测器的结构和电路图

6.4 采用气动检测器的红外分析器

6.4.1　基本结构和工作原理

采用气动检测器（薄膜电容检测器和微流量检测器）的红外线气体分析器，其光学系统一般为双光路结构，测量方式属于非分光型。下面以传统的薄膜电容式仪器为例，介绍其基本结构和工作原理。

(1) 采用并联型薄膜电容检测器的老式红外分析器

图6-9是老式双光路红外分析仪的原理示意图，该仪器采用薄膜电容检测器，其接收气室属于并联型结构，有左、右两个气室。

光源灯丝1发射一定波长范围的红外辐射，在同步电机带动的切光片3的周期性切割作用下，两部分红外辐射变成了两束脉冲式红外线。一束红外线通过参比气室5后进入检测器的左接收气室6，另一束红外线通过测量气室4后进入检测器的右接收气室7。参比气室充有不吸收红外线的氮气（N_2），通过参比气室的红外线其光强和波长范围基本不变。另外一路红外线通过测量气室时，由于待测组分的吸收其光强减弱。

检测器由电容微音器的动片薄膜隔成左、右两个接收气室，接收气室里封有不吸收红外线的气体（N_2 或 Ar）和待测组分气体的混合物，所以进入检测器的红外线就被选择性地吸收，即对应于待测组分特征吸收波长的红外线被完全吸收。由于通过参比气室的红外线未被待测组分吸收过，因此进入检测器左接收气室后能被待测组分吸收的红外线能量就大，而进入检测器右接收气室的红外线由于有一部分在测量气室中已被吸收，所以其能量较小。检测器内待测组分吸收红外线能量后，气体分子产生热膨胀，压力变大。由于进入检测器左、右气室的红外线能量不等，因此两侧温度变化不同，压力变化也不同，左气室内压力大于右气室，此压力差推动薄膜 8 产生位移，从而改变了薄膜动片 8 与定片 9 之间的距离及其电容。把此电容量的变化转变成电压信号输出，经放大后得到毫伏信号，此毫伏信号代表待测组分的含量大小。显然待测组分含量愈高，两束红外光线的能量差愈大，故薄膜电容器的电容变化量也愈大，输出信号也愈大。

(2) 采用串联型薄膜电容检测器的新式红外分析器

图 6-10 是北分麦哈克公司 QGS-08B 型双光路红外分析器的原理结构图，图 6-11 是其发送器（检测系统）的外形图。该仪器采用单光源和薄膜电容检测器，测量气室和参比气室采用“单筒隔半”型结构，接收气室属于串联型，有前、后两室，两者之间用晶片隔开。

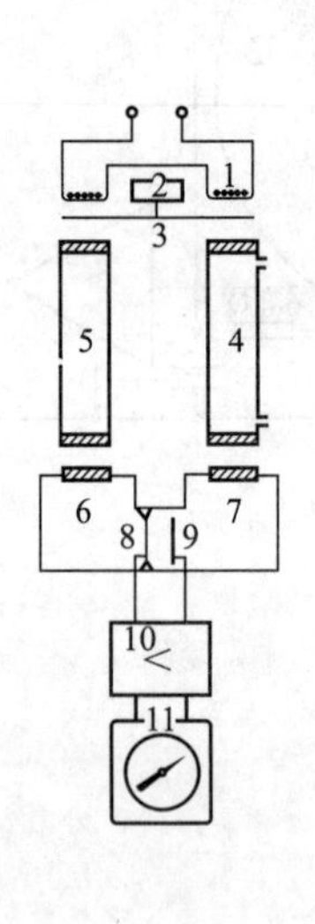

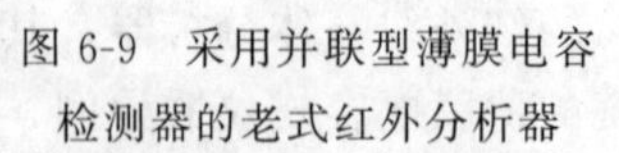
图 6-9 采用并联型薄膜电容检测器的老式红外分析器

1—光源灯丝；2—同步电机；3—切光片；4—测量气室；5—参比气室；6—检测器左接收气室；7—检测器右接收气室；8—薄膜电容动片；9—薄膜电容定片；10—放大器；11—显示仪表

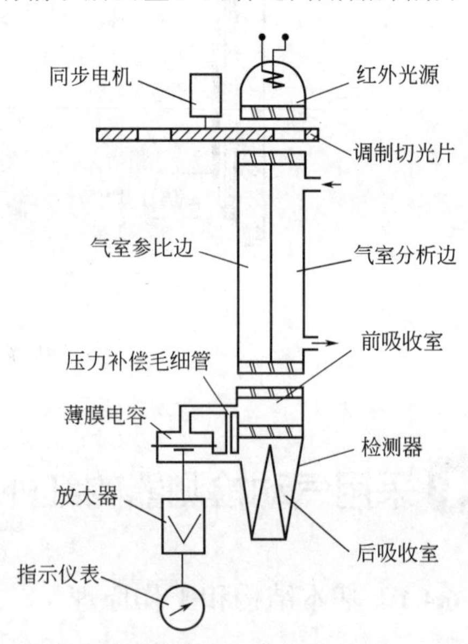

图 6-10 QGS-08 型双光路红外分析器原理结构图

在检测器的内腔中位于两个接收室的一侧装有薄膜电容检测器，通过参比气室和测量气室的两路光束交替地射入检测器的前、后吸收室。在较短的前室充有被测气体，这里辐射的吸收主要是发生在红外光谱带的中心处，在较长的后室也充有被测气体，由于后室采用光锥结构，它吸收谱带两侧的边缘辐射。

当测量气室通入不含待测组分的混合气体（零点气）时，它不吸收待测组分的特征波长，

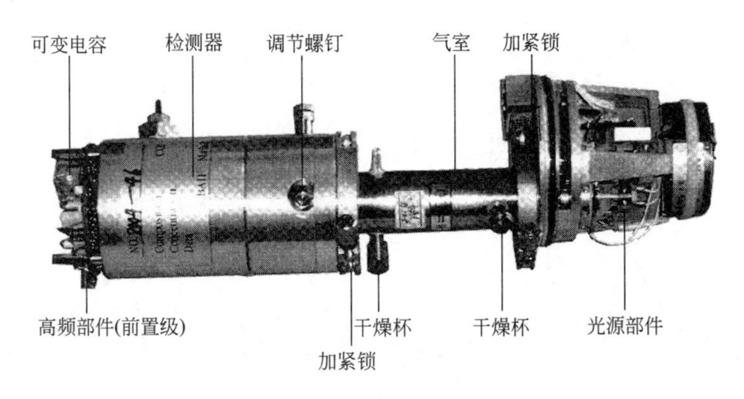

图 6-11　QGS-08 型发送器外形图

红外辐射被前、后接收气室内的待测组分吸收后，室内气体被加热，压力上升，检测器内电容器薄膜两边压力相等，接收气室的几何尺寸和充入气体的浓度都是按上述原则设计的。当测量气室通入含有待测组分的混合气体时，因为待测组分在测量气室已预先吸收了一部分红外辐射，使射入检测器的辐射强度变小。此辐射强度的变化主要发生在谱带的中心处，主要影响前室的吸收能量，使前室的吸收能量减小。被待测组分吸收后的红外辐射把前、后室的气体加热，使其压力上升，但能量平衡已被破坏，所以前、后室的压力就不相等，产生了压力差，此压力差使电容器膜片位置发生变化，从而改变了电容器的电容量，因为辐射光源已被调制，红外辐射交替穿过测量气室和参比气室到达检测器，导致电容量交替变化，电容的变化量通过电气部件转换为交流的电信号，经放大处理后得到待测组分的浓度。

这种串联型接收气室和以前的并联型接收气室相比有两大优点。

① 零点稳定　由于这种串联型接收气室在零点工作时膜片上受到的压力没有变化，因此其状态十分稳定，不易受外界干扰的影响。而并联型接收气室（图 6-9）在零点工作时，或者因左、右气室内部工作压力的此起彼伏变化，或者因气体吸收状态的变化（例如光强变化等），都会造成零点不稳。

② 抗干扰组分影响的能力强　这是由它的结构特点，即两个接收气室串联连接决定的。图 6-12 示出了串联型接收气室中前、后室对测量组分和干扰组分的吸收特性曲线，图中左部是不存在干扰组分时的情况，右部是存在干扰组分时的情况。此处干扰组分对测量的影响，是指干扰组分在前、后室产生的信号合成后差值的大小。由于干扰组分在后室产生的是负信号，对干扰组分在前室产生的正信号具有补偿作用。但这种有价值的补偿在并联型接收气室中是不存在的，因为干扰组分在左、右气室中产生的都是正信号，相互间是叠加关系，并无补偿作用。

因为串联型接收气室有此突出优点，所以一般情况下，这种光学系统不设滤波气室、不加干涉滤光片，也能获得较为满意的选择性。目前生产的红外线气体分析器中普遍采用这种串联型结构的接收气室。图 6-13 是采用串联型微流量检测器的红外分析器原理示意图。

6.4.2　采用薄膜电容检测器的红外分析器

(1) 川仪分析仪器公司 GXH-105 型红外分析器

图 6-14 是 GXH-105 型红外分析器的结构原理图，它属于不分光型双光路红外分析器，采用串联式薄膜电容检测器，仪器的信息处理和恒温控制等由微机系统完成。

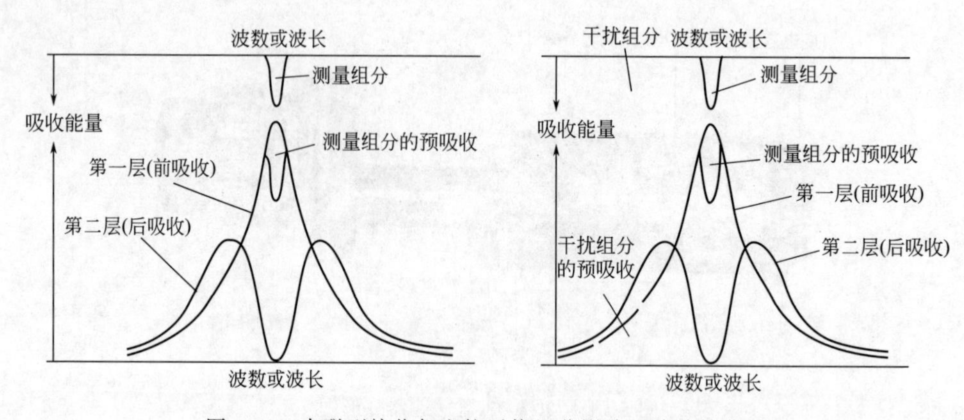

图 6-12 串联型接收气室抗干扰组分影响吸收特性曲线

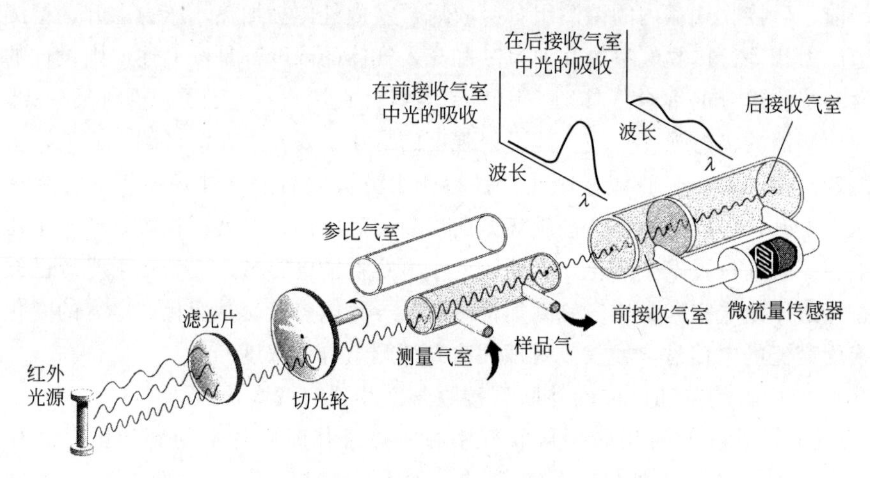

图 6-13 采用串联型微流量检测器的红外分析器原理示意图

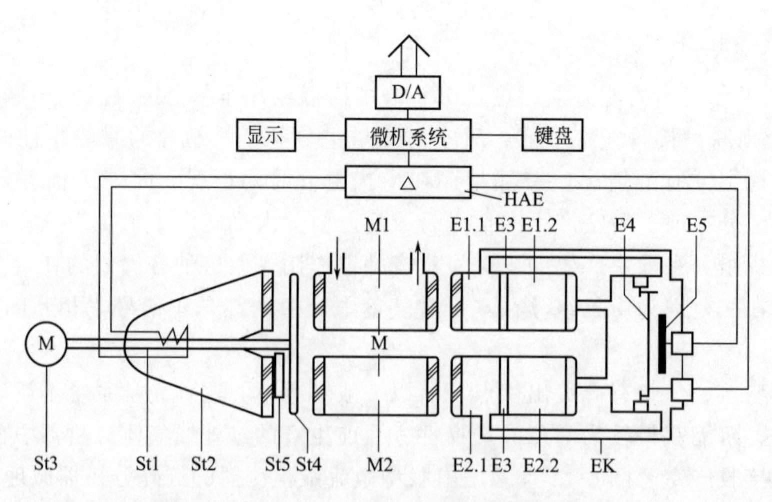

图 6-14 GXH-105 型红外分析器结构原理图

E1.1—检测器测量接收气室的前室；E1.2—检测器测量接收气室的后室；E2.1—检测器参比接收气室的前室；E2.2—检测器参比接收气室的后室；E3—半透半反窗（光学镜片）；E4—薄膜电容器的金属薄膜（动片）；E5—薄膜电容器的定片；EK—毛细管通道；HAE—供电电源和信号处理电子线路；M—测量池；M1—测量池的分析气室；M2—测量池的参比气室；St1—红外辐射源；St2—光源部件；St3—切光马达；St4—切光片；St5—遮光板

(2) 西克麦哈克公司 S700 MULTOR 多组分红外分析模块

S700 MULTOR 多组分红外分析模块（图 6-15）的工作原理和采用薄膜电容检测器、串联型接收气室的双光路红外分析仪基本相同，不同之处如下。

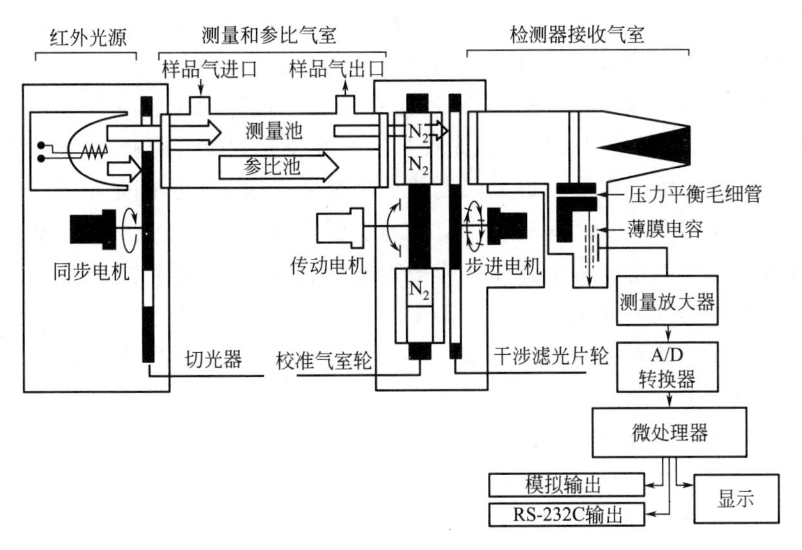

图 6-15　S700 MULTOR 多组分红外分析模块结构原理图

① MULTOR 红外模块最多可分析三种组分。当分析烟气中的 SO_2、NO、CO 含量时，检测器的接收气室中充有多种气体，包括 SO_2、NO、CO、和 Ar。光路中有一个干涉滤光片轮，在步进电机的控制下，能顺序地进入光路，当某一滤光片（如 SO_2 滤光片）进入光路时，整个光学部件就如同一个 SO_2 分析部件。在工作过程中，滤光片轮将 SO_2、NO、CO、H_2O 四种滤光片交替送入光路，检测器相应输出 SO_2、NO、CO、H_2O 四个组分的浓度信号。S700 的数据处理程序，将这些信号转换成浓度信号输出，同时对它们之间的相互干扰进行修正。

测量 H_2O 的目的是为了消除其对其他待测组分的影响，因为 H_2O 的红外吸收频带较宽，对其他待测组分如 SO_2 会产生交叉干扰，这种交叉干扰不仅发生在吸收谱带的边缘部分，而且往往发生在吸收谱带的中间部分，难于用上述前后气室相互抵消的办法将其除掉，只有通过数据处理程序对其进行修正。

② MULTOR 分析模块光路中插入了一个校准气室轮，校准气室中填充一定浓度的被测气体，产生相当于满量程标准气的气体吸收信号，可以不需要标准气就实现仪器的定时标定。标定时，传动电机将相应的校准气室送入光路，此时仪器的测量池必须通高纯氮气。为了检查校准气室是否漏气，每半年或一年仍然要用标准气进行一次对照测试。

6.4.3　采用微流量检测器的红外分析器

(1) 西门子公司 ULTRAMAT 6 型红外分析器

图 6-16 是 ULTRAMAT 6 型红外分析器的光学系统示意图。它是一种采用微流量检测器的双光路红外分析器。

红外光源 1 被加热到约 700℃，光源发出的光经过光束分离器 3 被分成两路相等的光束（测量光束和参比光束），红外光源可左右移动以平衡光路系统，分光器同时也起到滤波气室的作用。

参比光束通过充满 N_2 的参比气室 8，然后未经衰减地到达右侧参比接收气室 11。测量光束通过流动着样气的测量气室 7，并根据样气浓度的不同而产生或多或少的衰减后到达左侧接收气室 10。

接收气室被设计成双层结构，内部充填有特定浓度的待测气体组分。光谱吸收波段中间位置的光优先被上层气室吸收，边缘波段的光几乎同样程度地被上层气室和下层气室吸收。上层气室和下层气室通过微流量传感器 12 连接在一起。这种耦合意味着吸收光谱的带宽很窄。光耦合器 13 延长了下层接收气室的光程长度。改变光耦合器旋杆 14 的位置，可以改变下层检测气室的红外吸收。因此，最大限度减少某个干扰组分的影响是可能的。

切光片 5 在分光器和气室之间旋转，交替地、周期性地切断两束光线。如果在测量气室有红外光被吸收，那么就将有一个脉冲气流被微流量传感器 12 转换成一个电信号。微流量传感器中有两个被加热到大约 120℃的镍格栅，这两个镍格栅电阻和两个辅助电阻形成惠斯通电桥。脉冲气流反复流经微流量传感器，导致镍格栅电阻阻值发生变化，使电桥产生补偿，该补偿数值取决于被测组分浓度的大小。

(2) 西门子公司 ULTRAMAT 23 型多组分红外分析器

图 6-17 为 ULTRAMAT 23 型红外分析器内部气路图。被测样气由入口 1 进入，首先经膜式过滤器 5 除尘除水。流路中的压力开关 9 用以监视样气压力，当压力过低时发出报警信号。浮子流量计 8 显示样气流量，供维护人员观察。限流器 12 起限流限压作用。凝液罐 13

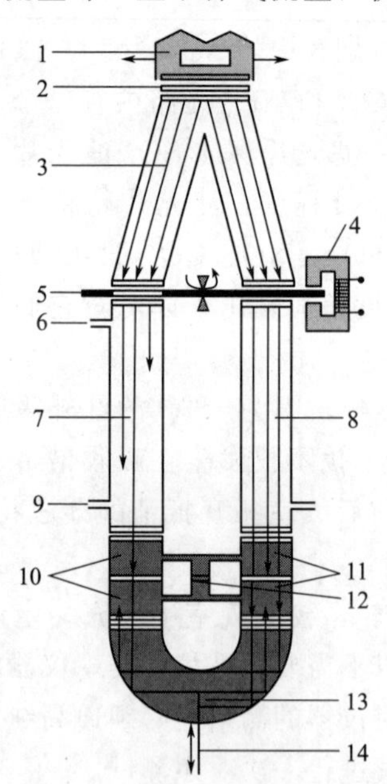

图 6-16 ULTRAMAT 6 型红外分析器光学系统示意图

1—可调红外光源；2—光学过滤器；3—光束分离器（兼滤波气室）；4—旋转电流驱动器；5—切光片；6—样气入口；7—测量气室；8—参比气室；9—样气出口；10—测量接收气室；11—参比接收气室；12—微流量传感器；13—光耦合器；14—光耦合器旋杆

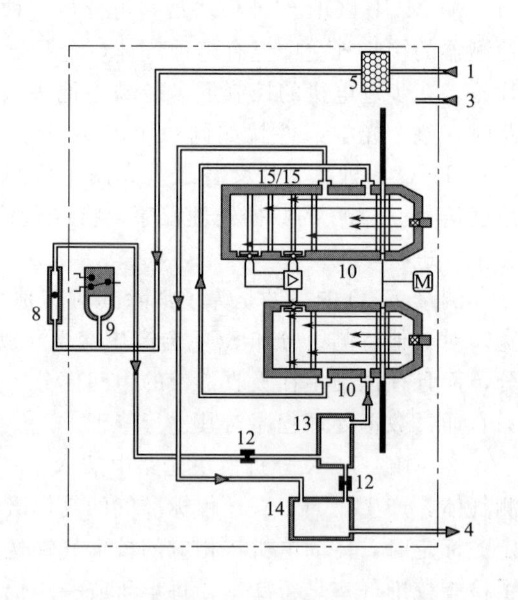

图 6-17 ULTRAMAT 23 型多组分红外分析器内部气路图

1—样气/标准气入口；3—吹扫入口（用于机箱和切光片吹扫）；4—气体出口；5—膜式过滤器；8—浮子流量计；9—压力开关；10—测量气室；12—限流器；13，14—凝液罐；15—微流量检测器和接收气室（注：2—过滤器；6—流量调节阀；7—样品泵；11—冷凝液排放阀，这些部件安装在仪器机箱外部的样品处理系统中，图中未标出）

分离可能冷凝下来的液滴，以保护分析器免遭损害。

样气经上述处理后，送入分析器进行分析。该仪表中有两个红外分析模块，均采用不分光红外吸收原理，单光路系统，微流量检测器的接收气室串联布置。上部的双组分红外分析模块中有两套微流量检测器，两组接收气室串联连接在一起，分别接收不同辐射波段的红外光束，前检测器检测干扰组分的浓度，后检测器检测待测组分的浓度，前检测器的输出信号通过内部计算后用于校正后检测器的测量结果。分析后的样气经凝液罐 14，携带冷凝液一起排出分析仪。

6.5 采用固体检测器的红外分析器

采用固体检测器（光电导检测器、热释电检测器）的红外线气体分析器，其光学系统为单光路结构，测量方式属于固定分光型，虽然检出限和灵敏度不如采用气动检测器的双光路仪器，但也有一定的优势和独到之处：

① 它是空间单光路系统，不存在双光路系统中参比与测量光路因污染等原因造成的光路不平衡问题；

② 它又是时间双光路系统，可使相同干扰因素对光学系统的影响相互抵消；

③ 通用性强，改变测量组分时，只需更换不同波长通带的干涉滤光片即可；

④ 检测器不存在漏气问题，寿命长；

⑤ 结构简单，体积小，价格低廉。

6.5.1 工作原理和结构组成

固体检测器的响应仅与红外辐射能量有关，对红外辐射光谱无选择性。它对待测组分特征吸收波长的选择是靠滤波技术实现的，将空间单光路转变为时间双光路也是靠滤波技术实现的。

普遍采用的两种滤波技术是干涉滤波相关技术（IFC）和气体滤波相关技术（GFC），滤波元件分别是窄带干涉滤光片和滤波气室。仪器的工作原理和结构组成与滤波技术密切相关，有必要分别加以介绍。

(1) 采用干涉滤波相关技术（IFC）的红外分析器

图 6-18 是一种采用 IFC 技术的红外分析器原理结构图。光源 1 发出的红外光束经滤光片轮 8 加以调制后射向气室。滤光片轮上装有两种干涉滤光片：一种是测量滤光片，其通带中心波长是待测组分的特征吸收波长；另一种是参比滤光片，通带中心波长是各组分都不吸收的波长。两种滤光片间隔设置，当滤光片轮在马达驱动下旋转时，两种滤光片交替进入光路系统，形成时间上分割的测量、参比两光路。

当测量滤光片置于光路时，射向测量气室的红外光被待测组分吸收了一部分，到达检测元件的光强因此而减弱。当参比滤光片置于光路时，射向测量气室的红外光各组分都不吸收，到达检测元件的光强未被削弱。这两种波长的红外光束交替通过测量气室到达检测元件，被转换成与红外光强度（待测组分浓度）相关的交变信号。

接收气室 3 是一个光锥缩孔，其作用是将光路中的红外光全部会聚到检测元件上。

(2) 采用气体滤波相关（GFC）技术的红外分析器

图 6-19 是一种采用 GFC 技术的红外分析器原理结构图。滤波气室轮 2 上装有两种滤波

气室：一种是分析气室 M，充入氮气；另一种是参比气室 R，充入高浓度的待测组分气体。两种滤波气室间隔设置，当滤波气室轮在马达驱动下旋转时，分析气室和参比气室交替进入光路系统，形成时间上分割的测量、参比两光路。

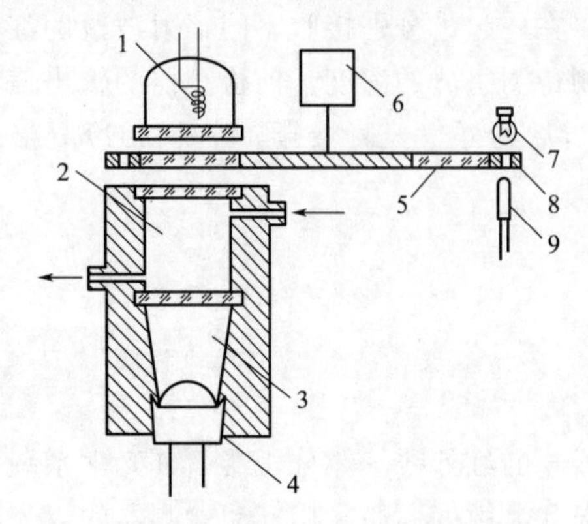

图 6-18 采用 IFC 技术的红外分析器原理结构图

1—光源；2—测量气室；3—接收气室；4—热释电检测元件；5—窄带干涉滤光片；6—同步电机；7—同步光源；8—滤光片轮；9—光敏三极管

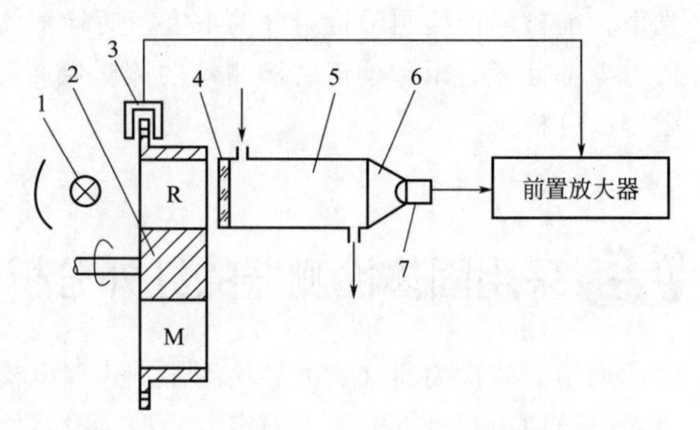

图 6-19 采用 GFC 技术的红外分析器原理结构图

1—光源；2—滤波气室轮；3—同步信号发生器；4—干涉滤光片；5—测量气室；6—接收气室；7—锑化铟检测元件

当分析气室 M 进入光路时，由于 M 中充的是氮气，对红外光不吸收，光束全部通过，进入光路系统形成测量光路。当参比气室 R 进入光路时，由于 R 中充的是待测组分气体，红外光中的特征吸收波长部分几乎被完全吸收，其余部分进入光路系统形成参比光路。

光源发出的红外光中能被待测组分吸收的仅仅是一小部分，为了提高仪器的选择性，加入了窄带干涉滤光片 4，其通带中心波长选择在待测组分的特征吸收峰上，只有特征吸收波长附近的一小部分的红外光能通过滤光片进入测量气室 5。

从上面可以看出，IFC 和 GFC 都属于差分吸收光谱技术。IFC 是一种波长参比技术，被测组分吸收波长与非吸收波长差减，可以抵消光源老化、晶片或气室污染、电源波动等因素对光强的影响。GFC 属于组分参比技术，被测组分吸收光谱和背景组分吸收光谱差减，可以抵消吸收峰交叉、重叠造成的干扰，当然也可抵消光源老化、晶片和气室污染、电源波动等因素对光强的影响。

采用何种滤波技术进行测量，取决于被测气体的光谱吸收特性和测量范围。一般来说，常量分析或被测气体吸收峰附近没有干扰气体的吸收（非深度干扰）时，可采用 IFC 技术；微量分析或被测气体吸收峰附近存在干扰气体的吸收（深度干扰）时，则须采用 GFC 技术。

6.5.2 西克麦哈克 FINOR 多组分红外分析模块

FINOR 多组分红外分析模块是 S700 系列中的一种模块，图 6-20 是其原理结构图。FINOR模块采用脉冲光源，革除了切光系统，4 块滤光片平均布置在光路中，没有滤光片轮。检测器中装有 4 个热释电红外检测器，位置与 4 个滤光片一一对应，分别接受 4 个波长的红外光能量，4 个检测元件制作在一个基座上，温度变化相同，可以互相补偿。

FINOR 可同时测量 3 种组分，其工作原理是：对于每个测量组分，都选择一个测量波长和一个参比波长。在测量波长上，气体有强烈的吸收；在参比波长上，气体没有吸收。3 种被测组分分别使用 3 个测量波长，1 个参比波长是公用的。脉冲光源的发光频率由计算机控制，光源每发出一次红外辐射脉冲，检测器可以同时得到 4 个信号：3 个测量，1 个参比。

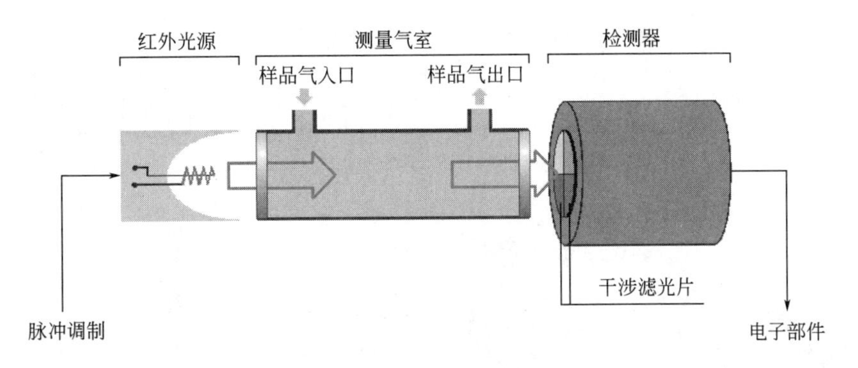

图 6-20 FINOR 模块的原理结构图

进行信号采集后由计算机处理得到各气体组分的浓度信号。

FINOR 中没有机械调制部件，结构十分简单，不仅成本降低，可靠性也提高了。由于受光源功率和热惯性的限制，FINOR 的测量量程较宽，测量精度不高，滞后时间也稍长，但能满足大部分过程分析的需要。FINOR 的典型测量组分和最小量程见表 6-5。主要技术数据如下：

零点漂移 ≤最小测量范围的 1.5%/周

灵敏度漂移 ≤1%/周

线性误差 ≤所选量程范围的 1.5%

表 6-5 FINOR 模块的典型测量组分和最小量程

组分	分子式	最小测量范围/(mg/m^3)	最小测量范围/%
二氧化碳	CO_2	2000	0.1
一氧化碳	CO	6000	0.5
碳氢化合物	C_nH_m		2.0
甲烷	CH_4	15000	2.0
六氟化硫	SF_6		10

6.5.3 GFC7000E 超微量红外 CO_2 分析仪

GFC7000E 采用气体滤波相关技术，测量超微量 CO_2 含量，其主要性能指标见表 6-6。

表 6-6 GFC7000E 超微量红外 CO_2 分析仪主要性能指标

测量范围	50ppb～2000ppm(以 1ppb 间隔递增)	量程漂移(7d)	<0.1%(仪器读数>50ppm 时)
测量单位	ppb、ppm、$\mu g/m^3$、mg/m^3、%	线性误差	1%FS
测量下限	<0.2ppm	测量精度	0.5%仪器读数
零点漂移(24h)	<0.25ppm	滞后时间	10s
零点漂移(7d)	<0.5ppm	样气流量	800mL/min±10%

注：$1ppm=10^{-6}$，$1ppb=10^{-9}$。

GFC7000E 的基本工作原理见图 6-21。在 GFC7000E 中采用了以下技术来保证超微量 CO_2 的测量精度：

① 采用气体滤波相关（GFC）技术，使被测组分吸收光谱和背景组分吸收光谱差减来测量 CO_2；

② 测量气室为多返结构，红外光多次反射，以提高微量组分的吸收；

③ 严格保持被测样气的温度和压力恒定，如图 6-22 所示，测量气室内的样气经临界小孔被样品泵抽出，由于经临界小孔的样气流量恒定，其压力也恒定。

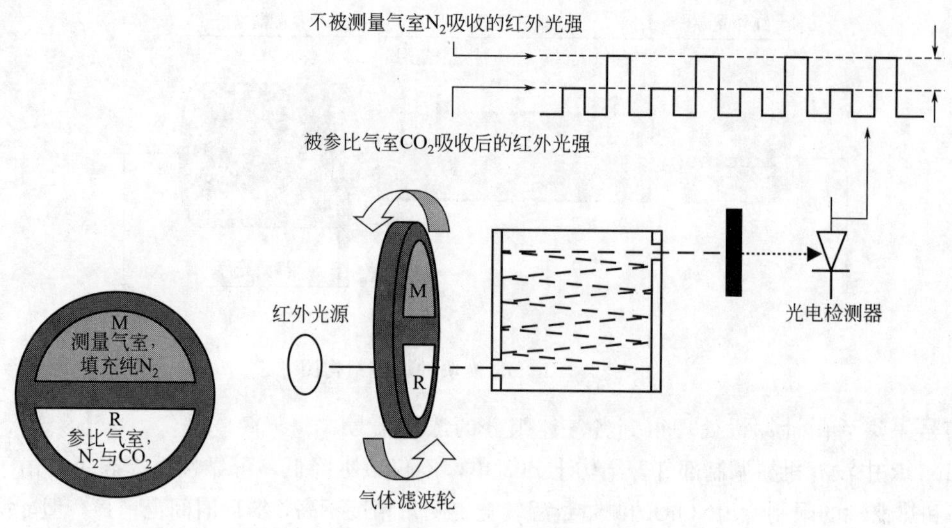

图 6-21 GFC7000E 基本工作原理

M—测量气室，充纯 N_2 气；R—参比气室，充 CO_2 和 N_2 气

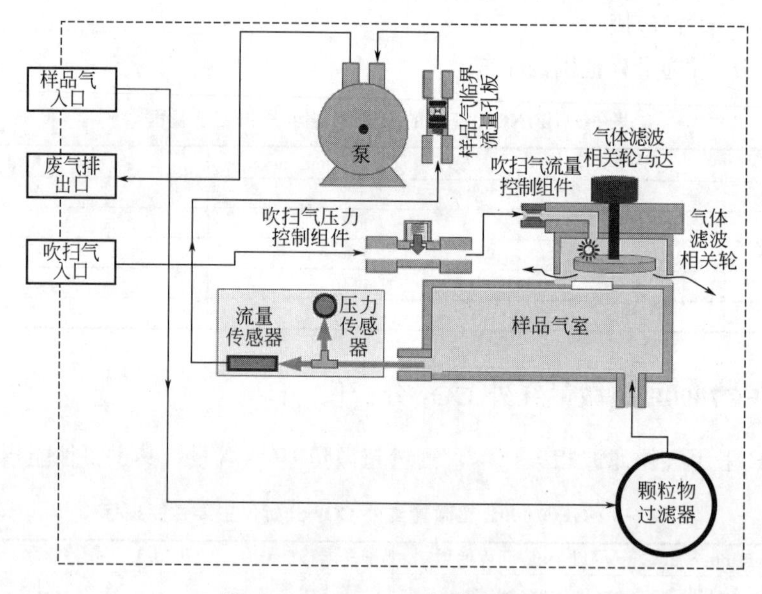

图 6-22 GFC7000E 气路流程图

6.6 测量误差分析

6.6.1 背景气中干扰组分造成的测量误差

在红外线气体分析器中，所谓干扰组分是指与待测组分的特征吸收带有交叉或重叠的其他组分。

从图 6-23 中可以看出，有些组分的吸收带相互交叉，存在交叉干扰，其中以 CO、CO_2 最为典型，给 CO 或 CO_2 的测量带来困难。从图 6-23 中还可看出，有些组分的吸收带相互重叠，存在着重叠干扰，其中以 H_2O 最为突出。水分在 1～9μm 波长范围内几乎有连续的吸收带，其吸收带和许多组分的吸收波带重叠在一起。

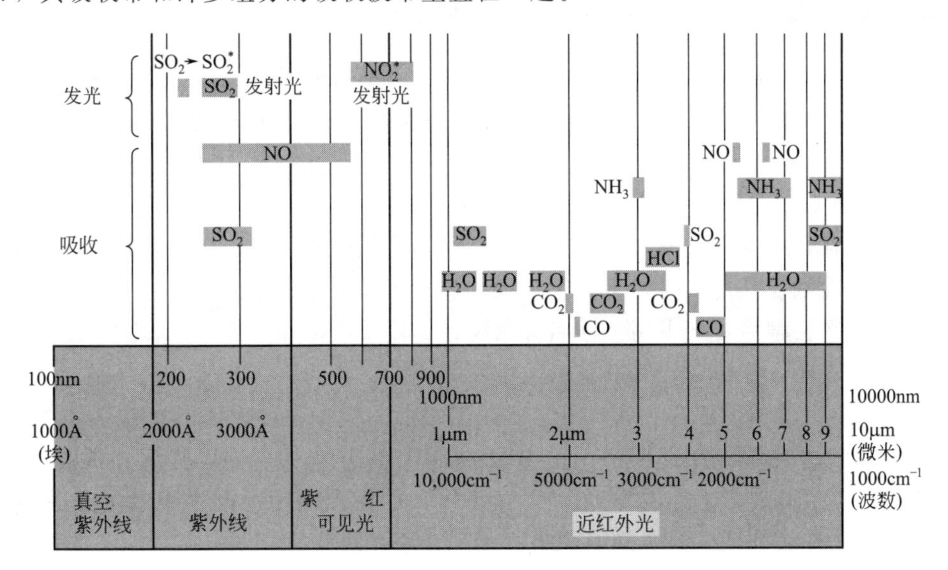

图 6-23　一些烟气组分的主要光谱吸收波带

注：1Å=0.1nm。

为消除或减小干扰组分对测量的影响，通常采用以下处理方法。

① 在样品处理环节通过物理或化学方法除去或减少干扰组分，以消除或降低其影响。例如，通过冷凝除水，降低样气中水分的浓度（露点）。

② 如果干扰组分和水蒸气的浓度是不变的，可以用软件直接扣除其影响量。例如，采用带温控系统的冷却器降温除水是一种较好的方法，可将气样温度降至5℃±0.1℃，保持气样中水分含量恒定在0.85%左右，使它对待测组分产生的干扰恒定，造成的附加误差是恒定值，可从测量结果中扣除。

③ 如果干扰组分的浓度不确定和随机变化，可采取滤波措施，设置滤波气室或干涉滤光片。例如，CO、CO_2 吸收峰相互交叉，给 CO 的测量带来干扰，可在光路中加装 CO_2 滤波气室，使 CO_2 吸收波带的光在进入测量气室之前就被吸收掉，而只让 CO 吸收波带的光通过。

也可加装窄带干涉滤光片，其通带比 CO 的吸收峰狭窄得多，红外光中能通过干涉滤光片的只有 CO 特征吸收波长 4.65μm 附近很窄的一段，干扰组分 CO_2 无法吸收这部分能量，故避开了干扰。

④ 采用多组分气体分析器，同时测量多种气体组分，通过计算消除不同组分之间的交叉干扰和重叠干扰。例如，西克麦哈克公司的 S700、MCS100 型多组分红外分析器就具有这种自动校正功能。在烟气排放连续监测系统（CEMS）中，测量 SO_2、NO 的红外分析仪增加了 H_2O 的测量功能，用 H_2O 的测量值对 SO_2、NO 的测量值进行动态校正。

⑤ 改变标准气的组成来修正干扰误差。例如，CEMS 系统分析 SO_2 会受到 CO_2 的干扰，常规 SO_2 红外分析器在12% CO_2 时的干扰误差可能达到−500mg/L SO_2 左右，环境监测处于低 SO_2 情况时，有可能出现显示负值的不正常现象。改变标准气的组成可以一试：原用零点气99.99% N_2，改用零点气12% CO_2/N_2；原用量程气2000mg/L SO_2/N_2，改用量程气（2000mg/L SO_2+12% CO_2）/N_2

校准分析器的操作步骤不变。当样气中 CO_2 含量正好是典型值 12% CO_2 时，干扰误差为零。

6.6.2 样品处理过程可能造成的测量误差

红外线气体分析器的样品处理系统承担着除尘、除水和温度、压力、流量调节等任务，处理后应使样品满足仪器长期稳定运行的要求。除应保证送入分析仪的样品温度、压力、流量恒定和无尘外，特别应注意的是样品的除水问题。

当样气含水量较大时，主要危害有以下几点：

① 样气中存在的水分会吸收红外辐射，从而给测量造成干扰；

② 当水分冷凝在晶片上时，会产生较大的测量误差；

③ 水分存在会增强样气中腐蚀性组分的腐蚀作用；

④ 样气除水后可能造成样气的组成发生变化。

为了降低样气含水的危害，在样气进入仪器之前，应先通过冷却器降温除水（最好降至5℃以下），降低其露点，然后伴热保温，使其温度升高至 40℃左右，送入分析器进行分析。由于红外分析器恒温在 45～60℃工作，远高于样气的露点温度，样气中的水分就不会冷凝析出了。这就是样品处理中的“降温除水”和“升温保湿”。

在采用冷却器降温除水时，某些易溶于水的组分可能损失，例如烟气中的 SO_2、NO、CO_2 等会部分溶解于冷凝液中。样品处理系统的设计应尽可能避免此种情况，包括迅速将冷凝液从气流中分离出来，尽可能减少冷凝液与干燥后样气的接触时间和面积等。根治这一问题的办法是采用 Nafion 管干燥器，其优点是：Nafion 管没有冷凝液出现，根本不存在被测组分流失的问题，样气露点可降低至 0℃以下甚至－20℃。

有时也采用干燥剂（如硅胶、分子筛、氯化钙或五氧化二磷等）对低湿样品进行处理，但应慎用，因为各种干燥剂往往同时吸附其他组分，吸附量又易受环境温度压力变化的影响，弄得不好反而会增大附加误差。这种方法仅适用于要求不高的常量分析，在微量分析或重要的分析场合，均应采用带温控器的冷却器降温除水。

高温型红外气体分析器（如西克麦哈克的 MCS100）、傅里叶变换红外光谱仪（FTIR）采用热湿法测量，为解决高含水样品的测量提供了新的途径和手段，可从根本上解决样气含水造成的各种麻烦。

6.6.3 标准气体造成的测量误差

在线分析仪器的技术指标和测量准确度受标准气制约。如果校准用的标准气体纯度或准确度不够，会对测量造成影响，尤其是对微量分析。

(1) 瓶装标准气体的配气偏差和不确定度指标

瓶装标准气体大多采用称量法配制，其配气偏差和不确定度见表 6-7。

表 6-7 瓶装标准气体的配气偏差和不确定度指标

配置方法	浓度范围	允许相对配气偏差	不确定度
称量法 /(mol/mol)	0.01%～1%	±5%	±1%
	1%～5%	±3%	±1%
	5%～50%	±1%	±0.2%

注：1. 表中技术指标指二组元混合气体，若组分数增加，配气偏差及不确定度亦相应增加。

2. 不确定度随气体的种类、浓度值的不同将有适当差异。

① 配气偏差　组分的用户要求值 A 与配制后该组分的实际给定值 B 之间有一差值 Δ，Δ 称为配气偏差，$\Delta/A\times100\%$称为相对配气偏差。

② 不确定度　表征被计量的真值所处的量值范围的评定，它表示计量结果附近的一个范围，而被计量的真值以一定的概率落于其中。

(2) 使用标准气体注意事项

① 不可使用不合格的或已经失效的标准气，标准气的有效期仅为1年。

② 标准气体的组成应与被测样品相同或相近，含量最好与被测样品含量相近，以尽量减少由于线性度不良而引起的测量误差。

③ 安装气瓶减压阀时，应微开气瓶角阀，用标气吹扫连接部，同时安装。其作用是置换连接部死体积中的空气，以免混入气瓶污染标气。

④ 输气管路系统要具有很好的气密性，防止环境气体漏入污染标准气体。

上述③、④对于微量氧、微量氮标准气尤为重要。

(3) CO_2、CO 微量分析中出现的读数为负值问题

合成氨生产采用红外分析器测量新鲜气中微量 CO_2、CO 的含量，实际使用中有时出现读数为负值的情况，其原因往往是由于零点气不纯造成的。

红外分析器的零点气一般采用99.999%的高纯氮气，其中尚有10mg/L的杂质，如果这10mg/L中有2mg/L的 CO_2，当新鲜气中的 CO_2 比零点气中的含量还低，低至1mg/L时，仪器就会出现−1mg/L的示值。

目前，大气中的 CO_2 含量约为350mg/L，工业生产环境中的 CO_2 含量会更高一些，加之标气配制和使用过程中的各种影响因素，如气瓶清洗不彻底，标气充装、气路置换操作不当等原因，高纯氮中含有微量 CO_2 不足为奇，甚至有可能混入微量CO。

清除高纯氮气中微量 CO_2、CO 的方法，是在零点气通路中增设“吸收、吸附”环节，用碱石灰吸收 CO_2，用霍加拉特吸附并氧化CO。

6.6.4　电源频率变化造成的测量误差

不同型号的红外线气体分析器切光频率是不一样的，它们都由同步电机经齿轮减速后带动切光片转动，一旦电源频率发生变化，同步电机带动的切光片转动频率亦发生变化。切光频率降低时，红外辐射光传至检测器后有利于热能的吸收，有利于仪器灵敏度的提高，但响应时间减慢。切光频率增高时，响应时间增快，但仪器灵敏度下降。仪器运行时，供电频率一旦超过仪器规定的范围，灵敏度将发生较大变化，使输出示值偏离正常示值。

对于一个50Hz的电源，其频率变化误差要求保持在±1%以内，即±0.5Hz以内。如果频率的变化达到±0.8Hz时，由其产生的调制频率变化误差将达到±1.6%，根据计算，此时检测部件的热时间常数会发生±0.04%以上的变化，由此造成的测量误差可能达到±1.25%～±2.5%以上。

检测信号经阻抗变换后需进行选频放大。不同仪器的切光调制频率不同，选频特性曲线亦不同。一旦电源频率变化，信号的调制频率偏离选频特性曲线，也会使输出示值严重偏离。因此，红外分析器的供电电源应频率稳定，波动不能超过±0.5Hz，波形不能有畸变。

6.6.5　温度变化造成的影响

温度对红外分析器的影响体现在两个方面：一是被测气体温度对测量的影响；二是环境

温度对测量的影响。

被测气体温度越高，则密度越低，气体对红外能量的吸收率也越低，进而所测气体浓度就越低。红外分析器的恒温控制可有效控制此项影响误差。红外分析器内部设有温控装置及超温保护电路，恒温温度的设定值处在45～60℃之间，视不同厂家的设计而异。

环境温度对光学部件（红外光源，红外检测器）和电气模拟通道都有影响，通过较高温度的恒温控制，选用低温漂元件和软件补偿可以消除环境温度对测量的影响。根据经验，在工业现场应将红外分析器安装在分析小屋内，冬季蒸汽供暖，夏季空调降温，室内温度一般控制在10～30℃之间。不宜将红外分析器安装在现场露天机柜内，因为这种安装方式无论是冬季保暖还是夏季降温均难以解决，夏季阳光照射往往造成超温跳闸。

日常运行时，若无必要不要轻易打开分析器箱门，一旦恒温区域被破坏，需较长时间才能恢复。

6.6.6 大气压力变化造成的影响

大气压力即使在同一个地区、同一天内也是有变化的。若天气骤变，变化的幅度较大。大气压力变化±1%时，其影响误差约为±1.3%（不同原理的仪器有所差别）。对于分析后气样就地放空的分析器，大气压力的这种变化，直接影响分析气室中气样的压力，从而改变了气样的密度及对红外能量的吸收率，造成附加误差。

对一些微量分析或测量精确度要求较高的仪器，可增设大气压力补偿装置，以便消除或降低这种影响。对于高浓度分析（如测量范围90%～100%），必须配置大气压力补偿装置。红外线分析器的压力补偿技术，有可能将压力变化的影响误差降低一个数量级。例如，高浓度分析的测量误差为±1%FS，进行压力补偿后，测量误差可降至±0.1%～0.2%FS。

对于分析后气样排火炬放空或返工艺回收的分析器，排放管线中的压力波动，会影响测量气室中气样的压力，造成附加误差。此时可采取以下措施：

① 将气样引至容积较大的集气管或储气罐缓冲，以稳定排放压力；

② 外排管线设置止逆阀（单向阀），阻止火炬系统或气样回收装置压力波动对测量气室的影响；

③ 最好是在气样排放口设置背压调节阀（阀前压力调节阀），稳定测量气室压力。

6.6.7 样品流速变化造成的影响

样品流速和压力紧密关联，样品处理系统由于堵塞、带液、或压力调节系统工作不正常，会造成气样流速不稳定，使气样压力发生变化，进而影响测量。一些精度较差的仪器，当流速变化20%时，仪表示值变化超过5%，对精度较高的仪器，影响则更大。

为了减少流速波动造成的测量误差，取样点应选择在压力波动较小的地方，预处理系统要能在较大的压力波动条件下正常工作，并能长期稳定运行。

气样的放空管道不能安装在有背压、风口或易受扰动的环境中，放空管道最低点应设置排水阀。若条件允许，气室出口可设置背压调节阀或性能稳定的气阻阀，提高气室背压，减少流速变动对测量的影响。

日常维护中应定期检查气室放空流速，一旦发现异常，应找出原因加以排除。

6.7 调校、维护和检修

红外线气体分析器产品类型较多，调校、维护和检修内容及方法不尽相同，现以北分麦哈克公司 QGS-08 系列中 QGS-08B 型红外线气体分析器为例作一介绍。

6.7.1 调校

(1) 一般调校项目

红外线气体分析器的一般调校项目主要有以下三项。

① 相位平衡调整　调整切光片轴心位置，使其处在两束红外光的对称点上。要求切光片同时遮挡或同时露出两个光路，即所谓同步，使两个光路作用在检测器气室两侧窗口上的光面积相等。

② 光路平衡调整　调整参比光路上的偏心遮光片（也称挡光板、光闸），改变参比光路的光通量，使测量、参比两光路的光能量相等。

③ 零点和量程校准　分别通零点气和量程气，反复校准仪表零点和量程。

有些红外分析器内部带有校准气室，填充一定浓度的被测气体，产生相当于满量程标准气的气体吸收信号，可以不需要标准气就实现仪器的校准。校准时，传动电机将相应的校准气室送入光路，此时仪器的测量池必须通高纯氮气。为了检查校准气室是否漏气，每半年或一年仍然要用标准气进行一次对照测试，所以用户仍应配备瓶装标准气。

对于用户来说，日常维护经常进行的工作是仪器的零点和量程校准，这种校准是以相位和光路平衡为前提条件的。仪器出厂前，生产厂家已进行过全面调校，实际使用中，相位平衡一般不会发生变化，而光路系统由于受各种因素影响（气室污染、泄漏以及更换检测器、气室、光源、滤光片等），可能出现失衡现象，造成零点和量程的漂移，严重时甚至无法通过校准加以消除，此时需要进行光路平衡调整。

(2) 光路平衡调整

在 QGS-08B 型红外线气体分析器中，光路平衡调整也称为残余信号调整，调整方法如下。

① 正常调整步骤　调整工作需在分析仪预热稳定后进行，将电气板“EL. 0”开关拨向“电气”位置，调节前面板上零点电位器使表头指示到 4mA（4～20mA 输出的电气零点）。再将电气板“EL. 0”开关拨向“测量”位置，向仪器通入高纯 N_2，转动检测器上的调节螺钉，使挡光板中心对准气室隔板。见图 6-24。

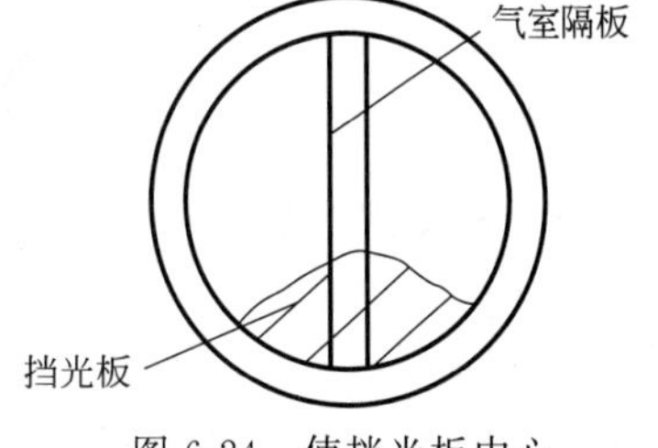

图 6-24　使挡光板中心对准气室隔板

将连接检测器和气室的夹紧锁拧松至气室可以转动为宜。取下光源黑罩子，拧松固定光源反射体的螺钉。转动光源反射体或气室（两者配合调整），使表头指针指到 4mA（测量零点），同时满足残余信号最小（≤0.5V 交流）。拧紧夹紧锁和固定光源反射体的螺钉，罩上光源罩子并留有一缝隙，将高纯 N_2 从缝隙通入光源罩子，吹洗约 15min，扣紧外罩并装好紧固卡，锁紧检测器上调节螺钉。通过以上调整，在满足仪器灵敏度要求的条件下，仪器的电气/测量零点重合，残余信号≤0.5V

交流，此时光路平衡已调好。

② 对气室进行清洗使光路平衡　如果残余信号较高调整不下来，无法排除故障时，一般是由于气室测量边严重污染造成的。气室窗口污染会阻碍红外线的穿透，气室内壁污染也会吸收部分红外辐射能量，导致通过测量边的光强减弱，使仪器零点产生正向漂移，同时造成量程漂移和灵敏度变化（会随零点变化而变化）。污染越严重，漂移量越大，此时可对气室进行清洗处理。用于钢铁厂和水泥厂的仪器，气室内的污染物主要是粉尘，这种情况，可用洗涤灵浸泡、清洗；用于化工、化肥行业的气室，内部污染物成分比较复杂，可用弱酸、酒精等清洗，然后再进行残余信号的调整。

③ 对气室参比边进行遮挡使光路平衡　如果通过①、②两步方法均不能解决问题时，可换一只新气室。气室价格较高，为了降低维护成本，也可采用人为的方法对气室参比边进行遮挡，在参比边贴一小块医用胶布（图 6-25），胶布大小视气室污染程度而定。对于开槽型气室，则可用银砂纸将参比边晶片磨毛。通过上述方法加大参比边的遮挡，使气室分析边和参比边通过的红外光相等，调整残余信号使光路达到平衡。这种方法显然对灵敏度有一定影响（灵敏度降低），可在电气上增加一挡放大倍数即可以正常使用，对仪器指标影响不大。

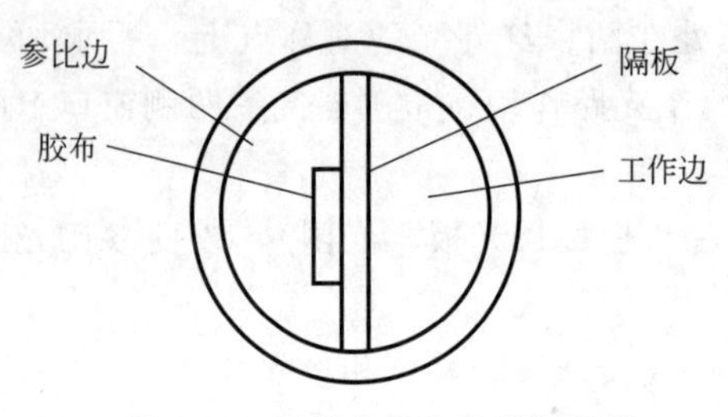

图 6-25　对气室参比边进行遮挡

④ 气室漏气对光路平衡的影响　气室参比边封有高纯 N_2，它与分析边相互气密并且和外界隔绝，当气室参比边与分析边不具备气密性了（两室串气），分析边的被测气体有一部分进入到参比边时，会使参比边对红外辐射产生吸收，使仪器零点产生负向漂移，同样造成量程漂移和灵敏度变化。如果怀疑气室漏气，可向仪器通入零点气，待指示稳定后，向参比边通入零点气，观察其指示是否变化，指示变化说明气室漏气。遇到这种情况，对气室进行检漏和维修，无法修复时更换气室。开槽气室晶片裂造成气室漏气，使仪器零、终点无规律变化，此时仪器重复性非常差。遇到这种情况必须更换气室。

6.7.2　维护和检修

QGS-08B 型红外线气体分析器主要由光学分析单元和电气单元两大部分组成。面对一台有故障的分析仪器，可以先分析是光学分析单元有问题还是电气单元有问题，通过测量电气板上各工作点电压，结合表头指示等方法，逐渐缩小故障范围，确定故障点，然后加以排除。

(1) 光学部分的维修

① 光源　光源由灯丝、反射体、切光马达及光电耦合器等组成。这些器件在出厂前都经过长时间的老化，一般不易出现故障，如果出现故障，用户一般也无法解决，最好更换器件或返厂检修。在长期使用中，切光马达的噪声会增大，仪器出现不稳定，此时不要往马达轴或轴承上注油，因为油会蒸发污染反射体，使仪器发生漂移，而应更换马达。

② 气室　测量气室是被测气体直接通过的部件，保持其内部光洁度和免遭腐蚀至关重要。因此，对被测气体一定要进行预处理。在进入仪器前，一般应满足下列条件：含水量＜0.5mg/m³；硫化氢、二氧化硫等腐蚀性气体的含量＜10mg/m³；气体温度＜40℃；气体压力＜20kPa，气体流量控制在 0.5L/min。

对于已经污染的气室，可试用温水及一些弱碱、弱酸的清洗液灌入气室，进行摇晃，清洗后，用清水反复冲洗，最后用纯净的氮气吹干。对于腐蚀污染较严重的气室，只能返厂修理或更换新气室。

③ 检测器 检测器的核心部件是薄膜电容器，其动极是一层非常薄的金属钛膜，与定极间距非常小，因此在搬运仪器时，一定要轻拿轻放，防止剧烈振动，以免造成贴膜（动极与定极贴合）。在使用仪器时，应将仪器放在振动小的地方，或在仪器的下面垫上一些消振材料，这些措施对使用好仪器很有必要。

检测器的接收气室内都充有特定的气体，如果这些气体泄漏，检测器将没有灵敏度或灵敏度很低。在使用中不要频繁开机、关机，以免检测器一会儿被恒温，一会儿又被降温，这会造成接收气室内部气体泄漏；另一方面，机箱内温度的不稳定也是影响红外检测器灵敏度非常关键的因素，因为红外检测本身就是利用辐射热能的吸收实现的。因此一般情况下，应一直开着仪器，使其处于恒温状态。

(2) 电气部分的维修

电气部分出现的故障，有两个方面要引起注意：一是供电部分，由于不慎接入了与仪器要求不相符的电源，除了烧断保险丝之外，还可能引起电路板直流电源的损坏，此时可通过测量电路板上的测试点来判定哪组直流电源损坏；二是恒流源输出部分，如果信号线上误接入高电压，或其他强电信号窜入信号线，可能导致恒流源电路被烧坏，出现此种情况要检查有关三极管及运算放大器，必要时进行更换。

如果是信号放大部分出现故障，一般要使用示波器进行检修。首先，检查在相敏解调这一级信号是否正常，如果不正常可检查上一级放大器以及光电耦合器的信号，这些信号正常时，均为6.25Hz的正弦波信号。相敏解调这一级以后的有效信号均为直流电压，可按使用说明书提示进行检查。在检查电气故障时，还应检查电路板上是否积尘太多，这也有可能产生噪声或出现短路、接触不良等现象，必要时用酒精进行清洗，保证电路板的清洁和接插件接触良好。

天然气处理、管道输送在线分析技术

7.1 天然气工业产业链

按照国际惯例，天然气工业有上游、中游和下游之分，上游的天然气勘探生产、中游的管道运输及地下储存和下游的城市配送，是组成天然气工业的基本业务单元。中国的天然气工业产业链，将气井井口、处理厂、运输网络、储气设施、配送网络以及最终用户全部连接起来，这串链条上的每节链环都依靠其他各个环节而存在。

(1) 天然气勘探生产

上游的天然气勘探生产业务包括天然气勘探、开发、矿场内部集输、净化与加工处理等环节。

① 天然气勘探　寻找具有经济开采价值的地下天然气宝藏。

② 天然气开采　把天然气举升到地面，并去后续环节处理。

③ 矿场集输　将从气井中采出的天然气，通过矿区内部集输、分离计量并输送至处理厂净化与加工处理。

④ 净化与加工处理　对天然气进行净化与加工处理（如脱硫、脱水、脱烃、轻油稳定脱杂质等），使之达到或者符合商品天然气质量或管道输送的要求，并回收其他副产品，例如 LPG、稳定轻油、硫黄等。

(2) 天然气运输储存

通过干线输气管道，将上游产区生产的天然气输送到下游的城市门站或直供大用户（如燃气轮机发电厂，以天然气为原料的合成氨厂、甲醇厂等）。干线输气管道是连接天然气工业上游生产区与下游配气区的纽带，输送距离长，管径大，压力高，故又称长距离高压输气管道。

为了适应季节性调峰的需要，在靠近市场区域建设地下储气库，将输气干线与地下储气库连接，构成天然气供气系统的一部分。

(3) 天然气城市配送

天然气城市配送是指将从接收站来的天然气通过城市配气系统输送至最终用户。一个完整的城市配气系统由配气站、配气管网、储气设施与各类调压装置等组成。

本章主要介绍天然气净化与加工处理过程、长距离高压输气管道上采用的在线分析仪器及其取样和样品处理技术。

7.2 天然气净化处理在线分析项目及仪器选用

7.2.1 天然气净化处理工艺过程

图 7-1 是油气田对天然气进行净化处理的工艺过程示意框图。需要说明的是，并非所有油、气井来的天然气都必须经过图 7-1 中的各个处理环节。例如，如果天然气中酸性组分含量很少，已经符合商品天然气质量指标的要求，就可不必脱硫（脱碳）而直接脱水和脱烃；如果天然气中含乙烷和更重烃类组分很少，就可直接经脱硫（脱碳）、脱水后通过管道外输或生产液化天然气等。

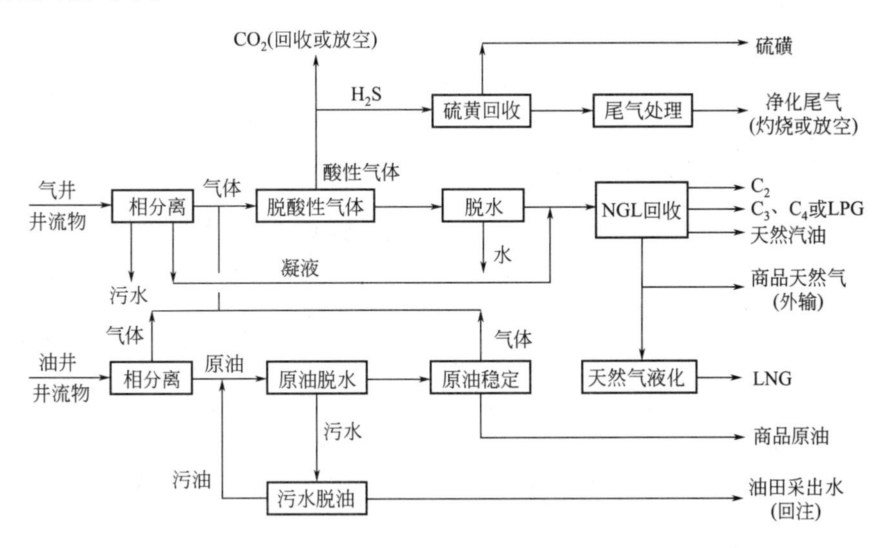

图 7-1 天然气净化处理过程示意框图

在有的文献中，又将上述天然气处理过程划分为处理、净化、加工几个部分。

① 天然气处理 脱除酸性天然气中的 H_2S、CO_2、H_2O 等，以符合规定的管输标准，或为了保证一定的热值从含有大量惰性气体（N_2 或 CO_2）的天然气中提浓 CH_4，以及为了控制管输天然气的烃露点而脱除部分 NGL 等，皆属于天然气处理的范畴。在 2007 年 1 月 1 日实施的 SY/T 0082.7—2006《石油天然气工程初步设计内容规范 第 3 部分：天然气处理厂工程》中对天然气处理厂定义为：“对天然气进行脱硫（脱碳）、脱水、凝液回收、硫黄回收、尾气处理或其中一部分的工厂”。

② 天然气净化 主要是指脱除天然气中的 H_2S、CO_2、H_2O。天然气净化涉及的工艺过程，除脱硫、脱碳、脱水外，通常还附属有将过程中生成的酸气回收制硫的克劳斯法硫回收过程及其后续必要的尾气处理过程。

③ 天然气加工 主要是指 NGL 回收、天然气液化、天然气提氦三种工艺过程。

上面所说的天然气处理、净化和加工，目前尚无严格、统一的划分，只是根据天然气使用目的的不同以及根据工艺流程的区别甚至习惯称谓所进行的区分而已。

本章主要介绍天然气脱硫脱碳、脱水、凝液回收部分的在线分析技术，至于硫黄回收和尾气处理部分，将在第 8 章介绍。

7.2.2 我国商品天然气质量指标

天然气经过处理、净化后，应达到的质量指标见表 7-1。

表 7-1 我国商品天然气质量指标（GB 17820—2012）

项目		质量指标		
		一类	二类	三类
高位发热量①/(MJ/m^3)	≥	36.0	31.4	31.4
总硫(以硫计)①/(mg/m^3)	≤	60	200	350
硫化氢①/(mg/m^3)	≤	6	20	350
二氧化碳 y/%	≤	2.0	3.0	—
水露点②③/℃		在交接点压力下，水露点应比输送条件下最低环境温度低 5℃		

① 本标准中的气体体积的标准参比条件是 101.325kPa，20℃。

② 在输送条件下，当管道管顶埋地温度为 0℃时，水露点应不高于－5℃。

③ 进入输气管道的天然气，水露点的压力应是最高输送压力。

7.2.3 在线分析项目及仪器配置

天然气脱硫（脱碳）、脱水、凝液回收单元在线分析项目及仪器配置如下。

① 根据需要，可在原料天然气管线上设置在线色谱仪，分析原料天然气的组成，以适应原料天然气组成不断变化的情况，提高天然气处理厂的操作水平。

② 在脱硫装置入口管线上设置 H_2S 在线分析仪，测量原料天然气的 H_2S 含量；在出口管线上设置微量 H_2S 分析仪，监测产品天然气的 H_2S 含量，了解脱硫效果，指导脱硫操作。

③ 在脱硫装置出口管线上设置总硫在线分析仪，监测产品天然气的总硫含量。

④ 在脱水装置出口管线上设置在线微量水分仪，监测产品天然气的微量水分含量和水露点，指导脱水操作。

⑤ 在凝液回收装置流程管线和出口管线上设置在线色谱仪（1 台或多台），了解天然气烃类组分分离情况，分析分离后天然气及液烃产品的组成，有时也用来分析混合冷剂的组成，指导工艺操作。

⑥ 在凝液回收装置脱烃后的天然气管线上设置烃露点分析仪，监视脱烃效果，指导脱烃操作。

上述在线分析项目中，第①～④项适用于纯气田天然气（气藏气），而第①～⑥项则适用于凝析气藏天然气（凝析气）和油田伴生天然气（伴生气）。

上述第②、④、⑤项，我国天然气处理厂大多已实现了在线分析；第①、③两项，目前我国采用实验室色谱仪和氧化微库仑法总硫分析仪进行分析；第⑥项我国则多采用便携式冷却镜面目测法露点仪检测烃露点。

7.2.4 脱硫(脱碳) 单元硫化氢分析仪的选用

(1) 脱硫要求和硫化氢含量

天然气脱硫脱碳方法很多，这些方法一般可分为化学溶剂法、物理溶剂法、化学-物理溶剂法、直接转化法等。最常用的是化学溶剂法中的醇胺法。属于此法的有一乙醇胺（MEA）法、二乙醇胺（DEA）法、二异丙醇胺（DIPA）法、甲基二乙醇胺（MDEA）法等。目前，我国的天然气和炼厂气净化装置绝大多数均采用MDEA溶剂，或者采用以MDEA为主要组分，再复配物理溶剂或化学添加剂的所谓配方型溶剂。

醇胺法系采用碱性醇胺溶液与天然气中的酸性组分（主要是H_2S、CO_2）反应，生成某种液体化合物，从而将酸性组分从天然气中脱除出来，故也称为化学吸收法。吸收了酸性组分的醇胺溶液（称为富液）在再生塔中加热、减压，可使酸性组分分解与释放出来，脱除了酸性气的醇胺溶液（称为贫液）返回吸收塔重复使用。

以我国当前生产的天然气为例，按其脱硫脱碳要求至少可区分为三种比较典型的类型，见表7-2。

表7-2 我国含硫天然气的主要类型

类型	工厂名称	原料气H_2S含量/%(ϕ)	原料气CO_2含量/%(ϕ)	碳/硫比例	操作压力/MPa	净化气H_2S含量/(mg/m^3)	备注
Ⅰ	四川长寿分厂	0.17	1.71	10	4.8	≤6.0	
Ⅰ	四川忠县分厂(拟建)	0.14	1.25	8.9	6.4	≤6.0	
Ⅱ	长庆一厂	0.05	5.15	103	5.0	≤20	
Ⅱ	长庆二厂	0.06	5.73	95.5	5.0	≤20	
Ⅲ	四川罗家寨净化厂(拟建)	12	7	0.58	6.4	≤6.0	含有一定量有机化合物

根据我国商品天然气质量指标（GB 17820—2012）的要求，脱硫脱碳后的湿净化气H_2S含量应小于20mg/m^3（折合14.13ppmV），CO_2小于3%（ϕ）。

根据某厂的调查，脱硫前原料天然气H_2S含量典型值为5400～5700mg/m^3，折合3818～4030ppmV（0.38%～0.40%）；脱硫后产品天然气H_2S含量典型值为4～9ppmV，折合5.66～12.73mg/m^3。

H_2S含量单位换算：1mg/m^3 = 0.707ppmV，1ppmV = 1.414mg/m^3（20℃，101.325kPa）。

（2）硫化氢分析仪选用意见

① 脱硫前原料天然气H_2S含量可选用紫外吸收法硫化氢分析仪进行测量。醋酸铅纸带比色法分析仪由于测量范围窄，仅能进行微量分析，硫化氢含量50mg/L以上时必须增加稀释系统，从而带来测量误差，不建议选用。

② 脱硫后产品天然气H_2S含量测量可选用醋酸铅纸带比色法或紫外吸收法微量硫化氢分析仪进行测量。

③ 激光光谱法硫化氢分析仪测量范围较宽，常量、微量均可测量，但该种仪器目前在我国使用数量很少，缺乏足够的应用业绩和现场验证数据，建议慎重选用。

7.2.5 脱水单元微量水分析仪的选用

（1）脱水要求和微量水分含量

天然气脱水方法主要包括三甘醇吸收法、分子筛吸附法、低温分离法等。三甘醇（TEG）法应用最为广泛。分子筛法是高效脱水方法，以前主要用于天然气中微量组分的脱除，近些年来随着抗酸性分子筛的问世，即使高酸性天然气也可以在不脱酸性气体情况下脱水。分子筛脱水技术在国外已广泛应用于高含硫气田，随着对安全和环保的日益重视，国外近期建成的高含硫天然气脱水装置基本均为分子筛脱水。

根据我国商品天然气质量指标（GB 17820—2012）的要求，脱水后天然气的水露点应比输送条件压力下的最低环境温度低 5℃。我国川渝地区要求，天然气脱水后应使其水露点≤－13℃后外输（管输压力下的水露点）。

如果管输压力为 5MPaA 时，在 5MPaA 下的水露点≤－13℃（1959ppmV），折合常压下的水露点≤－50℃（39.2ppmV）。

当管输压力为 7MPaA 时，在 7MPaA 下的水露点≤－13℃（1959ppmV），折合常压下的水露点≤－53℃（26.5ppmV）。

据某分厂调查，采用三甘醇（TEG）法脱水，天然气脱水后微量水分含量典型值为 14～20ppmV，异常工况下可能会超过 50ppmV；如果采用分子筛脱水，脱水后天然气中水的体积分数可达到 0.1～10ppmV。

（2）微量水分析仪选用意见

我国川渝地区天然气处理加工中使用的在线微量水分仪，有电解式、电容式、晶振式、激光式、近红外式等几种类型，从使用情况看，这几种仪器各有优缺点，大体上可满足测量天然气微量水分的要求。对于仪器的选用，提出如下意见仅供参考。

① 目前，我国天然气处理厂和管道输送中，使用 AMETEK3050 晶体振荡式微量水分仪较多，约占总数的 50%。从使用情况看，主要存在以下两个问题。

a. 部件（如干燥器、水分发生器、传感器等）价格昂贵，更换频繁，维护成本过高。

b. 当天然气中含有重烃蒸气（油蒸气）时，石英晶体吸湿膜不但吸附水蒸气，也吸附油蒸气，致使水露点测量值偏低。根据塔里木油田和西南油气田采用冷镜法或激光法仪器与 3050 比对测试的结果，水露点温度相差 10℃以上（冷镜法或激光法测量值为－15～－14℃，而 3050 测量值为－27～－26℃），从天然气处理的工艺原理分析，3050 的测量数据也是错误的。而且 3050 的吸湿膜吸附油蒸气后难以脱附，吸附油蒸气较多时不再吸附水蒸气，必须更换传感器。

据分析，出现上述问题的原因可能如下：国外天然气经脱烃处理后，再用 AMETEK3050 测其含水量，3050 不适用于我国一些未经脱烃处理（如西南油气田为气井气，未做脱烃处理）或天然气含重烃量高（如凝析井气、油田气）或脱烃处理不够彻底的天然气。

建议研制一种能除去天然气中油蒸气和其他气雾，而不影响 3050 对微量水分（水蒸气）测量的样品处理装置，这种装置不但可以保护石英晶体传感器，其他湿度传感器（如电容传感器等）也是十分需要的。

② 建议优先选用电解式微量水分仪，因为这种仪器具有两方面的显著优势：一是其测量方法属于绝对测量法，电解电量与水分含量一一对应，测量精度高，绝对误差小，由于是绝对测量法，测量探头一般不需要用其他方法进行校准；二是这种仪器是目前唯一国产化的微量水分仪，具有价格上的显著优势（其价格是其他进口仪器的 1/10 到 1/3），并可提供及时便捷的备件供应和技术服务。

③ 目前，一些公司纷纷推出半导体激光微量水分仪，如我国的聚光公司，美国 SS

(Spectra Sensors)、GE、AMETEK公司，英国Mishell公司等。这种激光光谱法仪器的突出优点是其光源和检测器不与被测气体接触，天然气中含有的粉尘、气雾、重烃等对仪器的测量结果影响很小。目前存在的问题是：

a. 大多数厂家的产品测量下限仅能达到5ppmV，个别厂家产品测量下限可达0.1～0.2ppmV，但在我国尚缺乏应用实例加以佐证；

b. 测天然气时，CH_4对H_2O吸收谱线有重叠干扰，仪器出厂时对其进行了补偿修正，测量时要求CH_4浓度>75%，如果CH_4含量低于75%，需要重新进行补偿修正，设定零点值。

④ 德国BARTEK BENKE公司开发的HYGROPHIL F5673型近红外漫反射式微量水分仪是一种很有前途的天然气水露点分析仪，其突出优点是测量探头可直接安装在输气管道中，不需要取样系统，避免了取样部件对水分子的吸附，可以更真实地测得管输天然气在压力状态下的水露点。

⑤ 根据现场调查，有些用户对电容式微量水分仪持否定态度，反映这种水分仪示值容易漂移，需频繁校准，给工作造成不便和麻烦。

电容式微量水分仪的固有缺陷是其氧化铝湿敏传感器探头存在“老化”现象，需要经常校准。为了解决老化问题，各国的研究人员做过多种尝试，但都未能从根本上解决“老化”问题。目前的唯一办法是定期校准，一般是一年左右校准一次，有时需半年一次。建议生产厂家供货时提供两个测量探头，一个使用，一个送厂家校准，以免影响正常监测，同时应改进售后服务，及时方便地校准探头。

虽然电容式微量水分仪存在容易漂移、需频繁校准的缺点，但与其他几种水分仪相比，它也具有一些独到的优势，例如它不仅可测气体，也可测液体中的微量水；不仅可测微量水分，也可测常量水分；其湿敏探头灵敏度高（露点测量下限可达－110℃），响应速度快（一般在0.3～3s之间）；样品流量波动和温度变化对测量的准确度影响不大等。因而，这种微量水分仪还是很受欢迎的，目前我国乙烯、聚乙烯、聚丙烯等装置大多采用这种电容式仪器测量微量水分。

7.2.6 凝液回收单元色谱分析仪的选用

(1) 凝液（NGL）回收主要产品和分析要求

天然气处理、加工产品主要有液化天然气、天然气凝液、液化石油气、天然汽油等。根据回收目的，天然气凝液回收单元可分为以下两类工艺流程：一类是以回收C_3^+烃类为目的的工艺流程，主要生产以C_3、C_4为主要组分的液化石油气和以C_5以上组分为主的天然汽油；另一类是以回收C_2^+烃类为目的的工艺流程，主要生产乙烷、丙烷、LPG和天然汽油或将C_2^+以混合液烃送乙烯装置作为裂解原料。

根据制冷方法，天然气凝液回收单元又可分为冷剂制冷、透平膨胀机制冷、冷剂与透平膨胀机联合制冷三种工艺流程。

根据需要，在线色谱仪分别用来分析原料天然气的组成和脱甲烷塔、脱乙烷塔、脱丁烷塔塔顶、侧线或塔底产物的组成，指导工艺操作。当采用混合冷剂制冷工艺时，也用在线色谱仪分析混合冷剂的组成，指导冷剂配比。

(2) 色谱分析仪选用意见

天然气工业使用的在线色谱仪可以分为专用小型色谱仪和通用大型色谱仪两类。

在天然气集输或管输现场，由于难以提供仪表空气气源，所以均采用天然气专用的小型色谱仪。这种小型色谱仪不需要仪表空气，其进样阀、柱切换阀的驱动采用电磁阀，电气部分的防爆采用隔爆方式，而不采用正压充气方式，这是它的一大特点。

而在 LNG 工厂和部分天然气处理厂，具有仪表空气供应源，可采用通用的大型色谱仪。这种大型色谱仪无论从功能和性能方面均比小型色谱仪要完善和优越，它胜任多流路分析，可同时分析多个采样点的样品，它可安装 TCD、FID、FPD 三种检测器和多套色谱柱，可对无机物、碳氢化合物、硫化物、He、H_2、O_2 等进行常量和微量分析。

7.3 天然气管道输送在线分析项目及仪器选用

7.3.1 天然气长输管道系统及管输天然气质量指标

图 7-2 为天然气长输管道系统构成图，我国管输天然气质量指标（SY/T 5922—2003）见表 7-3。

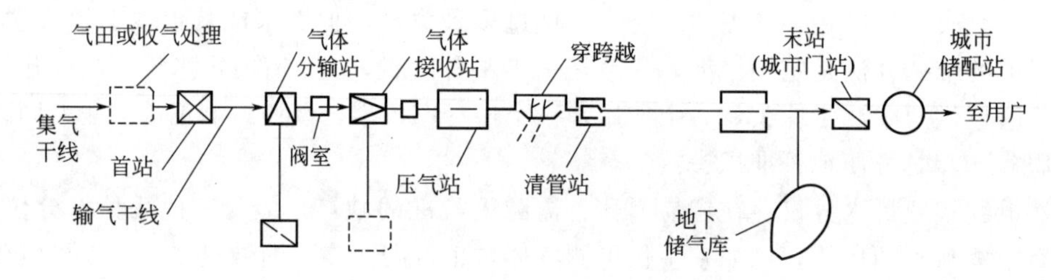

图 7-2 天然气长输管道系统构成图

表 7-3 我国管输天然气质量指标（SY/T 5922—2003）

项 目	质 量 指 标
高位发热量/(MJ/m^3)	>31.4
总硫(以硫计)/(mg/m^3)	≤200
硫化氢/(mg/m^3)	≤20
二氧化碳/%(V)	≤3.0
氧气/%(V)	≤0.5
水露点/℃	在最高操作压力下，水露点应比最低输送环境温度低 5℃
烃露点/℃	在最高操作压力下，烃露点应不大于最低输送环境温度

注：本标准中气体体积的标准参比条件是 101.325kPa，20℃。

7.3.2 在线分析项目、工况条件和样品组成

天然气长输管道系统包括输气首站、输气中间站（压气站、分输站等）、输气末站等多个站点。输气首站、中间站和末站一般均配置硫化氢、微量水、色谱分析仪这三种在线分析仪器，有的输气首站还配置在线烃露点分析仪。

(1) 气相色谱仪

在线气相色谱仪用于分析天然气的组成，计算出热值、密度和沃泊（Wobbe）指数，测量组分为 $C_1 \sim C_6^+$（或 $C_1 \sim C_9^+$）、CO_2、N_2 等。其中大多数和流量计（超声波、涡轮、孔板流量计等）配套，用于天然气的体积或能量计量及贸易结算。

(2) H_2S 分析仪

用于监测天然气的 H_2S 含量。H_2S 和 H_2O 结合会生成氢硫酸，腐蚀设备和管道。

(3) 微量水分析仪

用于监测天然气的微量水分含量和水露点值，防止形成水合物或结冰堵塞，也防止电化学腐蚀及氢硫酸腐蚀。在一定的温度压力下，天然气中的某些组分（甲烷、乙烷、丙烷、异丁烷、CO_2、H_2S 等）能与水形成白色结晶状物质，其外形像致密的雪或松散的冰，称为水合物。其形成与水结冰完全不同，即使温度高达 29℃，只要压力足够高，仍然会形成水合物。一旦形成水合物，很容易在阀门、弯头、三通及其他部件等处造成堵塞，影响管道输送。

四川和重庆地区长距离管道输送天然气硫化氢、微量水、全组分分析取样点工况条件、样品组成和测量要求见表 7-4。

表 7-4　川渝管输天然气硫化氢、微量水、全组分分析工况条件和测量要求

在线分析仪器	工况条件 （最小值/典型值/最大值）	介质组分 （最小值/典型值/最大值）	测量范围
1. 硫化氢分析仪 2. 微量水分析仪 3. 色谱分析仪	温度：0～25～30℃ 压力(G)：1～5～7MPa 粉尘：微量 凝析油：碳 7 碳 8 的组分有时可能会凝析出来	甲烷：92%～97%～99% 乙烷：2%～4%～7% 丙烷：0.5%～0.85%～1.5% C_6^+：0.1%～0.4%～0.7% 氮气：0.1%～0.7%～1.5% CO_2：0.02%～0.2%～1%	H_2S：0～100mg/L （典型值：7～10mg/L 异常工况下可能会超过 50mg/L） H_2O：0～2000mg/L （典型值：几百 mg/L，异常工况下可能达到 1000mg/L 以上） 色谱：全组分分析：C_1～C_6^+、N_2、CO_2、密度、热值

天然气管输系统在线硫化氢、微量水、色谱分析仪的选用意见见本章 7.2 节。

7.4 天然气取样和样品处理技术概述

本节及以下几节主要介绍天然气矿场、净化处理厂、集输和长输管道在线分析仪的取样和样品处理技术。

7.4.1　天然气的凝析和反凝析现象

天然气的凝析是指烃类气体混合物在特定的温度和压力下将生成液相重烃的现象；反凝析是指在相同的温度下，当压力高于或低于特定压力时，液相的重烃会再度气化，气液混合物返回至单相气体状态的现象。

天然气凝析行为相当复杂，图 7-3 给出了天然气压力-温度相图的示例。曲线的形状取决于气体组成，在临界点和正常的操作条件之间，相边界是一个复杂的函数。当气体压力或温度进、出相边界时，就可能发生“凝析”和“反凝析”现象。

以图 7-3 为例，分析天然气在不同的温度和压力下的凝析和反凝析现象。设天然气管道内的气体压力为 p_0，气体初始温度为－10℃，如果天然气在等温的条件下减压膨胀，它就会沿着图中的竖线接近分析时的压力 p_1。气体在 p_0 处于稳定的单相状态，并且继续保持这

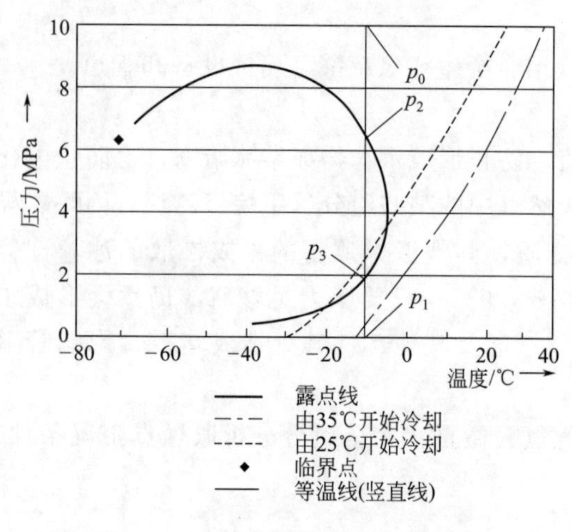

图 7-3 天然气压力-温度相图示例

种状态直至 p_2，p_2 处于两相区的边界上。在 p_2 和压力更低的 p_3 之间是气体与凝析液体共存的两相区。在这个区域内，气相和液相的相对数量以及它们的组成是连续变化的。在低于 p_3，一直到 p_1 的压力下，流体再次以气相出现。

如果从一个压力为 p_0 的天然气管道中取样并减压，当压力降至 p_2 以下时，取出的样品会出现两相。理论上分析，当压力降至 p_3 以下时，这两相又会重新合二为一，但实际上这个过程相当缓慢，此时取出的样品会出现两相共存状态，而两相共存的任何样品都不具有代表性，对其进行分析会造成较大测量误差。

此外，等温减压膨胀只是一种假设，事实上，根据焦耳-汤姆逊（Joule-Thomson）效应，在天然气减压膨胀过程中，气体温度会随着降低，降温幅度大约为 0.5℃/0.1MPa，即压力每降低 0.1MPa，温度下降约 0.5℃。图 7-3 中的虚线表示某一气体的减压降温过程，该气体的初始温度为 25℃，初始压力为 10MPa，当压力降至 p_3 时，温度将降到－10℃以下，此时该气体进入两相区，从而发生凝析。要想在到达 p_1（分析压力）的过程中不经过两相区，初始温度应达到 35℃，如图中的点画线所示。

从图 7-3 的分析中可知，当从高、中压输气管道中取样时，在减压过程中必须保持其减压降温曲线不进入两相区，即其温度不低于烃露点温度。

7.4.2 天然气中的杂质及其危害

这里所说的杂质不是指天然气从井口采出时所携带的液体（水、液态烃）和固体（岩屑、腐蚀产物等），而是指天然气经过矿场分离后或处理厂净化后所夹带的微量粉尘和气雾。这些粉尘和气雾的来源如下：

① 天然气从井口采出、矿场分离后送入管道集输，为了防止形成水合物，特别是在冬季寒冷情况下，要加入甲醇、乙二醇等水合物抑制剂，所以天然气中可能夹带微量的甲醇、乙二醇蒸气；

② 采用醇胺法脱硫，天然气经脱硫塔顶除沫器后可能夹带的微量胺液飞沫；

③ 采用三甘醇脱水后天然气中混杂的微量三甘醇（TEG）蒸气；

④ 采用分子筛脱水后天然气中携带的微量分子筛粉尘；

⑤ 管输天然气中含有的微量 C_5、C_6 以上重烃，即所谓油蒸气，含量约在几十至几百 mg/L，如果天然气脱烃处理不当，可能导致较高的烃露点温度，使气体带有碳氢化合物飞沫；

⑥ 腐蚀性产物，如天然气所含硫化氢与输气管道生成的硫化亚铁（FeS）粉尘；

⑦ 天然气加压站，特别是 CNG 加气站，压缩机出口天然气中携带的压缩机油蒸气。

其中①、②、③、⑤、⑦蒸气属于气溶胶，粒度一般≤1μm，④、⑥颗粒物粒度也很小，一般≤0.4μm。

这些粉尘和气雾如不处理干净，将会污染在线分析仪器的传感器件、光学器件和色谱柱等，造成测量误差或运行故障。因此，被测样气必须经过精细的过滤处理，除去这些杂质后才能送分析仪进行分析。

7.4.3　设计取样和样品处理系统时的注意事项

(1) 避免取出的样品出现气液共存现象

在取样和样品传输、处理过程中，应采取伴热保温措施，使样品的温度在任何压力下都应高于其烃露点和水露点。伴热温度至少应高于样品源温度10℃以上。

管输天然气的输送压力最高可达10～12MPa，当将其减压至0.1MPa以下时，气体的温度约降低50～60℃。对这种高压天然气取样时，应参考天然气的温度-压力相图，避免样品在减压降温过程中进入相边界之内，出现凝析现象。样品减压时应采取加热措施，然后伴热传输。

(2) 通过多级过滤滤除颗粒物和气溶胶

天然气矿、处理厂、输气管线等场合工况条件和杂质含量各不相同，如前所述的粉尘和气溶胶微粒又很细小，设计样品处理系统时，应根据样品所含颗粒物、液滴、气溶胶的粒径大小、粒径分布及表面张力高低，按照过滤孔径由大到小的顺序，采用2～3级过滤，逐步滤除这些杂质。

在天然气的样品处理中，国内外目前主要采用薄膜过滤器、聚结（纤维）过滤器和烧结过滤器来滤除这些颗粒物、液滴及气溶胶。美国和加拿大等国已研制出不少新型天然气样品处理器件。

(3) 吸附与解吸

某些气体组分被吸附到固体表面或从固体表面解吸的过程称为吸附效应，这种吸附力大多是纯物理性的，取决于与样品接触的各种材料的性质。样品系统的部件和管子应采用不锈钢材料，不能采用碳钢或其他类似多孔性材料（容易吸附天然气中的重组分、H_2S、CO_2等）。密封件宜采用聚四氟乙烯等，而不能用硅橡胶，硅橡胶对许多组分都具有很高的吸附性和渗透性。

当测定微量的H_2S、总硫和重烃时应特别注意这一点，因为这些组分具有强吸附效应，此时可采取以下措施。

① 管材应优先采用硅钢管（Silco Steel Tube，一种内部有玻璃覆膜的316SS Tube管，其价格较贵，约400.00元/m）。如无这种管材，则应采用经抛光处理的316SS Tube管。

② 对样品处理部件进行表面处理，如抛光、电镀某种惰性材料（如镍）来减少吸附效应。

③ 样品处理部件表面涂层。聚四氟乙烯涂层对H_2S有效，环氧树脂或酚醛树脂涂层也能减少或消除对含硫化合物或其他微量组分的吸附。

(4) 泄漏和扩散

应对样品系统定期进行泄漏检查，微漏可能影响微量组分的测定分析，特别是分析微量水分时，即使样品在高压状态下，大气中的H_2O分子也会扩散到管子或样品容器中，因为组分的分压决定了扩散的方向。检漏可采用洗涤剂溶液，也可采用充压试漏。

(5) 腐蚀防护

天然气中的腐蚀性组分主要是H_2S、CO_2等酸性气体，一般采用316不锈钢材料。

当样气中 H_2S 和 H_2O 含量较高（超出天然气管输要求）时，对在线色谱仪的色谱柱有一定危害，可在样品处理系统增加脱硫和除湿环节。

脱硫器中装入浸渍硫酸铜（$CuSO_4$）的浮石管或无水硫酸铜脱硫剂（96% $CuSO_4$，2% MgO，2%石墨粉），可脱除 H_2S。此过程适用于 H_2S 含量<300mg/L 的气样，对 CO_2 影响极小。除湿可采用粒状五氧化二磷 P_2O_5 或高氯酸镁 $MgClO_4$，装入直径 10～15mm、长 100mm 的玻璃管干燥器中，当干燥剂约有一半失效时，需更换。脱硫器和干燥器均应装在紧靠色谱仪样品入口的管路中，并且脱硫器应装在干燥器的上游。

7.5 取样与取样探头

7.5.1 取样点的选择

在天然气管线上选择在线分析仪取样点的位置时，应遵循下述原则：

① 取样点应位于能反映工艺流体性质和组成变化的灵敏点上；

② 取样点应位于对过程控制最适宜的位置，以避免不必要的工艺滞后；

③ 取样点应选择在样品温度、压力、清洁度、干燥度和其他条件尽可能接近分析仪要求的位置，以便使样品处理部件的数目减至最小；

④ 在线分析仪的取样点和实验室分析的取样点应分开设置。

尽可能避免以下情况。

① 不要在一个相当长而直的管道下游取样，因为这个位置流体的流动往往呈层流状态，管道横截面上的浓度梯度会导致样品组成的非代表性。

② 避免在可能存在污染的位置或可能积存有气体、蒸汽、液态烃、水、灰尘和污物的死体积处取样。

③ 不要在管壁上钻孔直接取样。如果在管壁上钻孔直接取样，一是无法保证样品的代表性，不但流体处于层流或紊流状态时是这样，处于湍流状态时也难以保证取出样品的代表性；二是由于管道内壁的吸收或吸附作用会引起记忆效应，当流体的实际浓度降低时，又会发生解吸现象，使样品的组成发生变化，特别是对微量组分进行分析时（如微量水、氧、一氧化碳、乙炔等），影响尤为显著。所以，样品均应当用插入式取样探头取出。

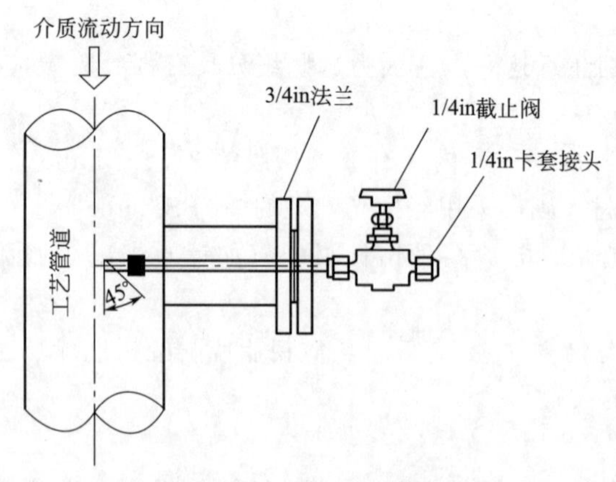

图 7-4 直通式取样探头

7.5.2 直通式取样探头

直通式取样探头（图 7-4）一般是剖口呈 45°角的杆式探头，开口背向流体流动方向安装，利用惯性分离原理，将探头周围的颗粒物从流体中分离出来，但不能分离粒径较小的颗粒物。在线分析中使用的取样探头大多是这种探头。

对于含尘量$<10mg/m^3$的气体样品，可采用直通式（敞开式）探头取样。在天然气处理厂和一部分中、低压输气管线上，多采用这种直通式探头取样，这种探头也用在一部分高压输气管线上。样品取出后经前级减压即可输送，样品传输管线需伴热保温。

直通式取样探头一般采用316不锈钢管材制作，探头内部的容积应限制其尺寸尽可能减小。

① 探杆的规格一般采用6mm或1/4in OD Tube管制作。

② 探头的长度主要取决于插入长度，为了保证取出样品的代表性，一般认为插入长度至少等于管道内径的1/3。

③ 探头的插入方位气体取样：水平管道，探头应从管道顶部插入，以避开可能存在的凝液或液滴；垂直管道，从管道侧壁插入。

7.5.3 过滤式取样探头

对于含尘量较高（$>10mg/m^3$）的气体样品，可采用过滤式探头取样。

所谓过滤式取样探头是指带有过滤器的探头，过滤元件视样品温度分别采用烧结金属或陶瓷（<800℃）、碳化硅（>800℃）。

过滤器装在探管头部（置于工艺管道或烟道内）的称为内置过滤器式探头，装在探管尾部（置于工艺管道或烟道外）的称为外置过滤器式探头。内置过滤器式探头的缺点是不便于将过滤器取出清洗，只能靠反吹方式进行吹洗，过滤器的孔径也不能过小，以防微尘频繁堵塞。这种探头用于样品的初级粗过滤比较适宜。

普遍使用的是外置过滤器式探头（图7-5），这种探头可以很方便地将过滤器取出进行清洗。当用于烟道气取样时，由于过滤器置于烟道之外，为防止高温烟气中的水分冷凝对滤芯造成堵塞（这种堵塞是由于冷凝水与颗粒物结块造成的），对过滤部件应采用电加热或蒸汽加热方式保温，使取样烟气温度保持在其露点温度以上。这种探头广泛用于锅炉、加热炉、焚烧炉的烟道气取样。天然气净化处理厂硫黄回收脱硫尾气灼烧排放，就使用这种过滤式探头取样监测烟道气中的二氧化硫含量。

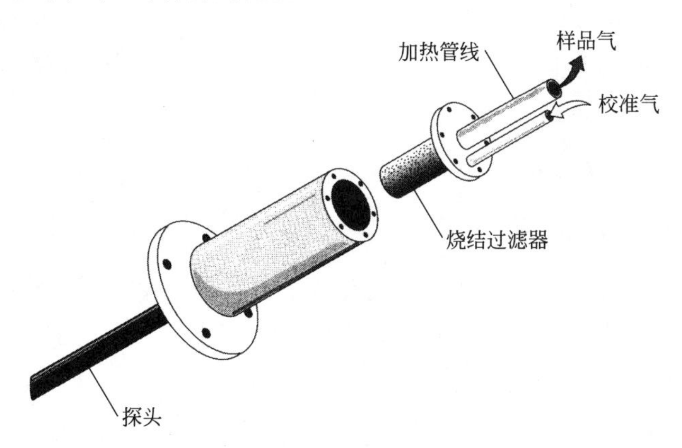

图7-5 一种外置过滤器式取样探头

无论是内置还是外置过滤器式探头，都存在过滤器堵塞问题。用高压气体对过滤器进行“反吹”，可使堵塞现象减至最低。反吹气体一般使用0.4～0.7MPa（60～100psig）的仪表空气或蒸汽，反向（与烟气流动方向相反）吹扫过滤器。反吹可以采取脉冲方式产生，使用一个预先加压的储气罐，突然释放的高压气流可以将过滤器孔隙中的颗粒物冲击出来。反吹管路应短而粗，管径采用 1/2in 或 ϕ12 为宜。不可和样气管线共用（烟气样品管线管径为 1/4in或 ϕ6）。根据颗粒物的特性和含量，过滤器的反吹周期间隔时间从 15min 到 8h 不等，反吹持续时间为 5～10s。

使用反吹系统时必须注意，反吹气体不可将探头冷却到酸性气体或水蒸气能够冷凝析出的温度，即反吹气体应当预先加热。

7.5.4 减压式取样探头

在中、高压天然气管道上，国外多采用减压式探头取样，这种探头的前端装有减压阀件，插入天然气管道先对样品进行减压，再将减压后的样品送出管道。其作用是利用流经探头外部天然气的热量，补偿探头内部样品因减压降温失去的热量，以免析出冷凝液体。

(1) Genie 减压式取样探头

美国 A$^+$公司生产的 Genie 减压式取样探头（Genie Probe Regulator）见图 7-6。它由一个外壳和一个覆膜尖端探头式减压阀组成，见图 7-7。探头带有的滤膜可滤除天然气中的冷凝物、胺、乙二醇、油类、微粒等液体和颗粒物，使在线分析仪免受污染和损害，在实现过滤功能时并不改变样品的组成。在滤膜的下游有减压阀件，可调出口气体压力，热量从管道流过的天然气中传递至减压探头，以防止过度的焦耳-汤姆逊制冷效应，从而防止在减压期间发生冷凝。

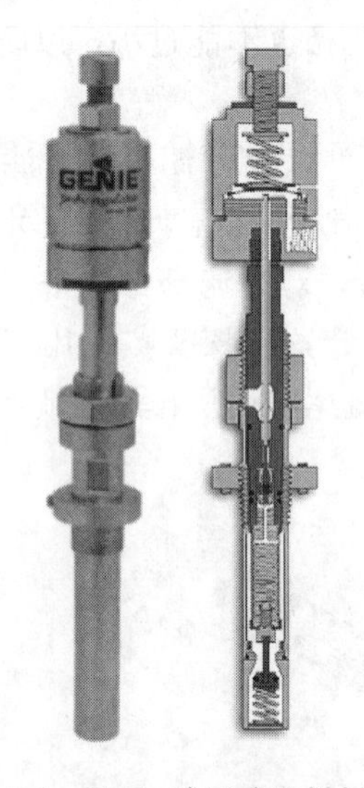

图 7-6 Genie 减压式取样探头

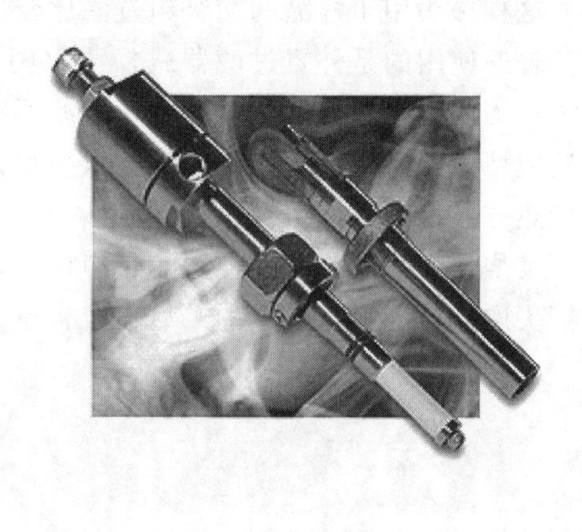

图 7-7 探头（左）及其外壳（右）

外壳通过螺纹管接头垂直安装到天然气管道中，在其下端有一个底阀，测量时将底阀打开，管道天然气从分离膜进入探头，减压后从探头上部出口流出。当探头需要取出检修时，可将底阀关闭，见图 7-8 和图 7-9。

Genie 减压式取样探头可在 14MPaG（2000psig）压力下工作，外壳长度有 4in、7in、9in 三种型号，可根据输气管道内径和探头插入深度加以选择。图 7-10 为 Genie 减压式取样探头在某城市门站天然气管道上的安装图。

(2) Welker 减压式取样探头

Welker 公司有两种适用于天然气取样的减压式探头。

① 标准的带调压装置的采样探头，安装在管道上。该探头下端装有热翼片，其作用是

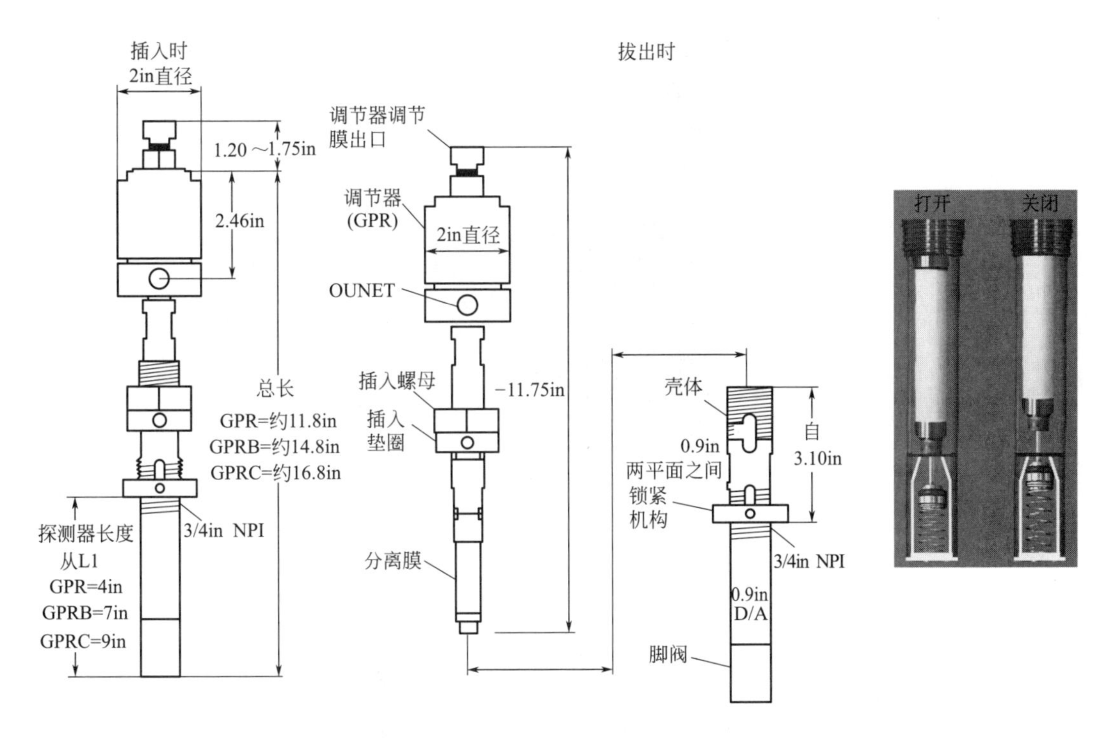

图 7-8　探头和外壳插入、拔出示意图

图 7-9　外壳下部的底阀打开和关闭时的情况

图 7-10　Genie 减压式取样探头在某城市门站天然气管道上的安装图

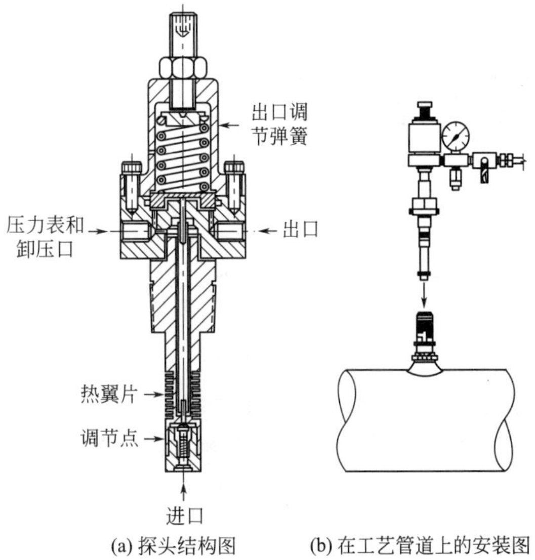

出口调节弹簧　压力表和卸压口　出口　热翼片　调节点　进口

(a) 探头结构图　(b) 在工艺管道上的安装图

图 7-11　Welker 减压式取样探头结构和安装图

当样品减压膨胀、温度降低时，可通过翼片吸热从气流的热质中得到补偿。它不具有自动拔插功能，要求用户在减压节流的条件下拔出维护，其型号为 IRD-4SS，见图 7-11。

② 带有插入拔出功能的调压式取样探头，型号为 IRA-4SS，可从受压管道插拔而不中断管道输送［最大适用压力为 12.6MPa（1800psig）］，见图 7-12。

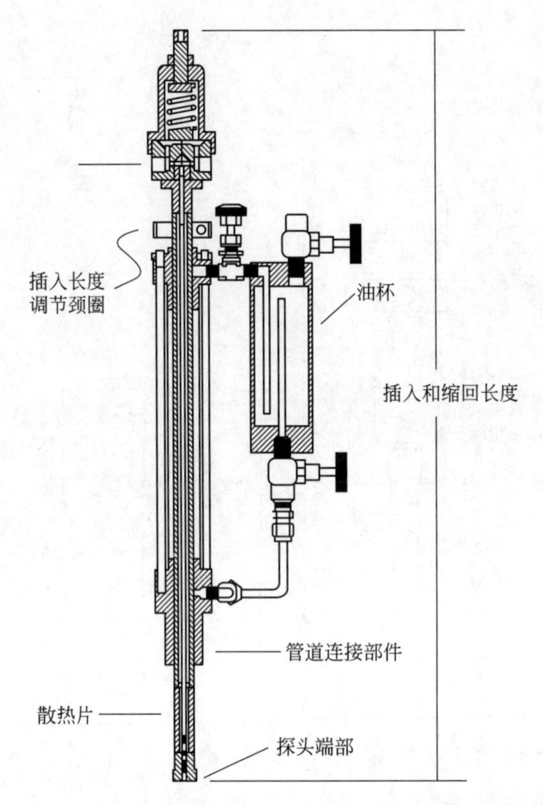

图 7-12　Welker IRA-4SS 型减压式取样探头头

7.6 样品的减压与伴热传输

7.6.1　高压天然气样品的减压

气体的减压一般在样品取出后立即进行（在根部阀处就地减压），特别是高压气体的减压，因为传送高压气体有发生危险的可能，并且会因迟延减压造成的大膨胀体积带来过大的时间滞后。样品取出后立即进行的减压通常称为前级减压或初级减压，以便与此后在分析仪近旁进行的进一步减压和压力调节相区别。

采用直通式探头将高压天然气样品取出后，在取样点根部阀后设置减压阀，将样气压力降低至 0.1MPaG（可略高于 0.1MPa），并通过样品传输管线伴热保温传送出去。

高压气体（6.3MPa 以上）的减压应注意以下问题。

① 根据焦耳-汤姆逊（Joule-Thomson）效应，气体降压节流膨胀会造成温度急剧下降，可能导致某些样品组分冷凝析出，周围空气中的水分也会冻结在减压阀上而造成故障。因此视情况可采用带伴热的减压阀或在前级处理箱中设置加热系统。

高压气体减压系统设计时，降温幅度可按 0.3℃/0.1MPa（无机气体）、0.5℃/0.1MPa（有机气体）粗略估算，即压力每降低 0.1MPa，温度下降 0.3～0.5℃。

② 在高压减压场合，为确保分析仪的安全，进分析小屋之前的样品管线上应装安全阀

来加以保护，以免减压阀失灵时高压气体窜入后续样品处理系统或分析仪造成损坏。有的厂家为了确保安全，还在高压管线上加装防爆片做进一步保护，因为安全阀有时会“拒动作”，且其启动时的排放能力不足以提供完全的保护。

③ 当取样点样品压力较高或环境温度较低时，应采用带蒸汽或电加热的减压阀减压，并应妥善进行取样系统的伴热保温设计，以免样品减压降温之后低于烃露点或水露点时出现凝析现象。

蒸汽加热和电加热减压阀的结构见图 7-13 和图 7-14。由于天然气长输管道现场缺乏伴热蒸汽来源，一般均采用电加热减压阀。受防爆条件限制，电加热减压阀的加热功率不大（一般不超过 200W），在寒冷地区和高压天然气场合使用时，可采取以下两项措施加以改进：一是将电加热减压阀安装在敷设有保温材料的现场减压箱内；二是采用两个电加热减压阀串联运行，以提高加热功率。

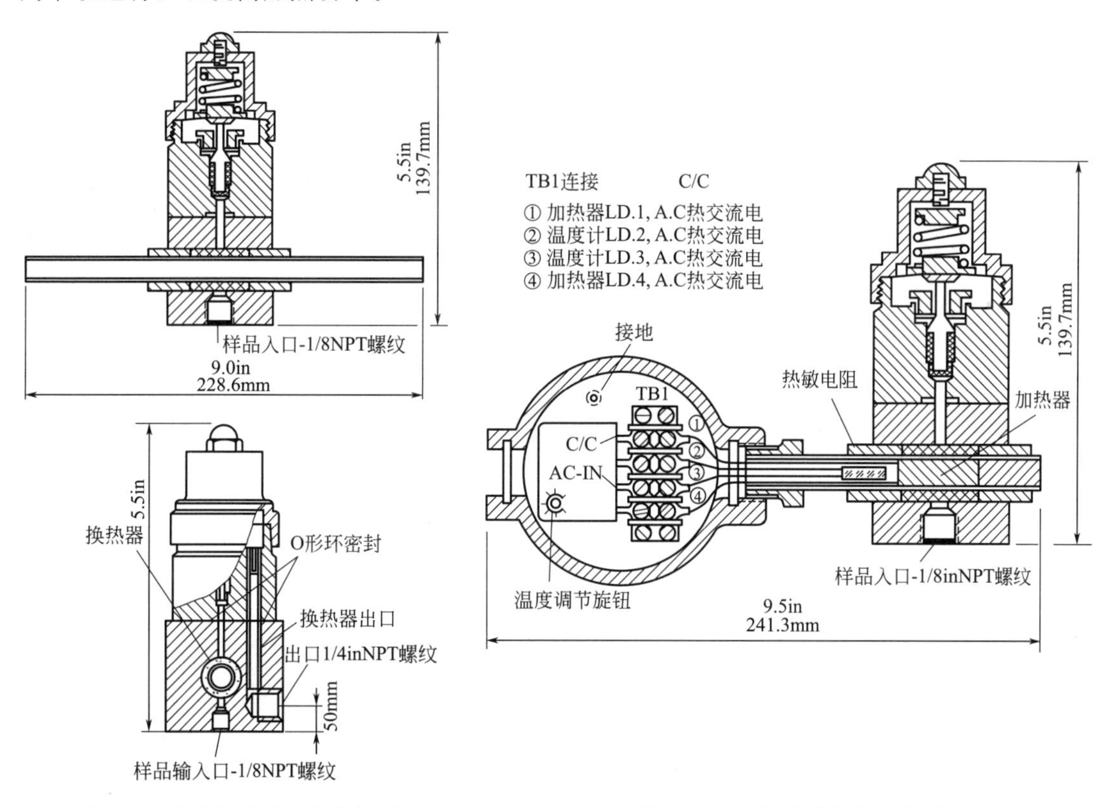

图 7-13　蒸汽加热减压阀结构图

图 7-14　电加热减压阀结构图

图 7-15 是某天然气长输管道位于取样点根部的现场减压箱。减压箱前装有过滤器以滤除颗粒物和粉尘，减压阀为电加热减压阀，减压阀后装有安全泄压阀以确保后续设备安全。减压箱敷设保温材料保温。

7.6.2　样品的伴热保温传输

伴热保温（heat-tracing）是指利用蒸汽伴热管、电伴热带对样品管线加热来补充样品在传输过程中损失的热量，以维持样品温度在某一范围内。缺乏伴热蒸汽来源，天然气长输管道现场的样品管线均采用电伴热系统保温。图 7-16 是某天然气管道安装的电伴热样品传输管线和分析小屋。

图 7-15 某天然气矿取样点近旁的现场减压箱

图 7-16 某天然气取样点的电伴热样品传输管线和分析小屋

(1) 电伴热带

在线分析样品管线电伴热系统中采用的伴热带有如下几种：自调控电伴热带、恒功率电伴热带、限功率电伴热带。这三种均属于并联型电伴热带，它们是在两条平行的电源母线之间并联电热元件构成的。

样品传输管线的电伴热目前大多选用自调控电伴热带，一般无需配温控器。样品温度较高时（如 CEMS 系统的高温烟气样品）可采用限功率电伴热带。

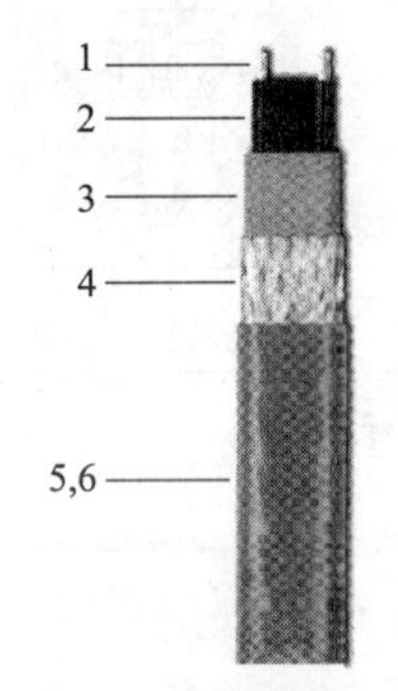

图 7-17 自调控电伴热带
1—镀镍铜质电源母线；2—导电塑料；3—含氟聚合物绝缘层；4—镀锡铜线编织层；5—聚烯烃护套（适用于一般环境）；6—含氟聚合物护套（适用于腐蚀性环境）

恒功率电伴热带的优势是成本低，缺点是不具有自调温功能，容易出现过热。它主要用于工艺管道和设备的伴热。用于样品管线伴热时，必须配温控系统。

串联型电伴热带是一种由电缆芯线作发热体的伴热带，即在具有一定电阻的芯线上通以电流，芯线就发出热量。发热芯线有单芯和多芯两种，主要用于长距离管道的伴热。

① 自调控电伴热带 自调控电伴热带（self-regulating heating cable）又称功率自调电伴热带，是一种具有正温度特性、可自调控的并联型电伴热带。图 7-17 是自调控电伴热带的结构图。

自调控电伴热带由两条电源母线和在其间并联的导电塑料组成。所谓导电塑料，是在塑料中引入交叉链接的半导体矩阵制成的，它是电伴热带中的加热元件。当被伴热物料温度升高时，导电塑料膨胀，电阻增大，输出功率减少；当物料温度降低时，导电塑料收缩，电阻减小，输出功率增加，即在不同的环境温度下会产生不同的热量，具有自行调控温度的功能。它可以任意剪切或加长，使用起来非常方便。

这种电伴热带适用于维持温度较低的场合，尤其适用于热损失计算困难的场合。其输出功率（10℃时）有 10W/m、16W/m、26W/m、33W/m、39W/m 等几种，最高维持温度有 65℃和 121℃两种。所谓最高维持温度，是指电伴热系统能够连续保持被伴热物体的最高温度。

在线分析样品传输管线的电伴热大多选用自调控电伴热带。一般情况下无需配温控器，使用时注意其启动电流约为正常值的 3～5 倍，供电回路中的元器件和导线选型应满足启动电流的要求。

② 恒功率电伴热带 恒功率电伴热带（constant wattage heating cable）也是一种并联型电伴热带，图 7-18 是一种恒功率电伴热带的结构图。它有两根铜电源母线，在内绝缘层 2 上缠绕镍铬高阻合金电热丝 4。将电热丝每隔一定距离（0.3～0.8m）与母线连接，形成并联电阻。母线通电后各并联电阻发热，形成一条连续的加热带，其单位长度输出的功率恒定，可以任意剪切或加长。

这种电伴热带适用于维持温度较高的场合。其最大优势是成本低，缺点是不具有自调温功能，容易出现过热。用于在线分析样品系统伴热时，应配备温控系统。

③ 限功率电伴热带 限功率电伴热带（power-limiting heating cable）也是一种并联型电伴热带，其结构与恒功率电伴热带相同，见图 7-19，不同之处是它采用电阻合金加热丝。这种电热元件具有正温度系数特性，当被伴热物料温度升高时，可以减少伴热带的功率输出。同自调控电伴热带相比，其调控范围较小，主要作用是将输出功率限制在一定范围之内，以防过热。

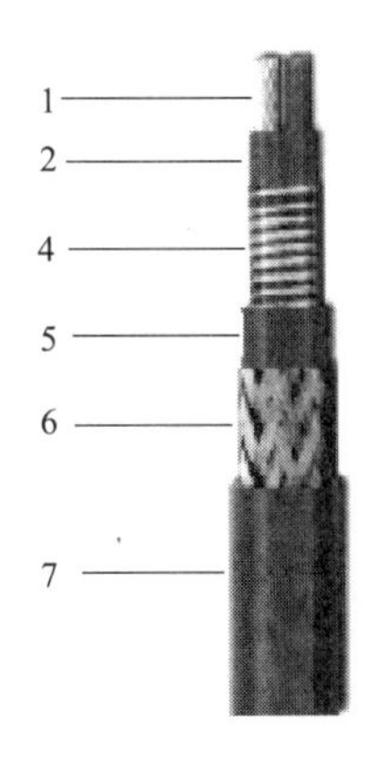

图 7-18 恒功率电伴热带

1—铜电源母线；2,5—含氟聚合物绝缘层；3—电热丝与母线连接（未显示）；4—镍铬合金电热丝；6—镀镍铜线编织层；7—含氟聚合物护套

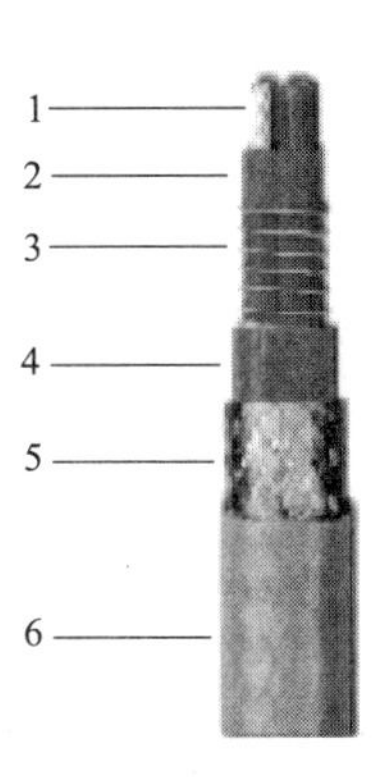

图 7-19 限功率电伴热带

1—铜质电源母线；2,4—含氟聚合物绝缘层；3—电阻合金电热丝；5—镀镍铜线编织层；6—含氟聚合物护套

这种电伴热带适用于维持温度较高的场合，其输出功率（10℃时）有 16W/m、33W/m、49W/m、66W/m 等几种，最高维持温度有 149℃和 204℃两种。主要用于 CEMS 系统的取样管线，对高温烟气样品伴热保温，以防烟气中的水分在传输过程中冷凝析出。

(2) 电伴热管缆

电伴热管缆（electric trace tubing）是一种将样品传输管、电伴热带、保温层和护套层装配在一起的组合管缆。

图 7-20 是美国 Thermon 公司自调控电伴热管缆的结构图。这种电伴热管缆适用于维持温度较低的场合，最高维持温度有 65℃和 121℃两种。被伴热样品管的数量有单根和双根两种。

图 7-21 是德国 M&C 公司 Type-4/EX 防爆型限功率电伴热管缆的结构图。

这种电伴热管缆的样品管采用聚四氟乙烯管，尤其适用于传输气体中含腐蚀性组分的场合（如酸性气体），其输出功率（20℃时）有 100W/m、110W/m、120W/m 等几种，最高维持温度可达 250℃，适用于 CEMS 系统高温烟气样品的伴热保温传输。它是一种挠性管缆，便于安装施工，内部的样品管一旦损坏，可取出更换，而无需更换整根管缆。

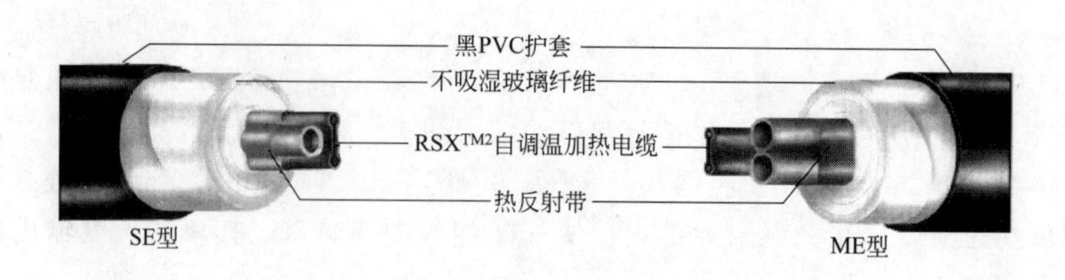

图 7-20 自调控电伴热管缆

左—SE 型单根样品管管缆；右—ME 型双根样品管管缆；

结构（从外到内）：护套层—黑色 PVC 塑料；保温层—非吸湿性玻璃纤维；热反射层—铝铜聚酯带；

电伴热带—自调温加热电缆；样品管—有各种尺寸和材料的 Tube 管可选

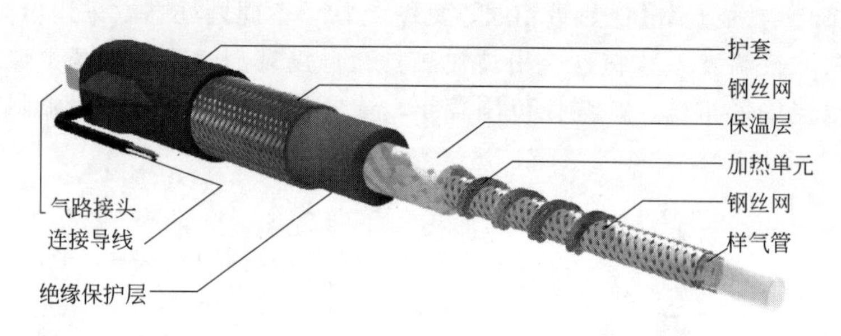

图 7-21 Type-4/EX 防爆型限功率电伴热管缆

伴热管缆省却了现场包覆保温施工的麻烦，使用十分方便。其防水、防潮、耐腐蚀性能均较好，可靠耐用，值得推荐。

7.7 样品的过滤、除尘与除雾

对于天然气来说，样品处理的主要任务就是滤除天然气中含有的各种杂质，即前面所述天然气中夹带的各种微量粉尘和气雾。在天然气样品处理中，目前主要采用烧结过滤器、薄膜过滤器和纤维聚结过滤器和等来滤除这些颗粒物、液滴及气溶胶。下面分别加以介绍。

7.7.1 烧结过滤器

烧结是一个将颗粒材料部分熔融的过程，烧结滤芯的孔径大小不均，在烧结体内部有许多曲折的通道。常用的烧结过滤器是不锈钢粉末冶金过滤器和陶瓷过滤器，其滤芯孔径较小，属于细过滤器。

(1) 直通过滤器和旁通过滤器

直通过滤器又称在线过滤器（on-line filter），它只有一个出口，样品全部通过滤芯后排出。旁通过滤器（by-pass filter）又称为自清扫式过滤器，它有两个出口，一部分样品经过滤后由样品出口排出，其余样品未经过滤由旁通出口排出。

图 7-22 是 Swagelok 公司 Nupro FW 系列在线过滤器的结构图。

图 7-22 中的滤芯呈片状。图（c）是折叠网孔式滤芯，由多层金属丝网折叠而成，过滤孔径有 2μm、7μm、15μm 几种。其两边的固定筛用来支撑和固定滤芯。图（d）是烧结不锈钢滤芯，过滤孔径为 0.5μm。

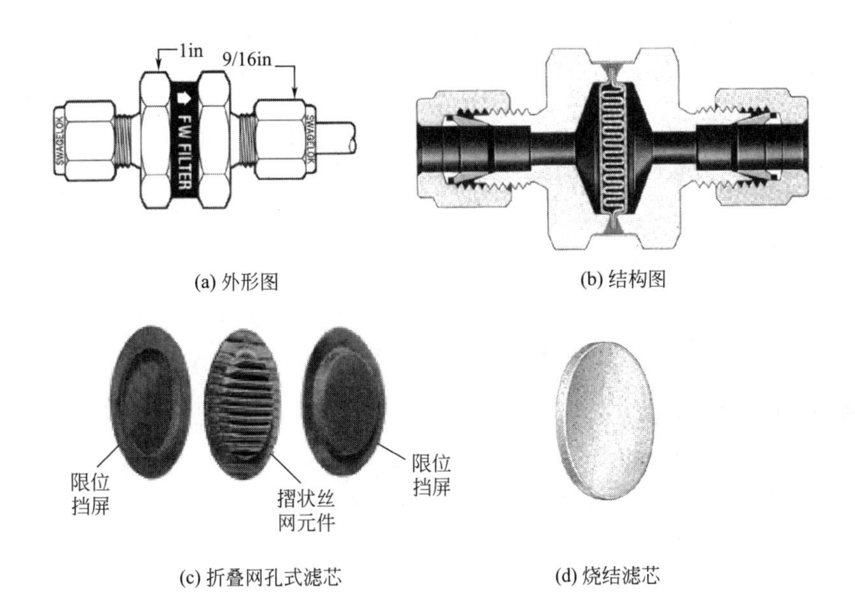

图 7-22　Nupro FW 系列在线过滤器

图 7-23 左部是 Nupro TF 系列旁通过滤器的结构图，右部是烧结不锈钢滤芯，过滤孔径有 0.5μm、2μm、7μm、15μm、60μm、90μm 几种。

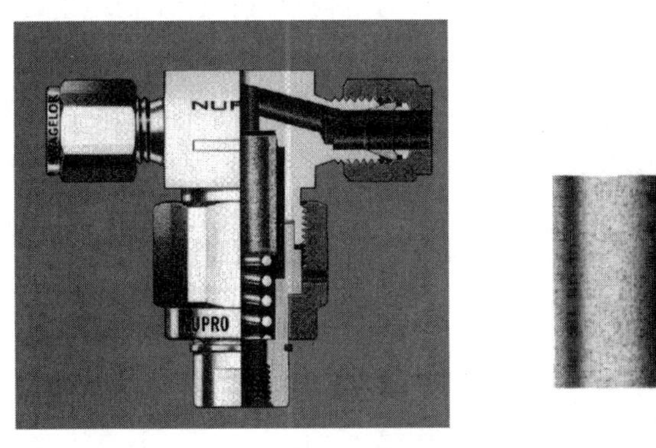

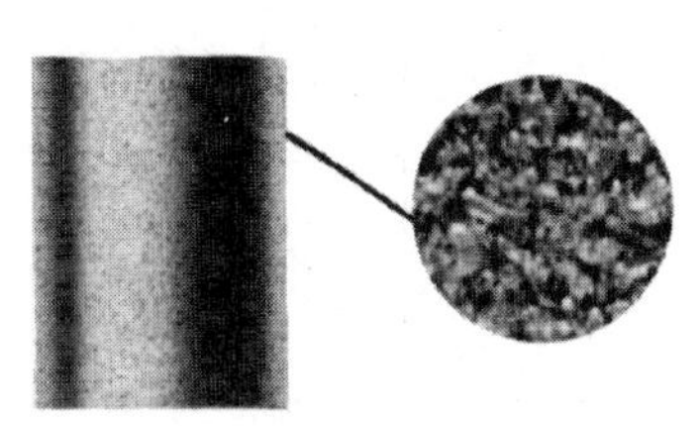

图 7-23　Nupro TF 系列旁通过滤器

(2) 选择和使用烧结过滤器时应注意的问题

① 正确选择过滤孔径　过滤孔径的选择与样品的含尘量、尘粒的平均粒径、粒径分布、分析仪对过滤质量的要求等因素有关，应综合加以考虑。如果样品含尘量较大或粒径较分散，应采用两级或多级过滤方式，初级过滤器的孔径一般按颗粒物的平均粒径选择，末级过滤器的孔径则根据分析仪的要求确定。

② 旁通式过滤器具有自清洗作用，多采用不锈钢粉末冶金滤芯，除尘效率较高（可达 0.5μm)，运行周期较长，维护量很小，但只适用于快速回路的分叉点或可设置旁通支路之处。

③ 直通式过滤器不具备自清洗功能，其清理维护可采用并联双过滤器系统或反吹冲洗系统，后者仅适用于允许反吹流体进入工艺物流的场合和采用粉末冶金、多孔陶瓷材料的过滤器。

④ 过滤器应有足够的容量，以提供无故障操作的合理周期，但也不能太大，以免引起

不能接受的时间滞后。此外，过滤元件的部分堵塞，会引起压降增大和流量降低，对分析仪读数造成影响。考虑到以上情况，样品系统一般采用多级过滤方式，过滤器体积不宜过大，过滤孔径逐级减小。至少应采用粗过滤和精过滤两级过滤。

⑤ 造成过滤器堵塞失效的原因，大都不是机械粉尘所致，主要是由于样品中含有冷凝水、焦油等造成的。出现上述情况时，一是对过滤器采取伴热保温措施，使样品温度保持在高于结露点 5～10℃以上；二是先除水、除油后再进行过滤，并注意保持除水、除油器件的正常运行。

7.7.2 薄膜过滤器

(1) 薄膜过滤器的结构

薄膜过滤器（membrane filter）又称膜式过滤器。滤芯采用多微孔塑料薄膜，一般用于滤除非常微小的液体颗粒，多采用聚四氟乙烯材料制成。

气体分子或水蒸气分子很容易通过薄膜的微孔，因而样气通过膜式过滤器后不会改变其组成。但在正常操作条件下，即使是最小的液体颗粒，薄膜都不允许其通过，这是由于液体的表面张力将液体分子紧紧地约束在一起，形成了一个分子群，而分子群又一起运动，这就使得液体颗粒无法通过薄膜微孔。因而，膜式过滤器只能除去液态的水，而不能除去气态的水，气样通过膜式过滤器后，其露点不会降低。

图 7-24 是 A^{+}公司 200 系列 Genis 膜式过滤器的结构及其在样品处理中的应用。

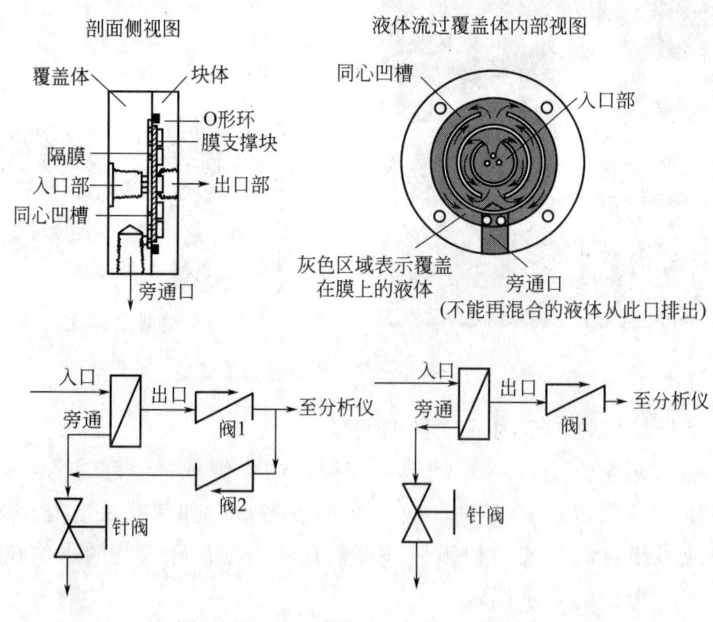

图 7-24 200 系列 Genis 膜式过滤器

注：为了使薄膜正常运行，一定要有旁流

(2) 薄膜过滤器的特点

① 过滤孔径最小可达 0.01μm。

② PTFE 薄膜具有优良的防腐蚀性能，除氢氟酸外可耐其他介质腐蚀。

③ PTFE 薄膜与绝大多数气体都不发生化学反应，且具有很低的吸附性，因而不会改变样气的组成和含量，可用于 mg/L 甚至 μg/L 级的微量分析系统中。

④ 操作压力最高可达 5000psig（35MPaG）。

⑤ 薄膜不但持久耐用，而且非常柔韧。

（3）使用注意事项

① 由于分离膜是一种表面过滤器而不是深度过滤器，所以当微粒浓度高时膜的负载增速很快，因此需要在膜的上游使用深度过滤器对较脏的样气进行充分的初级粗过滤。

② 当膜前后压差过大时，液滴被挤压，会强行通过这种相位分离膜，例如在膜的下游用隔膜泵或喷射泵大量抽吸样气时，就可能出现这种情况，所以要控制膜两边的压差不超过允许限值。还有一种办法是增配 Liquid Block™液体阻块，见图 7-25。这种阻块有一个内阀，当膜压差超过设定值时启动并限制流体通过滤膜，此外它还具有当液体或微粒含量过高时完全关闭的功能，可以为分析仪提供最大程度的保护。当过量液体排入旁通流路时 Liquid Block™会自动复位。

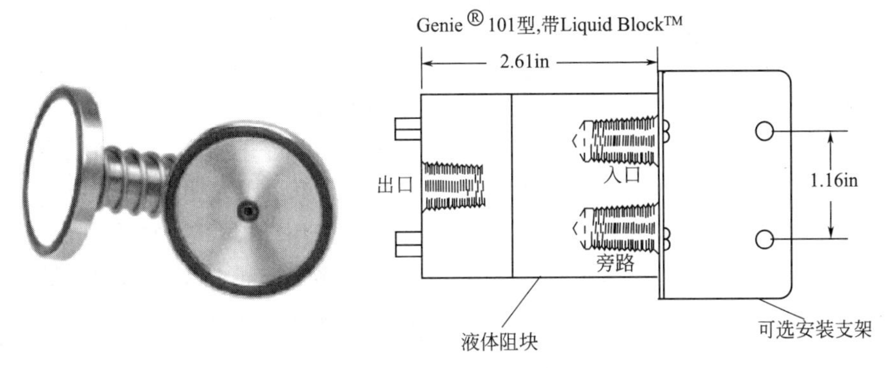

图 7-25 Liquid Block™液体阻块

③ 一定要在分离膜前设置旁通流路并保持较大流量，旁通流量与分析流量之比应为（3～5）∶1，其作用之一是用旁通气流冲洗滤膜表面，带走分离出的液体和颗粒，减少了与膜接触的杂质数量以防堵塞，其二是降低样品传输滞后时间。

④ 可能出现的故障为膜老化、变脏堵塞，此时可更换备用的天然气专用 GP-506BTU 滤膜，每套备件 5 个滤膜。

7.7.3 纤维聚结过滤器

（1）聚结过滤器

大多数气体样品中都带有水雾和油雾，即使经过水气分离后，仍有相当数量粒径很小的液体颗粒物存在。这些液体微粒进入分析仪后往往会对检测器造成危害。采用聚结过滤器可以有效地对其进行分离。图 7-26 是其典型结构。

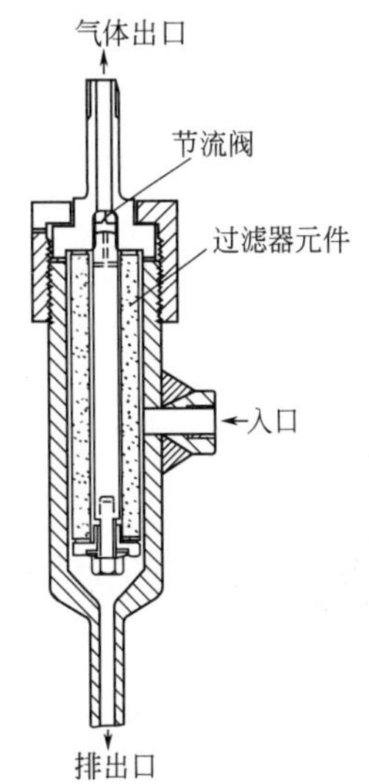

图 7-26 聚结过滤器的典型结构

聚结过滤器中的分离元件是一种压紧的纤维填充层，通常采用玻璃纤维（也有采用聚丙烯纤维或超细金属丝的）。当气样流经分离元件时，玻璃纤维拦截悬浮于气体中的微小液滴，不断涌来的微小液滴受到拦阻后，流速突变，失去动能，会像滚雪球那样迅速聚集起来形成大的液滴，从而达到分离的目的。这种大液滴在重力作用下，向着纤维填充层的下部流动，并在重力作用下滴落到聚结器的底部出口排出。未滴落的液滴再聚集不断涌来的小滴，继续其聚结过程。

聚结器能有效实现气雾状样品的气-液分离。即使玻璃纤维层被液体浸湿，仍然会保持分离效率，除非气样中含有固体颗粒物并堵塞了分离元件，其使用寿命是不受限制的。需要注意的是，聚结器只能除去液态的水雾，而不能除去气态的水蒸气，即气样通过聚结器后，其露点不会降低。

(2) 气溶胶过滤器

所谓气溶胶（aerosol）是指气体中的悬浮液体微粒，如烟雾、油雾、水雾等，其粒径小于1μm，采用一般的过滤方法很难将其滤除。

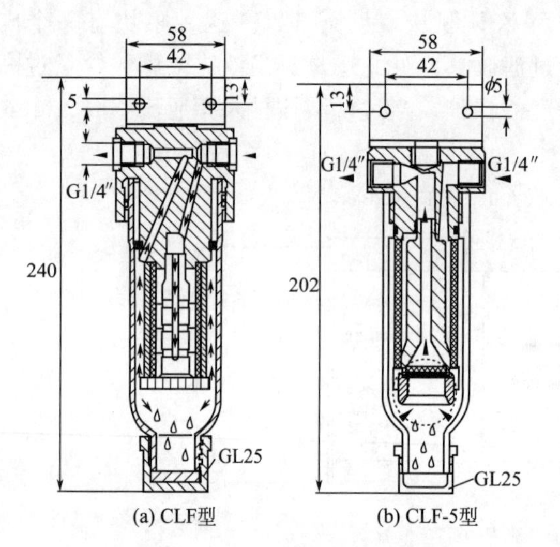

图 7-27 CLF 系列气溶胶过滤器

图 7-27 是德国 M&C 公司 CLF 系列气溶胶过滤器的结构图。样气在过滤器内的流动路径如图 7-27 中箭头所示，过滤元件是两层压紧的超细纤维滤层，气样中的微小悬浮粒子在通过过滤元件时被拦截，并聚结成液滴，在重力作用下垂直滴落到过滤器底部。从以上工作原理可以看出，气溶胶过滤器实际上是一种采用纤维滤芯的聚结过滤器。

气溶胶过滤器最有效的安装位置是在样品处理系统的下游、分析仪入口的流量计之前。过滤元件被流体饱和时仍能保持过滤效率，除非被固体粒子堵塞，其寿命是无限的。过滤器的工作情况可以通过玻璃外壳直接观察到，而不需要打开过滤器进行检查。分离出的凝液可以打开 GL25 帽盖排出，或接装蠕动泵连续排出。

以 CLF-5 型为例，气溶胶过滤器的有关技术数据如下。

样品温度：max. +80℃

样品压力：20～200kPa abs.

样品流量：max. 300NL/h

样品通过过滤器后的压降：1kPa

过滤效果：粒径>1μm 的微粒 99.9999%被滤除

7.8 取样和样品处理系统设计示例

7.8.1 天然气热值色谱仪的取样和样品处理系统

图 7-28 是天然气热值色谱仪的样品处理系统流路图。图中的器件说明：MF 为膜式过滤器；F1、F2、F3 均为 0.5μm 的烧结金属过滤器；CV 为单向阀。

下面对图 7-28 中的有关环节加以说明。

(1) 取样

现场样品管线一般为 1/4in 或 1/8in OD 316SS 不锈钢管，出口压力要求减至

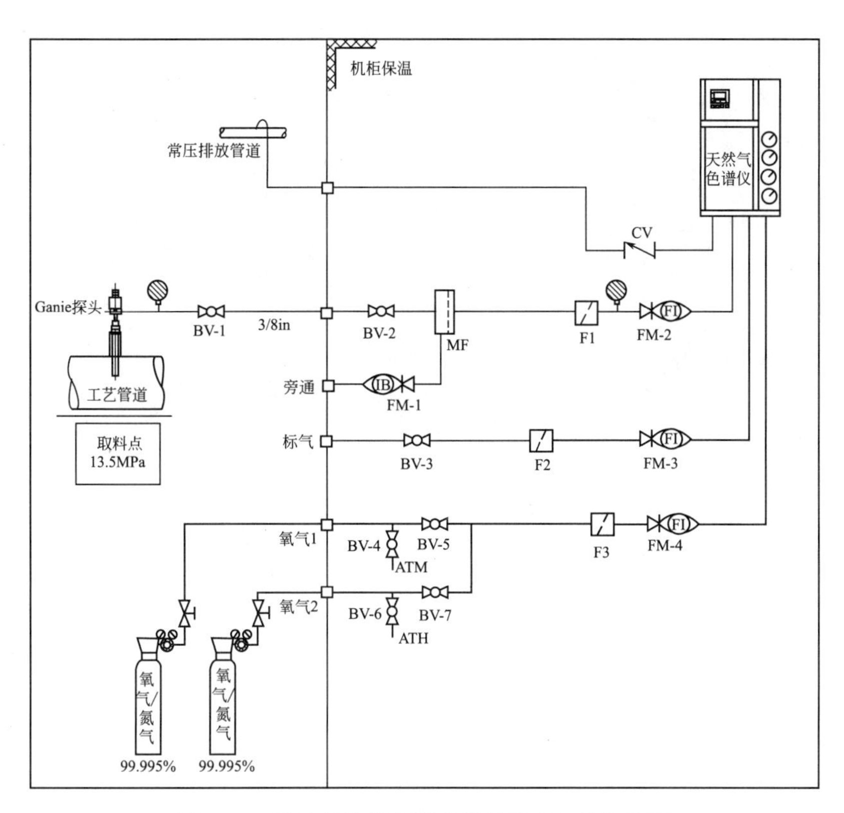

图 7-28 天然气热值色谱仪样品处理系统流路图

0.105MPaG（15psig）左右。若探头壳体长度为 9in，则所使用的 Genie 探头型号为 GPR-206-SS-014-C，具体参数见表 7-5。配套附件包括压力表、球阀及安全阀，型号为 GPR-ACC-1112，具体参数见表 7-6。

表 7-5 所选 Genie 探头技术参数

型　号	出口压力范围	壳体长度	调节器出口
GPR-206-SS-014-C	0～345kPa 0～50psig	9in	1/4in FNPT

表 7-6 配套附件技术参数

型　号	压力表量程	安全阀预设	球阀外部接口
GPR-ACC-1112	0～413kPa 0～60psig	413kPa(60psig)	1/8in 管连接器

（2）样气传输

样品输送管线最大长度不宜超过 10m，否则延时较长。对于较冷的应用环境，必须对样品管线伴热保温，可采用自限温防爆电伴热管缆。管线的铺设应尽量走直线，避免直角、锐角。

（3）Genie 膜式过滤分离器

由于减压节流效应可能冷凝出液体，因此在流路中安装了 Genie101 型膜式过滤分离器，见图 7-29。

这种滤膜的过滤精度为 0.01μm，可以 100%去除样气中夹带的液滴和微粒。滤膜内含

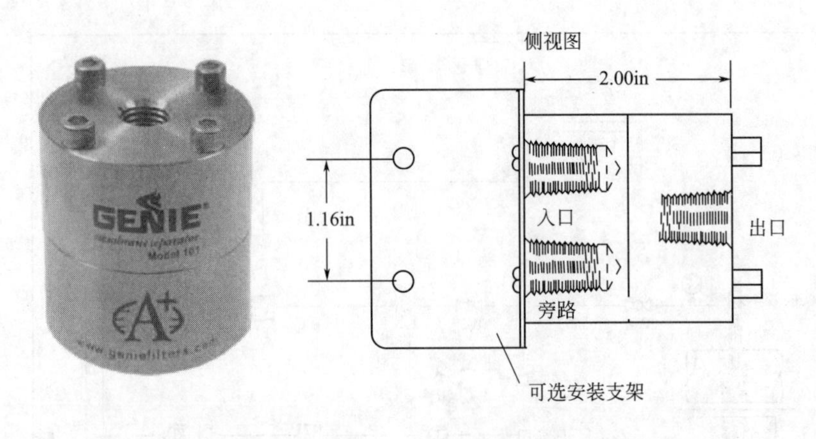

图 7-29 Genie101 型膜式过滤分离器

有气体分子可以轻松通过的微孔通道，而液滴是由大量紧紧聚结在一起而形成“聚结群”的分子组成的，在正常操作压力下它们太大了而无法通过这些微小孔道。因此，即使是最小的液滴和微粒都可以从气流中分离出来，而所有的气体或蒸气分子都可以通过膜而不会破坏样品气体的组成。

① Genie101 的技术规格

最大容许工作压强 24MPa（3500psig）

最高温度 85℃（185°F）

建议膜的最大流量 6L/min（最大流量时膜前后可以产生约 13.78kPa（2psig）的膜压差）

内部容积 13.758cm^3

进、出口尺寸 1/4in 阴螺纹（FNPT）

出口压力范围 0～10psig，0～25psig，0～50psig，0～100psig，0～250psig，0～500psig

② Genie 滤膜的类型 有四种基本类型：Type5、BTU、Hi-Flow 和 Hi-Flow Backed 膜，这四种膜对微米级以下微粒的过滤效果都很好。其中 Hi-Flow 和 Hi-Flow Backed 的孔径相对稍大，所需膜压差小，适用于对天然气进行粗滤。Type5 和 BTU 的孔径更小一些，所需膜压差稍大，适用于对天然气进行细过滤。

(4) 末级保护性过滤器

最后用 0.5μm 的过滤器对进入色谱仪前的样气、载气及标气进行保护性除尘。可选 0.5μm 不锈钢烧结过滤器。

7.8.2 微量水分析仪的取样和样品处理系统

(1) 美国 A^+ 公司提出的样品处理方案

图 7-30 是 A^+ 公司提出的天然气微量水分析仪样品处理方案，该方案对管输天然气样品进行三级过滤处理，用以保护微量水分析仪，使其免受天然气夹杂的液体（乙二醇、胺、油类、液化烃等）带来的损害，而不改变样品组成和微量水分含量。

第一级为 Genie 减压式取样探头的滤膜，对天然气样品进行初级粗过滤，滤除大粒径液体和固体颗粒。

第二级为 Genie 膜式过滤分离器，对样品进行进一步的精细过滤，除去小粒径液体和固

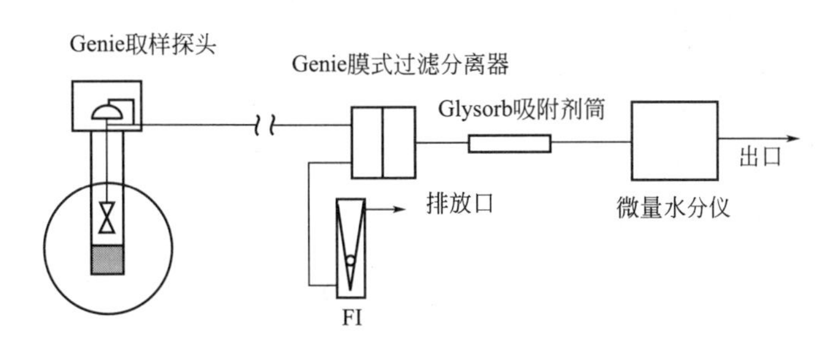

图 7-30 A⁺公司天然气微量水分析仪样品处理方案

体颗粒。

第三级为 Glysorb 吸附剂滤筒，内装专有技术的吸附剂，可为天然气微量水分仪提供保护，见图 7-31。装有 Glysorb 吸附剂滤筒的过滤器见表 7-7。

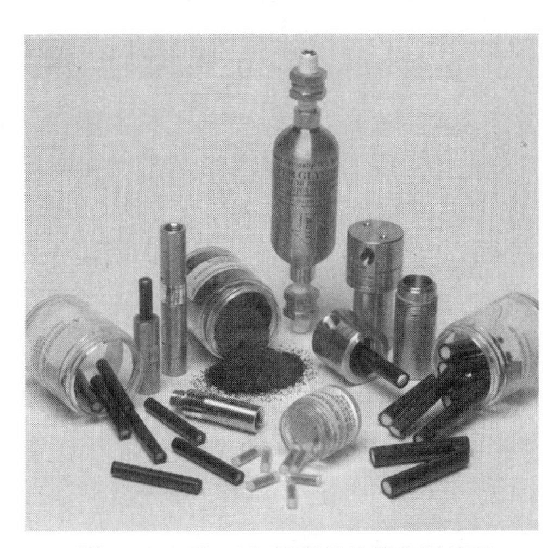

图 7-31 Glysorb 吸附剂滤筒和过滤器

这种吸附剂用于吸收样品气体中以气雾（气溶胶）形式存在的乙二醇（Glycal）、润滑油、胺、阻蚀剂等化合物，但不会改变样品气体的水分含量。这些物质如果不除去，会和微量水分仪电解池中的 P_2O_5 发生反应（胺会与 P_2O_5 涂层发生反应，乙二醇会被 P_2O_5 分解产生 H_2O 分子，引起仪表读数偏高），会使三氧化二铝电容传感器及晶体振荡传感器失效。此外，如果乙二醇不除去，会污染分析仪的采样系统，为此需要停工清理，造成较大损失。

表 7-7 装有 Glysorb 吸附剂滤筒的过滤器

壳体型式	技术规格						滤筒类型			
	过滤器类型	分析仪类型	结构材料	额定压力	密封材料	端连接	Glysorb Plus	Megas Glysorb	Ultra Glysorb	Super Glysorb
Swagelok TF	T形	便携式	316 不锈钢	6000	客户自选	客户自选	×			
410	串联式	在线式	316 不锈钢	2000	viton	1/4in FNPT		×		
420	T形	在线式	316 不锈钢	2000	viton	1/4in FNPT			×	
Super	串联式	在线式	304L 不锈钢	1800	N/A	1/4in MNPT				×

(2) 天华科技设计的样品处理系统

图 7-32 是天华化工机械及自动化研究设计院设计的天然气样品处理系统流路图。该系统适用于天然气杂质含量较高、工况条件复杂的场合。

① 高压减压阀 用不锈钢高压减压阀将天然气压力减到 0.2MPa 左右。

② 旋风分离器 见图 7-33，利用高速气旋离心分离除去机械杂质、尘雾、油滴等。注意：入口样气压力须>0.15MPa 才能形成高速气旋。

③ 气液分离罐 进行初次气液分离。

④ 除油过滤器 是一种可更换滤芯、带观察窗的滤筒，滤芯采用不吸水的细丝，如聚

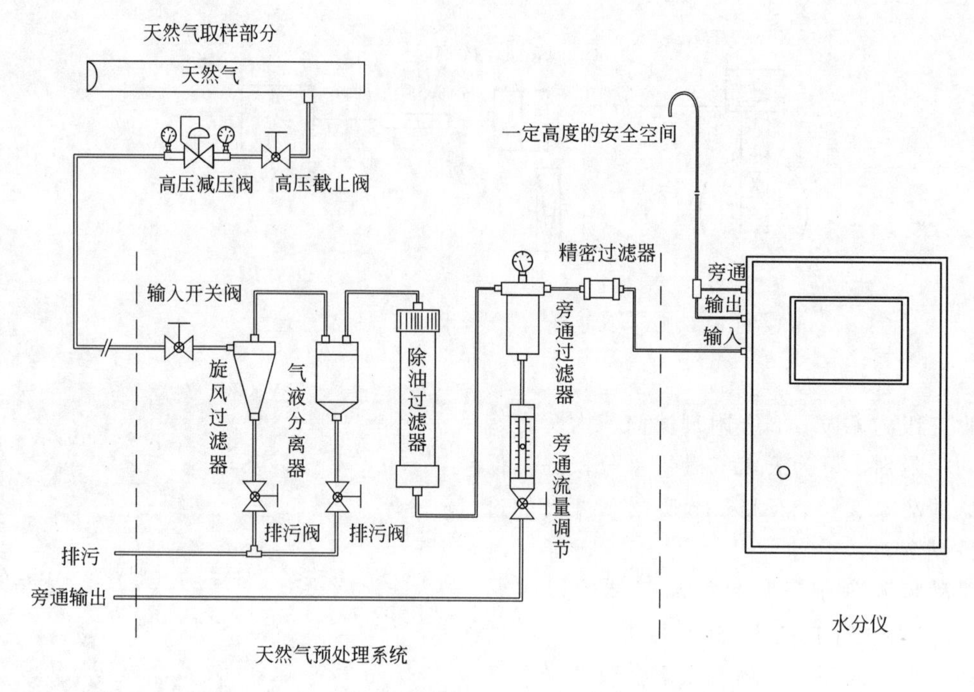

图 7-32　天然气微量水分仪样品处理系统

丙烯、聚四氟乙烯、不锈钢丝及蒙乃尔合金网。使用一段时间后，可用洗涤剂清洗烘干后重新使用。

⑤ 旁通过滤器　具有自清洗作用，保持一定旁通流量（300～500mL/min），可将不断过滤下来的杂质带走排出。

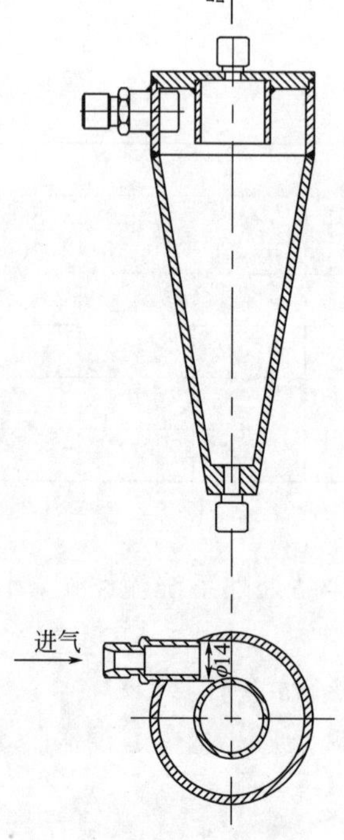

图 7-33　旋风分离器

⑥ 精密过滤器　采用粉末冶金烧结过滤器进行杂质、油雾的再过滤。

样品处理过程为：天然气经取样口根部高压截止阀后进入高压减压阀，经减压后的天然气（0.2MPa）首先进入样品处理系统，经过旋风分离器惯性分离去除 20～50μm 杂质，随后进入气液分离罐去除可能存在的（特别是在系统投运初期）较大液滴。然后经除油过滤器将油雾去除，再经旁通过滤器去除 5μm 以上杂质，经精密过滤器去除 0.1μm 以上杂质后进入微量水分仪加以测量。

7.8.3　硫化氢分析仪的样品处理系统

AMETEK 933 型微量硫化氢分析仪的样品处理系统主要是一种三级过滤器模块组件，用于天然气样品的过滤除雾，见图 7-34。

第一级过滤组件是一个有特定大小孔洞的薄膜过滤器（high flow Genie membrane filter），其作用是对天然气进行粗滤。挥发性气体能够通过薄膜上的小孔，气压只会稍微降低。液体飞沫将留在进气口一端，因为它们的表面张力太

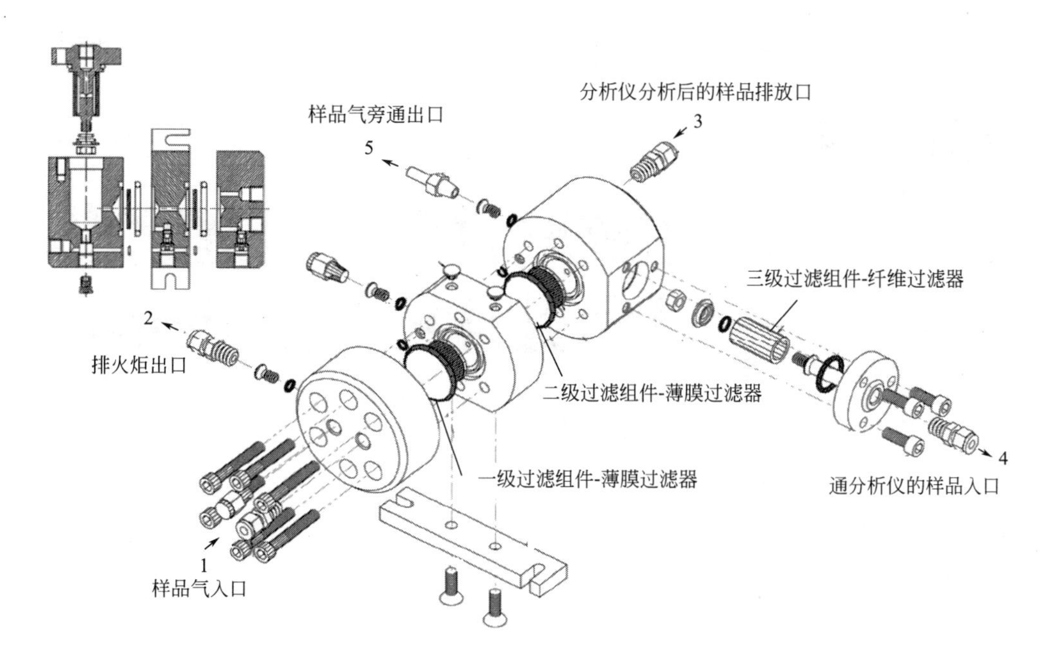

图 7-34 AMETEK 933 的过滤器模块——三级过滤组件

高，无法通过孔洞。这个过滤器将除去固体颗粒和高表面张力的液体，如水、酒精、乙二醇和胺等。大多数的低表面张力的液体如碳氢化合物也将被除去。

第二级过滤组件也是一个薄膜过滤器（Type5 Genie membrane filter），它的孔洞比第一个要小。在本部分，少量低表面张力的液体，如第一部分没有滤除的碳氢化合物会被除去。整个过滤模块中气体压力的降低大部分都发生在第二级过滤过程中。

第三级过滤组件是一个小型的纤维滤芯聚结过滤器（filter cartridge）。这个过滤器可以除去痕量的液体气溶胶（其尺寸可能仅有 0.1μm）。如果前两个过滤器的薄膜破裂，这一部分将作为备用，滤除遗漏的颗粒物和液滴。

上述每一级过滤组件都有自己的旁通排气回路，以实现自吹扫功能，防止颗粒物和液滴堵塞过滤器膜片孔洞和纤维滤芯。

脱硫酸性气、硫黄回收、尾气处理在线分析技术

8.1 概述

8.1.1 脱硫酸性气、硫黄回收、尾气处理工艺简述

我国的天然气资源，陆上主要集中在四川盆地、陕甘宁地区、新疆塔里木盆地和青海柴达木盆地，海上则集中在南海和东海。因地质条件不同，四川盆地、陕甘宁地区和新疆-青海（塔里木盆地、柴达木盆地）这三大气区的气质存在较大差异。

四川盆地集中了我国大部分的含硫天然气，最高硫含量达 $200g/m^3$，需要脱硫的天然气占天然气总产量的63%左右。

陕甘宁地区天然气 H_2S 含量较低，仅靖边气区的天然气需要脱硫，其他很大一部分天然气（榆林气区、苏里格气区）不需要脱硫。

新疆、青海的天然气基本不含硫。我国其他天然气田的含硫量一般也较低，即使建有脱硫净化装置，规模也很小。可以说，西南油气田（四川盆地）和长庆油田（陕甘宁地区）集中了全国主要的天然气净化厂。

对脱硫酸性气进行处理已经成为含硫天然气净化厂必须具备的工艺，由硫黄回收（含尾气处理）和尾气灼烧两部分构成。硫黄回收通常采用克劳斯（Claus）法，它将酸气中的硫化物转化为硫黄。由于酸气中除了硫化氢外，还含有二氧化碳及少量有机硫、烃类等物质，实际反应过程相当复杂，存在一系列副反应，且反应过程受热力学平衡限制，因此克劳斯硫黄回收装置的硫回收率通常为92%～95%，即使采用三级、四级催化转化器和高活性的催化剂，装置总硫回收率最高也只能达到97%左右。

尾气经进一步处理后，总硫回收率最高可达99.8%以上，这就意味着仍会有少量硫化物必须经灼烧后通过高烟囱排放。排放的大气污染物主要为 SO_2，其他污染物如 H_2S、CS_2 含量极微。天然气净化厂工艺流程示意图见图8-1。

8.1.2 硫黄回收尾气二氧化硫排放标准

GB 16297—1996《大气污染物综合排放标准》中对硫、二氧化硫、硫酸和其他含硫化合物生产，规定的 SO_2 排放浓度限值为：新源 $960mg/m^3$，现源 $1200mg/m^3$，同时还按不

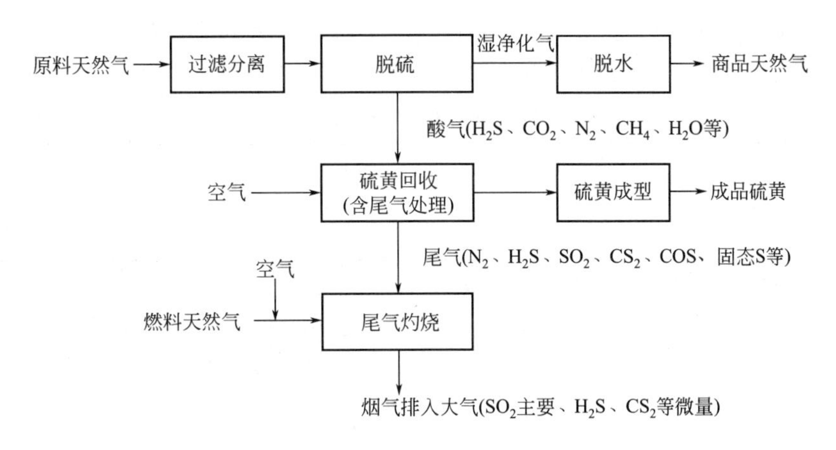

图 8-1 天然气净化厂工艺流程示意图

同排气筒高度限定了最高允许排放速率。由于没有针对天然气净化行业的专项标准，按照国家规定，天然气净化厂应执行《大气污染物综合排放标准》。

天然气净化厂的硫黄回收尾气具有排气量小、污染物（SO_2）浓度高、治理难度大、费用高昂等特点，为达到 GB 16297—1996 的规定，其硫回收率应达到 99.6%～99.9%以上，这要求必须采用 Claus-SCOT 或其他更高收率的硫黄回收工艺，经济代价很大。天然气作为一种优质、洁净、高效的能源，对环境保护有着特殊的意义，欧洲和北美等许多国家都把天然气净化厂作为特殊污染源看待。有鉴于此，我国决定将天然气净化厂 SO_2 排放作为特殊污染源制定相应的行业污染物排放标准。在行业污染物排放标准未出台前，暂执行 GB 16297—1996 的最高允许排放速率指标，见表 8-1。

表 8-1 大气污染物综合排放标准（GB 16297—1996）

（硫、二氧化硫、硫酸和其他含硫化合物生产，SO_2 排放限值）

最高允许排放浓度①/(mg/m³)	排气筒高度/m	最高允许排放速率①/(kg/h)		
		一级	二级	三级
1200(960)	15	1.6	3.0(2.6)	4.1(3.5)
	20	2.6	5.1(4.3)	7.7(6.6)
	39	8.8	17(15)	26(22)
	40	15	30(25)	45(38)
	50	23	45(39)	69(58)
	60	33	64(55)	98(83)
	70	47	91(77)	140(120)
	80	63	120(110)	190(160)
	90	82	160(130)	240(200)
	100	100	200(170)	310(270)

① 括弧内为对 1997 年 1 月 1 日起新建装置的要求。

目前天然气净化厂仅执行 GB 16297—1996 的排放速率指标，未执行排放浓度指标。

随着国家环保要求的日益严格，需要制订行业大气污染物排放标准，对环保监控指标和企业排污行为进行规范。目前，国家环境保护部正在组织制订《天然气净化厂大气污染物排放标准》，现将该标准二次征求意见稿中 SO_2 排放限值及有关规定摘录于下，仅供参考。

4.1.2　现有企业自2015年1月1日起，执行表2规定的大气污染物排放限值。

4.1.3　新建企业自2011年1月1日起，执行表2规定的大气污染物排放限值。

表2　新建企业大气污染物排放限值　　　　(单位：mg/m^3)

受控设施	污染物项目	限值*	污染物排放监控位置
硫黄回收尾气灼烧炉 酸气灼烧炉	SO_2	500	灼烧炉排气筒

注：*指干烟气中O_2含量3%状态下的排放浓度限值。

4.1.4　实测灼烧炉排气筒中大气污染物排放浓度应按公式(1)换算为含氧量3%状态下的基准排放浓度，并以此作为判定排放是否达标的依据。

$$C_{基}=\frac{21-3}{21-O_{实}}\cdot C_{实} \tag{1}$$

式中　$C_{基}$——大气污染物基准排放浓度，mg/m^3；

$C_{实}$——实测排气筒中大气污染物排放浓度，mg/m^3；

$O_{实}$——灼烧炉干烟气中含氧量百分率实测值。

根据“二次征求意见稿”，现有源SO_2排放浓度宜控制在$1000mg/m^3$以下，这相当于《大气污染物综合排放标准》(GB 16287—1996)的控制水平。从目前硫黄回收装置运行情况看，只有采用Claus-SCOT及其他更高收率的硫黄回收工艺，才能达到标准要求。由于常规Claus工艺及其延伸类工艺（亚露点法、直接氧化法）不能达到如此高的硫黄回收效率，排放不能达标，应安装烟气脱硫设施。

我国于20世纪70年代开始发展Claus尾气处理技术，近30多年来，先后引进了SCOT（还原吸收法）、Superclaus（直接氧化法）、MCRC（亚露点法）、Clinsulf-SDP（亚露点法）、Clinsulf DO（直接氧化法）等尾气处理装置。通过对引进技术的不断消化和吸收，目前已基本掌握了国外这些先进技术，积累了较丰富的应用经验，使我国提高硫黄回收装置的硫回收率，有效控制大气污染物SO_2、H_2S的排放，在技术上具备了一定基础。

我国对新源的SO_2排放浓度要求$500mg/m^3$，相当于国际最严格的日本的控制水平(硫回收率99.9%)，目前国内尚无天然气净化厂可以做到。由于国内外天然气净化厂尚无烟气脱硫的工业应用案例，应给予充分的技术准备时间，为此标准规定，现有源经过5年的过渡期后达到新源的要求。

8.2 克劳斯法硫黄回收工艺在线分析技术

8.2.1　克劳斯法硫黄回收工艺简介

湿法脱硫工艺产生的含硫气体，通常称为酸性气。无论从硫资源的充分利用，还是从环境保护方面考虑，酸性气中的硫均应加以回收。工业上目前主要采用克劳斯法将硫化氢转化成硫黄，予以回收。

克劳斯(Claus)法硫黄回收工艺是通过在燃烧炉内的高温热反应和在转化器内的低温催化反应，将酸性气中的H_2S转化为元素硫。某天然气净化厂克劳斯硫黄回收装置见图8-2，其工艺流程见图8-3。

(a) 克劳斯反应器

(b) 尾气灼烧排放烟道

图 8-2 某天然气净化厂克劳斯硫黄回收装置

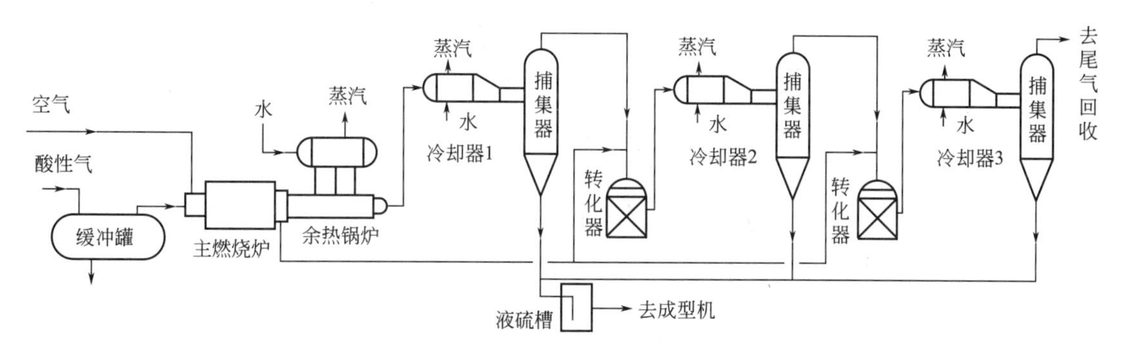

图 8-3 两级克劳斯硫黄回收工艺流程图

其基本工艺是使含硫化氢酸性气在燃烧炉内进行不完全燃烧，按烃类完全燃烧和硫化氢的 33.3%燃烧生成二氧化硫进行配风，通过不完全燃烧，使硫化氢和二氧化硫的分子比保持为 2∶1，分别在燃烧器和转换器内发生以下反应。

① 燃烧炉内发生的高温热反应

主反应：

$$H_2S+1\frac{1}{2}O_2 \longrightarrow SO_2+H_2O+Q \tag{8-1}$$

$$2H_2S+SO_2 \longrightarrow \frac{3}{x}S_x+2H_2O+Q \tag{8-2}$$

副反应：烃类的燃烧反应及其他副反应。

② 在转换器内发生的低温催化反应

主反应：

$$2H_2S+SO_2 \longrightarrow \frac{3}{x}S_x+2H_2O+Q \tag{8-3}$$

副反应：二硫化碳和羰基硫的水解反应。

根据工艺反应机理，为了使硫黄尽可能完全地回收，使排放的废气中二氧化硫的体积分数最低，必须使燃烧炉处理的过程气中硫化氢和二氧化硫的分子比为 2∶1，这是过程气在转化器中进行催化转化的最佳反应条件，而要使过程气催化转化之前达到最佳状态，必须严格控制进入燃烧炉内的酸性气与空气的气/风比，从而控制适量的空气进入炉内。很明显，合理的控制方案和仪表，搞好燃烧炉进料气/风的控制操作，是维持该装置处于最佳工况的决定条件。

8.2.2 克劳斯硫黄回收工艺配风量控制方案

(1) 传统的单闭环比值控制方案

传统的酸性气配风方案一般采用常规的单闭环比值控制，其控制方案如图 8-4 所示。这是 20 世纪 80、90 年代硫黄回收比较常见的控制方式。由于进料酸性气流量和浓度不断变化，化验采样分析的周期比较长，在一定时期内只能按固定的配比进行控制，不能根据工艺的变化情况及时调整。因此，该方法具有很大的局限性，无法实现对转化炉硫比值（H_2S/SO_2）的精确控制，结果会导致转化率降低、回收率不高。

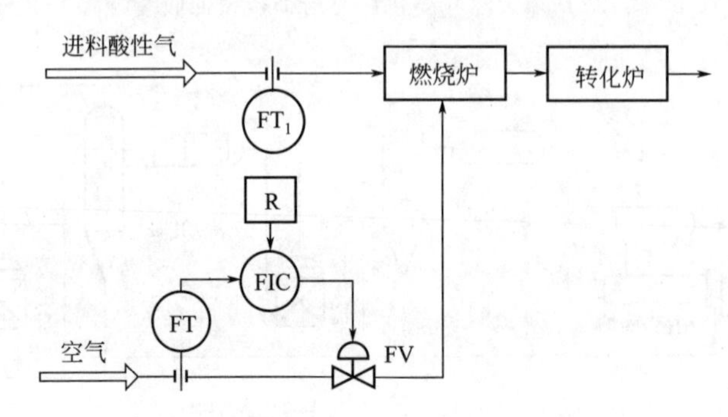

图 8-4 传统的单闭环比值控制方案

(2) 中间参数（炉温）的串级控制方案

该控制方案以炉温为中间参数，对酸性气的配风比进行调节，实施硫比值间接控制，从而达到提高硫转化率的目的。由于硫化氢浓度变化是系统的主要扰动因素，其浓度越高，燃烧炉中主反应放热就越多，炉温也越高，且炉尾温度与硫化氢浓度近似呈线性关系，因此，可将炉尾温度作为中间参数，与比值调节系统构成串级比值调节系统。该控制方案如图 8-5 所示。

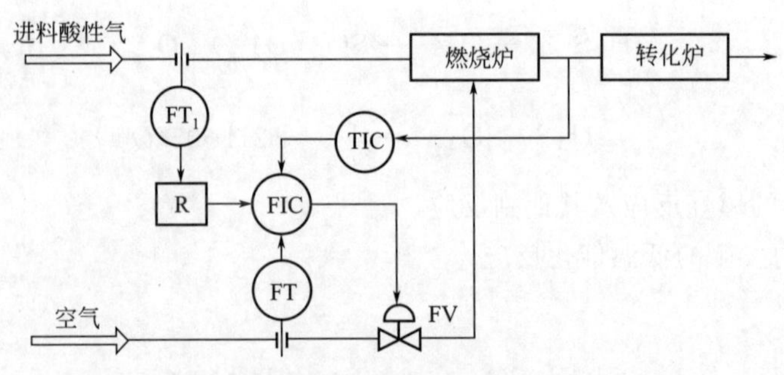

图 8-5 中间参数（炉温）的串级控制方案

该方法适用于没有使用在线分析仪，无法对酸性气进行测量的场合，尽管可以获得相对较好的调节效果，但是却无法对转化炉中的硫比值实行精确和及时的调整，因此，也存在一定缺陷。

(3) 基于硫比值在线分析的反馈控制方案

基于硫比值（H_2S/SO_2）在线分析仪的方案一般分为两部分。

① 根据酸性气流量和浓度对空气量进行粗调的比值调节系统，其比值基本按照空气量/酸性气量≥2.38X（X 为 H_2S 的百分比浓度）进行设定（基于硫比值 H_2S/SO_2 在线分析仪的先进控制方案中的系数 2.38，是由化学反应方程式的系数和空气中氧气的百分比以及 H_2S 的百分比浓度换算得到的）。

② 以尾气中过量的 H_2S 量（即 $[H_2S]-2[SO_2]$）或 H_2S/SO_2 比值为主控变量，以支线仪表风为副控变量，由 H_2S/SO_2 比值分析仪与空气流量组成对进料酸性气配风量进行微调的串级调节系统，对空气与酸性气的配比进行修正，以保持尾气中的 H_2S/SO_2 比值始终为 2∶1。其具体控制方案如图 8-6 所示。

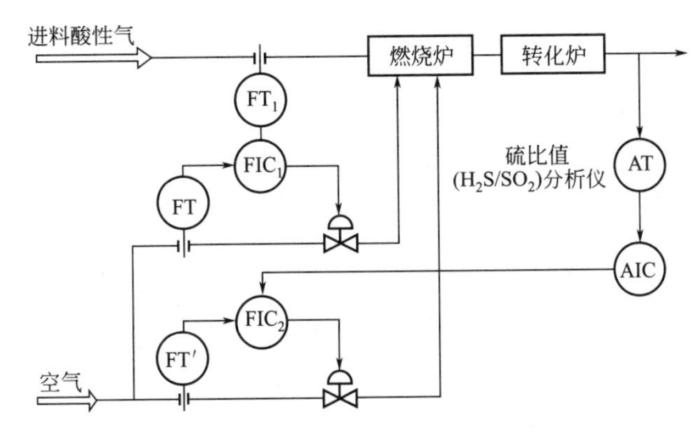

图 8-6　基于硫比值在线分析的反馈控制方案

由于过量的 H_2S 量与配风量是一种线性比例关系，便于风量的控制，而硫比值与配风量为非线性关系，故通常采用过量的 H_2S 量为主控变量。同时由于紫外光度法的 H_2S/SO_2 比值分析仪响应时间短，因此两者结合可以及时调整风量，充分提高硫的转化率和回收率，获得最佳的调节效果。该方案还可增加炉温反馈调节，以便在保证反应效率的同时保持相对稳定的反应温度。

(4) 基于原料气组成在线分析的前馈控制方案

对于炼油厂的酸性气而言，其中一般含有 1%～2%的甲烷和少量的重质烃类，还含有 1%～2%的氨，这些组分都是耗氧成分，是配风量控制的干扰因素。经过计算证明，酸性气中少量的烃类，特别是那些比甲烷重的烃类对硫黄回收率的影响很大，进而说明烃类组成变化对硫黄回收率影响颇大。

为此，可考虑在进酸性气分液罐前的管线上设置在线色谱分析仪，分析酸性气的组成，将酸性气中 H_2S、HC、NH_3 等耗氧成分全部分析出来，然后根据分析结果计算需要的配风量，据此前馈调节进燃烧炉的空气量，组成前馈调节＋双闭环比值控制方案，如图 8-7 所示。

气相色谱法的优缺点及其与紫外 H_2S/SO_2 比值分析法的比较如下。

① 气相色谱法在一个分析周期内，可全面测量出氮、二氧化碳、硫化氢、二氧化硫、羰基硫、二硫化碳、烃类及氨的含量，不仅可以较为准确地控制配风量，也可以使操作人员及时了解原料气的组成，有利于工艺操作。

② 色谱法为周期测量法，酸性气的分析周期约 2.5～3min，在构成自动控制系统时，会因这种测量的滞后，影响动态品质。但由于工艺较为平稳，酸性气的组成一般不会出现剧

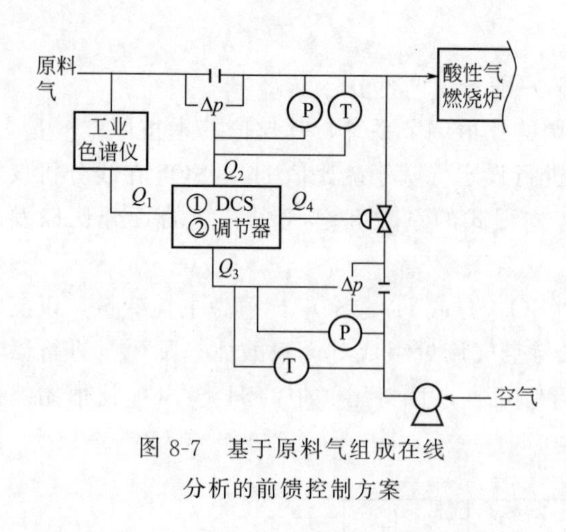

图 8-7　基于原料气组成在线分析的前馈控制方案

烈的变化，所以这种测量滞后对于配风量控制的影响并不大。

紫外 H_2S/SO_2 比值分析法属于连续测量，虽然响应时间短，但由于尾气分析点与配风量控制点之间相隔较远，反应环节多，系统滞后大（由设备引起的工艺滞后约 10～14min），其对配风量控制及时性的影响远较色谱仪严重。

③ 工业色谱法精度为 ± 1%。在紫外 H_2S/SO_2 比值分析法中，因硫的吸收光谱的影响，紫外分析法受温度的影响，羰基硫、二硫化碳特征光谱的干扰等因素，致使其精度只有±5%。工业色谱分析的精度明显优于紫外法。

(5) 基于原料气和尾气在线分析的前馈-反馈控制方案

图 8-8 为基于原料气和尾气在线分析的前馈-反馈控制方案，该方案已被加拿大拉姆河脱硫工厂采用。该系统将空气分为两部分。一部分进燃烧炉的空气（约 80%）随酸性气流量变化，构成比值控制系统。原料气气相色谱仪分析酸性气的组成（或由紫外或激光分析仪分析酸性气中的 H_2S 含量），前馈计算器根据酸性气体和空气压力、温度的变化及酸性气体组成的变化对比值进行校正。尾气紫外分析仪分析尾气中硫化氢和二氧化硫的含量及比值，然后经反馈计算器计算，对另一路空气（约 20%）进行自动控制。因此，这个系统由以原料酸性气在线分析为基准的比值控制及尾气质量在线分析为基准的反馈控制组成，以改善系统滞后和比值调节，有利于对硫比值实施更为精确的控制。

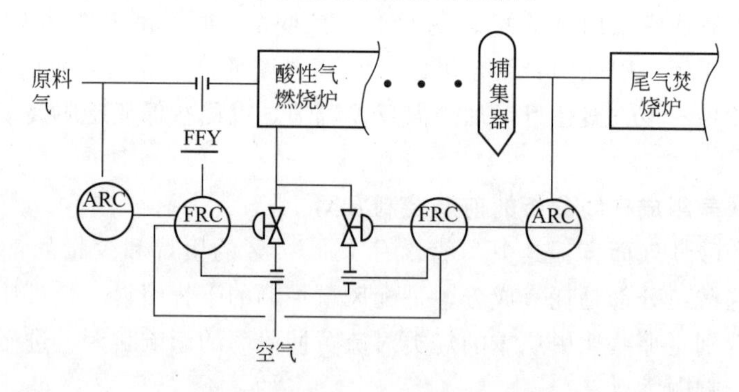

图 8-8　基于原料气和尾气在线分析的前馈-反馈控制方案

从以上配风量控制方案的分析对比中可知，基于原料气和尾气在线分析的前馈-反馈控制方案是最佳控制方案，根据这一方案，硫黄回收工艺在线分析取样点位置和分析项目如图 8-9所示。

硫黄回收工艺在线分析仪器的正确配置、选型和使用，是优化操作控制、提高硫黄收率和确保环保排放达标的必要手段，下面分别加以介绍。

8.2.3　在原料酸性气管线上设置酸性气在线分析仪

在进酸性气分液罐前的管线上需设置酸性气在线分析仪，分析酸性气组成，前馈调节进

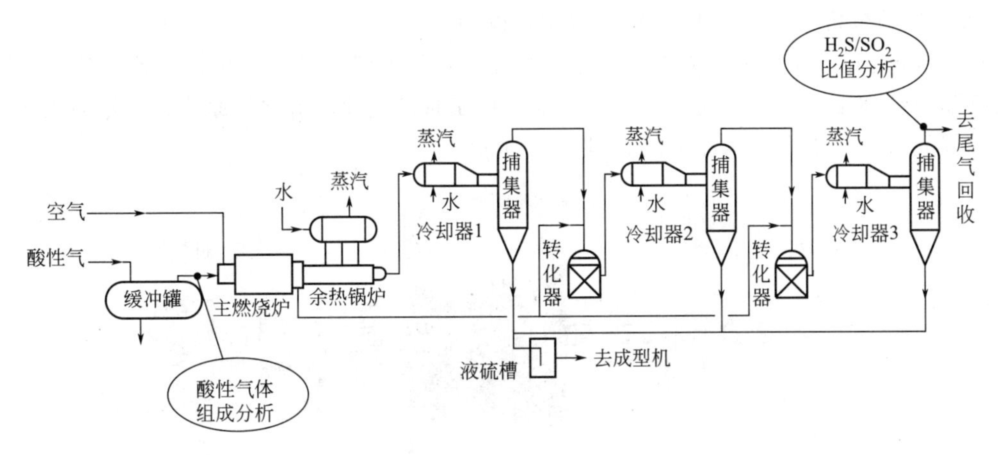

图 8-9 Claus 硫黄回收工艺在线分析取样点位置和分析项目

燃烧炉 80%的空气量。

原料酸性气在线分析通常有两种方案：一种是将酸性气组成中 H_2S、HC、NH_3 等用在线色谱仪全部分析出来，然后根据分析结果计算需要的配风量；另一种是用紫外或激光分析仪在线监测 H_2S 浓度，根据 H_2S 含量来确定配风量。

(1) 采用在线色谱仪分析酸性气组成的方案

采用色谱分析仪是部分炼油厂选用的方案，这是由于在炼油厂中，酸性气主要来源于加氢装置循环氢气脱硫（约占 80%），其余来自干气和液化气脱硫和含硫污水汽提脱硫装置，含有 H_2S、CO_2、HC、NH_3 等成分，其大致组成见表 8-2。

表 8-2 某炼油厂硫黄装置酸性气组成

组分	范围/%(V)	设计值/%(V)	组分	范围/%(V)	设计值/%(V)
H_2S	75～90	80	NH_3	1～2	1.5
CO_2	10～15	12.5	H_2O	3～5	4
HC	1～2	2	总计	100	100

由于 H_2S、HC、NH_3 在克劳斯装置的热反应段——燃烧炉内都会发生氧化反应，它们都是耗氧成分，都会对配风控制产生影响，因此，用在线色谱仪对酸性气进行全组分分析，根据耗氧成分含量计算需要的配风量是合理的。

由于 H_2S 具有强腐蚀性和毒性，这种方案要考虑系统防腐蚀、操作安全和排放安全等问题，完善的方案将会是一个比较复杂的的系统。这一方案的难点在于：

① 硫化氢有剧毒且吸附性强，样品管路系统应严格密封并保证内壁光洁；

② 酸性气中含有水分（约 5%）及 H_2S、CO_2，它们结合会造成腐蚀，样品处理系统应伴热保温，以防水分冷凝析出，当含水量>5%时，取样时应先采取除水措施（涡旋管制冷除水）再伴热保温传输；

③ 由于硫化氢有剧毒，样品的排放也是一大问题，可行的办法是用脱硫剂吸收，但脱硫剂消耗量大，更换麻烦，也可将排放气体引到尾气净化装置灼烧排放。

(2) 采用紫外或激光分析仪测量 H_2S 浓度的方案

从表 8-2 可以看出，H_2S 占总量的 80%，HC 和 NH_3 仅占总量的 3.5%左右，其他 16%左右的 CO_2 与 H_2O 对配风不产生影响。因此，控制 80%配风量不一定非要对 HC 和

NH_3 做精确的分析，仅分析 H_2S 浓度也是可以的。

在线测量 H_2S 的浓度，可供选择的仪器有紫外分析仪和激光分析仪。紫外分析仪同样存在样品处理和排放安全问题，而采用直接安装在原料气管道上进行原位式测量的激光分析仪是较好的选择。激光气体分析仪如图 8-10 所示。

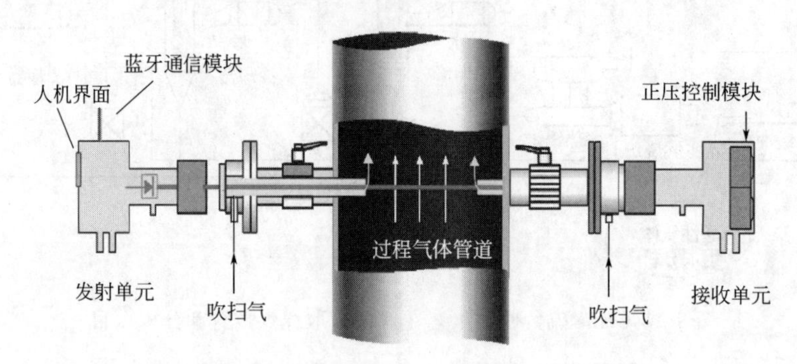

图 8-10　原位测量式激光气体分析仪系统构成图

在图 8-10 中，激光发射与接收探头直接安装在被测气体管道的两侧，半导体激光器射出的激光束穿过被测气体，落到接收单元的光电传感器上。激光束能量被气体分子吸收而发生衰减，接收单元探测到的光强度衰减与被测气体组分的含量成正比。激光分析仪具有原位直接测量、快速响应（$<1s$）、精度较高、不存在取样与排放安全问题等优点。

8.2.4　在捕集器出口设置尾气 H_2S/SO_2 比值分析仪

在捕集器出口尾气管线上设置在线分析仪，分析尾气中 H_2S、SO_2 的含量，反馈调节进酸性气燃烧炉 20%的空气量，以保证过程气中 H_2S/SO_2 为 2∶1，使 Claus 反应转化率达到最高，提高硫回收率。捕集器出口尾气管线取样点压力、温度和样品组成见表 8-3。

表 8-3　捕集器出口尾气管线取样点压力、温度和样品组成

操作压力	0.03MPaG	操作温度	160℃
样品组成/%			
H_2S	0.9	H_2O	28.57
SO_2	0.544	CO	0.154
COS	0.0149	S_x	0.037
CS_2	0.078	H_2	1.56
CO_2	8.47	Ar	0.687
N_2	57.56	其他（CH_4 等）	—

以前曾使用在线色谱仪测量此处的 H_2S、SO_2 含量并计算 H_2S/SO_2 的比值，后因其分析周期长、样品处理系统复杂、故障率高、维护难度大而停止使用。目前普遍采用紫外吸收法的分析仪，以 AMETEK 公司 880-NSL 比值分析仪（图 8-11）为代表，仪器直接安装在尾气管道上（图 8-12），无需取样管线，响应时间不到 10s。

AMETEK 880-NSL H_2S/SO_2 比值分析仪的仪器结构、工作原理、样品处理技术可参见第 2 章“硫化氢和总硫分析仪”。

图 8-11 AMETEK 880-NSL H_2S/SO_2 分析仪

图 8-12 880-NSL H_2S/SO_2 分析仪安装位置——捕集器出口尾气管线上

8.3 斯科特法尾气处理工艺在线分析技术

8.3.1 斯科特法还原-吸收尾气处理工艺简介

通过不断改进，两级克劳斯硫黄回收工艺的硫回收率已经达到 94%以上。但是为了达到环保排放标准的要求，仍须对其尾气进行净化处理。近年来，炼油、天然气和化工企业新建硫黄回收装置大多采用两级克劳斯硫黄回收和串级尾气处理工艺，使总硫回收率达到 99%以上。

克劳斯装置的尾气净化或称尾气脱硫方法很多，工艺流程有 20 多种。所有这些方法归纳起来共有三类：第一类，在液相或固相催化剂上继续进行克劳斯反应；第二类，将尾气中的硫化物先加 H_2 还原生成 H_2S，然后进行液相吸收或固相反应；第三类，将尾气中的硫化物先氧化成 SO_2，然后进行液相吸收或固相反应。

斯科特（SCOT）工艺属于第二类，在我国使用较多。斯科特法还原-吸收尾气处理工艺流程见图 8-13。

在尾气处理系统的还原段，硫黄尾气与富氢气混合，经加氢反应器在钴钼加氢催化剂作用下，尾气中的二氧化硫、硫元素被加氢还原成硫化氢，见反应式(8-4) 和式(8-5)，有机硫被水解转化成硫化氢，见反应式(8-6) 和式(8-7)。

$$SO_2+3H_2 \longrightarrow H_2S+2H_2O+Q \tag{8-4}$$

$$S+H_2 \longrightarrow H_2S+Q \tag{8-5}$$

$$COS+H_2O \longrightarrow H_2S+CO_2+Q \tag{8-6}$$

$$CS_2+2H_2O \longrightarrow 2H_2S+CO_2+Q \tag{8-7}$$

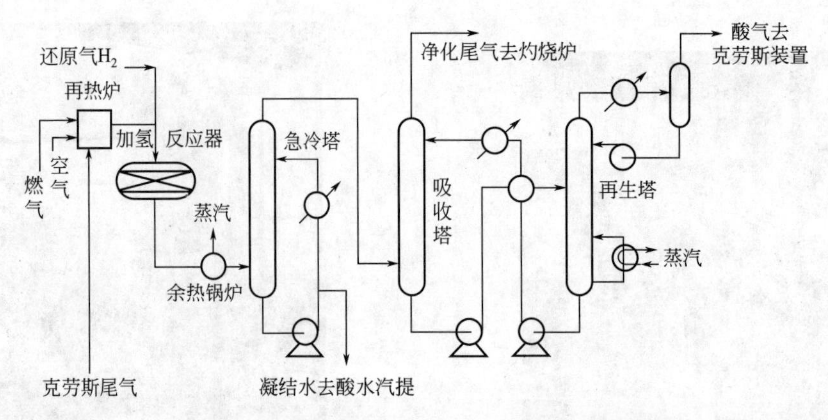

图 8-13　SCOT 还原-吸收尾气处理工艺流程图

在尾气处理系统的吸收段，高温反应气在急冷塔中冷却到常温后进入吸收塔，尾气中的 H_2S 及部分 CO_2 被甲基二乙醇胺吸收。为了防止酸性水对设备的腐蚀，需向急冷水中注氨，操作中根据 pH 值高低，确定注入的氨量。吸收后的净化尾气采用热焚烧将剩余的硫化物转化为 SO_2，经由烟囱排放到大气；吸收硫化氢的富液经再生后，贫液返回尾气吸收塔循环使用。同时，再生脱出的 H_2S 与 CO_2 返回 Claus 系统。

经尾气处理后，总的硫回收率可达 99.8%以上，净化后的尾气中 H_2S 含量<10mg/L，SO_2 含量<300mg/L，可达排放标准。

SCOT 还原-吸收尾气处理工艺在线分析取样点位置及分析项目见图 8-14。

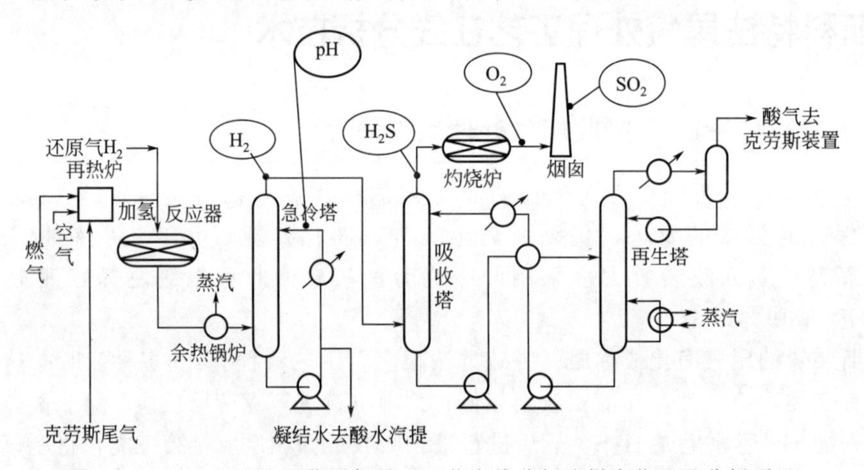

图 8-14　SCOT 还原-吸收尾气处理工艺在线分析取样点位置及分析项目

8.3.2　在急冷塔顶设置 H_2 含量分析仪

急冷塔顶设置 H_2 含量分析仪，其作用之一是通过 H_2 分析仪显示的 H_2 含量，及时调整 Claus 装置的配风和 SCOT 装置再热炉的燃料气量，确保过程气中的 SO_2、CS_2、COS 等完全转化为 H_2S；其作用之二是用于调节还原反应中 H_2 的加入量，使 S、SO_2 尽可能多地转化为 H_2S，又不浪费 H_2 资源。

急冷塔尾气中 H_2 含量一般应控制在 0.85%左右，如果含量过低（低于 0.5%甚至更低），致使 SO_2 不能完全还原，一方面会发生低温克劳斯反应生成硫黄，导致过程气管线堵塞，甚至在检修时由于 FeS 自燃而造成火灾事故；另一方面 SO_2 穿透冷却塔，会对换冷设备造成腐蚀。严重时，SO_2 进入后面的脱硫溶液，形成硫代硫酸盐，严重污染溶液，影响脱硫效果，导致排放尾气总硫达不到设计要求，不得不更换溶液，增加操作成本。此外，尾气中未还原的 SO_2 还会对吸收再生系统设备、管线造成腐蚀穿孔。由此可见，急冷塔顶净化尾气中 H_2 含量的在线分析对于保证净化工艺正常运行、设备免遭腐蚀破坏是至关重要的。

急冷塔（图 8-15）顶净化尾气管线取样点的压力、温度和样品组成见表 8-4。

表 8-4 急冷塔顶净化尾气管线取样点压力、温度和样品组成

操作压力	0.01MPa(G)	操作温度	40℃
样品组成/%			
H_2S	0.03	H_2	2.3
N_2	50.68	CO	0.165
CO_2	39.63	H_2O	6.62

在这个检测点，石油化工行业的多数硫黄回收装置都采用气相色谱仪测量 H_2 含量（图 8-16），应用情况较好。也有部分装置采用热导式 H_2 分析仪，但因样气组成较为复杂，含有水、硫化氢、氮气、二氧化碳等，H_2 含量很低而干扰组分 CO_2 含量较高，造成测量误差大，使用效果都不太好。

图 8-15 斯科特尾气处理装置急冷塔——H_2 含量分析仪取样点设在塔顶

图 8-16 急冷塔顶 H_2 含量分析使用的横河 GC1000 气相色谱仪

因此，对于加氢反应后的氢含量分析，不宜采用热导式气体分析仪进行测量。在采用在线色谱仪时，样品气的低压力（0.016MPa）、含有饱和水蒸气、硫化氢的腐蚀性、分析后气体的安全排放等问题给分析系统的设计带来了挑战，解决了这几个问题，分析系统就能用好。低压力样气需采用隔膜泵抽吸取样。选用耐腐蚀的样品处理部件，可减少硫化氢的腐蚀影响。含饱和水蒸气的问题，可通过使样品系统维持在较高的工作温度解决，也可在取样系统的适当位置用冷却的办法进行脱水。

图 8-17 是某石油化工厂硫黄回收装置氢分析仪的样品处理系统图。由于该测点压力稍高（20～30kPaG），故未采用抽吸泵（一般情况下，样气压力＜0.01MPaG 时要用抽气泵；＞

0.01MPaG 时可以不用)。取样探头采用涡旋管制冷的回流取样探头(图 8-18),在取样的同时将样品冷却除湿,冷凝水回流返回工艺管道。

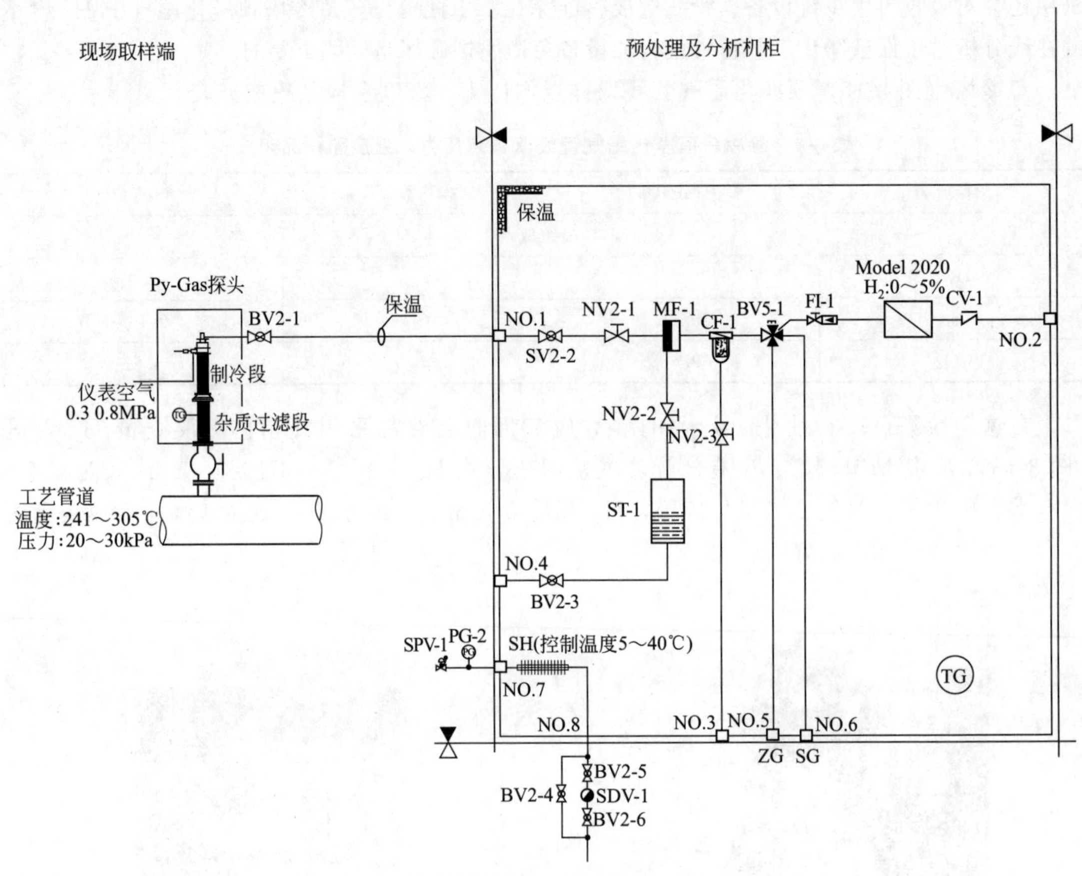

图 8-17 某硫黄回收装置氢分析仪系统流路图

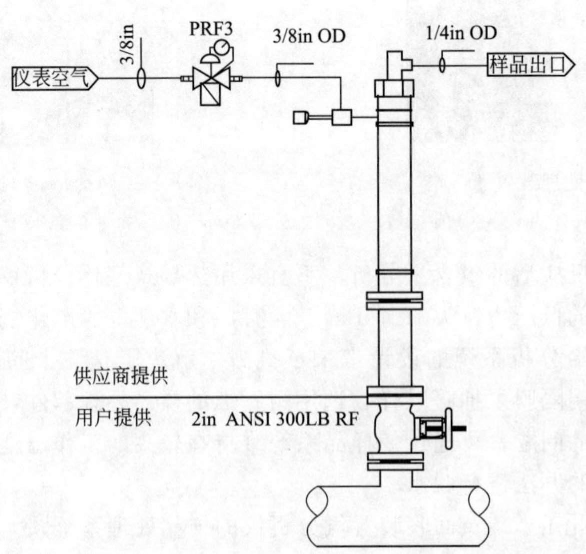

图 8-18 某硫黄回收装置氢分析仪涡旋管制冷的回流取样探头图

8.3.3 在急冷水返回急冷塔管线上设置 pH 值分析仪

为防止硫化物的腐蚀，急冷塔底温度控制在 60～65℃，不高于 75℃，塔顶部 35℃。温度过低则能耗增加。同时将急冷水 pH 值控制在 6～7pH 之间。故在急冷塔上部急冷水返塔管线上设 pH 值分析仪，当 pH 值太低时增加注氨量以防腐蚀。

此外，采用在线 pH 计监控急冷水的 pH 值变化，又间接地反映出过程中 SO_2 的变化趋势，对于防止 SO_2 穿透和设备腐蚀是大有好处的。

8.3.4 在吸收塔顶出口管线上设置 H_2S 分析仪

其作用是监视吸收塔脱除 H_2S 的效果，指导吸收塔和焚烧炉的操作，有些装置不设该分析仪。

8.3.5 在尾气灼烧炉烟道上设置 O_2 分析仪

(1) 脱硫尾气灼烧排放

由于脱硫尾气中 H_2S 的毒性甚大，对人体的危害十分严重，必须将其灼烧后转化为 SO_2 才能排入大气，故在克劳斯硫黄回收及其尾气处理工艺中均设有尾气灼烧装置。目前经常采用的尾气灼烧方法是热灼烧。热灼烧是指在有过量空气存在下，用燃料将尾气加热至一定温度后，使其中的含硫化合物转化为 SO_2。

尾气灼烧炉如图 8-19 所示。热灼烧的温度应控制在 540～600℃的范围内，炉温低于 540℃时 H_2S 和 H_2 往往不能灼烧完全，而且会增加燃料消耗量。当尾气中含有一定量 COS 和/或 H_2S 浓度较高时应适当提高灼烧温度，同时也应考虑尾气在炉内有充分的停留时间。

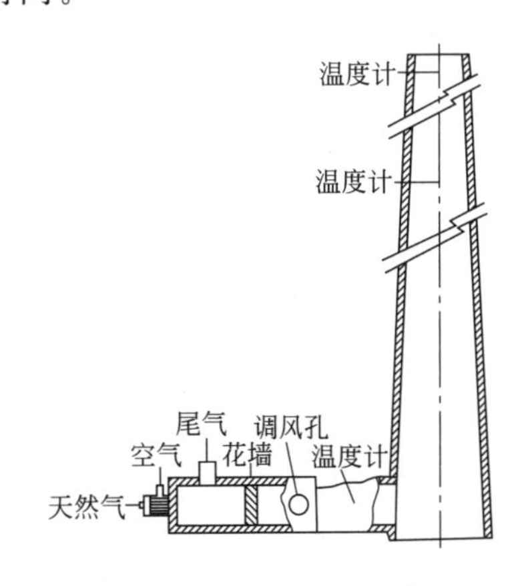

图 8-19 尾气灼烧炉

此外，空气适当过剩是灼烧完全的必要条件。研究结果表明，在最佳操作条件下，过剩空气量的体积分数为 2.08%时，H_2S 和 H_2 能较完全地燃烧，燃料气的消耗量最低。

(2) 尾气焚烧炉烟气氧含量的监测

尾气焚烧炉的一次空气量根据燃料气流量进行比例控制，二次空气量由烟气中的氧含量控制，通常烟气氧含量在 2%～4%之间。氧含量的监测可在焚烧炉烟气排放管道上设置在线氧含量分析仪，可选用价格较低、性能稳定的直插式氧化锆氧分析仪（图 8-20）。某石化

图 8-20 安装在烟道上的直插式氧化锆氧分析器

厂硫黄回收装置设计时采用取样式磁氧分析仪测量烟气氧含量，因取样系统故障较多，系统不能连续正常运行，后改用直插式氧化锆分析仪，两年来一直运行正常。

8.3.6 在尾气灼烧炉烟道上设置 SO_2 分析仪

(1) 尾气排放冷干法 SO_2 监测系统及其使用情况

根据环保部门的要求，我国天然气净化厂普遍在尾气灼烧炉烟道上安装了 SO_2 在线分析仪，作为尾气排放 SO_2 含量是否达标的监测手段。其取样点位于排放烟囱从平行烟道出口起算 3 倍烟囱直径的高度处。取样点温度为 400～500℃，压力为烟囱负压，样气组成见表 8-5。

SO_2 体积分数 ppmV 和质量浓度 mg/m^3 之间的换算关系为：

$$1ppmV(0℃)=(M_{SO_2}/22.4)mg/m^3=2.86mg/m^3$$

$$1mg/m^3=(22.4/M_{SO_2})ppmV(0℃)=0.35ppmV(0℃)$$

式中 M_{SO_2}——二氧化硫的摩尔质量，$1M_{SO_2}=64g$；

22.4——0℃、标准大气压下 1 摩尔气体的体积，L。

表 8-5 某硫黄回收装置尾气灼烧炉排放烟气的组成

序号	组分名称	浓度范围/%(V)	测量范围
1	H_2S	0.0005～0.001	
2	SO_2	0.015～0.035	0.01%～0.04%
3	CO	0～1.0	
4	CO_2	10.5～25.0	
5	H_2	0.11～2.0	
6	O_2	1.8～4.0	0～5%
7	N_2	76.3～85.0	
8	H_2O	11.3～30.0	
9	COS	微量	
10	CS_2	微量	

目前，天然气净化厂硫黄回收尾气排放 SO_2 监测大多采用冷干法红外分析仪系统。所谓冷干法是指被测烟气经过除尘、除湿后，成为洁净、干燥的烟气，并在干烟气状态下进行分析，称之为冷干法（冷凝/干燥法）。图 8-21 为常见的冷干法燃煤烟气排放 SO_2 监测系统流路图。

从天然气净化厂使用情况来看，这种冷干法 SO_2 监测系统的使用效果并不理想，由于尾气灼烧烟气温度高、湿度大、腐蚀性强，导致冷干法系统的故障率较高，维护量大。

我国燃煤锅炉安装的 CEMS 中，以采用冷干法红外分析仪系统为主，约占 75%以上。但与燃煤锅炉相比，硫黄回收尾气灼烧炉烟气的工况条件更为恶劣，两者相比有以下不同之处：

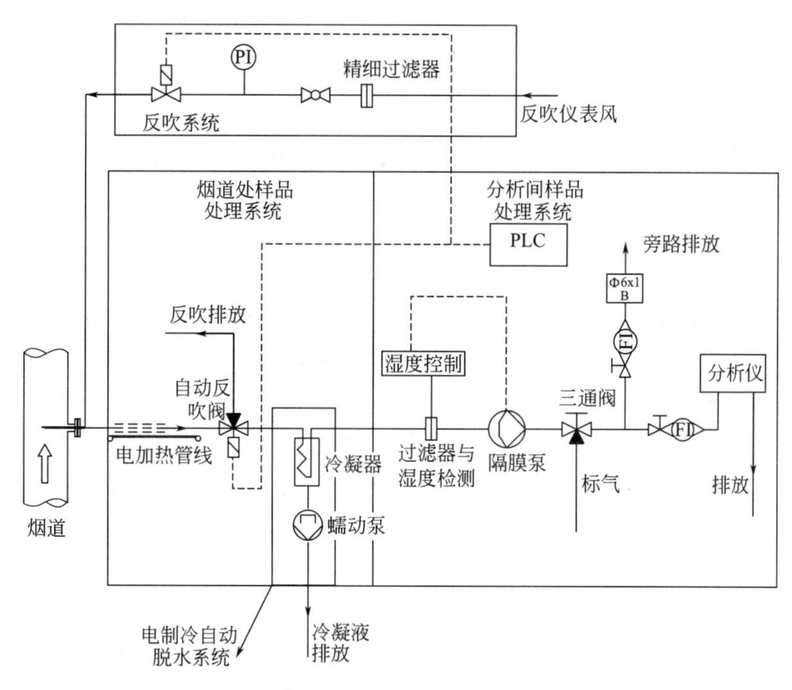

图 8-21 冷干法燃煤烟气排放 SO_2 监测系统流路图

① 温度高 燃煤锅炉烟气温度多在 120～200℃之间，而尾气灼烧炉则为 380～500℃；

② 湿度大 燃煤锅炉烟气湿度多为 7%～15%，而尾气灼烧炉则为 11%～30%，有的甚至高达 35%以上；

③ 腐蚀性强，燃煤锅炉烟气经脱硫处理后 SO_2 含量一般在 400mg/m³（140ppmV）以下，硫黄回收尾气经净化处理后，部分装置（如 SCOT 尾气处理装置，硫回收率可达 99.8%以上）SO_2 含量可降至 960mg/m³（340ppmV）以下，但部分装置（如超级克劳斯尾气处理装置，硫回收率仅达 99.0%～99.5%）尚达不到 1200mg/m³（420ppmV）排放限值的要求。

还有些净化厂尚未建设尾气净化处理装置，有些虽建但未投运或运行不正常，致使其排放尾气 SO_2 含量居高不下。据了解，有的净化厂排放尾气 SO_2 含量为 1000～2000ppmV，有的为 2000ppmV 以上，还有的高达 3000～4000ppmV，按 1ppmV（0℃）=2.86mg/m³ 折算，已远远超过排放标准限值。

由于存在上述差别，致使尾气灼烧炉排放烟气取样和样品处理系统的设计比燃煤锅炉难度更大，其难点在于：烟气样品的伴热保温要求十分严格，稍有不慎，烟气温度降低会析出冷凝水，且 SO_2 易溶于水。溶入 SO_2 的酸性冷凝液会带来一系列问题：探头过滤器堵塞、样品管线积水、抽气泵隔膜腐蚀，SO_2 溶解损失造成测量不准，还会对所有系统部件造成腐蚀。

（2）尾气灼烧排放冷干法 SO_2 监测系统的改进措施

图 8-21 所示的样品处理系统常用于燃煤锅炉 CEMS 中，但这样的系统在硫黄回收尾气灼烧炉这种高温、高湿、高含 SO_2 组分的烟气测量中仍然存在问题，在其样品处理系统的设计中，应特别注意以下问题。

① 取样采用外置过滤器式探头，外置过滤器须伴热保温并定时反吹、清洗。除此之外，还要特别注意烟囱壁内探杆和探头安装法兰处的伴热保温，否则会在这两个部位出现冷凝液。

西克麦哈克公司的垃圾焚烧炉取样探头，采用两级加热和两级过滤设计。两级加热指探杆加热和外部过滤器加热，两级过滤指探杆头部过滤和探头外部过滤，伴热温度控制在185℃以上。硫黄回收尾气灼烧炉与垃圾焚烧炉的烟气条件有某些相似之处，可以借鉴这一设计经验。

② 样品传输管线应采用PFA管或PTFE管，伴热保温采用限功率电伴热带。这种电伴热带适用于维持温度较高的场合，其输出功率（10℃时）有16W/m、33W/m、49W/m、66W/m等几种，最高维持温度有149℃和204℃两种。主要用于CEMS系统的取样管线对高温烟气样品伴热保温，以防烟气中的水分在传输过程中冷凝析出。如电伴热带质量不良或安装施工失误，伴热系统就会完全失败而带来严重后果。注意：不可采用蒸汽伴热，低压蒸汽达不到伴热温度和均衡伴热的要求，中压蒸汽温度难以控制，且易损坏管阀件的密封材料。

③ 取样探头和样品管线的伴热温度以180～200℃为宜。

燃煤锅炉烟气湿度低，约为8%，SO_2 含量也低，<400mg/m^3（140ppmV），其烟气酸露点为110℃，烟气伴热温度140～160℃；而尾气灼烧炉烟气湿度往往高达30%以上，SO_2 含量高达1000ppmV（2860mg/m^3）以上，经估算，其酸露点大约在145℃以上，烟气伴热温度应按180～200℃考虑。

④ 图8-21中的冷凝脱水环节位于隔膜泵的上游，这是正确的，但这种单级冷凝脱水系统并不完善，应采用双级冷凝脱水系统，即在泵后再加一级冷凝脱水环节，使脱水后的样气露点真正达到4～5℃，以确保系统可靠运行。可采用两级涡旋管冷却器或两级半导体冷却器冷凝脱水，也可采用前级涡旋管冷却、后级半导体冷却脱水的方案。

图8-22为一套天然气净化厂脱硫烟气排放监测系统流路图。

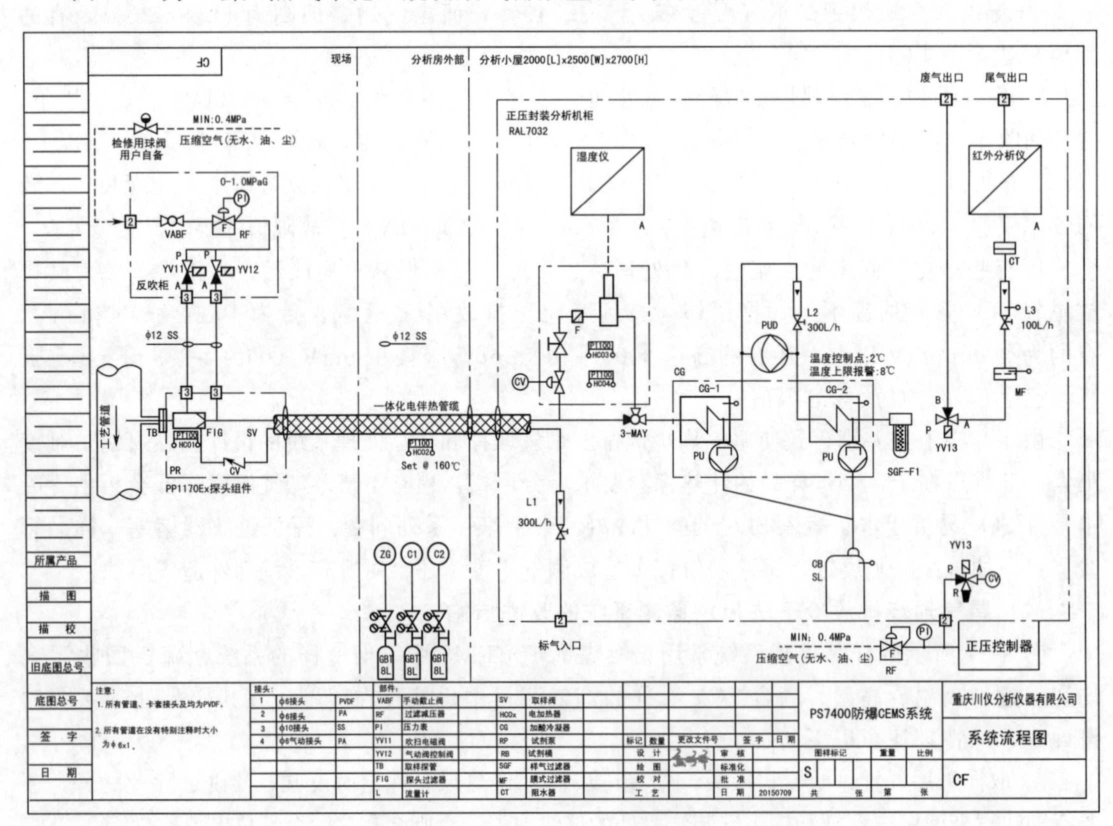

图8-22 天然气净化厂脱硫烟气排放监测系统流路图

该系统的工作流程如下。

① 在抽气泵抽吸下，被测烟气进入取样探头，烟气中的杂质及单质硫被取样探头中的陶瓷过滤器滤除，过滤精度为 0.3μm，探头材质为 316L。

② 系统定期对探头进行脉冲内外吹扫，可用于粉尘含量高达 $40g/m^3$ 的工况。内外反吹示意图见图 8-23。吹扫气采用 0.4MPa 仪表空气。吹扫管线为 12mm 不锈钢管，保持吹扫气压和流量充足。

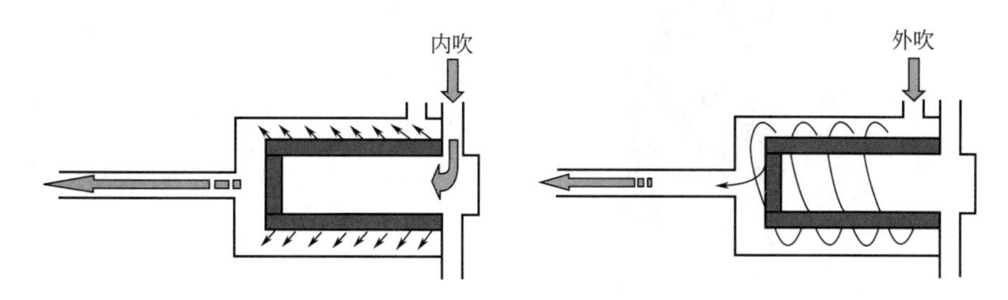

图 8-23 探头内外反吹示意图

③ 烟气样品由聚四氟乙烯（PTFE）电伴热管缆输送，伴热温度为 180℃。双管配置，一根管输送样品气，另一根管输送校准气，以满足环保系统标定要求。

④ 样品进入分析柜后，通过双级压缩机冷凝器降温脱水，样品温度控制在 2℃±0.1℃，采用蠕动泵连续自动排水。

⑤ 样品再通过样气过滤器、带湿度检查的膜式过滤器及带低流量监测的样气流量计，一旦监测到样气湿度超标（冷凝器失效）或流量过低（过滤器堵塞），系统自动停止进样分析并报警。

⑥ 整个系统由 PLC 控制，采样及吹扫均自动完成，从而实现系统的全自动运行。

⑦ 分析仪表 采用紫外光谱分析仪测量 SO_2，最小量程 0～$85mg/m^3$，最大量程0～$14000mg/m^3$。

⑧ 湿度监测系统 采用抽取式双氧法测量原理，量程：0～40%相对湿度。

(3) 采用热湿法紫外或红外分析仪的方案

对于尾气灼烧炉排放烟气中 SO_2 的测量，建议采用热湿法紫外或红外分析仪系统。所谓热湿法是指烟气未经冷凝除湿，保持原有的热湿状态，在湿烟气状态下进行分析。由于水分不吸收紫外线，紫外分析仪可用于热湿法测量。热湿法的突出优点是：

① 整个测量过程中烟气保持在高温状态，无冷凝水产生，SO_2 没有损失，测量准确；

② 烟气不需要除水，样品处理系统简化，故障率和维护量降低。

Ametek 公司 4600 型 SO_2 紫外分析仪是专为硫黄回收装置设计的，采用热湿法测量。现场应用证明该产品是成熟的，但整套系统价格昂贵，也可选用 OMA-3000 紫外 SO_2 分析仪，该仪器已在众多 CEMS 系统中成功应用。

图 8-24 是紧密耦合式 CEMS-3000 构成图，该系统将测量气室和采样探头集成在一起，壁挂式分析仪（OMA-3000）就近安装，整套系统均置于取样点近旁的烟囱上，不但无需分析小屋，也无需伴热传输管线，从而免除了样品伴热传输可能出现的问题，其造价最低，维护量小，是目前国际上推崇的一种 CEMS 系统结构模式。

图 8-25 是 CEMS-3000 测量原理示意图，图 8-26 是 CEMS-3000 壁挂式机箱。该系统已

用于尾气灼烧排放 SO_2、NO_x 含量监测，取得满意的使用效果。

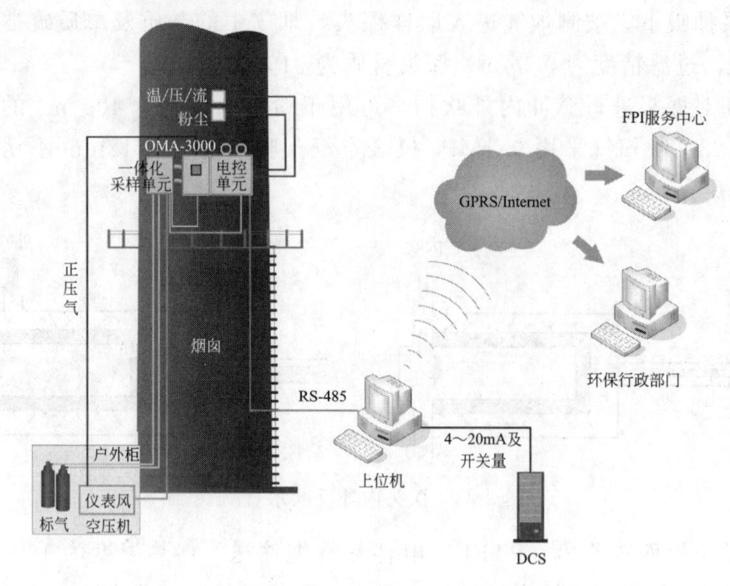

图 8-24 采用热湿法的紧密耦合式 CEMS-3000 系统构成图

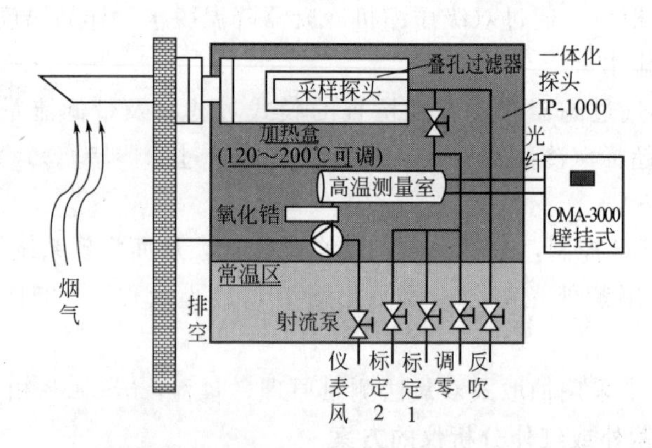

图 8-25 CEMS-3000 测量原理示意图

图 8-26 CEMS-3000 的壁挂式机箱

（左部为一体化探头；中部为 OMA-3000；右部为电气控制箱）

也可采用 MCS100E 高温型红外线多组分气体分析系统监测尾气灼烧排放 SO_2、NO_x 的含量，MCS100E 系统的介绍可参见本书第 6 章“红外线气体分析器”。

(4) 一种集成在烟道上的“原位处理法”烟气样品处理系统

美国博纯（Perma Pure）公司近期开发了一种集成在烟道上的“原位处理法”烟气样品处理系统——GASS 2040。该系统安装在烟囱上，烟气取出后即对其进行除尘、除湿处理，除湿不采用冷凝技术，而采用 Nafion 管干燥技术，样品处理洁净、干燥后传输至分析仪进行测量。GASS 2040 系统在美国炼油厂克劳斯硫回收和垃圾焚烧发电厂的 CEMS 上应用较多，部分应用案例见表 8-6。

表 8-6　GASS 2040 在美国炼油厂克劳斯硫回收装置的应用案例

工厂名	地址	使用产品	应用场合
Conoco Philips Los Angeles Refinery	1660 West Anaheim Street Wilmington CA 90744	8 套 GASS 2040	Claus SRU
Chevron Products Company	324 West El Segundo Boulevard CA 90245	12 套 GASS 2040	Claus SRU
Phillips 66 Ferndale Refinery	Puget Sound Washington	8 套 GASS 2040	Claus SRU
Valero Ardmore Refinery	Hwy 142 Bypass and East Cameron Road Ardmore，Oklahoma 73401	6 套 GASS 2040	Claus SRU

图 8-27 为 GASS 2040 样气处理系统的外观图及系统组成图。GASS 2040 系统的样气处理能力：流量可高达 25L/min，湿度可超过 65%，可同时除去样气中的酸雾和氨。

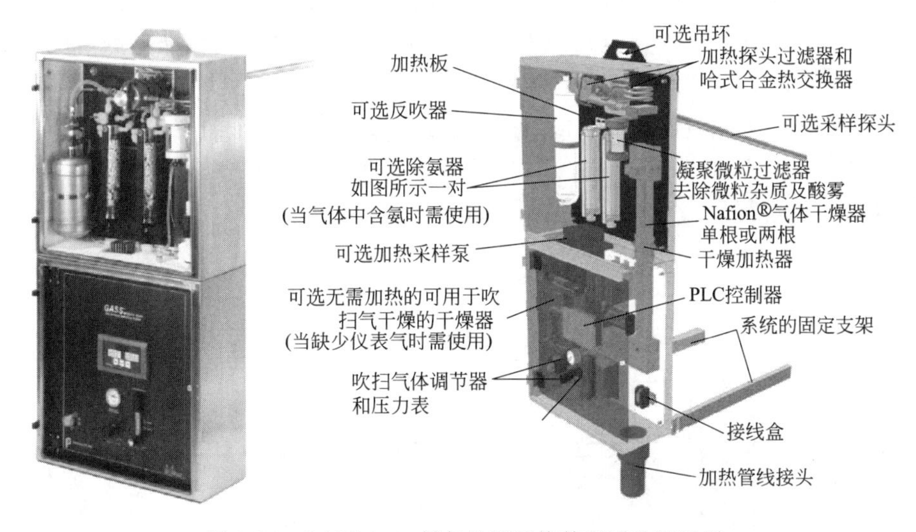

图 8-27　GASS 2040 样气处理系统外观图及配置图

GASS 2040 样气处理系统包括整体式烟气取样探头。样气从探头出来先进入第一温区——热交换器，在这里，高温的烟气（例如 180℃或 400℃）经热交换器降温到第二温区所需控制的温度，然后烟气通过聚结式过滤器除去酸雾（过滤精度 0.1μm），再通过 AS 除氨器除去样气中的氨气。第二温区是 Nafion 管干燥器，其头部被加热到样气露点温度以上，以避免样气出现液态水而引起 Nafion 管干燥器故障，如控制到 120℃，防止烟气中的水分冷凝。样气最后进入处于周围大气温度的第三温区，在通过 Nafion 管干燥器的其余部分后，样气露点可降低到－5℃以下。

加装整体式取样探头后，整套装置可直接安装在烟囱壁上。系统还包括探头过滤器、内置抽气泵、反吹扫组件以及温度控制器等。所以，GASS 2040 实际上是一套采用“原位处理法”的样品处理系统，其后的样品管线可以不伴热，因为样气已经非常洁净和干燥：粉尘<0.1μm，露点－5℃以下，后续样气管线只需要保温就可以了，因而避免了所有因冷凝水析

出而产生的问题。

GASS 2040 只需要 220V、7.5A 电源，压力范围为 0.4～0.7MPa 的除油、除尘压缩空气，其安装、运行和维护非常简单、可靠、方便。

8.4 超级克劳斯硫黄回收工艺在线分析方案

荷兰 Shell 公司 1988 年开发的超级克劳斯（Superclaus）工艺是将硫黄回收和尾气处理结合在一起的组合式工艺，包括 Superclaus 99 和 Superclaus 99.5 两种类型，前者总硫收率为 99%左右，后者总硫收率可达 99.5%。

超级克劳斯工艺与传统克劳斯工艺相比有两大特点。

① 酸性气与空气流量之比的控制范围增大。

② 采用新型选择氧化催化剂，使 H_2S 直接生成硫，而不是生成 SO_2。这种选择氧化催化剂，具有直接氧化 H_2S 为元素硫的很高的选择性，即使在超过化学计量的氧气中，SO_2 也很少生成；此外，这种催化剂也不会催化克劳斯逆反应，即硫与水生成 H_2S 和 SO_2 的平衡反应亦不存在。这样，过程气中即使水含量很高，也无任何影响。

Superclaus 99 工艺由三个催化反应器组成，前两个反应器采用标准克劳斯反应催化剂，后一个反应器充填新开发的选择氧化催化剂。在热回收段（指燃烧炉内的高温热反应，而转化器内的低温催化反应称为催化回收段），酸气与略低于化学计量的空气燃烧，离开第二级反应器时，尾气中含 H_2S 0.8%～3%，空气流量靠酸气流量控制仪和第二级反应器出口 H_2S 分析仪来调节，其工艺流程示于见图 8-28。

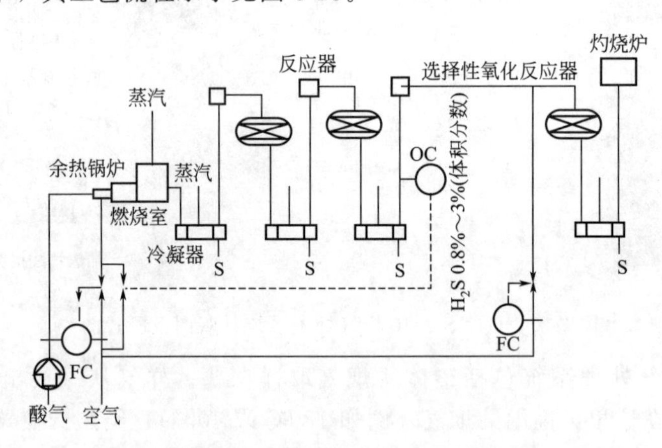

图 8-28 Superclaus 99 工艺流程

该工艺将两级常规克劳斯法催化反应器维持在富 H_2S 条件下（即 H_2S/SO_2 大于 2）进行，并使二级出口过程气中 H_2S/SO_2 的比值控制在 10～100，最后一级选择性氧化反应器配入适当高于化学计量的空气，使 H_2S 在催化剂上氧化为元素硫。由于 Superclaus 99 工艺中进入选择性氧化反应器的过程气中 SO_2、COS、CS_2 不能转化，故总硫收率在 99%左右。为此，又开发了 Superclaus 99.5 工艺，即在选择性氧化反应段前增加了加氢反应段，使过程气中的 SO_2、COS、CS_2 先转化为 H_2S 或元素硫，从而使总硫收率达 99.5%。图 8-29 是 Superclaus 99.5 工艺流程。

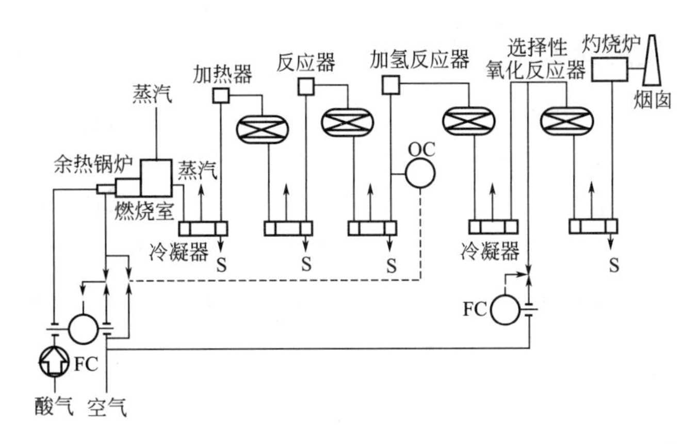

图 8-29 Superclaus 99.5 工艺流程

该工艺在第二和第三反应器之间增加一个加氢反应器，将 SO_2、COS、CS_2 和硫蒸气生成 H_2S。此时选择氧化反应器的 H_2S 无需过量，引入空气的过量程度也可灵活一些。

超级克劳斯工艺安装了加拿大西部研究所（Western Research）研制的空气用量分析仪（ADA，是一种紫外线 H_2S、SO_2 分析仪）和氧气分析仪。空气用量分析仪位于超级克劳斯反应器上游，控制反应器出口 H_2S 含量为 0.8%～3%（V）；氧气分析仪位于其下游，确保反应器中氧含过量 0.5%～0.8%（V）。

我国某厂引进的 Superclaus 99 装置于 2002 年 10 月投产，装置属于分流型，规模为 31.5t/d，酸气中 H_2S 含量为 45%～55%，总硫收率超过 99.2%。表 8-7 为该厂 Superclaus 99 装置运行温度和过程气组成。

表 8-7 Superclaus 99 装置运行温度和过程气组成

位 置	火 焰	余热锅炉出口	一反出口	一 冷	二反出口	二 冷	三反出口	直接氧化段出口	直接氧化段冷凝器
实际值/℃	1060	165	319	163	217	158	183	236	123
计算值/℃	1062	169	320	172	220	162	187	245	126

过程气组成/%(V)

组 分	一反入口	一反出口	二反出口	三反出口	直接氧化段出口
H_2S	4.6(5.26)	1.3(1.67)			
SO_2	1.3(3.12)	0.15～0.37(0.59)	0.37～0.50(0.62)	0.30～0.50(0.50)	0.00～0.01(0.01)
COS	0.11(0.67)	0.01(0.013)	0.03～0.10(0.07)	0.01～0.02(0.02)	0.02～0.03(0.07)
CS_2	0.19(0.42)	0.01(0.04)			

8.5 国产直接选择氧化工艺在线分析方案

某气田酸性气体中 H_2S 的含量低（2.5%左右），属极贫酸气，以前部分天然气净化厂采用 Clinsulf DO 直接氧化法工艺处理酸气。近年来，随着气田不断开发，高含硫气井增多，以某净化厂为例，原料气 H_2S 含量从 2007 年 1000mg/m^3 左右，逐年提高至 2013 年夏季 1593.38mg/m^3；酸气中 H_2S 含量从 2007 年 2.5%提高至 8%，峰值达到了 16.31%，已建硫黄回收装置处理后不能满足排放标准要求，同时 Clinsulf DO 法硫收率小于 90%，难以满足越来越严格的排放要求，因此气田净化厂新建硫黄回收装置工艺选用国产直接选择氧化工艺。

8.5.1 国产直接选择氧化工艺简介

国产直接选择氧化工艺利用国产催化剂将酸气中 H_2S 直接氧化为单质硫，该工艺酸性气体中 H_2S 的允许浓度为 1%～15%，采用两级反应：第一级反应器为恒温反应器，采用高选择性的 HS-35 催化剂，催化剂内设换热管，管内水汽化吸热移除反应热；二级为绝热式反应器，采用深度氧化的 HS-38 催化剂，实现 H_2S 较高的转化率。

反应原理为含 H_2S 气体与空气混合，在催化剂上进行 H_2S 的选择氧化，其中一级等温反应器化学反应式：

$$2H_2S+O_2 \longrightarrow \frac{2}{x}S_x+2H_2O+410kJ/mol \tag{8-8}$$

二级绝热反应器反应原理：

$$2H_2S+3O_2 \longrightarrow 2SO_2+2H_2O+1037.8kJ/mol \tag{8-9}$$

$$2H_2S+O_2 \longrightarrow \frac{2}{x}S_x+2H_2O+410kJ/mol \tag{8-10}$$

国产直接选择氧化工艺有以下特点。

① 低温活性好。催化剂 130℃起活，有效拓宽了处理尾气硫化氢浓度的范围，可以处理 1%～50%（V）低浓度酸性气。

② 反应选择性高。在 130～250℃的范围内，即使在氧过量的情况下，SO_2 的生成量也会受到抑制，有效地保证尾气的低 SO_2 排放。

③ 正常生产时自产蒸汽能够满足加热需要，无需外加热源。

该工艺的 H_2S 总转化率达到 99.6%，总硫黄收率也可达到 98.5%以上，尾气排放 SO_2 浓度小于 960mg/m^3，满足规范《大气污染物综合排放标准》GB 16297 要求，产品硫黄质量符合《工业硫黄》GB 2449—2006 中一等品的要求。

国产直接选择氧化硫黄回收装置工艺流程如图 8-30 所示。

从脱硫装置来的酸气（40～45℃，40～60kPa）经过酸气增压风机增压至 65kPaG 后进入酸气分离器，将酸气携带的游离水、醇胺液去除。酸性气经过配入适量的空气并保证 O_2/H_2S=0.6～0.8。空气通过空气鼓风机增压到 65kPa，同空气混合后的酸性气进入酸气加热器，加热至 150～180℃，进入等温反应器。

等温反应器中，H_2S 同 O_2 进行选择氧化反应，将 95%以上的 H_2S 氧化成单质硫。为防止床层温升过高导致催化剂失活，等温反应器采用内插管换热形式，采用锅炉水汽化，产生 3.0MPa 蒸汽的方式取走反应热。等温反应器产生的 3.0MPa 蒸汽，通过中压蒸汽空冷器冷凝后返回汽包，实现中压蒸汽的循环利用。等温反应器温度恒定在 240℃，

等温反应器出口中间气经过中间气换热器管程，进入硫冷凝器管程，中间气被冷却至 125℃后分离出液硫，气相返回中间气换热器壳程，液硫通过硫分离器后进入液硫池。

中间气换热器壳程出口温度为 160～180℃，进入绝热反应器，进行深度氧化。绝热反应器出口尾气进入硫冷凝器管程，冷却至 125℃后进入硫分离器。硫冷凝器壳程通过锅炉水蒸发，产生 0.01MPa 蒸汽，将中间气热量带走。蒸汽经低压蒸汽空冷器冷凝后，返回硫冷凝器，形成锅炉水-蒸汽循环取热。

硫分离罐气相进入尾气净化器，吸附尾气中含有的少量不凝性硫单质，净化后的尾气至尾气焚烧炉，硫分离器罐的液相为液硫，排至液硫池储存、外销。

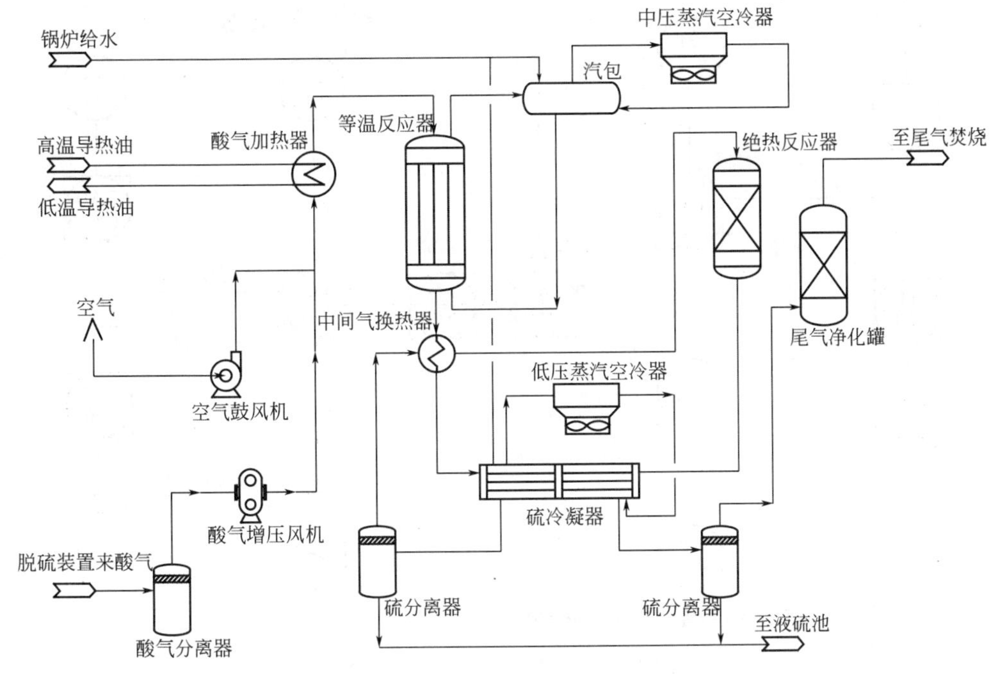

图 8-30 国产直接选择氧化工艺流程图

8.5.2 在线分析方案及注意事项

该装置配置 4 台在线分析仪器，对硫黄回收工艺过程及烟气排放进行监控。

① 在原料酸气分离器后的管道上，取样分析酸气中 H_2S 含量，控制配风（控制空气与酸气配比），采用在线紫外 H_2S 分析仪进行分析。

② 分别在一级、二级反应器出口取样分析直接氧化反应后气体中的含氧量，调节空气（氧气）流量，使氧化反应按式(8-8) 进行。如含氧量过高，则氧化反应会按式(8-9) 进行；如含氧量过低，则直接氧化反应不充分。采用氧化锆氧分析仪进行分析。

③ 分别在一级、二级反应器出口取样分析气体中 H_2S、SO_2 含量，监测氧化反应的进行情况和效果。采用紫外 H_2S、SO_2 分析仪进行监测。

④ 在酸气焚烧炉排气烟囱取样分析烟气中的 SO_2 含量，监测 SO_2 排放浓度是否达到环保标准要求。采用红外或紫外分析仪进行监测。

上述几套在线分析仪器的取样和样品处理系统，其技术难点主要在于防止硫蒸气的冷凝堵塞和伴热保温问题，可参见第 2 章 2.3 节“紫外吸收法硫化氢、二氧化硫比值分析仪”和 8.3 节“斯科特法尾气处理工艺在线分析技术”。

8.5.3 过程控制

酸性气经过配入空气保证 $O_2/H_2S=0.6\sim0.8$，其中主回路控制 O_2 与 H_2S 比值为 0.6，剩余的氧气量通过副回路来补充：副回路一的空气流量控制依据过程气中氧含量调节来控制，副回路二的空气流量控制依据尾气中氧含量调节来控制。

(1) 主回路：酸性气与空气流量比值控制（图 8-31）

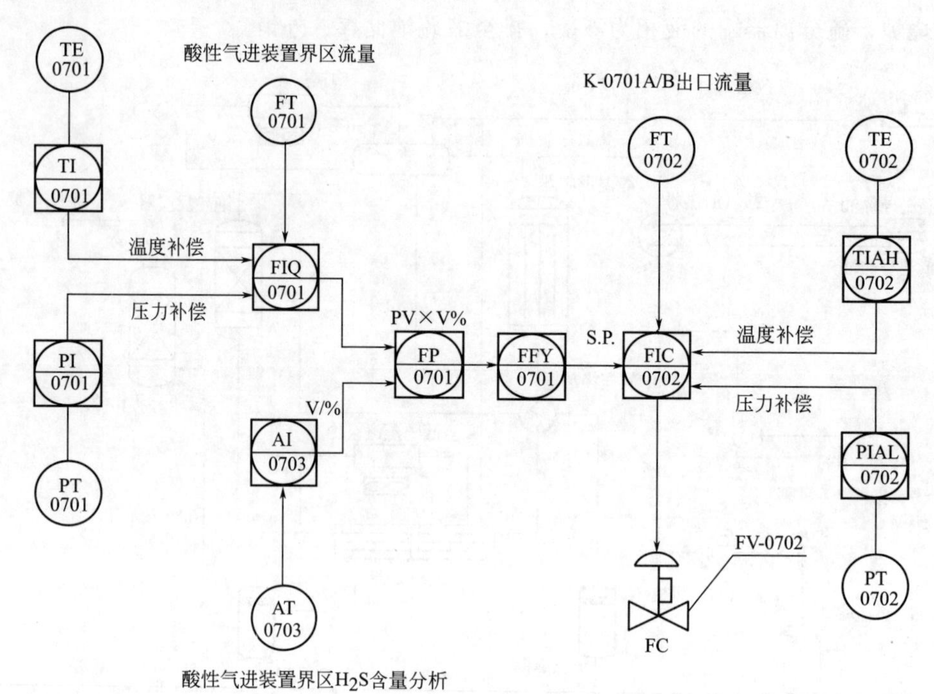

图 8-31 酸性气与空气流量比值控制

自天然气净化装置来的酸性气，通过管线上的流量计（FT-0701B 作为主控，FT-0701A 作为备用，正常运行时 FT-0701A 作为检测）和硫化氢分析仪（AT-0703），计算出酸性气中硫化氢的流量值，此流量值与鼓风机 K-0701A/B 出口管线上的流量计（FT-0702）测量的空气流量进行比值运算，从而控制空气量，保证进入酸性气加热器 E-0701 的 O_2 与 H_2S 比值为 0.6。计算公式如下：

$$\text{FIC-0702}=\frac{0.6\times(\text{FT-0701})\times(\text{AI-0703})\times K_1}{0.21}$$

式中，FIC-0702 为风机出口主调空气流量，m^3/h（20℃，101.3kPa，下同）；FT-0701 为酸性气流量，m^3/h；AI-0703 为硫化氢含量，体积分数；K_1 为调节系数。

(2) 副回路一：一级硫冷凝冷却器 E-0703 出口过程气氧含量与鼓风机 K-0701A/B 出口副管流量串级控制（图 8-32）

一级硫分离器过程气中 O_2 含量 AT-0701 显示并报警，测量范围 0～3%，正常值 0.20%～0.35%，设定值 0.33%，高限报警值 1.2%，低限报警值 0.1%。

一级硫冷凝冷却器出口过程气分析仪的氧含量分析（AICA-0701）为主回路，空气鼓风机出口流量检测控制（FIC-0704）为副回路，与工艺空气流量控制阀 FV-0704 构成串级控制。

(3) 副回路二：尾气净化罐 D-0705A/B 出口尾气氧含量与鼓风机 K-0701A/B 出口副管流量串级控制（图 8-33）

尾气中 O_2 含量 AT-0702 显示并报警，测量范围 0～3%，正常值为 0.35～0.5%，设定值为 0.4%，高限报警值 1%，低限报警值：0.2%，低低限报警值：0.06%。

尾气净化罐出口分析仪的氧含量分析（AIA-0702）为主回路，空气至绝热反应器（R-

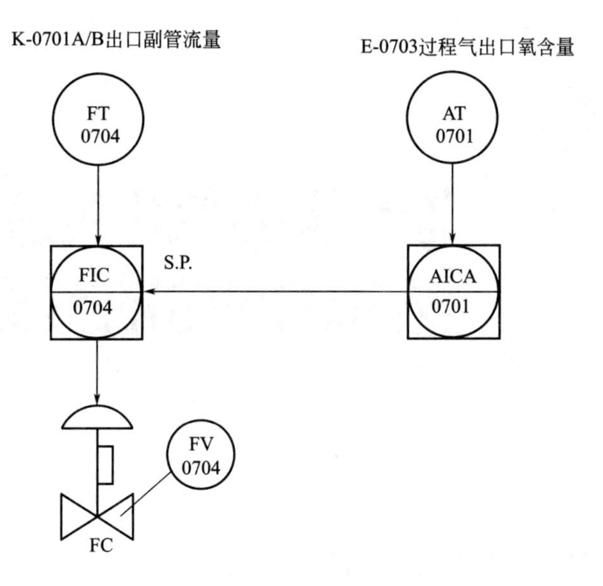

图 8-32 一级冷却器出口氧含量与鼓风机出口副管流量串级控制

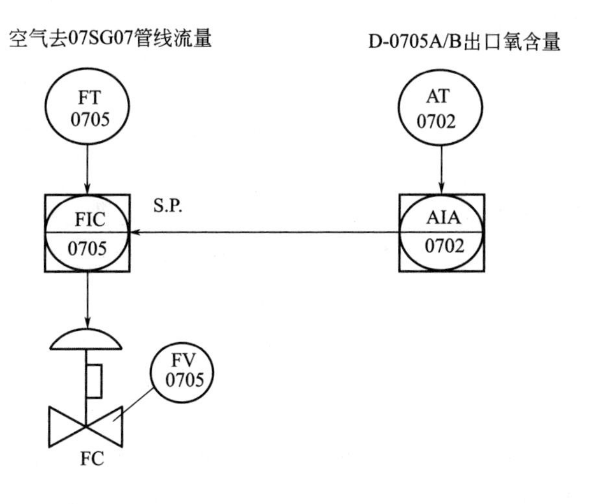

图 8-33 尾气净化罐出口过程气氧含量与绝热反应器空气管线流量串级控制

0702）过程气 07SG08 管线的流量检测（FIC-0705）为副回路，与工艺空气流量控制阀 FV-0705 构成串级控制。

液化天然气(LNG)、压缩天然气(CNG)在线分析技术

9.1 液化天然气(LNG)在线分析技术

9.1.1 液化天然气(LNG)业务链

随着液化天然气（LNG）国际贸易的发展，天然气工业的业务单元构成又增添了新的内容，即天然气液化、液化天然气（LNG）的远洋运输及液化天然气（LNG）的接收、储存和再气化等业务单元，构成了LNG产业链。

天然气在常温下为气体状态，传统的方法是通过长距离管道将高压气态天然气从生产地运送到消费地，这是目前使用最广泛的运输方式。但是，如果天然气从生产地到消费地距离过远，管道运输就失去了它的经济性，特别是海底管道运输，其成本远远高于陆上管道运输。而天然气在液体状态下其密度是气体状态下的600多倍，将天然气液化十分有利于天然气的储存和输送，特别是远洋运输，其成本优势更为明显。LNG国际贸易就是伴随天然气液化和储存技术的进步而发展起来的。

与传统的天然气工业相比，LNG工业的业务链构成增加了以下三个基本业务单元。

① 天然气的液化与储存　天然气的液化与储存是借助于天然气液化装置将天然气液化。天然气液化装置可分为基本负荷型液化装置和调峰型液化装置。基本负荷型天然气液化装置主要用于天然气的远洋运输，进行国际间LNG贸易。调峰型液化装置则用于负荷调峰或补充冬季燃料供应。

② LNG的远洋运输　在LNG的国际贸易中，LNG的运输专用设施是LNG运输船。LNG船是为载运在大气压下沸点为－163℃的大宗LNG货物的专用船舶。目前各国建造的LNG船越来越大，技术上已能设计出30万立方米的LNG船。

③ LNG的接收、储存和再气化　接收海运LNG的终端设施称为LNG接收站。它接收LNG运输船从基础负荷型天然气液化工厂运来的液化天然气，将其储存和再气化后或直接分配给用户，或进入长输管道。

9.1.2 LNG装置工艺流程及控制指标

(1) 工艺流程简述

天然气液化装置首先从预处理装置除去原料天然气中夹带的CO_2、H_2O、汞及重烃等，然后经混合冷剂获取冷量，在换热器内与经预处理的干天然气充分换热，液化天然气离开冷箱的温度是－156℃，在LNG储罐中闪降至－161℃，从而获得液化天然气（LNG）。闪蒸气和储罐蒸发气在BOG再生气压缩机中回收并且用作分子筛床的再生气，一部分再生气流至燃料气总管，剩余再生气（或压缩）离开界区，进入低压管线。

某液化天然气工厂，设计液化天然气负荷为 $100\times10^4 m^3$（标准）/d，LNG产量为662.9t/d。其工艺流程见图9-1，包括原料气压缩和脱 CO_2 系统、脱水系统、液化及混合冷剂系统、冷剂储存系统、液化天然气储存及灌装系统、BOG压缩系统和再生系统。

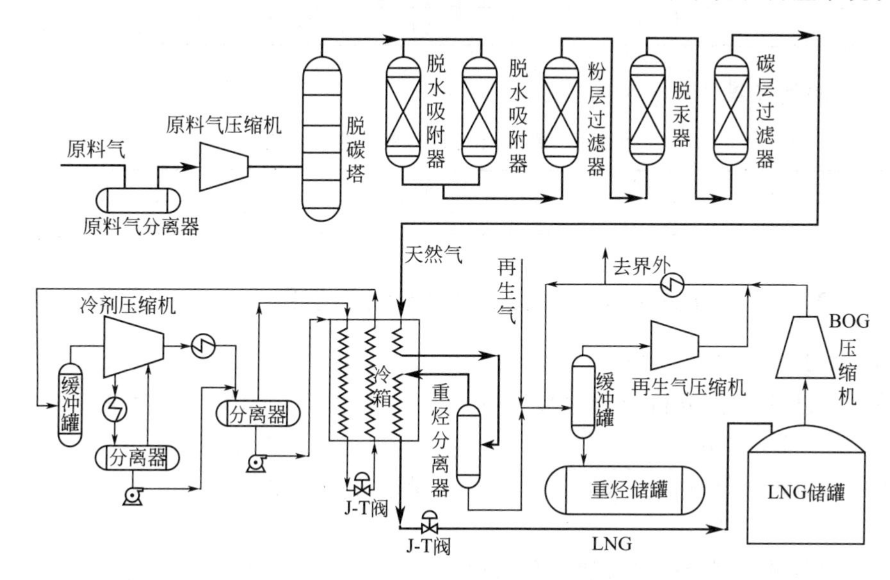

图9-1 某液化天然气工厂流程简图

(2) 对原料天然气预处理的要求

LNG工厂的原料气通常来自油气田矿场或天然气处理厂，在液化之前必须进行严格的预处理，将原料气中的 H_2S、CO_2、水蒸气、重烃及汞等脱除，以免 CO_2、水蒸气、重烃在低温下冻结而堵塞设备及管线，H_2S、汞等还产生腐蚀。表9-1为生产LNG时原料气中允许的最大杂质含量。

表9-1 原料气中允许的最大杂质含量①

杂质	含量极限	杂质	含量极限
H_2O	$<0.1\times10^{-6}$	总硫	10～50mg/m^3
CO_2	$(50～100)\times10^{-6}$	汞	<0.01μg/m^3
H_2S	3.5mg/m^3	芳烃类	$(1～10)\times10^{-6}$
COS	$<0.1\times10^{-6}$	C_3^+	<70mg/m^3

① H_2O、CO_2、COS、芳烃类含量为体积分数。

(3) LNG产品组成

LNG产品中的 H_2S、CO_2、水蒸气等杂质含量要求亦见表9-1，与商品天然气质量指标相比，其纯度更高。此外，根据欧洲标准（EN 1160—96），LNG产品中的 N_2 含量（摩尔分数）应小于5%。如果原料气中的 N_2 含量较高，则还应脱氮。在LNG产品中允许含有一定数量的 C_2～C_5 烃类。《液化天然气的一般特性》（GB/T 19204—2003）中列出的三种典型LNG产品组成及性质见表9-2。

表 9-2 典型的 LNG 组成（GB/T 19204—2003）

常压泡点下的性质	组成 1	组成 2	组成 3	常压泡点下的性质	组成 1	组成 2	组成 3
组成/%(摩尔分数) N_2	0.5	1.79	0.36	C_5H_{12}		0.09	0.02
CH_4	97.5	93.9	87.20	相对分子质量/(kg/kmol)	16.41	17.07	18.52
C_2H_6	1.8	3.26	8.61	泡点温度/℃	−162.6	−165.3	−161.3
C_3H_8	0.2	0.69	2.74	密度/(kg/m^3)	431.6	448.8	468.7
j-C_4H_{10}		0.12	0.42	每立方米液体转化为气体的体积(在 0℃和 101.325 kPa 下)/m^3	590	590	568
n-C_4H_{10}		0.15	0.65	每吨液体转化为气体的体积/m^3	1367	1314	1211

(4) 冷剂组分含量（表 9-3）

表 9-3 某 LNG 工厂冷剂组分含量表 mol%

氮气	甲烷	乙烯	丙烷	异戊烷
8.72	28.46	29.44	17.57	15.82

9.1.3 LNG 工厂在线分析项目及分析仪器的选用

(1) LNG 工艺的主要在线分析项目

① 采用红外线气体分析仪测量脱 CO_2 后天然气中微量 CO_2 的含量，测量范围 0～150ppmV，高报警值 50ppmV。

② 采用微量水分仪测量脱水后天然气中微量水分的含量，正常值 0～2ppmV，高报警值 4ppmV。

③ 用气相色谱仪测量原料天然气和 LNG 产品的组成及杂质分析。

④ 用气相色谱仪测量混合冷剂的组成和配比［目前，液化天然气普遍采用混合冷剂制冷工艺（MRC），混合冷剂一般由一定比例的 N_2、C_1、C_2、C_3、C_5 组成］。

⑤ 原料天然气脱硫后微量硫化氢、总硫分析　硫化氢高报警值 4ppmV，总硫（$COS+CS_2$）高报警值 10ppmV。

⑥ 原料天然气脱汞后微量汞分析　测量范围：0.001～1$\mu g/m^3$（标准），高报警值 0.01$\mu g/m^3$（标准）。

⑦ 原料天然气脱重烃后的苯、甲苯含量分析　苯高报警值 5ppmV，二甲苯高报警值 10ppmV。

说明　上述①～④项为我国 LNG 工艺目前普遍设置的在线分析项目；当工艺有要求时才进行第⑤、⑥、⑦项在线分析。

(2) 在线分析仪器的选用

在线气相色谱仪、微量水分仪的选用见第 7 章“7.2　天然气净化处理在线分析项目及仪器选用”。

对于红外微量 CO_2 分析器的选用，应注意以下几点。

① 应采用气动检测器（薄膜电容或微流量检测器）的不分光型红外分析器。

② 应注意对取样和样品处理系统材料、器件的选择及其伴热保温设计，以免出现微量 CO_2 的吸附、解吸效应。

③ 应保持红外分析器测量气室温度、压力的恒定。分析后样气排大气时，可增设大气压力补偿装置，以便消除或降低大气压力波动对测量的影响。分析后气样排火炬放空或返工

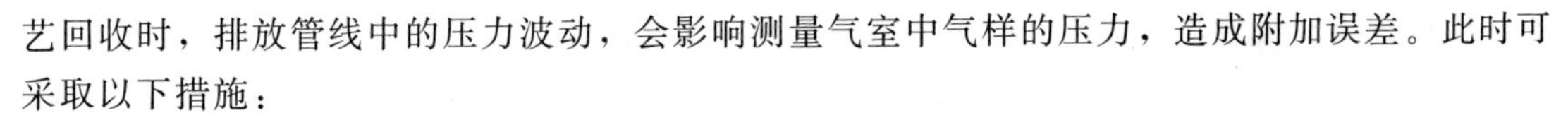

艺回收时，排放管线中的压力波动，会影响测量气室中气样的压力，造成附加误差。此时可采取以下措施：

a. 将气样引至容积较大的集气管或储气罐缓冲，以稳定排放压力；

b. 在气样排放口设置背压调节阀（阀前压力调节阀），稳定测量气室压力。

④ 红外分析器的零点气应采用99.999%的高纯氮气，必要时在零点气通路中增设“吸收、吸附”环节，用碱石灰吸收CO_2，避免零点气中微量CO_2对仪器零点校准的影响。

⑤ 如果对CO_2的测量下限和分析精度要求较高，也可选用Teledyne公司的GFC7000E超微量红外CO_2分析仪（见第6章第6.5.3节）。

(3) 某气田天然气液化厂在线分析项目、工况条件及样品组成（表9-4）

表9-4 某气田天然气液化厂在线分析项目、工况条件及样品组成

序号	仪表位号	取样位号	管道编号	用途	分析组分	背景组分	温度/压力
1	AT-2202 红外线 二氧化碳 分析仪	AE-2202	150-NG21 09-10A1	脱汞塔 R-202入 口二氧化碳 在线分析	CO_2： 100mg/L	CH_4:94.6% Hg:0.0668μg/m^3(标准) CO_2:17mg/L N_2:3.7827%	38℃ 4.77MPa
2	AT-2204 微量水 分析仪	AE-2204	150-NG21 09-10A1	脱汞塔 R-202 入口水分 在线分析	H_2O: 0～20mg/L	CH_4:94.6% Hg:0.0668μg/m^3(标准) CO_2:17mg/L N_2:3.7827%	38℃ 4.77MPa
3	AT-11301 COD分析仪	AE-11301		P-1106出水 总管中水 的化学 需氧量	COD:0～ 150mg/L	测量原理:重铬酸钾法 响应时间:小于20min 分析周期:20～40min	
4	AX/AT-720 1a 色谱分析仪	AE-2220	150-NG22 01-10A2	天然气分析		C_1:94.5945% C_2:0.5248% C_3:0.2841% C_4:0.1069% C_5:0.0784% C_6:0.1371% C_7:0.0803%	38℃ 4.71MPa 气态
5		AE-4510	350-RV45 01-5A1-IP	冷剂分析		N_2:9% C_1:25.3% C_2:28.6% C_3:19.7% C_5:17.4%	130.08℃ 1.645MPa 气态
6		AE-4708	200-RV47 09-5A1-IH	冷剂分析		N_2:12.26% C_1:33.3% C_2:34.15% C_3:16.53% C_5:3.764%	37.91℃ 3.972MPa 气态
7	AX/AT-720 1b 色谱分析仪	AE-4613	100-RL460 4-5A1	冷剂分析		N_2:0.386% C_1:2.861% C_2:9.46% C_3:23.07% C_5:64.22%	37.87℃ 1.565MPa 液态
8		AE-4714	80-RL4704- 5A1	冷剂分析		N_2:1.349% C_1:8.29% C_2:21.51% C_3:33.72% C_5:35.13%	37.91℃ 3.972MPa 液态

(4) 某天然气液化厂实验室和在线分析项目、工况条件及样品组成（表 9-5 和表 9-6）

表 9-5　某天然气液化厂实验室和在线分析项目一览表

分析项目	取样点	相关组分	分析设备
实验室分析			
天然气全组分色谱分析	1	N_2、CO_2、H_2S、H_2O、$C_1 \sim C_5$、C_6^+	离线色谱分析仪
LNG 产品组分分析	7	N_2、$C_1 \sim C_5$	
外购乙烯分析		乙烯	
外购丙烷分析		丙烷	
外购异戊烷分析		异戊烷	
吸附净化塔出口/冷剂干燥器 V-06102 出口水分取样分析	303/11	水	离线色谱分析仪
净化天然气中硫化氢含量取样分析	301	硫化氢	离线色谱分析仪
吸收塔顶过滤器二氧化碳含量取样分析	205	二氧化碳	化学试剂分析：气体体积测量仪、水分测定瓶等
胺液取样分析	206	胺	化学试剂分析：酸碱中和滴定分析仪
在线分析			
吸收塔顶过滤器二氧化碳在线分析	205	二氧化碳	红外线二氧化碳分析仪
吸附净化塔出口二氧化碳在线分析	303	二氧化碳	红外线二氧化碳分析仪
吸附净化塔出口水分在线分析	303	水	微量水分析仪
冷剂干燥器 V-06102 出口水分在线分析	11	水	微量水分析仪
冷剂压缩机入口冷剂组分在线分析	14	氮、甲烷、乙烯、丙烷、异戊烷	在线色谱分析仪

表 9-6　某天然气液化厂实验室和在线分析各取样点工况条件及样品组成

取样点名称	1	7	11	14	205	206	301	303
Vapour Fraction	1.0000	0.0000	1.0000	1.0000	1.0000	0.0000	1.0000	1.0000
温度/℃	25.00	−163.9	20.00	37.00	39.99	60.37	40.00	35.00
压力/MPaG	1.6(最高 3.6)	0.01	0.2	0.194	4.920	5.000	4.900	4.800
压缩因子	0.9617	0.004149		0.9733		0.06	0.91	
黏度/cP①	0.01157	0.1261		0.01039		2.2286	0.0128	
分子量	16.69	16.54		36.98		31.10	16.40	
密度/(kg/m³)	11.73	437.3		4.332		1037.53	34.48	
主要组分摩尔分数								
(氮 Nitrogen)	0.0046	0.003403		0.072310		0.000002	0.004635	
(氧 Oxygen)	0.000097	0.000091				0.000000	0.000098	
(氦 Helium)	0.00023	0.000007				0.000000	0.000232	
(氩 Argon)	0.000017	0.000015				0.000000	0.000017	
(二氧化碳 CO_2)	0.018(最大 0.02)	0.000020			0.000020	0.021645	0.000020	0.000020

续表

取样点名称	1	7	11	14	205	206	301	303
（硫化氢 H_2S）	0～40mg/m^3（标准）	0.00000				0.000018	0.000000	
（甲烷 Methane）	0.9512	0.969588		0.194068		0.000763	0.978633	
（乙烷 Ethane）	0.0216	0.022632		0000		0.000007	0.010304	
（乙烯 Ethylene）	0.000000	0.000000		0.3689		0.0000000	0.000000	
（丙烷 Propane）	0.003	0.003144		0.171886		0.000001	0.003022	
（异丁烷 *i*-Butane）	0.00042	0.000440				0.000000	0.000423	
（正丁烷 *n*-Butane）	0.00037	0.000388				0.000000	0.000373	
（2，2-二甲基丙烷 2，2-Mpropane）	0.000028	0.000029				0.000000	0.000028	
（异戊烷 *i*-Pentane）	0.00018	0.000189		0.192836		0.000000	0.000181	
（正戊烷 *n*-Pentane）	0.00007	0.000073				0.000000	0.000071	
（正己烷 *n*-Hexane）	0.00011					0.000000	0.000111	
（正庚烷 *n*-Heptane）	0.000043					0.000000	0.000043	
（正辛烷 *n*-Octane）	0.000003					0.000000	0.000003	
（甲基环戊烷 Mcyclopentan）	0.000023					0.000000	0.000023	
（Benzene 苯）	0.000006					0.000000	0.000006	
（环己烷 Cyclohexane）	0.000016					0.000000	0.000016	
（甲基环己烷 Mcyclohexane）	0.000019					0.000000	0.000019	
（甲苯 Toluene）	0.000002					0.000000	0.000002	
（汞 Mercury）	0.09μg/m^3					0.000000	0.000000	
（水 H_2O）	饱和		0.000001			0.846738	0.001740	0.000001
（胺 AMDEA）	0.000000					0.131226	0.000000	

① 1cP=1mPa·s。

9.1.4 LNG卸料码头在线分析仪器配置及性能要求

在LNG卸料码头，要求对船运进口的LNG进行质量分析和能量计量。下面是某LNG卸料码头建设项目对在线分析仪器配置及其性能的要求，供参考。

(1) 安装环境及公用工程条件

环境温度　最高：39℃，最低：－18℃

环境湿度　85%

危险区域等级　Zone 2

仪表电源　220V AC，47～63Hz（UPS），单相

公用电源　220V AC，47～63Hz，单相

仪表空气　正常压力：0.6～0.8MPaG，露点：－20℃

采暖热水（仅冬季使用）　温度：≥60℃，压力：≤0.3MPa

(2) 卸料管道采样点中LNG工况参数

温度　最低　－164℃；正常　－161℃；最高　－150℃

压力　正常　0.413MPaG

密度　最小　434kg/m³；最大　465kg/m³

(3) 在线气相色谱仪技术要求

检测器　双 TCD

重复性　±1%FS

分析周期　T_{90}≤4min

输出　RS-485 或 RS-232 Modbus RTU

数据存储　30 天分析报告，2500 条色谱数据

测量组分及量程　见表 9-7

表 9-7　在线气相色谱仪测量组分及量程

测量组分	浓度/mol%		测量量程
	贫液	富液	
氮气	0.9	0.11	0～2%
甲烷	96.64	89.39	65%～100%
乙烷	1.97	5.36	0～10%
丙烷	0.34	3.3	0～10%
正丁烷	0.07	0.78	0～2%
异丁烷	0.08	0.66	0～2%
C_5 及以上重烃	≤0.1	≤0.1	0～0.1%
WOBBLE 指数			20～80
密度	0.691	0.767	0～2kg/m³(标准)
高/低热值	54.59/49.12	54.52/49.22	20～80kJ/m³(标准)

(4) 在线水露点、烃露点分析仪技术要求

测量精度　水露点：±1℃(−59.9～20℃)；水分含量：仪表读数的±10%

　　　　　烃露点：±0.5℃

压力精度　±0.25%FS

测量范围及量程　见表 9-8

表 9-8　在线水露点、烃露点分析仪测量范围及量程

测量项目	测量范围		测量量程
	贫液	富液	
水常压露点/℃	−77～−100	−77～−100	−60～−130
烃常压露点/℃	−78～−103	−78～−103	−60～−130

(5) 在线硫化氢/总硫分析仪技术要求

测量方法　醋酸铅纸带法

响应时间　20s 报警

测量精度　1.5%FS

重复性　1%

测量组分及量程　见表 9-9

表 9-9　在线硫化氢/总硫分析仪测量组分及量程

测量组分	浓度		测量量程
	贫液	富液	
H_2S/[mg/m³(标准)]	5.0	5.0	0~10
总硫/[mg/m³(标准)]	10~50	10~50	0~100

(6) 分析小屋要求

外形尺寸　4000(L)mm×2500(W)mm×2700(H)mm

材质　内外墙面 304SS 不锈钢，墙体中填充阻燃保温材料

分析小屋应配备如下安全检测设备：

红外式可燃气体传感器　1套

缺氧报警器　1套

H_2S 气体检测报警器　1套

声光报警设备（警灯、警笛）　1套

报警控制箱　1套

9.1.5 LNG 卸料码头在线分析系统实例

LNG 接收站卸船在线连续分析系统包括如下几个部分：OPTA ISOSAMPLE 8100 真空绝热采样探头；OPTA 实验室分析采样系统；在线分析样品处理单元；在线分析仪器。

(1) ISOSAMPLER 8100 真空绝热采样探头（图 9-2）

ISOSAMPLER 8100 真空绝热采样探头安装在液态天然气过冷状态下的管道内，探头带有气动切断阀，可远程切断采样。8100 采样探头采用146.65~533.28Pa 真空夹套绝热。凭借这高度真空的夹套，最大限度地减少 LNG 热量的传导，构成超级保温系统。这一保温系统热导率（K）值低于 0.4mW/(m・K)。因此，在真空绝热的条件下，热焓（单位质量的热含量）的增加可以控制在过冷度之下，因此就不会出现分馏，即便是在较低 LNG 压力的采样管线中，也可以满足要求。这样就能保证 LNG 在气化前保持组分稳定（CH_4 或 N_2 不会提前分馏），避免测量值不准和波动。此探头完全符合 ISO 8943/2007 的要求。

图 9-2　ISOSAMPLER 8100 真空绝热采样探头

取样探头组件可以分为三大部分，分别是取样探头部分、气动隔离及压力平衡部分和电加热气化部分构成，见图 9-3。

液化天然气样品通过真空隔热探头输送到样品气化器，气化器盘管换热器密封在一个控

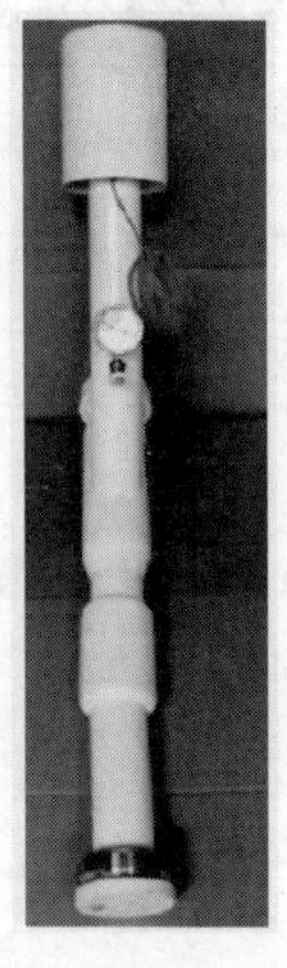

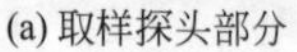
(a) 取样探头部分　(b) 气动隔离及压力平衡部分　(c) 电加热气化部分

图 9-3　取样探头组件的三大部分

温加热的模块内，保证样品在超临界状态从液体的 LNG 转化成气态天然气，避免任何分馏、分离的情况出现。进/出口温度信号传送给安装气相色谱电脑的控制室。

LNG 样品经采样探头后进入电加热气化器，该部分是采用电加热来气化所采集到的 LNG 样品（事实上，LNG 在气化器内闪蒸，从而避免分馏现象的发生）。气化器的电加热功率要满足气化系统对从主管道内采到的 LNG 样品进行气化后不会产生凝析所需要的热量，功率至少为 500W。此电加热功率应可随采样速度的变化自动调节加热温度，以满足对所采集的 LNG 气化所需热量的变化，使得出口气体温度保持在 50℃以上。供电电源为 220V AC，50Hz。

气化器紧急关断系统，采样探头带有气动切断阀，气动切断阀通过控制室的电脑来控制。此系统应包括气化器本身的温度监控、气化器进口液体的温度监控、出口气体的温度监控以及气化器出口压力的监控，当这三点的温度和压力值无法达到安全设定值，说明系统发生了问题，监控系统应提供信号给控制器，控制器将紧急切断采样系统，以保证采样系统的样品具有代表性，并保证系统的安全正常运行。温度信号和压力信号可以传送到控制室，也可以就地显示。

(2) OPTA 实验室分析采样系统

OPTA 实验室分析采样系统主要用于自动钢瓶取样、人工钢瓶取样和样品分配输出给后续在线分析单元。该部分由远程电脑控制，可以自动抓取卸船不同时刻天然气样品，以备查验。还提供人工取样接口，方便随时进行人工取样。

(3) 样品处理单元

气化后样品处理单元包括安全泄压阀、旁通过滤器和快速回路、薄膜过滤器以及烃露点＋水露点、H_2S＋总硫、CO_2＋色谱样品处理系统。设计此部分时必须稳定样品的温度，保证重组分不会冷凝丢失，并做好极端情况下样品带液的保护。

LNG 卸料码头在线分析系统流路图见图 9-4。

(4) 在线分析仪器

硫化氢和总硫分析——ENVENT 331 醋酸铅纸带比色法硫化氢和总硫分析仪。

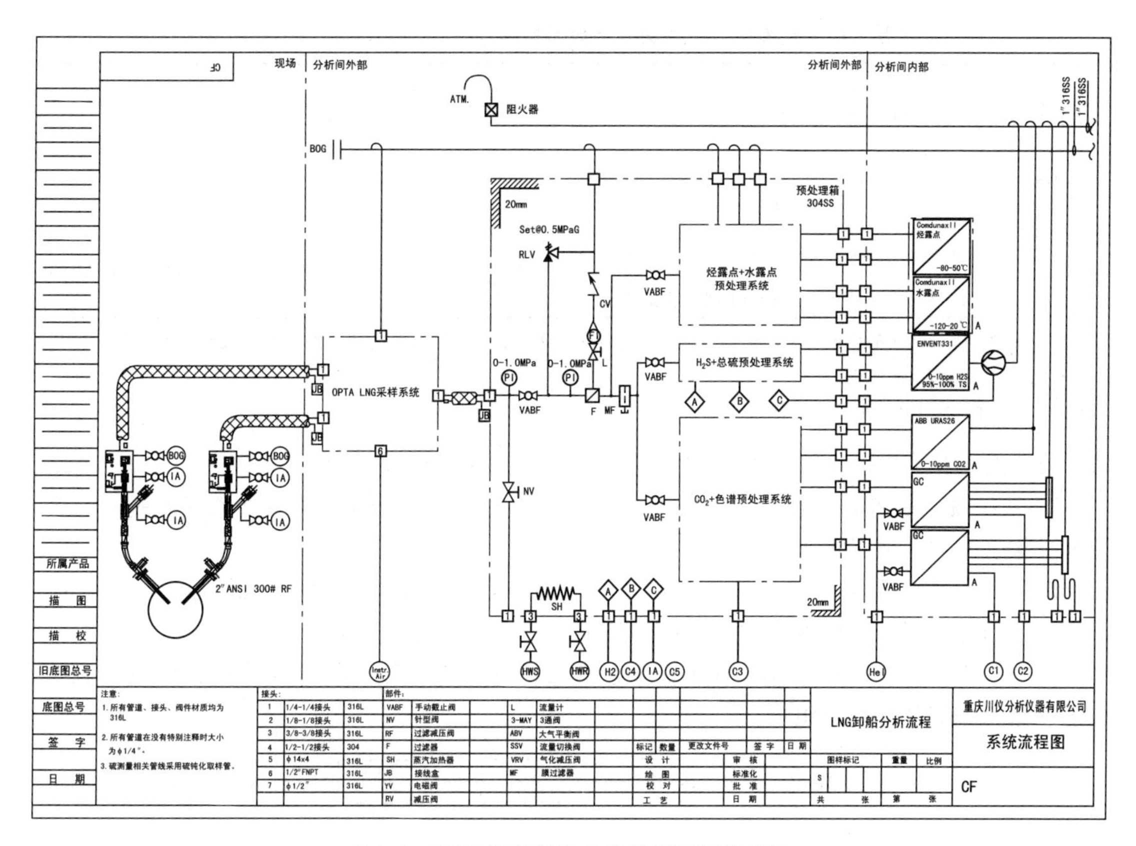

图 9-4 LNG 卸料码头在线分析系统流路图

水露点和烃露点分析：Michell（米歇尔）Condumax Ⅱ 水露点分析仪和和烃露点分析仪，各 1 台。

LNG 全组分分析和热值测量：丹尼尔 Danalyzer 700 气相色谱分析仪，2 台（一用一备）。

微量 CO_2 分析：ABB URAS26 红外分析仪，量程 0～10mg/L，采用流动参比技术，样品气分两路分别流经参比气室和测量气室，参比一路样气通过碱石棉除去 CO_2，只含背景组分，与测量一路含有 CO_2 的样气相比较，通过差减法计算得到 CO_2 含量。

9.2 压缩天然气(CNG)在线分析技术

9.2.1 压缩天然气质量指标及 CNG 加气站工艺简介

(1) 我国车用压缩天然气的质量指标（表 9-10）

(2) CNG 加气站工艺流程

由输气管道来的天然气，通常其水露点、H_2S 含量和总硫含量均符合商品天然气或管输天然气的质量要求，但因 CNG 加气站需要将天然气增压至高压（25MPa），故还需采用分子筛脱水装置深度脱水。

深度脱水装置及其设置有两种：

① 高压脱水装置，设置在压缩机后，原料天然气经调压计量系统后即进入压缩机，压

表 9-10　我国车用压缩天然气的质量指标（GB 18047—2000）[①]

项　　目	技 术 指 标
高位发热量/(MJ/m^3)	＞31.4
总硫(以硫计)/(mg/m^3)	≤200
硫化氢/(mg/m^3)	≤15
二氧化碳 y_{CO_2}/%	≤3.0
氧气 y_{O_2}/%	≤0.5
水露点/℃	在汽车驾驶的特定地理区域内，在最高操作压力下，水露点不应高于－13℃；当最低气温低于－8℃时，水露点应比最低气温低5℃

① 为确保压缩天然气的使用安全，压缩天然气应有特殊气味，必要时加入适量加臭剂，保证天然气浓度在空气中达到爆炸下限的20%前能被察觉。

注：本标准中气体体积的标准参比条件是101.325kPa，20℃状态下的体积。

缩后的天然气压力升高至25MPa，然后进入深度脱水装置脱除水分；

② 低压脱水装置，设置在压缩机前，原料天然气经调压计量系统后进入深度脱水装置，经过脱除水分的天然气再进入压缩机。

以前，CNG加气站多采用高压脱水工艺。近年来置于压缩机之前的低压脱水工艺逐渐成为一种趋势，因为这样可保护加气站的压缩机不会受到腐蚀和损坏。

采用低压脱水工艺的CNG加气站工艺流程见图9-5，主要由调压计量、脱硫、脱水、加压、储存、充装等环节组成。

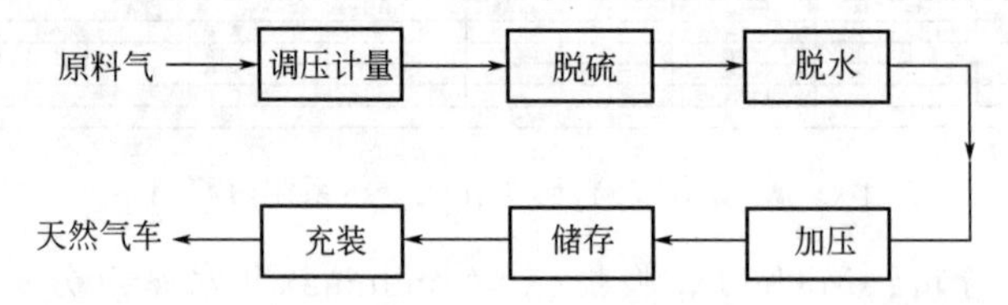

图9-5　采用低压脱水工艺的CNG加气站工艺流程框图

工艺过程：与压缩机要求的进气压力相匹配，等于或大于0.3MPa的低压原料天然气进入CNG加气站后，首先进入调压计量系统，这个系统包括过滤、分离、调压、计量、缓冲等部分。若原料气组分中含有超标硫化氢成分时，应设置脱硫装置，进行脱硫处理。

深度脱水：原料天然气进入脱水装置的吸附塔，塔内的4A型分子筛能有效吸附天然气中的水分，使天然气中的水含量达到车用压缩天然气水含量的要求。

加压装置：低压天然气经压缩机加压后，天然气压力升高到25MPa。

储气系统：为了满足汽车不均衡加气的需要，CNG加气站必须设置高压储气系统，以储存压缩机加压的高压气体。

9.2.2　CNG加气站在线分析项目及分析仪器的选用

在线分析项目为：①分析原料天然气（脱硫处理后）的微量硫化氢含量；②分析深度脱水后天然气的水露点；③监测环境空气中可燃气体含量，超标时发出报警信号。

天然气的水露点是车用CNG最重要的一项质量指标，如果水露点超标，汽车加气后储气罐内出现液态水，溶入硫化氢后腐蚀储罐，会造成汽车储气罐炸裂的严重事故。

（1）微量硫化氢分析仪的选择和使用

微量硫化氢分析仪可选择醋酸铅纸带比色法或紫外吸收法仪器。由于这两种在线分析仪器价格昂贵，一般加气站难以接受，目前不少加气站使用电化学式硫化氢检测器进行测量。

这种电化学式硫化氢检测器实际上是一种有毒气体报警器，虽然价格较低，但存在以下不足：

① 测量的准确度和仪器的稳定性远不如纸带法和紫外法仪器；

② 测量硫化氢时易受硫醇干扰，原料气中的硫醇组分也会在传感器中发生电化学反应，使仪器的硫化氢示值超过实际含量（虚高），甚至超过报警限造成误报警；

③ 传感器中的电化学反应是一种氧化-还原反应（耗氧反应），需要有 O_2 的参与，由于天然气中不含 O_2，传感器只能进行间隙测量，即测量数分钟后中断天然气进样，让传感器与空气接触“换气”，再通入天然气进行测量。

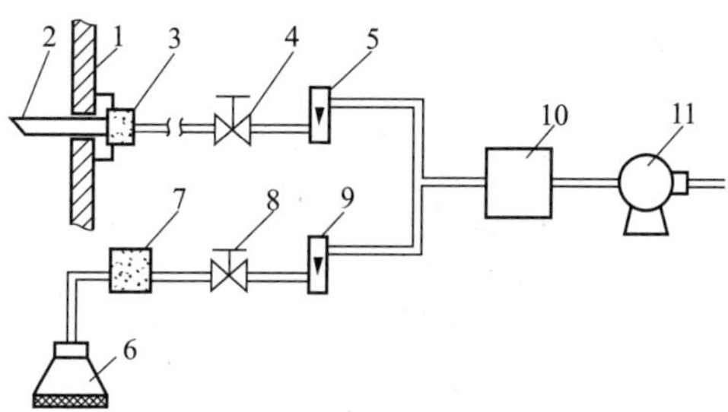

图 9-6 采用电化学传感器监测天然气中微量 H_2S 含量的系统示意图

1—管壁；2—天然气取样探头；3,7—过滤器；4,8—针阀；5,9—浮子流量计；6—空气吸入口；10—电化学 H_2S 传感器；11—抽吸泵

当采用电化学传感器监测天然气中的硫化氢含量时，为了连续进行测量，可设计如图 9-6所示的检测系统，在引入天然气进行测量时，同时吸入少量空气，以满足电化学传感器的工作条件。

这一检测系统的作用属于监视报警性质，只要灵敏度足够高即可，对定量精度并无严格要求，因而对天然气和空气的配比比例和配比精度并无严格要求（电化学式 H_2S 传感器灵敏度很高，需要吸入的空气量极少）。

(2) 水露点分析仪的选择和使用

① 水露点分析仪的选择　GB 18047—2000 标准中第 4.7 条规定：天然气水露点的测定应按 GB/T 17283《天然气水露点的测定　冷却镜面凝析湿度计法》执行。然而严格按该标准配置冷镜法露点仪，检测仪器价格昂贵，操作起来也比较复杂。目前 CNG 加气站的水露点监测普遍采用的是 SY/T 7546—1996 中规定的方法，即以 SY/T 7507《电解法测定天然气中水含量》规定的电解法测量 CNG 中微量水分的体积分数，然后查表获得标准气压下水露点温度。

查相关图表可得，在 GB 18047 中规定的 25MPa 压力下，−13℃水露点所对应的水分含量，约等于在标准大气压下−54℃水露点的水分含量 23.5ppmV，于是用电解法测得的水分含量是否低于 23.5ppmV 来间接判断脱水后 CNG 的水露点是否达到了 25MPa 压力下−13℃的要求。该法易于操作，设备成本也低。

标准大气压和加压状态下天然气水露点（℃）及水分含量体积分数（ppmV）的相互换算见第 3 章“微量水分与水露点分析仪”第 3.1 节。

② 电解式微量水分仪的使用　天华化工机械及自动化研究设计院研制的 HZ3321A 型天然气微量水分仪已应用于 200 多个 CNG 加气站并取得较好效果，下面以其为例介绍电解式微量水分仪的应用技术。

图 9-7 和图 9-8 分别是 HZ3321A 型天然气微量水分仪的外观图和系统构成图，主要技术指标如下：

测量范围　0～1000ppmV（水露点−70～−20℃）

仪表精度　仪表读数的±5%

灵敏度　标准状态下样气流量 100mL/min 时，灵敏度为 13.4μA/(mg/L)

响应时间　不超过 1min

输出信号　4～20mA

天然气输入压力　0.1～0.3MPa

气路连接　ϕ6 卡套

防爆等级　dⅡCT4

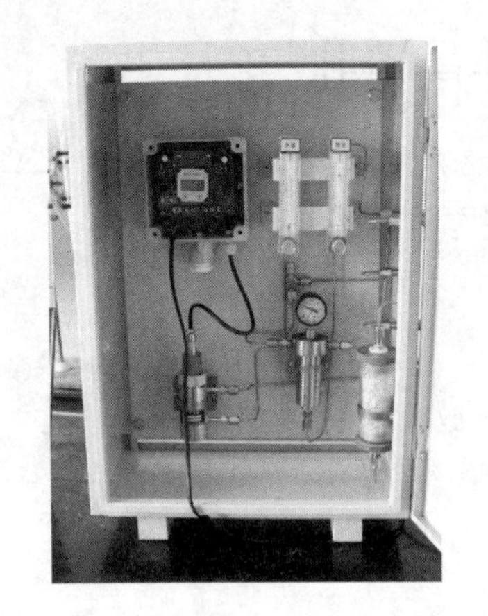

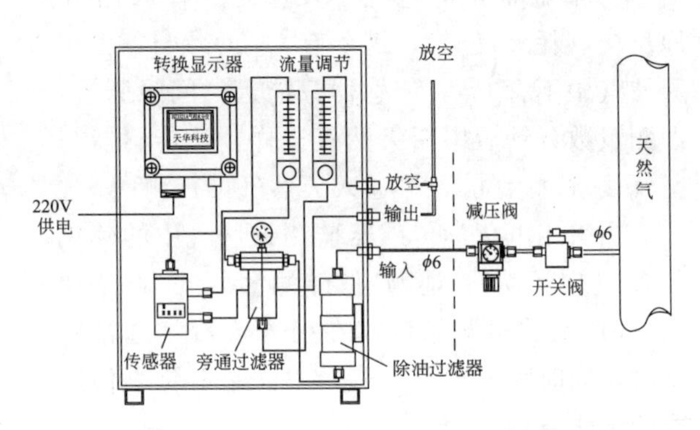

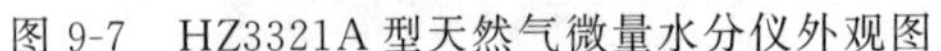

图 9-7　HZ3321A 型天然气微量水分仪外观图　　图 9-8　HZ3321A 型天然气微量水分仪系统构成图

仪表安装在脱水装置出口附近，仪表要求样气输入压力为 0.1～0.3MPa。根据低压或高压脱水装置的不同，选用不同的减压阀（低压 2.5MPa，高压 25MPa）将被测天然气引入仪表，减压阀应选用耐被测天然气腐蚀的材料。从工艺管道取样点到仪表样气输入端之间的样品传输管线长度尽可能缩短，以减小测量滞后。管线规格采用 ϕ6 Tube 管，材质为 316 不锈钢。管子的内壁应清洗干净并用干气吹扫干燥。取样管线的接头应尽可能少，接头处使用焊接或卡套密封连接，各接头及阀门必须保证密闭不漏气。待取样管线连接完毕后，必须做气密性检查，以防样气与外界气体相互渗透，影响测量和安全。

样气进入仪表箱体后被分为两路：一路进电解池供仪表测量分析，其流量严格控制在 100mL/min；另一路旁通放空，其流量一般控制在测量流量的 5～10 倍，目的是提高样气流速，降低滞后时间。

管输天然气虽然经过处理，仍然含有微量杂质和油雾。当仪表安装在高压脱水装置出口时，天然气中或多或少含有一些压缩机油雾，这些杂质和油雾会污染电解池，降低检测元件的灵敏度和使用期限。HZ3321A 型仪器对此采取了两项措施。

a. 设置除油、旁通两级过滤器。除油过滤器为纤维过滤器，滤芯采用憎水性强但吸附油雾的 PP、PTFE 纤维丝压紧制成。旁通过滤器为不锈钢烧结过滤器，过滤孔径细小，靠旁通流量很大的样气将杂质带走，实现自清扫。

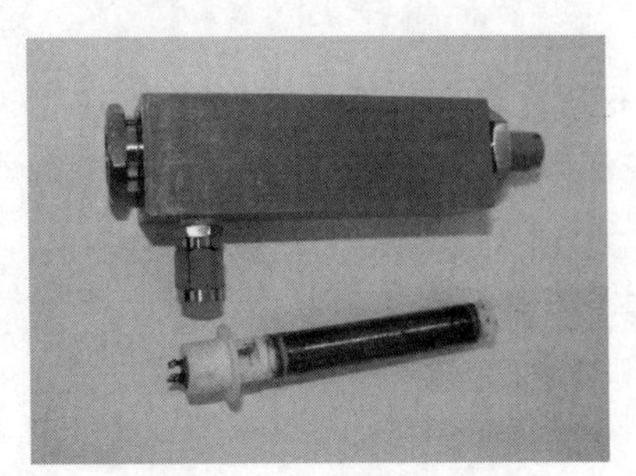

图 9-9　外绕式电解池

（下部为芯棒）

b. 改进电解池的结构，采用了外绕式电解池（图 9-9）。当电解池受到污染时，用户可自行将电解池的芯棒取出进行清洗，克服了内绕式电解池芯管过细过长、用户无法清洗、必须送制造厂清洗的弱点。

这种外绕式电解池清洗完毕、安装复原后，用深度脱水后的天然气样气吹扫 1h 左右，就可继续进行测量了。

需要注意的是，仪表正常使用一年后，由于气流的吹扫，电解池芯棒涂层会发生剥落和污染，引起电解效率的降低，带来测量误差，这一点 CNG 加气站用户往往不太重视。定期再生电解探头，是保持仪表长期稳定运行的关键，这种内绕式电解池结构简单，拆卸方便，用户稍加培训，就可自行涂覆再生电解探头。

分析小屋和分析仪系统的安装

10.1 分析仪的遮蔽物

在线分析仪器安装在工业现场，需要为其提供不同程度的气候和环境防护，以确保仪器的使用性能并利于维护。为分析仪提供气候和环境防护的设施称为遮蔽物。

在天然气工业现场，在线分析仪器的遮蔽物目前主要有分析仪柜和分析小屋两种。

(1) 分析仪柜（analyzer cabinet）

分析仪柜是一种小而简单的遮蔽物。这种遮蔽物对于单台分析仪的安装是合理的，但需重视并完善其气候防护设施，许多分析仪柜由于气候防护方面的缺陷，致使分析仪故障频发甚至停运。对于阳光暴晒的炎热夏季和冷风凛冽的寒冷冬季来说，要保持分析仪的正常运行温度并非易事，需要加厚保温隔热层厚度，冬季设置足够的电或蒸汽加热功率，夏季设置通风和空调设备，并应有可靠的温度控制系统，这无疑要加大分析仪柜的体积和造价。

(2) 分析小屋（analyzer house）

分析小屋是一种的封闭型构筑物，可安装一台或多台分析仪，分析仪的维护在小屋内进行。分析小屋安装方式费用高，但它对于需要高等级防护、用途重要且需要经常维护的分析仪是合理的，小屋为分析仪提供了可控制的操作和维护环境，并可降低仪器的生命周期成本（延长使用寿命，降低维护成本）。在环境条件恶劣场合，这种保护形式尤为必要。

小屋的结构型式有土木结构和金属结构两种，前者在现场就地建造，后者在系统集成商的工厂里建造。与土木结构的小屋相比，金属结构的小屋有如下一些优点：

① 分析仪系统能够在模拟运行条件下得到充分测试，设计、设备和安装缺陷可以在发运到现场之前得到纠正，这一点对保证系统顺利投运和降低现场维护量至关重要；

② 集成商工厂安装不受现场气候和施工条件的影响；

③ 整套系统的设计、安装、调试、投运由系统集成商负责，提供交钥匙工程；

④ 可避免现场安装中各设计专业、各施工工种协调对接引起的麻烦和差错，提高了系统的可靠性。

10.2 分析小屋的结构和外部设施

10.2.1　外形尺寸

金属结构的分析小屋属于非标产品，其大小可根据分析仪的数量、类型、系统复杂程度和操作维护空间确定，并应留有适当余地。受长途运输条件限制，其外形尺寸一般如下：

长度　室外主体 2.5～6.5m（考虑到标准钢材定尺和吊装、运输结构强度问题，单个分析小屋长度不宜超过 6.5m）；

宽度　室外主体 2.5m；

高度　室外主体 2.7，室内净高 2.5m。

10.2.2　机械结构及材质要求

(1) 骨架、底座和屋顶

分析小屋的骨架、底座和屋顶为金属构件，采用型钢焊接而成，应有足够的强度及刚性，保证分析小屋在荷载、起吊、平移和运输时不变形。

底座主框架宜采用 12# ～20# 槽钢，地板龙骨下方用两根 10# ～12# 槽钢或工字钢作为支撑梁，主框架、地板龙骨和支撑梁均应焊接连接，保证维护人员在室内走动时地板不震颤。

屋顶边框和主梁宜采用 10# ～12# 槽钢，并在宽度方向用 8# ～10# 槽钢作为主梁和屋顶龙骨支撑，均应焊接连接，防止扭曲变形。屋顶应有一定的倾斜度，坡度至少为 4%，可呈 A 型或一面斜坡结构，不允许采用平顶，以防雨水积存。

(2) 内外墙和内外顶面板

外墙面板宜使用 1.5～2mm 钢板制作，可采用 π 形板式拼装结构形成外墙面，在焊接工艺可以保证的情况下，也可采用带肋镀锌钢板焊接结构形成外墙面。采用 π 形板式拼装结构的外墙面板宜使用不锈钢板（304SS，推荐使用不锈钢拉丝覆膜板），也可使用镀锌钢板。使用镀锌钢板时必须进行表面喷涂处理，喷涂颜色为白色或国际灰色。

内墙面板和天花板宜使用 1.2～1.5mm 钢板制作，材料使用镀锌钢板或冷轧钢板，也可根据用户要求使用不锈钢板。使用镀锌钢板或冷轧板必须进行表面喷涂处理，天花板为白色亮光漆，内墙面板为白色亚光漆。

屋顶面板须进行有效的防雨设计，材料使用 1.5～2mm 不锈钢板，保证屋顶面耐腐蚀的持久性能，外顶承重能力应≥250kgf/m^2[1]（2 个人的重量）且不发生永久性形变。

(3) 保温层

内外墙和内外顶之间填充阻燃型保温材料（宜选用聚苯乙烯、硅酸铝、聚氨酯等，不应采用石棉制品），保温层厚度一般为 70～75mm，严寒或酷热地区应加厚至 80～85mm。

(4) 地板

地板应为防滑金属板。宜使用 4～6mm 钢板制作，材料根据用户要求可使用花纹不锈钢板，也可使用花纹镀锌钢板或热轧钢板。使用镀锌钢板或热轧钢板必须进行表面喷涂处

---

[1] 1kgf/m^2＝9.8Pa。

理，喷涂颜色一般为灰色。必要时可加一层防静电塑胶板。

(5) 门

小屋的门应是外开型的，小屋面积≤9m² （小屋长度≤3.5m）时只设一个门，>9m²（小屋长度>3.5m）时应设两个门：主门和安全门。安全门应设在维修人员面对仪器操作时，向右转身90°所面对的墙上，以便发生意外情况时，能迅速撤离小屋。

门的标准尺寸为：宽度900mm，高度2000mm，厚度40～50mm。内外面板宜使用与内外墙板相同厚度和材质的钢板制作。内、外门板均喷涂成橘黄色。

门上应设透视尺寸不小于300mm×300mm的玻璃观察窗，需要安装抗碎安全玻璃。抗碎安全玻璃应当是叠层玻璃，由2～3层玻璃（可用5mm厚普通玻璃）用聚酯胶乳粘接在一起制成，当受到强烈冲击破碎时，其尖利碎片被胶乳粘连，不会飞出。用于爆炸性危险场所时，夹层间除用聚酯胶乳粘接外还应加一层金属丝网，这种夹层玻璃才可称为防爆安全玻璃。

门内须安装结构合理、可靠的碰撞型逃生安全锁，无论门是否从外部锁闭，内部人员均可便捷、迅速地推开安全锁撤离。

小屋内部应避免有可能积聚气体的死角和沟槽，小屋高处应开有合适的排气孔，以防气体积聚。

10.2.3 分析小屋的外部设施

① 样品处理箱、载气钢瓶、标准气瓶和实验室人工分析取样点应位于小屋外边。在高寒地区，也可在小屋内隔出一个样品处理间，放置样品处理单元和气瓶等。样品处理间应单独设门并配备照明、通风设施。

② 门、接线箱、气瓶架和样品处理箱上方应有防雨遮沿，或将小屋顶檐向外延伸600～800mm，用以防雨遮盖。

③ 小屋顶部应有供整体吊装用的吊环。

10.2.4 分析小屋的地坪

分析小屋应放置在水泥平台上，以防碳氢化合物渗入。平台标高至少应比周围地坪高150～300mm，以防雨水或地面积水侵入。平台表面应平坦整洁，以防小屋产生形变。

小屋与地坪的固定，一般采用焊接方式，即在平台四角预埋固定件，与小屋底座槽钢焊接固定。有时也采用地脚螺栓固定方式。

10.3 分析小屋的配电、照明、通风、采暖和空调

10.3.1 配电

分析小屋的照明灯、通风机、空调器、维修插座等公用设备由工业电源供电。分析仪系统、安全检测报警和联锁系统由UPS电源供电。电伴热系统耗电量高，应单独配电，不应和其他设备混合配电，以免相互干扰。

对分析小屋配电的要求如下。

① 公用配电和仪表配电应彼此独立，不应合用一个接线箱或配电箱；不同电压等级的电源（如380V AC、220V AC、UPS、24V DC）也应彼此独立，不应合用一个接线箱或配电箱。

② 电源接线箱应位于小屋外部，电源线应通过接线箱接入分析小屋。

③ 电源总开关应位于小屋外部，以便小屋内出现危险情况时断开供电。

④ 配电箱位于小屋内部，每台仪器和设备应分别供电和配线。

⑤ 每个配电回路应配有各自的熔断保护装置和手动开关。

⑥ 公共配电和仪表配电均应当留出至少一个备用回路。

⑦ 分析小屋内外电气配线宜采用铝合金或不锈钢槽板敷设，220V AC电源电缆与24V DC电缆应分开敷设，本安电缆和非本安电缆应分开敷设。

⑧ 电源开关、配电箱、接线箱等电气设备应符合安装场所的防护、防爆要求。安装在小屋外部时，防护等级不应低于IP65；安装在危险场所时，防爆型式应选Exd(e)型。

10.3.2 照明

分析小屋内正常照度应高于300lx，以利于操作和维修。应配备事故照明，事故照度应高于50lx，可采用带逆变器和蓄电池的照明灯具，停电备用时间不少于30min。照明开关应安装在分析小屋外主门旁，采用防爆电源开关。

为了便于夜间维护操作，分析小屋外部的样品处理箱和气瓶护栏上方也应提供照明并配备照明开关。

10.3.3 通风

① 分析小屋内应保持通风良好。通风良好的定义是：分析小屋内的空气清洁、干燥，含氧量在18%以上，可能存在的可燃气体或蒸气会很快稀释到爆炸下限的25%以下。

② 位于2区爆炸危险场所的分析小屋采用通风机强制通风，可达到通风良好的目的，位于1区爆炸危险场所的分析小屋须设置正压通风系统。天然气工业的分析小屋均设在2区危险场所或非防爆安全区域，所以本章不再讨论正压通风设施。

③ 分析小屋一般采用防爆轴流风机通风，通风量应达到每平方米地板面积每分钟至少提供0.3m^3的空气或至少1h换气6次。

④ 通风方式包括手动控制、自动控制（如每小时通风15min）、联锁启动（可燃气体浓度超标时风机启动）。手动控制风机开关一般装在室外主门旁，采用防爆电源开关。自动控制和联锁启动应由可编程序控制器实现。

10.3.4 采暖和空调

(1) 采暖

小屋内的温度一般控制在10～30℃范围内，冬季可使用蒸汽暖气或电暖气采暖，暖气散热面的表面温度应不超过区域危险等级允许的温度，并用护罩加以屏蔽，以防人体直接接触造成烫伤。

室内蒸汽暖气管线连接均应焊接，以防蒸汽泄漏损坏分析仪。蒸汽进出管线截止阀装在室外，采用法兰连接方法。应加装自动控温阀，用于调节蒸汽流量和室温。

(2) 空调

当环境条件和设备散热在分析小屋内造成不可接受的高温时（分析仪对环境温度的要求

是＜50℃，带 LCD 液晶显示屏的分析仪对环境温度的要求是＜40℃），应配备空调装置，以满足分析仪运行环境温度要求。

地处我国南方温暖地区的分析小屋，冬季也可采用空调采暖。

10.4 分析小屋的安全检测报警系统

10.4.1 安全检测报警系统的组成

分析小屋的安全检测报警系统一般由下述部件组成。

① 可燃气体检测器　宜选用检测探头和信号变送器一体化结构的产品，并带就地显示表头和接点信号输出。

② 有毒气体检测器　当样品中含有有毒组分（如硫化氢）时，须设有毒气体检测报警器，要求与可燃气体检测报警器相同。

③ 氧含量检测器　分析小屋内部空气中的氧含量低于正常值时，容易造成人员缺氧、呼吸困难、头痛、晕倒甚至死亡事故，应予以高度重视。要求与可燃气体检测报警器相同。

④ 火灾报警器　一般由烟雾传感器和温度传感器组成，其信号可接入全厂火灾报警系统，同时接入小屋就地报警系统。

⑤ 声光报警器件　指警笛、警灯（旋转闪光型），装在小屋外边。

⑥ 防爆报警控制箱　内装小型可编程序报警器（PLC），面板上设有各种指示灯和按钮。其作用是对安全检测报警系统进行控制，实现就地报警（小屋室内和室外）、控制室报警和联锁功能（如启动风机）。

防爆报警控制箱面板上的指示灯和按钮有如下一些：

电源指示灯（白色）——表示报警系统处于上电状态；

安全状态指示灯（绿色）——表示分析小屋处于安全状态，无报警发生；

报警指示灯（黄色）——用于可燃气体、有毒气体、缺氧报警；

报警指示灯（红色）——用于火灾报警；

试验按钮——又叫试灯按钮，用于检查报警系统工作是否正常；

确认按钮——又叫消音按钮，维护人员按下该钮，通知控制室已经知道发生了报警，正在进行处理，同时停止警笛鸣响；

复位按钮——用于报警系统复位；

紧急报警按钮——维护人员在分析小屋内遇到危险情况时，按动该钮，报警求援。

10.4.2 检测器的安装位置和报警值的设定

（1）检测器的安装位置

可燃性气体检测器应安装在可能发生泄漏的部位附近。当可燃性气体比空气轻时，安装在小屋上部距顶棚 0.2m 处；当可燃性气体比空气重时，安装在小屋下部距地板 0.3m 处。安装位置应避免设在通风口附近或小屋内的死角处，并应避开空气流动通道。

有毒气体检测器和缺氧检测器一般应设于小屋内 1.5m 高度处（人的呼吸高度）。

(2) 报警值的设定

① 可燃性气体的报警设定值 根据GB 50493—2009《石油化工可燃气体和有毒气体检测报警设计规范》，可燃气体的一级报警设定值小于或等于25%爆炸下限，可燃气体的二级报警设定值小于或等于50%爆炸下限。

② 有毒性气体的报警设定值 根据GB 50493—2009，有毒气体的报警设定值宜小于或等于100%最高容许浓度，当试验用标准气调制困难时，报警设定值可为200%最高容许浓度以下。当现有检（探）测器的测量范围不能满足测量要求时，有毒气体的测量范围可为0～30%直接致害浓度；有毒气体的二级报警设定值不得超过10%直接致害浓度值。

根据GB 50493—2009，H_2S最高容许浓度为$10mg/m^3$，直接致害浓度为$430mg/m^3$。

③ 缺氧的报警设定值 当小屋内空气中氧含量降至18%时报警。

10.5 分析仪的安装、配管、布线和系统接地

10.5.1 分析仪的安装要求

在线分析仪器的安装方式有壁挂式、落地式、架装或保护箱安装等，应按仪表说明书的要求进行安装，注意留有维修空间和操作通道。壁挂式安装支撑材料宜采用镀锌碳钢或不锈钢横、竖滑架，可灵活、可靠地满足分析仪的安装要求。

安装位置及其附近应无振动源、过热源和电磁干扰源，否则要采取防振、隔热和抗电磁干扰措施。

10.5.2 气路管线的配管和管路敷设

分析仪的配管较为复杂，以过程色谱仪为例，包括样品、载气、标气、仪表空气等管线，其样品管线又分为进样、快速回路、分析回路、排火炬和放空等。其他分析仪还可能需要氮气管线等。应按布局合理、横平竖直、整齐美观、配件统一、操作和维修方便的要求加以组配安装。

(1) 样品气、载气和标准气管线

① 样品气、载气和标准气管线采用1/4in、3/8in、1/8in Tube管，双卡套接头连接，材质为316SS。

② 进入分析小屋的管线均应在小屋外的入口附近加装截止阀，以便小屋内出现危险情况时可从外部加以关断。

③ 穿墙进、出小屋时应通过穿板接头。

④ 分析后样品经集气管（管径一般为1in）缓冲后放空。

⑤ 快速回路和旁通样品汇总后排火炬。当与火炬距离较远或排火炬不现实时，可加装一个缓冲罐，通入氮气或空气将其稀释到10%LEL以下就地排空，排放高度应高出地面4m以上。

(2) 仪表空气管线

① 外部供气管线一般采用1/2in镀锌钢管，进入小屋前应通过截止阀和过滤减压装置。过滤器和减压阀应配备两套，并联安装，一用一备，以利维修和清洗。穿墙进入小屋时应加

装密封圈，进行室内外密封隔离。

② 如果用气仪表较多，仪表空气进入小屋后应通过供气总管分配至用气设备，总管应有足够容积（管径一般为 1in），防止压力波动影响分析仪正常运行。

③ 供气总管应架空水平敷设，并保持一定倾斜度（斜向总管末端），以利排污。总管末端出口处应用盲板封住，而不能焊死。

④ 在总管取气时，取源部件应位于水平总管顶部，经过倒 U 形弯引下来，每条支管均应装截止阀，以保证某台用气设备故障或正常吹扫维修时的隔离。

⑤ 供气支管可选用 304Tube 管，管径不小于 3/8in。

(3) 低压蒸汽管线

低压蒸汽用于小屋内部加热，可选用 3/4in 镀锌钢管。进入小屋前应装截止阀和减压/稳压阀。与外部供气管线的连接采用法兰连接方式，穿墙时应加装密封圈进行室内外密封隔离。

10.5.3 电源线、信号线的配线和线路敷设

(1) 电源线

采用阻燃型铜芯绝缘电线，线芯截面积为：分析仪供电＞2.5mm^2，公用设备供电＞3.5mm^2。

(2) 信号线

优先采用铜芯多股绞合聚乙烯绝缘、聚氯乙烯护套、阻燃型多芯软电缆，其屏蔽方式为铜带绕包对屏，铜线编织总屏。线芯截面积一般为：

4～20mA 信号线	0.75mm^2
接点信号线	1.0mm^2

数据通信电缆应根据分析仪要求选配，一般为 2.5mm^2 对绞线（或同轴电缆、光纤电缆）。

不同电平等级和不同类型的信号线应经过各自的接线箱转接，不得混杂在一个接线箱内。特别注意 4～20mA 本安信号线和非本安信号线不得混杂在一个箱内接线。信号接线箱应留出至少 15%的备用端子。

(3) 线路敷设

从室外接线箱进入小屋的电缆宜采用保护管敷设方式。保护管穿墙时，应加装密封圈进行室内外密封隔离。

电源线和信号线应分别进线，分开敷设。本安和非本安信号线也应分别进线，分开敷设。在分析小屋内，电源线应穿保护管敷设。信号线可穿管敷设，也可采用桥架＋汇线槽方式敷设。

10.5.4 分析仪系统的接地

分析仪的工作接地和屏蔽接地一般位于控制室侧，分析小屋的接地主要指安全接地。分析仪、用电设备、接线箱、配电箱、穿线管、桥架、汇线槽、样品处理箱、小屋本体（包括门）等，均应做保护接地，经接地支线、汇流排接入电气专业接地网，接地电阻应为 4～10Ω。

接地支线采用绿/黄相间标记的铜芯绝缘多股软线，线芯截面积一般为 2.5～4mm^2。接

地干线采用铜芯绝缘电线，线芯截面积一般为16～25mm^2。

分析仪安装完毕后，应检查电源相、中、地线连接的正确性。电源电压必须与仪器要求相符，供电电源必须是相、中、地三线制，否则仪器可能会产生漏电，而且容易导致仪器温度控制部分故障。

使用中不得以任何方式断开仪器内外的保护接地线（黄绿线），否则仪器可能带电，导致触电。只有在仪器正确接地之后才能启动仪器。

10.5.5　防雷和过电压保护

如果仪器的供电电压不稳定，或仪器安装在气候潮湿多雷雨的地方，建议在仪器供电线路中加装过压保护器（浪涌保护器），如图10-1所示。

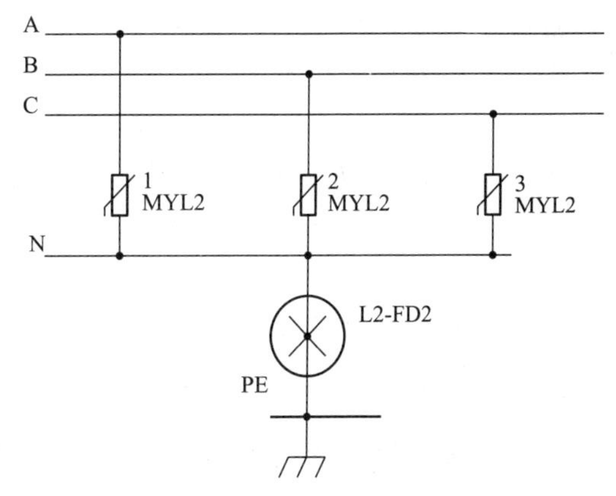

图10-1　在仪器供电线路中加装过压保护器

该套保护器的作用是过压保护、三相平衡和防雷保护。

图中的A、B、C为三相电源，N线为中线（零线），PE为保护地，应接入大地（三相四线制情况，且无PE线时）。MYL2为防雷击压敏电阻，广泛应用于各类电源系统的雷电过电压保护或操作过电压保护，是一种并联型保护器件，可以对线路进行纵横向防护。L2-FD2为过电压保护器，亦用于低压系统的直击雷电或感应过电压防护，两者组合使用，进行线路间的“3＋1”防护，既可保护线（相）过压，也可防护雷击。

过压保护器通常应与配电装置配合安装。保护器应远离仪器安装，可使仪器免于受损，因为当保护器不能承受雷电巨大能量时，可能会爆裂。此外，引入电源时，尽管使用了保护器，也要考虑三相的平衡。

10.5.6　分析小屋和分析仪系统的标识

① 每个分析小屋都应在主门上方设单独的不锈钢铭牌，标明小屋编号和其中分析仪的位号。

② 每台分析仪应有一个单独的铭牌，标明其位号和用途，分析仪的主要部件也应标注制造厂名称、型号和系列号，以便辨识。

③ 每个样品处理箱应有一个单独的铭牌，标明其相对应的分析仪位号和流路识别号，箱内部件标识要求见样品处理系统的安装要求。

④ 管线进出小屋的穿板接头处、进出分析仪和样品处理箱的接管口处，均应标明其流路号或介质名称，并应标注流动方向。

⑤ 主要电气设备、每个接线箱、配电箱均应有单独的铭牌，标明其编号和用途，电线、电缆应打印线号，接线端子应加识别标记。

⑥ 室外铭牌应采用不锈钢，一般用途刻蚀黑字，示警用途刻蚀红字。用铆接方式固定。室内铭牌可采用层压塑料，一般用途白底黑字，示警用途红底白字。用不锈钢

螺钉固定。

10.6 样品处理系统的安装和检验测试

10.6.1 样品处理箱的结构和制作要求

样品处理系统一般都安装在仪表保护箱内，样品处理箱应安装在分析小屋外墙上，在严寒地区也可安装在分析小屋内，但要得到用户的认可。

样品处理箱的结构和制作要求如下。

① 样品处理箱应采用不锈钢板或镀锌钢板制作，外层厚度 1.5～2mm，内层厚度 0.5～1.0mm（内层也可用铝箔代替），保温层厚度 25mm（1in），门的四周用密封条密封。

② 样品处理部件应用螺栓和螺母连接在安装板上，螺母应永久性固定在安装板上。安装板应采用 3mm 厚的不锈钢板或镀锌钢板。处理箱内如部件较少，也可用固定支撑（如槽钢）固定。

③ 样品系统需要伴热保温，箱内应配备带温控阀的蒸汽加热器或带温控器的电加热器（防爆型），维持箱内温度为 40℃或在样品露点以上。

10.6.2 样品处理系统的配管、部件及其安装要求

① 样品处理系统的配管和部件应能经受 1.5 倍最大操作压力而无任何泄漏或损坏。

② 所有进出样品处理箱的管子均应通过穿板接头，压力表安装应采用压力表转换接头，所有压接接头均应采用双卡套型的。

③ 安全泄压阀用以保护那些承压范围有限的部件，如样品处理容器和玻璃外壳的部件，应安装在系统入口处，并连接至火炬或带阻尼器的放空管上。

④ 过流阀和限流孔板用于限制进入分析仪的危险气体流量（最高不超过分析仪正常需要量的 3 倍），应安装在系统出口处。

⑤ 应提供分析仪的检查取样点，以便取出样品送实验室作对照检验。检查取样点应位于所有样品处理部件的下游，和送往分析仪的样品具有同等代表性。检查样品取出用的手动阀门，应使其易于操作。

⑥ 样品处理箱内应有一个通大气的排气接口，用于通风、换热和泄漏气体的排放。样品含有毒性气体时，应通过手动截止阀向箱内提供仪表空气，用于开门之前的箱内吹扫。

⑦ 合理布置管线、部件位置，以便在拆下一个部件时不需要拆除其他部件。部件应安装在不同平面内，以避免配管跨接时的弯曲。管子应用切管器切得十分平齐，管子切口应去毛刺。配管时用高质量的弯管器弯管，弯曲半径不小于管子生产厂家规定的最小弯曲半径。

⑧ 样品系统的所有部件均应加标记，阀和处理容器以其功能标注，安全阀、过流阀、浮子流量计应标明其设定值，加热系统铭牌标注正常操作温度。存在有毒或会使人窒息的气体时，应设置警告牌。

10.6.3　样品处理系统的检验测试

样品处理系统的检验测试项目和程序如下。

(1) 检验测试顺序

检验测试前，应将所有的电动和气动部件接至要连接的分析仪器或仿真仪器，驱动样品阀门动作。检验测试顺序如下：①目测检验；②电气连接检验；③泄漏测试；④功能测试。每套样品处理系统应单独测试。

(2) 目测检验

① 按照相关的文件、图纸确认所有部件都包括在内；②确认所有部件按正确顺序相连接；③检验部件有无损坏；④检查所有配管安装是否齐整、平直和牢固；⑤对大约10%的卡套接头进行抽查；⑥检查配管、阀门、流量计、泄压阀、电磁阀等材料应符合图纸和规格书要求。

(3) 电气连接检验

① 检验额定电压无误；②检验防爆合格证无误；③检查安装是否牢固，配线是否正确；④检查端子盒盖是否易于接近；⑤检查接线端子是否紧固；⑥检查电缆防护处理是否正确。

(4) 泄漏测试

测试目的是检验由入口接管到样品处理系统所有管路、部件的气体贯通性和密封性能。测试方法是充入0.1MPaG（15psig）的气体，观察其压力降每3min应小于0.007MPaG（1psig），如操作压力更高时，测试气体压力应为1.25倍正常操作压力。应采用合适牌号的泄漏检测剂涂刷在每个泄漏测试点上。压力源应采用带管道过滤器的压缩机或压缩空气钢瓶。如果样品系统中的部件标有“氧用、已清洗过”字样，则在检验过程中必须注意保持其清洁度。

泄漏测试的步骤如下：

① 泄漏测试时应将样品处理系统的全部出口关死，由样品入口向系统充压至0.1MPaG（15psig）或测试压力，然后观察压力示值；

② 调整系统内的全部流量计，确保浮子能自由活动；

③ 如样品流路不止一个，应分别检查每个流路，按要求打开各个流路切换阀；

④ 断开样品处理系统入口，检查全部安全泄压阀的动作，向泄压阀充压直至阀门打开，按规格书检验相应的泄放压力（如果泄压阀不动作时，应注意相关流量计、压力表或其他部件，使之不要过压）；

⑤ 根据实际情况，对每条标准气管线重复上述①～③步的检查；

⑥ 样品系统泄漏测试结束后，取下所有测试用的配件，按原来的样子重新连接好，然后重复上述各步对其他样品处理系统作泄漏检查。

(5) 功能测试

必要时，可对样品处理系统或其中的关键部件进行诸如除尘、除湿、降温、减压效果等的功能检查和测试。这种测试需在现场进行，一般在怀疑某一功能有问题时才进行。

10.7 天然气工业分析小屋图片示例

图片示例见图10-2～图10-10。

图 10-2　某天然气长输管道分析仪小屋

图 10-3　某长输管道天然气取样点和减压站

图 10-4　分析小屋内安装的天然气热值色谱仪（左）、水露点（中）和硫化氢分析仪（右）

图 10-5　某天然气处理厂分析仪小屋

图 10-6　天然气样品减压、过滤处理箱

图 10-7 天然气全组分分析色谱仪

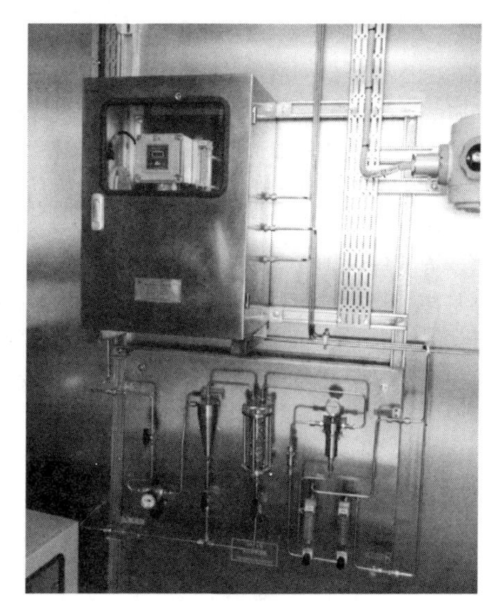

图 10-8 天然气微量水分仪及其样品处理系统

图 10-9 配电箱、报警控制箱、通风机和电暖气

图 10-10 可燃气体及缺氧检测器（右图）和警灯、警笛、报警控制盘、联锁风机（左图）

参 考 文 献

[1] 王森. 在线分析仪器手册. 北京：化学工业出版社，2008.

[2] 王森. 烟气排放连续监测系统（CEMS）. 北京：化学工业出版社，2014.

[3] 王遇冬. 天然气处理原理与工艺. 北京：中国石化出版社，2007.

[4] 陈赓良，朱利凯. 天然气处理与加工工艺原理及技术进展. 北京：石油工业出版社，2010.

[5] 张其敏，孟江. 油气管道输送技术. 北京：中国石化出版社，2008.

[6] 陈赓良. 测定天然气水蒸气含量/水露点的方法与仪器. 石油仪器，14（4），2000.

[7] 中国石油天然气总公司四川设计院. 气田天然气净化厂设计规范. 北京：石油工业出版社，1996.

[8] 李时宣等. 长庆气田天然气净化工艺技术介绍. 天然气工业，2005；25（4）：150～153.

[9] 宋丽丽，张剑波，杨鹏，赵玉君. Clinsulf Do 硫回收技术在长庆气田的应用. 天然气工业，25（4），2005.